理工系の
微分積分学

吹田信之
新保経彦
共著

学術図書出版社

まえがき

本書は，理工系大学の一年生の解析学の教科書として書かれたものである．大学の教養課程の数学は，高等学校のそれとは異なり，指導要領等もなく，全く自由なかたちで教育が行われている．本書はいわゆる微積分学を一年間のコースとして終えるように書かれている．

本書を著すにあたっては次の点に留意した．

1. 各章の配列は，古典的ではあるが，極限，連続の概念から出発して，一変数の微分積分，級数，多変数の微分積分となっている．近年，一変数，多変数を同時に扱う教科書も多いが，理論の厳密性を考慮し，旧来の方法に従った．
2. 証明は簡潔を旨とし，理解を助けるために例題を豊富にした．
3. 章末の問題をA，Bの二組に分け，Aは基本的な問題，Bはやや高度な問題とした．問題Aは全問解答されることが望ましい．
4. 付録として，ベクトル解析，陰関数定理再論，微分方程式の解の存在定理等を加えた．教養課程1年半のコースでは，この部分の講義も行われれば一層有意義であろう．

最近の科学技術の急速な進展に対応して，基礎学力の向上が求められ，高等学校においても微積分の形式的な部分は既に学生は学んでいる．しかし，高等学校の数学における解析学の取り扱いは全く直感的なもので，さらに高度な理論を学び，広い応用を目的とするには十分であるとはいえない．本書では，実数の連続性から出発して，微分積分学の基本的な法則，概念を理解させ，計算と応用に習熟させ，将来，理工学の各分野でこれらを活用できるよう十分に注意した．

最後に，原稿を精読して数多くの有益な注意を与えられた東京工業大学理学部西本敏彦教授，および，本書の執筆をお薦め下さり，多大な御尽力をいただいた学術図書出版社の発田卓士氏に心から御礼申し上げる．

1987年2月

吹田　信之

新保　経彦

もくじ

第 4 章　定積分とその応用

第 5 章　級　数

第 6 章　偏微分とその応用

第 7 章　重積分とその応用

ベクトル解析

記　号　表

$\boldsymbol{N}$　自然数の全体：1, 2, 3, …

$\boldsymbol{Z}$　整数の全体　：0, ±1, ±2, …

$\boldsymbol{Q}$　有理数の全体

$\boldsymbol{R}$　実数の全体

(a, b) **開区間**：$\{x \in \boldsymbol{R} \mid a < x < b\}$

$[a, b]$ **閉区間**：$\{x \in \boldsymbol{R} \mid a \leqq x \leqq b\}$．（$a, b$ は実数とする）

$(a, \infty) = \{x \in \boldsymbol{R} \mid a < x < \infty\}$，　$[a, \infty) = \{x \in \boldsymbol{R} \mid a \leqq x < \infty\}$

$\max\{a, b\}$：a, b のうち大きい方の数を表す（$a = b$ のときは，この共通の値）

$\max\{a_1, a_2, \cdots, a_n\}$：$a_1, a_2, \cdots, a_n$ のうち，最大の数を表す

$\sup\limits_{x \in E} f(x)$：集合 $\{f(x) \mid x \in E\}$ の上限

$\max\limits_{x \in E} f(x)$：集合 $\{f(x) \mid x \in E\}$ の最大値（E 上での関数 $f(x)$ の最大値）

$P(x)$ $(x \in M)$：M は集合，$P(x)$ は要素 x に関する条件で，M に属するすべての要素 x に対して，$P(x)$ が成り立つことを表す

$[x]$　**ガウス記号**：実数 x に対して，x を超えない最大の整数を表す

${}_n\mathrm{C}_r$　**二項係数**　$= \dfrac{n!}{r!(n-r)!} = \dfrac{n(n-1)\cdots(n-r+1)}{r!}$

二項定理　$(x+y)^n = \sum\limits_{r=0}^{n} {}_n\mathrm{C}_r\, x^{n-r} y^r = \sum\limits_{r=0}^{n} {}_n\mathrm{C}_r\, x^r y^{n-r}$

${}_\alpha\mathrm{C}_n$　**一般二項係数**：α は実数，n は負でない整数で，

$$= \frac{\alpha(\alpha-1)\cdots(\alpha-n+1)}{n!} \quad ({}_\alpha\mathrm{C}_0 = 1 \text{ とする})$$

$$n!! = \begin{cases} n(n-2)\cdots 3\cdot 1 & (n \text{ 正の奇数}) \\ n(n-2)\cdots 4\cdot 2 & (n \text{ 正の偶数}) \end{cases}$$

本書では　**必要十分条件**を，単に，**条件**という．

1 極限と連続性

微分積分学の根底にあるものは，極限の概念である．高等学校では極限を直感的に扱ってきたが，これからより高度な理論を進めていくには，厳密な取扱いを必要とする．この章では，極限の理論を根本から構成して全般にわたる基礎とする．それには，微積分で考える対象のもとになっている実数の性質から始めなければならない．

§1 実　数

（I） 集　合

最初に集合についていくつかの記号とその用法を説明する．数学的な思考の対象で，ある定まった範囲にあるものの集まりを**集合**という．集合Aを構成している個々の対象をAの**元**または**要素**と呼び，aがAの元であるときaはAに**属する**といい，このことを

$$a \in A, \quad \text{または} \quad A \ni a$$

で表す．この否定，すなわち，aがAに属さないことを

$$a \notin A, \quad \text{または} \quad A \not\ni a$$

で表す．

集合Ωの各元xに関する条件$P(x)$があって，Ωの元xで条件$P(x)$を満たすもの全体からなる集合を

$$\{x \in \Omega \mid P(x)\}$$

で表す．Ωが明らかなとき，Ωは省略することが多い．

二つの集合A, Bがあって，Aの元はすべてBの元であるとき，AはBの**部分集合**であるといい，このことを

$$A \subset B, \quad \text{または} \quad B \supset A$$

で表す．

$A \subset B$ かつ $B \subset A$ のとき $A = B$ とかく．

次に，A, B の少なくとも一方に属する元の全体からなる集合を A, B の**合併**または**和集合**といい

$$A \cup B$$

で表す．A, B の両方に属する元の全体からなる集合を A, B の**共通部分**または**積集合**といい

$$A \cap B$$

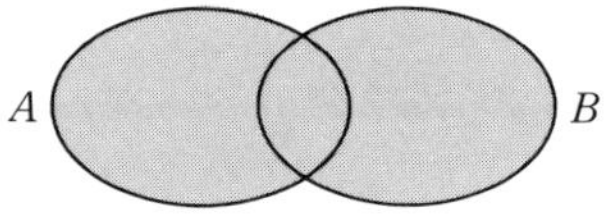

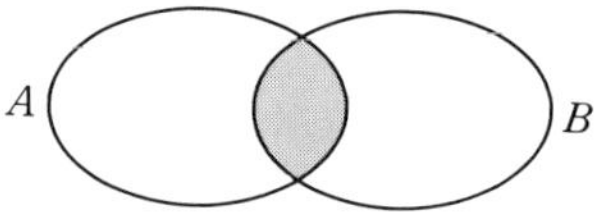

で表す．A, B に共通の元が存在しないとき，$A \cap B$ は元を持たない．そこで，元を一つも含まない‘集合’も便宜上考えて，これを**空集合**と呼び ϕ で表す．ϕ は任意の集合の部分集合であると規約する．

有限個または無限個の集合 $A_1, A_2, A_3, \cdots$ に対しても，これらの

　合　　併：$\cup_{k=1}^{n} A_k$　または　$\cup_{k=1}^{\infty} A_k$

　共通部分：$\cap_{k=1}^{n} A_k$　または　$\cap_{k=1}^{\infty} A_k$

が同様に定義される．

次の記号を以下断ることなく用いる．

　$\boldsymbol{N}$：自然数（正の整数）全体の集合

　$\boldsymbol{Z}$：整数全体の集合，すなわち $\{0, \ \pm 1, \ \pm 2, \cdots\}$

　$\boldsymbol{Q}$：有理数全体の集合，すなわち $\{q/p \mid p, \ q \in \boldsymbol{Z}, \ p \neq 0\}$

　$\boldsymbol{R}$：実数全体の集合

集合を考えるとき，一つの大きな集合 Ω を固定して，その部分集合だけを考えるときが多い．このとき，Ω を**普遍集合**（または**全体集合**）と呼ぶ．$A \subset \Omega$ に対して，A に属さない Ω の元の全体を（Ω に関する）Aの**補集合**といい，A^c で表す．$B \subset \Omega$ として

$(A \cup B)^c = A^c \cap B^c$　　$(A \cap B)^c = A^c \cup B^c$　（**ド・モルガンの法則**）

が成り立つ.

(II) 実　数

われわれの今まで使ってきた実数の性質は，以下に述べる三つの性質 (A) (B) (C) にまとめることができる.

(A) 四則演算　$a,\ b \in \boldsymbol{R}$ に対して，それらの和 $a+b$，差 $a-b$，積 ab，商 $b/a\,(a \neq 0)$ が $\boldsymbol{R}$ の中に存在して，和，積に関して交換律，結合律，分配律が成り立つ.

(B) 大小関係　$a,\ b \in \boldsymbol{R}$ に対して

$$a=b,\quad a<b,\quad b<a$$

のいずれか一つが成り立ち，次の性質を満たす.

(1)　$a<b$　かつ　$b<c$　ならば　$a<c$.

(2)　$a<b$　のとき，任意の　$c \in \boldsymbol{R}$　について　$a+c<b+c$.

(3)　$a<b$　のとき，任意の　$c>0$　について　$ac<bc$.

問 1　不等式 $||x|-|y|| \leqq |x \pm y| \leqq |x|+|y|$ を示せ. ただし

$$|x| = \max\{x,\ -x\}.$$

問 2　$x>0$ ならば各 $n \in \boldsymbol{N}$ に対して

$$(1+x)^n \geqq 1+nx+\frac{n(n-1)}{2}x^2$$

が成り立つことを（数学的）帰納法で証明せよ.

上限・下限　(A) (B) は有理数の全体 $\boldsymbol{Q}$ においても成り立っているが，$\boldsymbol{Q}$ においては成立しない $\boldsymbol{R}$ に固有の性質がある.

$\boldsymbol{R}$ の部分集合 E に対して，ある(実)数 K があって，$x \leqq K\ (x \in E)$*) を満たすとき，E は**上に有界**であるといい K を E の一つの**上界**と呼ぶ. **下に有界**，**下界**も同様に定義される. 上にも下にも有界であるとき，**有界**であるという.

E に属する数のうち最大(小)な数があるとき，その数を E の**最大値**(**最小値**) といい $\max E$ ($\min E$) とかく. このとき，$\max E$ は E の上界である

---

*) $x \in E$ をみたす　すべての x に対して，$x \leqq K$ が成り立つこと，を意味する.

から，E は上に有界である．しかし逆に，E が上に有界とするとき，必ずしも $\max E$ は存在しない．

$E_1 = [0, 1]$，$E_2 = (0, 1)$，$E_3 = \{x \in \boldsymbol{Q} \mid 0 < x < 1\}$ とおくと，最大値を持つものは E_1 のみであるが，1 は E_2, E_3 に対しても最大値に似た性質を持っている．この考察により，$E \subset \boldsymbol{R}$ に対して，次の 1°)，2°) を満たす数 α は，$\max E$ の概念の拡張と考えられる．

1°)　$x \leqq \alpha \quad (x \in E)$.

2°)　$\gamma < \alpha$ ならば，$\gamma < x$ を満たす x が E の中に存在する．

この α を E の**上限**といい $\sup \boldsymbol{E}$ で表す．1°) は α が E の上界であることを，2°) は α より小さい数は E の上界に成り得ないことをいっているので，E の上限とは E の最小の上界である．

さて，$\boldsymbol{Q}$ においては上に有界な集合は（$\boldsymbol{Q}$ の中に）必ずしも上限を持たない．例えば，$E = \{x \in \boldsymbol{Q} \mid x > 0$ かつ $x^2 < 2\}$ とすると，平方が 2 に等しい有理数は存在せず，かつ平方が 2 にいくらでも近い有理数が存在するから，$\boldsymbol{Q}$ の中では $\sup E$ は存在しない．

$\boldsymbol{R}$ は次の性質を持つ．

（C）　実数の連続性　上に有界な集合は，必ず上限を持つ．

下に有界な集合 $E \subset \boldsymbol{R}$ に対して，E の**下限** $\inf \boldsymbol{E}$ が定義される．β が E の下限であるとは，次の二つを満たすことである．

1′)　$\beta \leqq x \quad (x \in E)$.

2′)　$\beta < \gamma$ ならば，$x < \gamma$ を満たす x が E の中に存在する．

下限は最大の下界であり，E が下に有界ならば，$-E = \{-x \mid x \in E\}$ は上に有界となり，$\inf E = -\sup(-E)$ により，E の下限は必ず存在する．

（A）（B）（C）から導かれる基礎的な二つの性質をあげる．

（D）　アルキメデスの原理　$\boldsymbol{N}$ は上に有界ではない．

（証）　もし $\boldsymbol{N}$ が上に有界であったと仮定すると，上限 α が存在する．$\alpha - 1 < \alpha$ よりある $m \in \boldsymbol{N}$ をとると $\alpha - 1 < m$．よって $\alpha < m + 1$．一方，$m + 1 \in \boldsymbol{N}$ より $m + 1 \leqq \alpha$ であるから，これは矛盾である．

(E) 有理数の稠密性 任意の異なる2数の間には有理数が存在する．

(証) $\alpha<\beta$ とする．(D) より $1/(\beta-\alpha)<n$ を満たす $n\in\boldsymbol{N}$ がある．再び (D) により $n\alpha$ と $-n\alpha$ をともに超える $m\in\boldsymbol{N}$ がある．$-m<n\alpha<m$ より $-m,\ -m+1,\cdots,\ m-1,\ m$ のうち $n\alpha$ を初めて超えるものを k とすると，$k-1\leqq n\alpha<k$．よって $\alpha<k/n\leqq\alpha+1/n<\beta$．よって $\alpha<k/n<\beta$．

注 $E\subset\boldsymbol{R}$ が上に（下に）有界でないとき，$\sup E=\infty$ ($\inf E=-\infty$) とかく．

問 3 $\sup E=\alpha<\infty$ とする．このとき，E が最大値を持つための条件は，$\alpha\in E$ である*)．

問 4 次の集合の上限，下限を求めよ．

（1） $\{1+1/n\mid n\in\boldsymbol{N}\}$

（2） 円周率 π の小数展開において，第 $(n+1)$ 位以下を切り捨てた値を a_n とするとき，集合 $\{a_n\mid n\in\boldsymbol{N}\}$

§2 数　列

(I) 収束，発散

数列 $\{a_n\}_{n=1}^{\infty}$（以下 $\{a_n\}$ と略す）において，番号 n を限りなく大きくするとき，a_n の値がある定数 α に限りなく近づくならば，$\{a_n\}$ は α に**収束する**といい，α を $\{a_n\}$ の**極限値**という．このことを

$$a_n\to\alpha\quad(n\to\infty)\quad\text{または}\quad\lim_{n\to\infty}a_n=\alpha,$$

あるいは簡単に，$a_n\to\alpha$ または $\lim a_n=\alpha$ とかく．

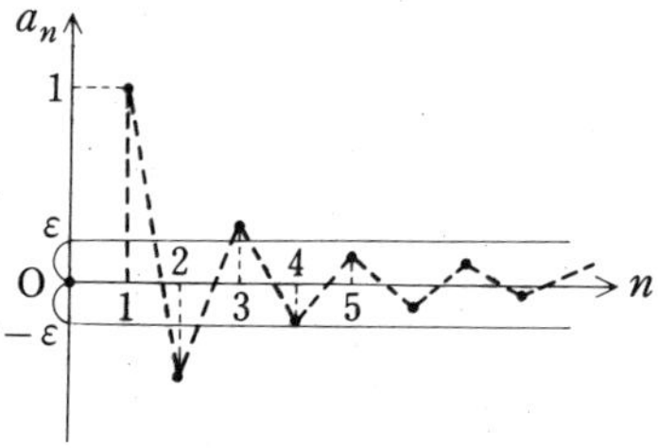

この収束の定義の仕方は情緒的な表現で，あまり厳密でない．厳密な定義を与えるため，数列 $a_n=(-1)^{n+1}/n$ を例にとろう．明らかに $\lim a_n=0$ であるが，このことは図から次のようにいい表すことができる．

任意の（どんなに小さい）正数 ε に対しても，ある（十分大きな）番号 N をとると，$n\geqq N$ を満たすすべての n に対して

$$|a_n|<\varepsilon$$

が成り立つ．

---

*)「…ことを証明せよ」を以後省略する．

ここで，N は ε によって変わり，ε を小さくとれば N を大きくとらなければならない．大事なことは，先に ε の値を定めてそれに応じて N が決められることである．

$a_n \to \alpha$ $(n \to \infty)$ は，$a_n - \alpha \to 0$ $(n \to \infty)$ と考えて，厳密な定義は次のようにいい表される．

任意の正数 ε に対して，ある自然数 N をとると

$$|a_n - \alpha| < \varepsilon \quad (n \geqq N)$$

が成り立つ．

$1/n \to 0$ $(n \to \infty)$ を厳密に証明してみよう．

任意に $\varepsilon > 0$ をとる．§1 (D) アルキメデスの原理　により，$1/\varepsilon < N$ を満たす $N \in \boldsymbol{N}$ がある．$1/N < \varepsilon$ より，$n \geqq N$ に対して，

$$|1/n| = 1/n \leqq 1/N < \varepsilon. \quad \text{すなわち} \quad |1/n - 0| < \varepsilon \quad (n \geqq N).$$

ゆえに　$1/n \to 0$ $(n \to \infty)$．

例 1　$\sqrt[n]{n} \to 1$ $(n \to \infty)$

（証）　$\sqrt[n]{n} \geqq 1$ より $\sqrt[n]{n} = 1 + h_n$ とおくと，$h_n \geqq 0$．問 2 により

$$n = (1+h_n)^n \geqq 1 + nh_n + \frac{n(n-1)}{2} h_n{}^2 > \frac{n(n-1)}{2} h_n{}^2$$

よって，$2/(n-1) > h_n{}^2$ $(n \geqq 2)$　から

$$|\sqrt[n]{n} - 1|^2 = h_n{}^2 < 2/(n-1).$$

$\varepsilon > 0$ に対して，$2/(N-1) < \varepsilon^2$ を満たす $N \in \boldsymbol{N}$ をとれば

$$|\sqrt[n]{n} - 1| < \varepsilon \quad (n \geqq N).$$

例 2　$a_n \to \alpha$ のとき，$b_n = (a_1 + a_2 + \cdots + a_n)/n$ $(n \in \boldsymbol{N})$ によって定義される $\{b_n\}$ について，$b_n \to \alpha$．

（証）　任意の $\varepsilon > 0$ をとる．ある N をとれば，$|a_k - \alpha| < \varepsilon/2$ $(k > N)$．

$$|b_n - \alpha| = \left| \frac{1}{n} \sum_{k=1}^{n} a_k - \alpha \right| = \left| \frac{1}{n} \sum_{k=1}^{n} (a_k - \alpha) \right| \leqq \frac{1}{n} \sum_{k=1}^{n} |a_k - \alpha| \qquad (1)$$

であるから，各 $n > N$ に対して

$$|b_n - \alpha| < \frac{1}{n} \sum_{k=1}^{N} |a_k - \alpha| + \frac{n-N}{n} \cdot \frac{\varepsilon}{2}.$$

そこで

$$\frac{1}{N_1} \sum_{k=1}^{N} |a_k - \alpha| < \frac{\varepsilon}{2}$$

を満たす N_1（ただし $N_1 \geqq N$）をとれば，$n \geqq N_1$ を満たすすべての n に対して

$$|b_n - \alpha| < \frac{\varepsilon}{2} + \frac{\varepsilon}{2} = \varepsilon.$$

（ε が与えられて，N が決まり，次に N_1 が決まって，この ε と N_1 に関して $|b_n-\alpha|<\varepsilon$ $(n \geqq N_1)$ が成り立つ）.

問 5　$a_n \to \alpha$　ならば　$|a_n| \to |\alpha|$.

収束しない数列は**発散する**という．そのうち，n を限りなく大きくするとき，a_n の値が限りなく大きくなるとき，$\{a_n\}$ は **∞ に発散する**といい，

$$a_n \to \infty \quad (n \to \infty) \quad \text{または} \quad \lim_{n\to\infty} a_n = \infty$$

とかく．このことを厳密に表すと，任意の K に対して，ある $N \in \boldsymbol{N}$ をとると，

$$a_n > K \quad (n \geqq N)$$

が成り立つ．

$-a_n \to \infty$ のとき，$\{a_n\}$ は **$-\infty$ に発散する**といい，

$$a_n \to -\infty \quad (n \to \infty) \quad \text{または} \quad \lim_{n\to\infty} a_n = -\infty$$

とかく．

問 6　$a_n > 0$ とすると，$a_n \to \infty$ と $1/a_n \to 0$ は同値である．

問 7　例2において $\lim a_n = \infty$（または，$=-\infty$）の場合も同様な結果が成り立つ．これを証明せよ．

収束する数列の簡単な性質をあげる．

定　理 1　（1）極限値は（存在するならば）ただ一つである．すなわち，$a_n \to \alpha$　かつ　$a_n \to \beta$　ならば　$\alpha=\beta$.

（2）収束する数列は（数の集合として）有界である．

（3）$a_n \leqq b_n$ $(n \in \boldsymbol{N})$ で $a_n \to \alpha$，$b_n \to \beta$ のとき，$\alpha \leqq \beta$.

証明．（1）任意の $\varepsilon > 0$ をとる．ある N_1, N_2 をとれば，

$$|a_n-\alpha| < \varepsilon/2 \quad (n \geqq N_1), \qquad |a_n-\beta| < \varepsilon/2 \quad (n \geqq N_2).$$

$N = \max\{N_1,\ N_2\}$ とすれば，

$$|\alpha-\beta| \leqq |\alpha-a_N| + |a_N-\beta| < \varepsilon/2+\varepsilon/2 = \varepsilon.$$

すなわち，負でない定数 $|\alpha-\beta|$ は任意の正数 ε につき，$|\alpha-\beta|<\varepsilon$ を満たす．これは $\alpha-\beta=0$ を意味する．

（2）$a_n \to \alpha$ とする．（収束の定義において $\varepsilon=1$ として）ある N をとれば，

$$|a_n-\alpha|<1 \quad (n>N).$$

よって，各 $n>N$ に対して

$$|a_n|=|(a_n-\alpha)+\alpha|\leqq|a_n-\alpha|+|\alpha|<1+|\alpha|.$$

$1+|\alpha|+\max_{1\leqq k\leqq N}|a_k|=K$ とおけば，$|a_n|<K \quad (n\in \boldsymbol{N})$.

（3） 任意の $\varepsilon>0$ をとる．ある N_1, N_2 をとれば

$$|a_n-\alpha|<\varepsilon/2 \quad (n\geqq N_1), \qquad |b_n-\beta|<\varepsilon/2 \quad (n\geqq N_2).$$

$N=\max\{N_1,\ N_2\}$ に対して，

$$\alpha-\varepsilon/2<a_N\leqq b_N<\beta+\varepsilon/2$$

よって　$\alpha-\beta<\varepsilon$．ε は任意であるから　$\alpha-\beta\leqq 0$.　■

注　(3) について，証明からわかるように $a_n\leqq b_n$ はすべての $n\in\boldsymbol{N}$ について成立する必要はなく，成立しない n が有限個存在しても結論は成り立つ．以後このような事情はいちいち断らないことにする．

定　理 2　$\lim a_n=\alpha$，$\lim b_n=\beta$ とすると，

（1） $\lim(a_n\pm b_n)=\alpha\pm\beta$

（2） $\lim ca_n=c\alpha$ （c 定数）

（3） $\lim a_nb_n=\alpha\beta$

（4） $\lim b_n/a_n=\beta/\alpha$ （$a_n\neq 0$, $\alpha\neq 0$）

注　これらは，左辺の極限が存在して，かつ等号が成り立つことをいっている．

証明．(3), (4) のみ示す．(3)．任意の $\varepsilon>0$ をとる．前定理 (2) より，ある定数 K をとると，$|a_n|<K$．次の不等式に注意して，

$$\begin{aligned}|a_nb_n-\alpha\beta|&=|a_n(b_n-\beta)+\beta(a_n-\alpha)|\\&\leqq|a_n(b_n-\beta)|+|\beta(a_n-\alpha)|\\&\leqq K|b_n-\beta|+|\beta||a_n-\alpha|,\end{aligned}$$

ある N_1, N_2 をとり，

$$|b_n-\beta|<\varepsilon/2K \quad (n\geqq N_1), \qquad |a_n-\alpha|<\varepsilon/2(|\beta|+1) \quad (n\geqq N_2)$$

が成り立つようにすると，すべての $n\geqq N=\max\{N_1, N_2\}$ に対して，

$$|a_nb_n-\alpha\beta|<K\cdot\frac{\varepsilon}{2K}+|\beta|\frac{\varepsilon}{2(|\beta|+1)}<\varepsilon.$$

（4） $1/a_n \to 1/\alpha$ を示せばよい（そうすれば，(3) より $b_n/a_n = 1/a_n \cdot b_n \to 1/\alpha \cdot \beta = \beta/\alpha$）．任意の $\varepsilon > 0$ をとる．$|\alpha| > 0$ より，ある N_1 をとると，

$$|a_n - \alpha| < |\alpha|/2 \quad (n \geqq N_1).$$

よって

$$|a_n| = |\alpha - (\alpha - a_n)| \geqq |\alpha| - |\alpha - a_n|$$
$$> |\alpha| - |\alpha|/2 = |\alpha|/2 \quad (n \geqq N_1).$$

また，ある N_2 をとると，

$$|a_n - \alpha| < |\alpha|^2 \varepsilon/2 \quad (n \geqq N_2).$$

$N = \max\{N_1, N_2\}$ とおけば，すべての $n \geqq N$ に対して，

$$\left|\frac{1}{a_n} - \frac{1}{\alpha}\right| = \frac{|a_n - \alpha|}{|a_n|\,|\alpha|} < \frac{|\alpha|^2 \varepsilon/2}{|\alpha|^2/2} = \varepsilon.$$ ■

注 この定理は α または β が $\pm\infty$ になる場合も次のような規約の下で成り立つ．ただし，c は実数とする．

$\pm\infty + c = \pm\infty$，　$\pm\infty \pm\infty = \pm\infty$，　$(\pm\infty)(\pm\infty) = \infty$

$(\pm\infty)\cdot(\mp\infty) = -\infty$，　$c \cdot \infty = \begin{cases} \infty & (c > 0) \\ -\infty & (c < 0) \end{cases}$，　$\dfrac{c}{\pm\infty} = 0$

さらに $-\infty < c < \infty$ と規約する．

これに対して，$\infty - \infty$，$0 \times (\pm\infty)$，∞/∞，$0/0$ の形になるときは何も結論できない．これらの状態を**不定形**と呼ぶ．

問 8 定理の (1)，(2) を証明せよ．

問 9 $a_n \to \alpha$ ($\fallingdotseq \pm\infty$) とするとき，次を証明せよ．

（1） $\{a_n + b_n\}$ が収束ならば，$\{b_n\}$ も収束．

（2） $\{a_n b_n\}$ が収束して，$\alpha \fallingdotseq 0$ ならば，$\{b_n\}$ も収束．

定 理 3 $a_n \leqq b_n \leqq c_n$ で，$\{a_n\}$，$\{c_n\}$ ともに同じ値 α に収束するとき，$\{b_n\}$ も α に収束する．

また，$a_n \leqq b_n$ であるとき，$a_n \to \infty$ ならば $b_n \to \infty$ であり，$b_n \to -\infty$ ならば $a_n \to -\infty$ である．

問 10 これを証明せよ．

（II） 単 調 数 列

一般に，$a_n \leqq a_{n+1}$ ($n \in \boldsymbol{N}$) を満たす数列 $\{a_n\}$ を（**単調**）**増加列**という．

同様に**減少列**が定義され，増加列と減少列を総称して**単調数列**という．

例 3　任意の実数 α に対して，α に収束する増加な有理数列 $\{r_n\}$ が存在する．

（証）　$\boldsymbol{Q}$ の稠密性より，各 $n \in \boldsymbol{N}$ に対して $\alpha - 1/n < r_n < \alpha - 1/(n+1)$ を満たす $r_n \in \boldsymbol{Q}$ が存在する．$\{r_n\}$ は増加列で，$\alpha - 1/n \to \alpha$ かつ $\alpha - 1/(n+1) \to \alpha$ であるから，前定理より $r_n \to \alpha$．

定　理 4　有界な単調数列は収束する．

証明．　$\{a_n\}$ を有界な増加列としよう（減少列の場合も同様である）．$\alpha = \sup\{a_n \mid n \in \boldsymbol{N}\}$ とおくと，$a_n \leqq \alpha$．任意の $\varepsilon > 0$ に対して，αの定義よりある N をとると，$\alpha - \varepsilon < a_N$．よって，すべての $n \geqq N$ に対して

$$\alpha - \varepsilon < a_N \leqq a_n \leqq \alpha .$$

ゆえに，$|a_n - \alpha| < \varepsilon \ (n \geqq N)$．▨

問 11　上に有界でない増加列は ∞ に発散する．

例 4　$\{a_n\}$ に対して，$\lim_{n\to\infty} |a_{n+1}|/|a_n| = c$ が存在するとき，

$0 \leqq c < 1$　ならば　$a_n \to 0$　であり，

$1 < c \leqq \infty$　ならば　$|a_n| \to \infty$　である．

（証）　$0 \leqq c < 1$ のとき．$c < c' < 1$ を満たす c' を一つとると，仮定より十分大なる n に対して，$|a_{n+1}|/|a_n| < c'$ すなわち $|a_{n+1}| < c'|a_n|$．

よって $\{|a_n|\}$ はある番号から先減少で，下に有界（$0 \leqq |a_n|$）であるから前定理により収束する．$|a_n| \to \alpha$ とすると，$0 \leqq \alpha$．

また，$|a_{n+1}| < c'|a_n|$ において，$n \to \infty$ とすることにより，$\alpha \leqq c'\alpha$．$c' < 1$ により $\alpha \leqq 0$ を得る，よって $\alpha = 0$．

$1 < c \leqq \infty$ のときは，$b_n = 1/|a_n|$ とおくと，$\lim b_{n+1}/b_n = \lim |a_n|/|a_{n+1}| = 1/c < 1$ であるから，前半から $b_n \to 0$．すなわち $|a_n| \to \infty$．

例えば，k を定数とすると，

$$\lim_{n\to\infty} n^k a^n = \begin{cases} 0 & (0 \leqq a < 1) \\ \infty & (1 < a) \end{cases}$$

これは　$(n+1)^k a^{n+1}/n^k a^n = (1+1/n)^k \cdot a \to 1 \cdot a$ による．

問 12　任意の a に対して $\lim_{n\to\infty} a^n/n! = 0$．

例 5 $a_n=(1+1/n)^n$ は収束する．

(証) $(1+1/n)^n$ を2項定理により展開すると，

$$a_n=\sum_{k=0}^{n}{}_n\mathrm{C}_k\left(\frac{1}{n}\right)^k$$
$$=1+1+\frac{1}{2!}\left(1-\frac{1}{n}\right)+\frac{1}{3!}\left(1-\frac{1}{n}\right)\left(1-\frac{2}{n}\right)+\cdots$$
$$+\frac{1}{n!}\left(1-\frac{1}{n}\right)\left(1-\frac{2}{n}\right)\cdots\left(1-\frac{n-1}{n}\right) \qquad (2)$$

展開式の各項は正で，3番目から先の項は n がふえると大きくなり，加える項数もふえるから，$\{a_n\}$ は増加列である．次に，

$$a_n\leqq 1+\frac{1}{1!}+\frac{1}{2!}+\frac{1}{3!}+\cdots+\frac{1}{n!}$$
$$\leqq 1+\frac{1}{1}+\frac{1}{2}+\frac{1}{2^2}+\cdots+\frac{1}{2^{n-1}}=1+\frac{1-(1/2)^n}{1-(1/2)}<3$$

より $\{a_n\}$ は上に有界となるから収束する．

上記の極限値を e で表し，これを**自然対数の底**という．$e=2.718\cdots$である．後に e は無理数であることを示す（第2章 例10）．

数列 $\{a_n\}$ の項の一部をとりだし，順序を変えないで並べてできる（無限）数列を，$\{a_n\}$ の**部分列**という．これは，自然数の増加列 $n_1<n_2<\cdots$ をとって，$a_{n_1}, a_{n_2}, \cdots$ と表すことができる．

$\{a_n\}$ が α に収束するとき，その任意の部分列も α に収束することは明らかであろう．

収束する数列は有界であったが，逆は成立しない．しかし

定 理 5 ボルツァノ・ワイエルストラスの定理 有界な数列は収束部分列を含む．すなわち，適当な部分列をとると収束する．

証明． $\{a_n\}$ を有界とし，$p_1\leqq a_n\leqq q_1$ とする．$I_1=[p_1, q_1]$ を中点で分け，$\{a_n\}$ の項を無限個含むほうを $I_2=[p_2, q_2]$（両方とも無限個含むときはどちらでもよい）とする．次に，I_2 を再び中点で分け，$\{a_n\}$ の項を無限個含むほうを一つとり，それを $I_3=[p_3, q_3]$ とする．以下この操作を続けて，閉区間の列 $I_n=[p_n, q_n]$ を作る．$I_1\supset I_2\supset I_3\supset\cdots$ より，

$$p_1\leqq p_2\leqq\cdots\leqq p_n\leqq\cdots\leqq q_n\leqq\cdots\leqq q_2\leqq q_1$$

よって，$\{p_n\}$，$\{q_n\}$ は有界な単調列であるから，前定理によりともに収束する．$\lim p_n=\alpha$，　$\lim q_n=\beta$ とおく．

区間 I_{n+1} の長さは，I_n の長さの半分であるから

$$q_n-p_n=(q_1-p_1)/2^{n-1}\,.$$

したがって，$q_n-p_n\to 0$．よって，$\beta-\alpha=0$．ゆえに $\alpha=\beta$．

$a_{n_1}\in I_1$ を任意にとる．I_2 は無限個の項を含むから，$a_{n_2}\in I_2$ となる $n_2>n_1$ がある．これを続けて，$a_{n_k}\in I_k$ を満たす $n_1<n_2<n_3<\cdots$ がとれる．$p_k\leqq a_{n_k}\leqq q_k$ で，$p_k, q_k\to\alpha$ であるから，$a_{n_k}\to\alpha\ (k\to\infty)$ となり，収束する部分列 $\{a_{n_k}\}_{k=1}^{\infty}$ を得る．　■

（III）基本列

次の定理は数列の収束に関する基本定理である．

定　理 6　コーシーの判定条件　　数列 $\{a_n\}$ が収束するための（必要かつ十分な）条件は，任意の正数 ε に対して，ある番号 N をとると，

$$|a_m-a_n|<\varepsilon\quad(m, n\geqq N)\tag{3}$$

が成り立つようにできることである．

（この条件を満たす数列を**基本列**または**コーシー列**という）．

証明．必要性：　$a_n\to\alpha$　としよう．ある N をとれば，$|a_n-\alpha|<\varepsilon/2$ $(n\geqq N)$．

よって，$m, n\geqq N$ に対して

$$\begin{aligned}|a_m-a_n|&=|(a_m-\alpha)+(\alpha-a_n)|\\&\leqq|a_m-\alpha|+|\alpha-a_n|<\varepsilon/2+\varepsilon/2=\varepsilon\,.\end{aligned}$$

十分性：まず，基本列は有界であることを示す．

(3) において，$\varepsilon=1$ として，$|a_m-a_n|<1\ (m, n\geqq N)$．とくに $|a_N-a_n|<1\ (n\geqq N)$．よって $\{a_n\mid n\geqq N\}$ が，したがって，$\{a_n\}$ 自身が有界である．

次に，前定理により，ある部分列 $\{a_{n_k}\}_{k=1}^{\infty}$ は収束する．$a_{n_k}\to\alpha$ とする．正数 ε に対して，仮定よりある N_1 をとれば

$$|a_m-a_n|<\varepsilon/2\quad(m, n\geqq N_1)\,.$$

次に，$\{a_{n_k}\}$ から $|a_{n_l}-\alpha|<\varepsilon/2$ かつ $n_l \geqq N_1$ を満たす a_{n_l} をとると，すべての $m \geqq N_1$ に対して

$$|a_m-\alpha| \leqq |a_m-a_{n_l}|+|a_{n_l}-\alpha|<\varepsilon/2+\varepsilon/2=\varepsilon .$$ ■

注 定理の条件を $a_m-a_n \to 0$ $(m, n \to \infty)$ と書き表す．

例 6 a, b を $|a|<1/2$, $|a|+|b| \leqq 1$ を満たす定数とする．$f(x)=ax^2+b$ として，$|x_1| \leqq 1$ を満たす任意の x_1 から出発して，

漸化式： $x_{n+1}=f(x_n)$ $(n \in \boldsymbol{N})$ (4)

によって定められる数列 $\{x_n\}$ は

方程式： $x=f(x)$ (5)

の $I=[-1, 1]$ におけるただ一つの解 ξ に収束する．

（証） $|x| \leqq 1$ とすると

$$|f(x)| \leqq |ax^2|+|b| \leqq |a|+|b| \leqq 1$$

であるから，すべての x_n に対して，$|x_n| \leqq 1$ となる．

次に，$|x|$, $|x'| \leqq 1$ とすると

$$|f(x')-f(x)|=|ax'^2-ax^2|=|a||x'+x||x'-x| \leqq 2|a||x'-x| \qquad (6)$$

ゆえに

$$|x_{n+1}-x_n|=|f(x_n)-f(x_{n-1})| \leqq 2|a||x_n-x_{n-1}| \quad (n=2, 3, \cdots) \qquad (7)$$

が成り立つ．

よって

$$|x_{n+1}-x_n| \leqq (2|a|)^{n-1}|x_2-x_1| \quad (n \in \boldsymbol{N}). \qquad (8)$$

したがって，$n<m$ とすると

$$\begin{aligned}|x_m-x_n| &\leqq |x_m-x_{m-1}|+|x_{m-1}-x_{m-2}|+\cdots+|x_{n+1}-x_n| \\ &\leqq (|2a|^{m-2}+|2a|^{m-3}+\cdots+|2a|^{n-1})\,|x_2-x_1| \\ &=|2a|^{n-1}\frac{1-|2a|^{m-n}}{1-|2a|}\,|x_2-x_1| \leqq \frac{|x_2-x_1|}{1-|2a|}|2a|^{n-1} .\end{aligned}$$

$0 \leqq |2a|<1$ より $|2a|^{n-1} \to 0$ $(n \to \infty)$ であるから，$\{x_n\}$ は基本列となる．ゆえに，$\{x_n\}$ は収束する．

$\lim x_n=\xi$ とおくと，$-1 \leqq x_n \leqq 1$ より $-1 \leqq \xi \leqq 1$ であり，$x_{n+1}=ax_n{}^2+b$ において $n \to \infty$ とすることにより，$\xi=a\xi^2+b$，すなわち ξ は (5) の解である．

η も I における (5) の解とすると，(6) により

$$|\xi-\eta|=|f(\xi)-f(\eta)| \leqq 2|a|\,|\xi-\eta| .$$

$|2a|<1$ により $|\xi-\eta|=0$，すなわち $\xi=\eta$．

ゆえに (5) の I における解は ξ のみである．

（IV）級　　数

数列 $\{a_n\}_{n=1}^{\infty}$ から作られた形式

$$a_1+a_2+a_3+\cdots \tag{9}$$

を（**無限**）**級数**という．これを $\sum_{n=1}^{\infty} a_n$ または簡単に $\sum a_n$ とかく．

$$S_n = a_1+a_2+\cdots+a_n \quad (n \in \boldsymbol{N})$$

を**第 n 部分和**と呼び，数列 $\{S_n\}_{n=1}^{\infty}$ を (9) の**部分和列**という．$\{S_n\}$ が収束して極限値 S をもつとき，級数 (9) は**収束**して**和** S をもつといい，これを

$$a_1+a_2+\cdots = S \quad \text{または} \quad \sum_{n=1}^{\infty} a_n = S$$

とかく．

$\{S_n\}$ が発散するとき，級数 (9) は**発散する**という．とくに，$\{S_n\}$ が ∞（または $-\infty$）に発散するとき，級数 (9) は **∞（$-\infty$）に発散する**といい，このことを

$$a_1 + a_2 + \cdots = \infty \quad (\text{または } -\infty)$$

とかく．

例 7　等比級数 $\sum_{n=1}^{\infty} ar^{n-1} = a+ar+ar^2+\cdots$（ただし，$a \neq 0$）は

$|r|<1$ のとき，$a/(1-r)$ に収束して，$|r| \geqq 1$ のとき発散する．

（**証**）　第 n 部分和が

$$S_n = a\frac{1-r^n}{1-r} \quad (r \neq 1), \qquad S_n = na \quad (r=1)$$

であることから明らかである．

問 13　次の級数の和を求めよ．

(1)　$\displaystyle\sum_{n=1}^{\infty} \frac{1}{n(n+1)(n+2)}$　　(2)　$\displaystyle\sum_{n=1}^{\infty} \frac{n}{2^n}$

一般に，級数の和を求めることは困難なことが多い．しかし，級数の収束，発散を判定することは理論上重要である．数列に対するコーシーの判定条件から直ちに，

定　理 7　コーシーの判定条件　　級数 $\sum a_n$ が収束するための条件は，任意の正数 ε に対して，ある自然数 N をとれば

$$|S_m-S_n|=|a_{n+1}+a_{n+2}+\cdots+a_m|<\varepsilon \quad (m>n>N) \tag{10}$$

が成り立つようにできることである.

とくに, $m=n+1$ として次を得る.

系 $\sum a_n$ が収束ならば, $a_n\to 0\ (n\to\infty)$ である.

注 定理の条件は, 次のようにいい表すこともできる.
任意の正数 ε に対して, ある自然数 N をとれば

$$|a_{n+1}+a_{n+2}+\cdots+a_{n+k}|<\varepsilon \quad (n>N,\ k\in \boldsymbol{N}) \tag{11}$$

$a_n\geqq 0\ (n\in \boldsymbol{N})$ である級数 $\sum a_n$ を**正項級数**と呼ぶ. このとき, 部分和列 $\{S_n\}$ は増加列である. したがって, 定理 4, 問 11 より

定 理 8 正項級数 $\sum a_n$ はその部分和列が有界ならば収束する. 有界でなければ ∞ に発散する.

例 8 $\sum_{n=1}^{\infty} 1/n$ は ∞ に発散する.

(証)

$$S_{2n}-S_n=\frac{1}{n+1}+\frac{1}{n+2}+\cdots+\frac{1}{2n}>\frac{1}{2n}\times n=\frac{1}{2} \tag{12}$$

であるから, $\{S_n\}$ は定理 7 の条件を満たさない.

注 この例から定理 7 系の逆は成立しないことがわかる.

数列の極限の性質から, 次のことが容易にわかる.

1°) $\sum a_n$, $\sum b_n$ がともに収束ならば, $\sum(a_n\pm b_n)$ も収束して,

$$\sum(a_n\pm b_n)=\sum a_n\pm\sum b_n$$

また, c を番号 n に無関係な数とすると, $\sum ca_n$ も収束して

$$\sum ca_n=c\sum a_n$$

2°) 級数では, 有限個の項を変えても, とり除いても, また有限個の項を付け加えたりしても収束・発散は変わらない.

(V) 上極限, 下極限 (本項は最初に読むときは省略してよい)

数列 $\{a_n\}$ の部分列の極限値 ($\pm\infty$ でもよい) を, 数列 $\{a_n\}$ の**集積値**と呼ぶ.

1°) $\alpha\neq\pm\infty$ が $\{a_n\}$ の集積値であるための条件は, 任意の $\varepsilon>0$ に対して

$|a_n-\alpha|<\varepsilon$ を満たす番号 n が無限個存在することである.

定理5により有界な数列は有限な集積値を少なくとも一つ持つ. また, 有界でない数列は ∞ または $-\infty$ を集積値に持つ. ゆえに, どんな数列も集積値を一つは持つ. 数列 $\{a_n\}$ の集積値のうち最大（最小）の値を $\{a_n\}$ の**上極限**（**下極限**）と呼び, $\overline{\lim_{n\to\infty}}\, a_n$ $\left(\underline{\lim_{n\to\infty}}\, a_n\right)$ で表す. これらは常に存在し, 次の公式で表される.

2°)　$\overline{\lim_{n\to\infty}}\, a_n = \lim_{n\to\infty} \sup\{a_k \mid k \geqq n\}$,　$\underline{\lim_{n\to\infty}}\, a_n = \lim_{n\to\infty} \inf\{a_k \mid k \geqq n\}$　(13)

数列の収束条件は, 上極限・下極限を用いて次のように述べられる.

3°)　数列 $\{a_n\}$ が極限値（$\pm\infty$ でもよい）を持つための条件は, その上極限と下極限が一致することである. このとき, この共通の値が $\{a_n\}$ の極限値に等しい.

問 14　以上 1°), 2°), 3°) を証明せよ.

問 15　$\lim a_{2n}=\alpha$,　$\lim a_{2n-1}=\beta$　ならば

$\{a_n\}$ の集積値 $=\{\alpha, \beta\}$, であり

$\overline{\lim}\, a_n = \max\{\alpha, \beta\}$,　$\underline{\lim}\, a_n = \min\{\alpha, \beta\}$

集積点　実数を数直線上の点と考えて, 実数の集合 E は数直線上の点の集合とみなすことができる. 数列は数直線上の点列である.

x が $E \subset \boldsymbol{R}$ に対して次の条件:

任意の $\varepsilon>0$ につき, 開区間 $(x-\varepsilon,\ x+\varepsilon)$ は E の点を無限個含む,

を満たすとき, x は E の **集積点**であるという（x 自身は E に属していても, いなくてもよい). なお, 開区間 $(x-\varepsilon,\ x+\varepsilon)$ を x の **ε 近傍** と呼び, $U_\varepsilon(x)$ で表す.

例 9　E が次のどの集合の場合でも, E の集積点全体からなる集合は $[0, 1]$ である:

$(0,1)$, $[0,1]$, $\{x \in \boldsymbol{Q} \mid 0<x<1\}$.

x が E の集積点であることは, $x_n \in E$, $x_n \neq x$, $x_n \to x$ を満たす数列 $\{x_n\}$ が存在することである.

ボルツァノ・ワイエルストラスの定理（定理5）は, 次のようにいい換えることができる：有界な無限集合は, 少なくとも一つ　集積点を持つ.

実数の集合 E が, その集積点をすべて含むとき, E は**閉集合**であるという. 閉集合の補集合として表される集合を**開集合**という. 閉区間, 開区間は, それぞれのもっとも簡単な例である. 有限集合, 空集合も閉集合となる.

問 16　$E \subset \boldsymbol{R}$ が閉集合となるための条件は, $x_n \in E$, $x_n \to x$ $(\neq \pm\infty)$ ならば必ず $x \in E$ となることである（したがって, 閉集合とは極限をとる操作に関して閉じた集合であるということができる).

問 17　E_1, E_2 を閉集合とすると, $E_1 \cup E_2$, $E_1 \cap E_2$ も閉集合となる.

また，E_1, $E_2, \cdots$, を閉集合とすると，$E = \bigcap_{k=1}^{\infty} E_k$ も閉集合．

問 18 次のおのおのを確かめよ．ただし，a, b は実数とする．

$[a, b]$, $[a, \infty)$, $(-\infty, b]$ は閉集合である．

(a, b), (a, ∞), $(-\infty, b)$ は開集合である．

§3 関数の極限

(I) 関数

実数の集合 D の各元に実数を対応させる一つの規則が定まっているとき，この対応を，D を**定義域**とする一つの**関数**という．D の元を文字 x（**独立変数**）で，これに対応する値を文字 y（**従属変数**）で表すとき，y は x の関数であるといい，このことを $y = f(x)$, $y = g(x)$ などで表す．$f(D) = \{f(x) \mid x \in D\}$ を f の**値域**と呼ぶ．

次に，1個の x に対応する y の値が2個以上あるときは，**多価関数**といって，上に述べた関数と区別する．対応する y の値の個数に最大値 n があるとき，n **価関数**という．多価関数について，とりうる値 y に制限をつけて1価関数を作ることがある．このようにしてできた関数をもとの多価関数の一つの**分枝**と呼ぶ．

例 10 実数 x に $x^2 + y^2 = 1$ を満たす y を対応させると，2価関数 $y = \pm\sqrt{1-x^2}$ となる．定義域はもっとも広くとって，$[-1, 1]$ となる（定義域が明示されていないときは，右辺の x の式が意味を持つもっとも広い実数の範囲と解釈する）．

$y \geqq 0$ と制限すれば，一つの分枝 $y = \sqrt{1-x^2}$ を得る．

この例のように，独立変数 x と従属変数 y の関係式（ここでは，$x^2 + y^2 - 1 = 0$）から定められる関数を**陰関数**という．これに対して，$y = f(x)$ なる形のほうを**陽関数**という．

例 11 $x = \cos t$, $y = \sin t$ $(0 \leqq t \leqq \pi)$

$-1 \leqq x \leqq 1$ なる x に対して，$x = \cos t$ $(0 \leqq t \leqq \pi)$ を満たす t がただ一つある．これから，$[-1, 1]$ を定義域とする，x の関数 y ができる．t を消去すれば

$$x^2 + y^2 = 1 \quad (y \geqq 0), \qquad \text{よって} \qquad y = \sqrt{1-x^2}.$$

このように第3の変数 t をもって x に y を対応させて関数を作ることもできる．このときの t を**媒介変数（パラメータ）**，上記のような関数の表示法を**媒介変数表示**という．

二つの関数 $y = f(x)$, $z = g(y)$ があり，f の値域が g の定義域に含まれているとき，$z = g(f(x))$ が定義される．これを f と g の**合成関数**といい，$g \circ f$ で表す．

問 19 $f(x) = x^2$, $g(x) = \sin x$ とするとき，$f \circ g$, $g \circ f$ を求めよ．

関数 $y = f(x)$ が条件：

$$x_1 \neq x_2 \quad \text{ならば} \quad f(x_1) \neq f(x_2) \tag{14}$$

を満たすとき，f は **1 対 1** であるという．このとき，値域 $f(D)$ の各元 y に $y = f(x)$

を満たす D の元 x がただ一つ存在するから，$f(D)$ を定義域とし D を値域とする関数ができる．これをもとの関数 f の**逆関数**と呼び，f^{-1} で表す．$x=f^{-1}(y)$ である．

問 20　$y=f(x)$ と $x=f^{-1}(y)$ のグラフは同じ．$y=f^{-1}(x)$ と $y=f(x)$ のグラフは直線 $y=x$ に関して対称．

関数 $y=f(x)$ が条件：

$$x_1 \leqq x_2 \quad ならば \quad f(x_1) \leqq f(x_2)$$

を満たすとき，**（単調）増加**であるという．とくに，$x_1<x_2$ ならば $f(x_1)<f(x_2)$，を満たすときは，**狭義（単調）増加**であるという．

同様に，**（単調）減少**，**狭義（単調）減少**が定義され，これらすべてを総称して**単調**であるという．狭義単調ならば，1対1であるから逆関数が存在して，これも狭義単調となる．

問 21　$[0, 1]$ 上の関数 $f(x)$ を $f(x)=\begin{cases} x & (x \in \boldsymbol{Q}) \\ 1-x & (x \notin \boldsymbol{Q}) \end{cases}$ と定めると，これは1対1であるが単調ではない．

（II）関数の極限

関数 $y=f(x)$ は $x=x_0$ の近くで定義されているとする．ただし，$x=x_0$ では定義されていなくてもよいとする．x が x_0 をとらずに x_0 に限りなく近づくとき，$f(x)$ の値が近づき方によらない一定の数 A に限りなく近づくならば，$f(x)$ は $x \to x_0$ のとき**収束**して**極限値** A を持つといい，このことを

$$f(x) \to A \ (x \to x_0) \quad または \quad \lim_{x \to x_0} f(x) = A$$

で表す．

収束しない場合，**発散する**という．とくに，$x \to x_0$ のとき $f(x)$ の値が限りなく大きくなる場合，$f(x)$ は $x \to x_0$ のとき **∞ に発散する**（または ∞ を極限に持つ）といい，このことを

$$f(x) \to \infty \ (x \to x_0) \quad または \quad \lim_{x \to x_0} f(x) = \infty$$

で表す．$f(x)$ が $x \to x_0$ のとき **$-\infty$ に発散**することも同様に述べられる．

以上のことがらは，厳密には次のように定義される．

$\lim_{x \to x_0} f(x) = A$：任意の正数 ε に対して，ある正数 δ をとると

$$|f(x)-A| < \varepsilon \quad (0 < |x-x_0| < \delta) \tag{15}$$

が成り立つ．

$\lim_{x\to x_0} f(x)=\infty$：任意の数 K に対して，ある正数 δ をとると

$$f(x)>K \quad (0<|x-x_0|<\delta) \tag{16}$$

が成り立つ．

定　理 9　$x\to x_0$ のとき $f(x)$ が収束するための条件は，x_0 に収束するどんな数列 $\{x_n\}$（ただし，$x_n\neq x_0$）に対しても，数列 $\{f(x_n)\}$ が収束することである．

証明．　必要性：$f(x)\to A\ (x\to x_0)$ とする．$x_n\to x_0\ (n\to\infty)$，$x_n\neq x_0$ ならば，$f(x_n)\to A\ (n\to\infty)$ であることを示す．

任意の $\varepsilon>0$ をとる．仮定より，ある $\delta>0$ をとると

$$|f(x)-A|<\varepsilon \quad (0<|x-x_0|<\delta).$$

この δ に対して，ある N をとると $0\neq|x_n-x_0|<\delta\ (n\geqq N)$．

よって，$|f(x_n)-A|<\varepsilon\ (n\geqq N)$．

ゆえに，$f(x_n)\to A\ (n\to\infty)$．

十分性：まず，極限値 $\lim_{n\to\infty} f(x_n)$ が $\{x_n\}$ のとり方によらないことが次のようにしてわかる．x_0 に収束する他の数列 $\{x'_n\}$（$x'_n\neq x_0$）をとる．$\{x_n\}$，$\{x'_n\}$ の項を交互に並べてできる数列を $\{x''_n\}$ とする（すなわち，$x''_{2m-1}=x_m$，$x''_{2m}=x'_m\ (m\in \boldsymbol{N})$）．$x''_n\to x_0\ (n\to\infty)$，$x''_n\neq x_0$ であるから，仮定より $\lim_{n\to\infty} f(x''_n)=A$ が存在する．ところが $\{f(x_n)\}$，$\{f(x'_n)\}$ は $\{f(x''_n)\}$ の部分列であるから，$\lim_{n\to\infty} f(x_n)=\lim_{n\to\infty} f(x'_n)=A$．

さて，この共通の極限値をまた A で表すとして，$f(x)\to A\ (x\to x_0)$ であることを背理法で示そう．

$f(x)\to A\ (x\to x_0)$ が成り立たないとすると，ある $\varepsilon_0>0$ があって，どんな（小さな）$\delta>0$ に対しても，$|f(x)-A|<\varepsilon_0\ (0<|x-x_0|<\delta)$ は成り立たない．すなわち，$0<|x-x_0|<\delta$，$|f(x)-A|\geqq\varepsilon_0$ を満たす x が存在する．各 $n\in\boldsymbol{N}$ に対して，$\delta=1/n$ にこのことをあてはめて，

$0<|x_n-x_0|<1/n$，$|f(x_n)-A|\geqq\varepsilon_0$ を満たす数列 $\{x_n\}$ が存在する．

$x_n\to x_0\ (n\to\infty)$，$x_n\neq x_0$ であり，したがって $f(x_n)\to A\ (n\to\infty)$ でなければならないが，これは $|f(x_n)-A|\geqq\varepsilon_0$ と矛盾する．　▨

関数の極限についても数列の極限と同様なことが成り立つ．例えば

定　理 10　$\lim_{x \to x_0} f(x) = A$, $\lim_{x \to x_0} g(x) = B$ とすると

（1）$\lim_{x \to x_0} (f(x) \pm g(x)) = A \pm B$

（2）$\lim_{x \to x_0} cf(x) = cA$　（c 定数）

（3）$\lim_{x \to x_0} f(x)\,g(x) = AB$

（4）$\lim_{x \to x_0} g(x)/f(x) = B/A$　（ただし，$A \neq 0$）

証明．　前定理と 定理2から直ちに得られる．　■

問 22　$f(x) \to A$ $(x \to x_0)$，$A \neq 0$ のとき，$x = x_0$ の十分近くで $f(x)$ は 0 にならず，符号は A の符号と一致することを示せ．

問 23　次の極限値を求めよ．ただし，$a \neq 0$, m, $n \in \boldsymbol{N}$ とする．

（1）$\lim_{x \to a} \dfrac{x^n - a^n}{x - a}$　　（2）$\lim_{x \to a} \dfrac{x^m - a^m}{x^n - a^n}$

関数の極限に関する**コーシーの判定条件**は，次のようになる．

定　理 11　$x \to x_0$ のとき $f(x)$ が収束するための条件は，任意の正数 ε に対して，ある正数 δ をとると

$$|f(x) - f(x')| < \varepsilon \quad (0 < |x - x_0| < \delta,\ 0 < |x' - x_0| < \delta) \tag{17}$$

が成り立つことである．

証明．　必要性は数列の場合と同様であるから，定理9を用いて十分性を示す．$x_n \to x_0$ $(n \to \infty)$，$x_n \neq x_0$ として，数列 $\{f(x_n)\}$ が基本列であることを示せばよい．任意の $\varepsilon > 0$ をとる．これに対して (17) を満たす $\delta > 0$ をとる．$x_n \to x_0$，$x_n \neq x_0$ より，この δ に対して，ある N をとると

$$0 < |x_n - x_0| < \delta \quad (n \geqq N).$$

よって　$|f(x_m) - f(x_n)| < \varepsilon$ $(m, n \geqq N)$ が成り立ち，$\{f(x_n)\}$ は基本列となる．　■

例 12　$\lim_{x \to 0} \dfrac{\sin x}{x} = 1$

（証）　図において，$0 < x < \pi/2$ として，△OAB，扇形 OAB，△OAT の面積を比較して

$$\frac{1}{2}\sin x < \frac{1}{2}x < \frac{1}{2}\tan x.$$

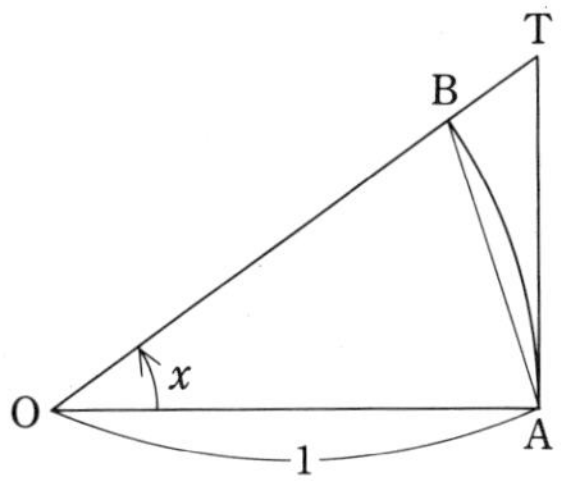

よって，$\cos x < \sin x/x < 1$ となる．

$\cos x$，$\sin x/x$ は偶関数であるから，上記の不等式は $0 < |x| < \pi/2$ で成り立つ．$x \to 0$ のとき $\cos x \to 1$ であるから，$\sin x/x \to 1$．

問 24 次の極限を求めよ．

（1） $\displaystyle\lim_{x\to 0}\frac{\sin bx}{\sin ax}$ $(a \neq 0)$

（2） $\displaystyle\lim_{x\to \pi/6}\frac{\sin(2x-\pi/3)}{x-\pi/6}$

（III） 片側極限

x を x_0 に近づけるとき，近づき方に制限をつけた極限を考えることがある．例えば，$x > x_0$ のもとで x を x_0 に近づけるとき，これを $\boldsymbol{x \to x_0+0}$ と表し，このときの関数 $f(x)$ の極限を $\displaystyle\lim_{x\to x_0+0} f(x)$ とかき，**右極限**と呼ぶ．厳密に述べると，$A \neq \pm\infty$ のとき

$\displaystyle\lim_{x\to x_0+0} f(x) = A$ とは：任意の正数 ε に対して，ある正数 δ をとると

$$|f(x)-A| < \varepsilon \quad (0 < x - x_0 < \delta)$$

が成り立つことである．

また，$x < x_0$ と制限することによって，**左極限** $\displaystyle\lim_{x\to x_0-0} f(x)$ が定義される．右極限と左極限を総称して**片側極限**という．なお，$x \to 0+0$，$x \to 0-0$ はそれぞれ $x \to +0$，$x \to -0$ と略記される．

注 $\displaystyle\lim_{x\to x_0+0} f(x)$，$\displaystyle\lim_{x\to x_0-0} f(x)$ はそれぞれ，$f(x_0+0)$，$f(x_0-0)$ ともかく．

例 13 $f(x)$ が (a, b) で単調のとき，$\displaystyle\lim_{x\to a+0} f(x)$，$\displaystyle\lim_{x\to b-0} f(x)$ がともに存在する．

（**証**） $f(x)$ を増加として，$\displaystyle\sup_{a<x<b} f(x) = A$ $(\leqq \infty)$ とおくと，$\displaystyle\lim_{x\to b-0} f(x) = A$ であることを示す．（$A < \infty$ のとき）任意の $\varepsilon > 0$ をとる．A の定義より，$A-\varepsilon < f(x_1)$ を満たす x_1 $(a < x_1 < b)$ が存在する．$\delta = b - x_1$ とおけば $\delta > 0$．$0 < b-x < \delta$ なる x につき，$x > b-\delta = x_1$ であるから，$A-\varepsilon < f(x_1) \leqq f(x)$．一方，$A$ の定義より，$f(x) \leqq A$．よって

$$|f(x)-A| < \varepsilon \qquad (0 < b-x < \delta)$$

が成り立つ．ゆえに，$\lim_{x \to b-0} f(x) = A$．

$A = \infty$ の場合も同様である．

問 25　$f(x)$ が (a, b) で狭義増加のとき，$a < c < b$ なる c につき

$$\lim_{x \to a+0} f(x) < f(c) < \lim_{x \to b-0} f(x)$$

問 26　$\lim_{x \to x_0} f(x)$ が存在するための条件は，$\lim_{x \to x_0+0} f(x)$，$\lim_{x \to x_0-0} f(x)$ がともに存在して一致することである．

問 27　$\lim_{x \to -1+0} \dfrac{x^3}{x+1}$，　$\lim_{x \to -1-0} \dfrac{x^3}{x+1}$ を求めよ．

（IV）　$\lim_{x \to \infty} f(x)$，$\lim_{x \to -\infty} f(x)$

$f(x)$ がある無限区間 (a, ∞) で定義されているとする．x の値を限りなく大きくしていくと，$f(x)$ の値が限りなく一定の値 A に近づくならば，$f(x)$ は $x \to \infty$ のとき**収束**して**極限値** A を持つという．また，$f(x)$ の値が限りなく大きくなる場合は，**∞ に発散する**という．厳密に述べると，

$\lim_{x \to \infty} f(x) = A$ とは：　任意の正数 ε に対して，ある数 K をとると

$$|f(x) - A| < \varepsilon \quad (x > K)$$

が成り立つことである．

また，$\lim_{x \to \infty} f(x) = \infty$ とは：　任意の数 L に対して，ある数 K をとると

$$f(x) > L \quad (x > K)$$

が成り立つことである．

$f(x)$ がある $(-\infty, a)$ で定義されているとき，同様に $\lim_{x \to -\infty} f(x)$ が考えられる．

例 14　$f(x) = x^n + ax^{n-1} + \cdots + l$（$n$ 次多項式）とすると

$$\lim_{x \to \infty} f(x) = \infty, \quad \lim_{x \to -\infty} f(x) = \begin{cases} \infty & (n：偶数) \\ -\infty & (n：奇数) \end{cases}$$

（**証**）　$x \to -\infty$ の場合だけ示す．

$\dfrac{f(x)}{x^n} = 1 + \dfrac{a}{x} + \cdots + \dfrac{l}{x^n}$ より $\lim_{x \to -\infty} \dfrac{f(x)}{x^n} = 1$．また $\lim_{x \to -\infty} x^n = \begin{cases} \infty & (n：偶数) \\ -\infty & (n：奇数) \end{cases}$

よって

$$\lim_{x \to -\infty} f(x) = \lim_{x \to -\infty} x^n \cdot \lim_{x \to -\infty} \frac{f(x)}{x^n} = \begin{cases} \infty \times 1 & (n：偶数) \\ -\infty \times 1 & (n：奇数) \end{cases}$$

問 28 次の極限を求めよ．

（1） $\lim_{x\to\infty}\sqrt{x}(\sqrt{x+1}-\sqrt{x})$ （2） $\lim_{x\to\infty}[\sqrt{x}]/\sqrt{[x]}$

$x\to\infty$ のときの**コーシーの判定条件**は次のようになる．

定 理 12 $x\to\infty$ のとき $f(x)$ が収束するための条件は，任意の正数 ε に対して，ある数 K をとると

$$|f(x)-f(x')|<\varepsilon \quad (x, x'>K) \tag{18}$$

が成り立つことである．

注 (18) は次のようにかくことができる．

$$|f(x+h)-f(x)|<\varepsilon \quad (x>K,\ h>0) \tag{19}$$

§4 連続関数

（I） 連続性

関数 $f(x)$ は $x=x_0$ の近くで定義されているとする．このとき

$$\lim_{x\to x_0} f(x)=f(x_0)$$

であるならば，$f(x)$ は $x=x_0$ で**連続**であるという．

すなわち，任意の正数 ε に対して，ある正数 δ をとると

$$|f(x)-f(x_0)|<\varepsilon \quad (|x-x_0|<\delta) \tag{20}$$

が成り立つことである．

さらに，前節定理 9 と同様に，これは次の条件と同値である．

$$x_n\to x_0 \quad \text{ならば，必ず} \quad f(x_n)\to f(x_0). \tag{21}$$

また，$x\to x_0+0$ (x_0-0) のとき，$f(x)\to f(x_0)$ であるならば，$f(x)$ は $x=x_0$ で**右連続**（**左連続**）であるという．

$f(x)$ が区間 I で定義されていて，I の各点で連続であるとき，$f(x)$ は **I 上で連続**であるという．ただし，I の端点が I に属しているとき，その端点では片側連続（左連続または右連続）でよい．

例 15 $f(x)=[x]$ について，$x_0\notin \boldsymbol{Z}$ のとき，$m<x_0<m+1$ $(m\in\boldsymbol{Z})$ とすると，$m<x<m+1$ において，$f(x)=m$ であるから $\lim_{x\to x_0} f(x)$

$= m = f(x_0)$.

次に，$x_0 \in \boldsymbol{Z}$ とすると，$x_0-1 < x < x_0$ で $f(x) = x_0-1$，$x_0 \leqq x < x_0+1$ で $f(x) = x_0$ であるから，$\lim_{x \to x_0-0} f(x) = x_0-1$，$\lim_{x \to x_0+0} f(x) = x_0 = f(x_0)$．よって $f(x)$ は整数以外の点で連続，整数の所では不連続であるが右連続である．

例 16　$f(x) = \begin{cases} x\,[1/x] & (x>0) \\ 1 & (x=0) \end{cases}$ は $x=0$ で(右)連続である．

（**証**）$0 < x < 1$ に対して，$n \in \boldsymbol{N}$ を $1/(n+1) < x \leqq 1/n$ と定めると，$n \leqq 1/x < n+1$．よってこのとき，$[1/x] = n$，$f(x) = nx$．よって

$$1/(n+1) < x \leqq 1/n \quad \text{のとき,} \quad n/(n+1) < f(x) \leqq 1\,.$$

$x \to +0$ とすれば，$n \to \infty$ より $n/(n+1) \to 1$，したがって $f(x) \to 1$.

定　理 13　（1）$f(x)$，$g(x)$ が $x = x_0$ で連続であるとき，$f(x) \pm g(x)$，$kf(x)$ (k 定数)，$f(x)g(x)$，$g(x)/f(x)$（ただし，$f(x_0) \neq 0$）も $x = x_0$ で連続である．商については，$f(x_0) \neq 0$ ならば $x = x_0$ の十分近くでは $f(x) \neq 0$ であるから，そこで $g(x)/f(x)$ は定義されることに注意する（問 22 参照）.

（2）二つの連続関数の合成関数は連続である．詳しく述べると，$y = f(x)$ の値域が $z = g(y)$ の定義域に含まれ，$f(x)$ が $x = x_0$ で連続で，$g(y)$ が $y_0 = f(x_0)$ で連続とすると，$(g \circ f)(x)$ は $x = x_0$ で連続である．

証明.　(1)は前節定理 10 から明らかである．

（2）$x_n \to x_0$ とすると，$y_n = f(x_n) \to y_0 = f(x_0)$．したがって，

$$(g \circ f)(x_n) = g(y_n) \to g(y_0) = (g \circ f)(x_0)\,. \qquad ▨$$

問 29　$f(x)$ が $x = x_0$ で連続ならば，$|f(x)|$ も $x = x_0$ で連続である．

（II）閉区間上での連続関数

次に，閉区間で連続な関数の性質を述べる．

定　理 14　中間値定理　関数 $f(x)$ は $I = [a, b]$ で連続とする．$f(a) \neq f(b)$ ならば，$f(x)$ は (a, b) で $f(a)$ と $f(b)$ の間の値をすべてとる．

証明.　$f(a) < f(b)$ として示す．$f(a) < c < f(b)$ なる c をとる．

$E=\{x\in I\,|\,f(x)\leqq c\}$ とおくと，$\sup E=x_0$ として $f(x_0)=c$ となることを示そう．上限の性質より，$x_n\to x_0$，$x_n\in E$ を満たす数列 $\{x_n\}$ が存在する．$f(x_n)\leqq c$ かつ $f(x_n)\to f(x_0)$ であるから，$f(x_0)\leqq c$．(とくに，$x_0\neq b$)．一方，$x'_n=x_0+(b-x_0)/n$ とおくと，$x_0<x'_n\leqq b$．よって $x'_n\notin E$，すなわち．$f(x'_n)>c$．$n\to\infty$ として $x'_n\to x_0$ より $f(x_0)\geqq c$．ゆえに $f(x_0)=c$. ▨

系 $f(a)$, $f(b)$ が異符号ならば，方程式 $f(x)=0$ は (a, b) において少なくとも一つ解を持つ．

問 30 $f(x)$ は $I=[0,1]$ で連続で，I 上 $0\leqq f(x)\leqq 1$ ならば，方程式 $f(x)=x$ は I において少なくとも一つ解を持つ．

定　理 15　最大値・最小値定理　閉区間 I で連続な関数 $f(x)$ はそこで最大値，最小値をとる．

証明． $M=\sup\{f(x)\,|\,x\in I\}$ とおく ($M\leqq\infty$)．上限の性質から，$f(x_n)\to M$ となる $x_n\in I\,(n\in \boldsymbol{N})$ がとれる．$\{x_n\}$ は有界であるから，ボルツァノ・ワイエルストラスの定理（§2 定理 5）により，収束部分列を持つ．その一つを $\{x_{n_k}\}_{k=1}^{\infty}$ とし，$x_{n_k}\to x_0$ $(k\to\infty)$ とする．

$x_0\in I$ であり，$f(x_{n_k})\to M$ $(k\to\infty)$，一方，連続性より $f(x_{n_k})\to f(x_0)$ $(k\to\infty)$ でもあるので，$f(x_0)=M$ を得る．ゆえに，$M<\infty$ で M は f の I における最大値である．

最小値についても同様である． ▨

系 1 閉区間で連続な関数はそこで有界である．

前定理と併せて，

系 2 閉区間で連続な関数の値域は閉区間である．

問 31 $f(x)=x^{2n}+\cdots$ ($2n$ 次多項式) は $(-\infty,\ \infty)$ 上で最小値をとる．

一様連続性　閉区間での連続性は単なる連続の定義を越えた性質を持つ．区間 I で関数 $f(x)$ が連続であるとは，I の各点で連続であることであった．定義に帰っていえば，任意の $x\in I$ と任意の正数 ε に対して，ある正数 δ

をとれば，$|x'-x|<\delta$ なるすべての x' に対して，$|f(x')-f(x)|<\varepsilon$ が成り立つ．

ここで，δ は ε によるが，それ以前にどの点 $x\in I$ での連続性を考えるのかにより，x のとり方にも左右されるはずである．

実例でみてみよう．$I=(0,\infty)$，$f(x)=x^2$ とする．$|x'-x|<\delta$ を満たす x' として，とくに $x'=x+\delta/2$ をとる．このとき，$|x'^2-x^2|=\delta(x+\delta/4)<\varepsilon$ が成り立つためには，$\delta<\varepsilon/(x+\delta/4)<\varepsilon/x$ が必要で，ε を固定しておいても x が大きいと δ は小さくとらなければならない．しかし，I が閉区間のときは，δ は $x\in I$ によらず ε だけに対応して決めることができる．すなわち，

定　理 16　関数 $f(x)$ を閉区間 I 上で連続とすると，次が成り立つ．

任意の正数 ε に対して，ある正数 δ をとると，

$$|f(x')-f(x)|<\varepsilon \quad (|x'-x|<\delta,\quad x,x'\in I) \tag{22}$$

が成り立つ．

これは，δ が各 $x\in I$ に対して一様にとれることをいっているので，この性質を f の I における**一様連続性**という．

証明．背理法で証明する．もし結論が成り立たないとすると，ある正数 ε に対しては，どんな正数 δ をとっても (22) は成立しない．すなわち，

$$|x'-x|<\delta, \qquad |f(x')-f(x)|\geqq\varepsilon$$

を満たす $x,x'\in I$ が存在する．

$\delta=1/n$ ($n\in \boldsymbol{N}$) としたとき，上記の不等式を満たす x',x の一組を x'_n，x_n とする．数列 $\{x_n\}$ は有界であるから，ある部分列 $\{x_{n_k}\}_{k=1}^{\infty}$ は収束する．$x_{n_k}\to x_0$ ($k\to\infty$) とすれば，$x_0\in I$ で

$$|x'_{n_k}-x_0|\leqq|x'_{n_k}-x_{n_k}|+|x_{n_k}-x_0|<1/n_k+|x_{n_k}-x_0|$$

により，$x'_{n_k}\to x_0$ ($k\to\infty$)．

連続性から，$k\to\infty$ のとき，$f(x_{n_k})\to f(x_0)$ かつ $f(x'_{n_k})\to f(x_0)$，よって $f(x'_{n_k})-f(x_{n_k})\to 0$．しかし，$|f(x'_{n_k})-f(x_{n_k})|\geqq\varepsilon$ であったから，これは矛盾．　■

問 32　$f(x)=\sin(1/x)$ は $(0,1)$ で一様連続ではない．

問 33　$f(x)$ が開区間 $I=(a,b)$ で一様連続ならば，有限な極限

$$\lim_{x\to a+0}f(x), \qquad \lim_{x\to b-0}f(x) \quad \text{が存在する．}$$

（III）　単調関数の連続性

定　理 17　$I=[a,b]$ における単調関数 $f(x)$ が，$f(a)$ と $f(b)$ の間にある値をすべてとれば，I で連続である．

証明．　f を I で増加として証明しよう．

$a<x_0\leqq b$ とすると，$f(x)$ は $x=x_0$ で左連続となることを示す．

例 13 から左極限 $f(x_0-0)$ が存在して，$f(x_0-0)\leqq f(x_0)$ が成り立つ．

$[a,x_0)$ で $f(x)\leqq f(x_0-0)$，$[x_0,b]$ で $f(x_0)\leqq f(x)$ であるから，もし $f(x_0-0)<f(x_0)$ ならば，f はこの間にある値をとらないことになって仮定に反する．ゆえに，$f(x_0-0)=f(x_0)$．

同様にして，$a\leqq x_0<b$ なるすべての x_0 に対して，$f(x_0)=f(x_0+0)$ となることが示される．　■

系　閉区間 I における狭義単調関数 f が連続ならば，逆関数 f^{-1} も連続である．

証明．　f の値域を J とすると，定理 15 系 2 より J は閉区間で，f^{-1} は J を定義域とし，I を値域とする狭義単調関数となるから連続である．

問 34　$I=(a,b)$ $(a=-\infty$ または $b=\infty$ でもよい) における連続な狭義単調関数 f の逆関数 f^{-1} も連続となる．

§5　指数関数，対数関数，逆三角関数

（I）　指 数 関 数

（A）　$a>0$ とする．有理数 $r=q/p$ $(p\in\boldsymbol{N},\ q\in\boldsymbol{Z})$ に対して，$\xi=a^r$ を方程式 $x^p=a^q$ の正の解として定義する．関数 x^p は $[0,\infty)$ で狭義増加かつ $\lim_{x\to\infty}x^p=\infty$ であるから，ξ はただ一つ定まる．

r の別の表示 $r\,(=q/p)=q'/p'$ に対して，$x^{p'}=a^{q'}$ の正の解を ξ' とすると，$pq'=p'q=n$ として，ξ,ξ' はともに $x^n=a^{qq'}$ の解であるから，ξ と ξ' は一致する．すなわち，a^r が一意に定義される．

このとき，次の指数法則が成り立つ．$a,b>0,\ r,s\in\boldsymbol{Q}$ として

$$\begin{aligned}&\text{(i)}\ \ a^r\cdot a^s=a^{r+s}\qquad \text{(ii)}\ \ (a^r)^s=a^{rs}\qquad \text{(iii)}\ \ (ab)^r=a^rb^r\\&\text{(iv)}\ \ a>1,\ r>0\ \text{のとき}\ a^r>1.\end{aligned}\tag{23}$$

したがって，a^r は $r\in\boldsymbol{Q}$ の増加関数となる．

（B）　a^x をすべての実数 x にまで拡張して，上記の性質（i）～（iv）が満たされるよ

うにできる.

$a>1$ とし, ξ を無理数とする. ξ に収束する有理数の増加列 $\{r_n\}$ をとる. ξ より大きい自然数 k を一つとると, $a^{r_n}<a^k$ であるから, $\{a^{r_n}\}$ は有界な増加列となる. したがって, 有限な $\lim_{n\to\infty} a^{r_n}$ が存在する. この値を a^ξ の値と定める. これは, ξ だけによって, $\{r_n\}$ のとり方によらないことが次のようにして示される.

同じく, $r'_n\to\xi$ としよう. 固定した n に対して, 十分大きな m について, $r_n<r'_m$ が成り立ち, $a^{r_n}<a^{r'_m}$. ここで, $m\to\infty$ として, $a^{r_n}\leqq\lim_{m\to\infty} a^{r'_m}$. 次に, $n\to\infty$ として, $\lim_{n\to\infty} a^{r_n}\leqq\lim_{m\to\infty} a^{r'_m}$ を得る.

$\{r_n\}$ と $\{r'_m\}$ の役割を交換して逆向きの不等式を得る.

$a=1$ のときは $a^\xi=1$, $0<a<1$ のときは $a^\xi=(1/a)^\xi$ と定義する.

指数法則 (23) の (i),(iii),(iv) がすべての実数 r, s に対して成り立つことが容易にわかる. ((ii) については問 35 参照)

(C)　指数関数 $y=a^x$ $(a>0)$ は $(-\infty,\infty)$ 上で連続である. また

$a>1$ のとき狭義増加で

$$\lim_{x\to\infty} a^x=\infty,\qquad \lim_{x\to-\infty} a^x=0. \tag{24}$$

$0<a<1$ のとき狭義減少で

$$\lim_{x\to\infty} a^x=0,\qquad \lim_{x\to-\infty} a^x=\infty. \tag{25}$$

$a>1$ の場合に証明しよう. $x<x'$ とする. $x<r<x'$ となる $r\in\boldsymbol{Q}$ をとれば, 定義から明らかに $a^x\leqq a^r<a^{x'}$. よって, a^x は狭義増加である. 次に, $\lim_{n\to\infty} a^n=\infty$ および a^x の単調性から $\lim_{x\to\infty} a^x=\infty$ を得る. また, $\lim_{n\to\infty} a^{-n}=0$ から $\lim_{x\to-\infty} a^x=0$ を得る.

最後に連続性を示す. $1<a^{1/n}<n^{1/n}$ $(n>a)$ および $\lim_{n\to\infty} n^{1/n}=1$ (§2 例1) により $\lim_{n\to\infty} a^{1/n}=1$.

$a^{-1/n}<a^h<a^{1/n}$ $(|h|<1/n)$ より $\lim_{h\to 0} a^h=1$ を得る.

これから $x_0\in\boldsymbol{R}$ に対して, $\lim_{x\to x_0} a^x=a^{x_0}\lim_{x\to x_0} a^{x-x_0}=a^{x_0}\cdot 1=a^{x_0}$

問 35　指数関数の連続性により, $(a^x)^y=a^{xy}$ $(a>0)$ を証明せよ.

(最初に $y\in\boldsymbol{Q}$ の場合に示せ.)

(II)　対数関数

$a>0$, $a\neq 1$ のとき前節 (III) より, 指数関数 $y=a^x$ の逆関数として, a を底とする対数関数 $y=\log_a x$ が定義される. これは $(0,\infty)$ を定義域とし, $(-\infty,\infty)$ を値域とする狭義単調な連続関数である. とくに, §2 例5 で定義された e を底とする対数を**自然対数**と呼ぶ. 底 e を省略して $\log x$ とかく.

問 36 次の等式を証明せよ（ただし，$a, b, c > 0$, $c \neq 1$ とする）.

（1） $a = e^{\log a}$

（2） $\log a^x = x \log a$

（3） $a^x = e^{x \log a}$

（4） $\log ab^{\pm 1} = \log a \pm \log b$

（5） $\log_c a = \log a / \log c$

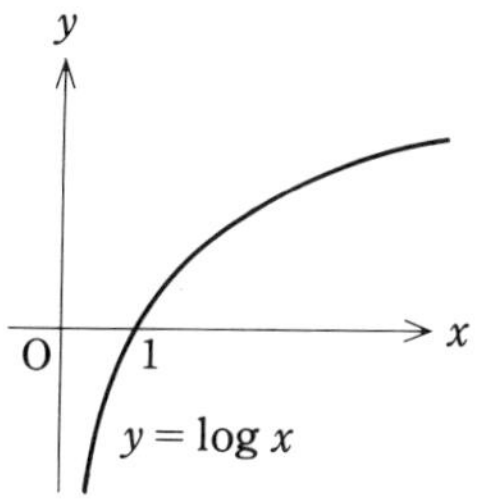

例 17 （1） $\lim_{x \to \pm\infty} (1+1/x)^x = e$

$$\left(\lim_{|x| \to \infty} (1+1/x)^x = e\right)$$

（2） $\lim_{h \to 0} \dfrac{\log(1+h)}{h} = 1$　　（3） $\lim_{h \to 0} \dfrac{e^h - 1}{h} = 1$

（**証**）（1） §2 例5から導く．$x > 1$ として $[x] = n$ とおく．$n \leqq x < n+1$ より

$$\left(1+\frac{1}{n+1}\right)^n < \left(1+\frac{1}{x}\right)^x < \left(1+\frac{1}{n}\right)^{n+1}. \tag{26}$$

第1項は $\left(1+\dfrac{1}{n+1}\right)^{n+1}\left(1+\dfrac{1}{n+1}\right)^{-1}$， 第3項は $\left(1+\dfrac{1}{n}\right)^n\left(1+\dfrac{1}{n}\right)$ とかけるから，$x \to \infty$ のとき（$n \to \infty$ で）ともに e に収束する．

よって，$x \to \infty$ のとき，$\left(1+\dfrac{1}{x}\right)^x \to e$.

次に，$x \to -\infty$ のとき $-x = t$ とおくと，$t \to \infty$ で

$$\left(1+\frac{1}{x}\right)^x = \left(1-\frac{1}{t}\right)^{-t} = \left(\frac{t}{t-1}\right)^t = \left(1+\frac{1}{t-1}\right)^{t-1}\left(1+\frac{1}{t-1}\right) \tag{27}$$

により $\left(1+\dfrac{1}{x}\right)^x \to e$.

（2） $h \to 0$ のとき，$|1/h| \to \infty$ であるから，（1）より $(1+h)^{1/h} \to e$.
対数関数の連続性から（$h \to 0$ のとき）

$$\frac{1}{h}\log(1+h) = \log(1+h)^{1/h} \to \log e = 1$$

（3） $e^h - 1 = u$ とおくと， $h = \log(1+u)$.
$h \to 0$ のとき $u \to 0$ であるから，(2) により

$$(e^h - 1)/h = u/\log(1+u) \to 1.$$

問 37 次の極限値を求めよ．

（1） $\lim_{x \to \pm\infty} (1+a/x)^x$　　（2） $\lim_{x \to 0} (1+\sin x)^{1/x}$

（3） $\lim_{n \to \infty} n(\sqrt[n]{a} - 1)$ $(a > 0)$　　（4） $\lim_{x \to \infty} x^{1/x}$

(III) 逆三角関数

原点Oを中心とする単位円 $x^2+y^2=1$ 上に点 $P(x, y)$ をとり，OP と x 軸の正の部分とのなす一般角を θ とすると，$x=\cos\theta$，$y=\sin\theta$ となる．これから，$\sin\theta$ は $[-\pi/2, \pi/2]$ で増加で，そこでの値域は $[-1, 1]$ となることがわかる．よって，前節定理17により $\sin\theta$ は $[-\pi/2, \pi/2]$ で連続である．同様に，$\sin\theta$ は $[\pi/2, 3\pi/2]$ でも連続となり，併せて $[-\pi/2, 3\pi/2]$ で連続となる．$\sin\theta$ は周期 2π を持つので，以上から $\sin\theta$ は $(-\infty, \infty)$ で連続となる．同様に，$\cos\theta$ も $(-\infty, \infty)$ で連続であることがわかる．前節定理 13 (1) により

$\tan\theta=\sin\theta/\cos\theta$，　　$\mathbf{cosec}\,\boldsymbol{\theta}=1/\sin\theta$，

$\mathbf{sec}\,\boldsymbol{\theta}=1/\cos\theta$，　　$\mathbf{cot}\,\boldsymbol{\theta}=\cos\theta/\sin\theta\ (=1/\tan\theta)$

はすべて分母を0としない点で連続となる．$\mathrm{cosec}\,\theta$，$\sec\theta$，$\cot\theta$ をそれぞれ角 θ の**余割**，**正割**，**余接**という．

$x=\sin\theta$ の逆関数 $\theta=\sin^{-1}x$ を**逆正弦関数（アークサイン）**という．これは一般には，無限多価である．$x=\sin\theta$ は $[-\pi/2, \pi/2]$ で狭義増加であるから，逆関数の値を $-\pi/2\leqq\theta\leqq\pi/2$ と制限すれば，前節定理17系により，$\theta=\sin^{-1}x$ は（一価な）連続関数となる．この値を逆正弦関数の**主値**と呼ぶ．

同様に**逆余弦関数（アークコサイン）$\boldsymbol{\cos^{-1}x}$**，**逆正接関数（アークタンジェント）$\boldsymbol{\tan^{-1}x}$** の主値を定める（表参照）．

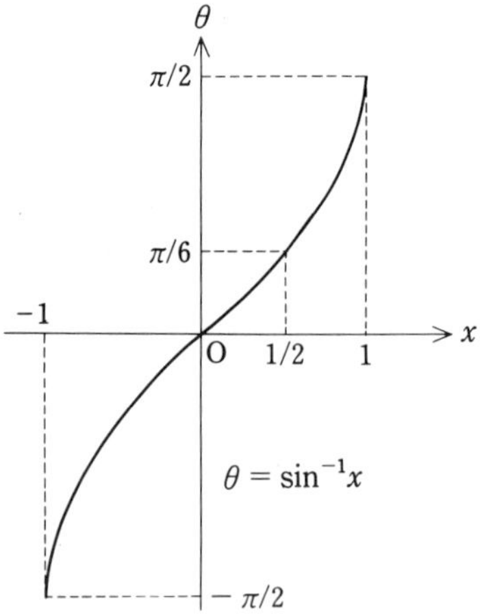

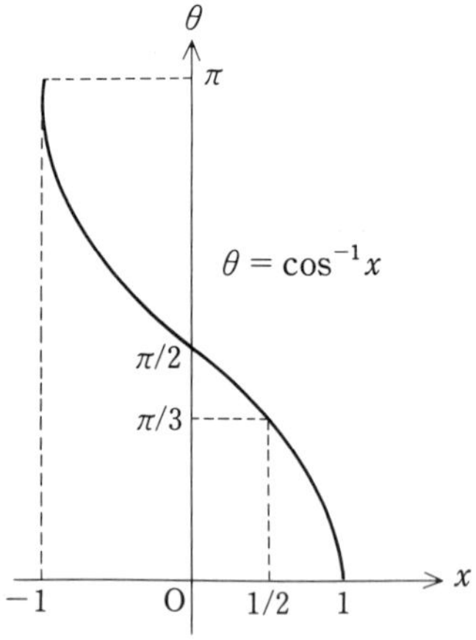

逆三角関数	定義域	主値
$\theta=\sin^{-1}x$	$-1\leqq x\leqq 1$	$-\pi/2\leqq\theta\leqq\pi/2$
$\theta=\cos^{-1}x$	$-1\leqq x\leqq 1$	$0\leqq\theta\leqq\pi$
$\theta=\tan^{-1}x$	$-\infty<x<\infty$	$-\pi/2<\theta<\pi/2$

以下，**逆三角関数は主値をとるものとする.**

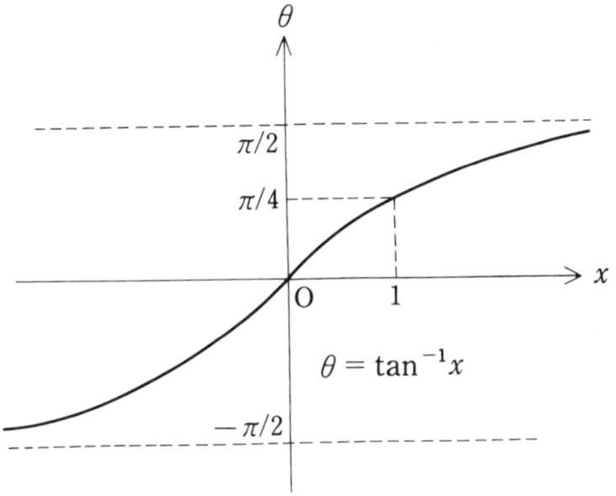

問 38　次の等式を証明せよ.

（1）　$\cos\ (\sin^{-1}x)=\sqrt{1-x^2}$　$(-1\leqq x\leqq 1)$

（2）　$\sin^{-1}x+\cos^{-1}x=\pi/2$　$(-1\leqq x\leqq 1)$

（3）　$\tan^{-1}x+\tan^{-1}1/x=\begin{cases}\pi/2 & (x>0)\\ -\pi/2 & (x<0)\end{cases}$

（4）　$\tan^{-1}1/2+\tan^{-1}1/3=\pi/4$

（5）　$\displaystyle\lim_{x\to 0}\frac{\sin^{-1}x}{x}=1$

演習問題

A

1.　次の集合はどのような集合か.

（1）　$\displaystyle\bigcup_{n=1}^{\infty}\left[1,\ 2-\frac{1}{n}\right]$　　（2）　$\displaystyle\bigcap_{n=1}^{\infty}\left[1,\ 1+\frac{1}{n}\right]$

（3）　$\displaystyle\bigcap_{n=1}^{\infty}\left(1,\ 1+\frac{1}{n}\right)$　　（4）　$\displaystyle\bigcap_{n=1}^{\infty}\left[1+\frac{1}{n},\ 2+\frac{1}{n}\right]$

2.　次の集合の上限，下限を求めよ.

（1）　$\left\{\dfrac{n-1}{n}\,\middle|\,n\in\boldsymbol{N}\right\}$　　（2）　$\left\{\dfrac{m}{m+n}\,\middle|\,m,\ n\in\boldsymbol{N}\right\}$

（3）　$\left\{\dfrac{1}{m}+(-1)^{n+1}\dfrac{1}{n}\,\middle|\,m,\ n\in\boldsymbol{N}\right\}$　　（4）　$\{x\in\boldsymbol{Q}\mid x^2<x+2\}$

3.　一般項 a_n が次の式で表される数列の極限を求めよ（ただし a は定数，(7)(8) では $m\in\boldsymbol{N}$ とする).

（1）　$\dfrac{1^2+3^2+\cdots+(2n-1)^2}{n^3}$　　（2）　$\dfrac{1}{1\cdot 2}+\dfrac{1}{2\cdot 3}+\cdots+\dfrac{1}{n(n+1)}$

（3）　$n\left(\sqrt{1+\dfrac{1}{n}}-1\right)$　　（4）　$3^n+n(-2)^n$

（5）　$n\sin\dfrac{\pi}{n}$　　（6）　$\left(1+\dfrac{a}{\sqrt{n}}\right)^n$

（7）　$n\left\{\left(1+\dfrac{a}{n}\right)^m-1\right\}$　　（8）　$n^2\left\{\left(1+\dfrac{a}{n}\right)^m-1-\dfrac{ma}{n}\right\}$

4．　次を証明せよ．ただし，a_k はすべて正とする．

（1）　$(1+a_1)(1+a_2)\cdots(1+a_n)>1+a_1+a_2+\cdots+a_n$

（2）　$(1-a_1)(1-a_2)\cdots(1-a_n)<\dfrac{1}{1+a_1+a_2+\cdots+a_n}$　$(0<a_k<1)$

（3）　$\lim\limits_{n\to\infty}(1+x)(1+\dfrac{x}{2})\cdots(1+\dfrac{x}{n})=\infty$ $(x>0)$，0 $(x<0)$

5．　$a, b, c>0$ とするとき，次の極限値を求めよ．

（1）　$\lim\limits_{n\to\infty}\dfrac{a^{n+1}}{a^n+1}$　　（2）　$\lim\limits_{n\to\infty}\dfrac{a^n-a^{-n}}{a^n+a^{-n}}$

（3）　$\lim\limits_{n\to\infty}\dfrac{a^n-b^n}{a^n+b^n}$　　（4）　$\lim\limits_{n\to\infty}\sqrt[n]{a^n+b^n+c^n}$

6．　$\theta\neq k\pi$ $(k\in \boldsymbol{Z})$ のとき，数列 $\{\sin n\theta\}$ は発散する．

7．　$\varphi_n(x)=a_nx^2+b_nx+c_n$ $(n\in \boldsymbol{N})$ とする．異なる三つの値 α, β, γ があって，数列 $\{\varphi_n(\alpha)\}$，$\{\varphi_n(\beta)\}$，$\{\varphi_n(\gamma)\}$ がすべて収束するならば，数列 $\{a_n\}$，$\{b_n\}$，$\{c_n\}$ もすべて収束する．

8．　p は $|p|<1/2$ なる定数で，数列 $\{a_n\}$，$\{b_n\}$，$\{c_n\}$ があって，これらが各 $n\in \boldsymbol{N}$ に対して，次の三つの関係式を満たすとする．

$$a_{n+1}=p(b_n+c_n),\qquad b_{n+1}=p(c_n+a_n),\qquad c_{n+1}=p(a_n+b_n)$$

このとき

$$\lim_{n\to\infty}a_n=\lim_{n\to\infty}b_n=\lim_{n\to\infty}c_n=0$$

となる．

9．　A を正の定数として，$a_1=1$，$a_{n+1}=\sqrt{a_n+A}$ $(n\in \boldsymbol{N})$ で定められる数列 $\{a_n\}$ は増加数列であることを示し，その極限値を求めよ．

10．　a_1，$b_1>0$，　$a_{n+1}=\dfrac{a_n+b_n}{2}$，　$b_{n+1}=\sqrt{a_nb_n}$　$(n\in \boldsymbol{N})$ で定められる数列 $\{a_n\}$，$\{b_n\}$ は同じ値に収束する．この値を a_1，b_1 の**算術幾何平均**という．

11．　次の級数の収束する x の範囲とその和を求めよ．

（1）　$\sum\limits_{n=1}^{\infty}x^{2n-1}$　　（2）　$\sum\limits_{n=0}^{\infty}\dfrac{x^n}{a^{n+1}}$　$(a>0)$

（3）$\sum_{n=1}^{\infty}(3^n-2^n)x^{n-1}$　　（4）$\sum_{n=1}^{\infty}\frac{x^{2^{(n-1)}}}{1-x^{2^n}}$

12. 次の極限値を求めよ.

（1）$\lim_{x\to 0}\frac{e^{2x}-1}{e^{3x}-1}$　（2）$\lim_{x\to 0}(1+x+x^2)^{1/x}$　（3）$\lim_{x\to 1}x^{1/(1-x)}$

（4）$\lim_{x\to 0}\frac{1-\cos x}{x^2}$　（5）$\lim_{x\to 0}\frac{\sin x-\tan x}{x^3}$　（6）$\lim_{x\to 0}\sqrt{|x|}\sin\frac{1}{x}$

13. 原点に関して対称な区間で定義された関数 $f(x)$ は $f(x)=g(x)+h(x)$, $g(x)$ 偶関数, $h(x)$ 奇関数の形に一意的に表されることを証明せよ.

次に $[-\pi,\pi]$ で定義された関数 $f(x)=2\sin x$ $(0\leqq x\leqq\pi)$, $=0$ $(-\pi\leqq x\leqq 0)$ に対して, $g(x)$, $h(x)$ を求め, なるべく簡単な式で表せ.

14. （1） $\max\{a,b\}=\frac{a+b+|a-b|}{2}$,　$\min\{a,b\}=\frac{a+b-|a-b|}{2}$ を確かめよ.

（2） 関数 $f(x)$, $g(x)$ がともに連続ならば, 関数 $(f\vee g)(x)=\max\{f(x),g(x)\}$, $(f\wedge g)(x)=\min\{f(x),g(x)\}$ も連続となる.

15. 区間 I 上で関数 $f(x)$, $g(x)$ がともに連続であって, 各 $x\in \boldsymbol{Q}\cap I$ に対して $f(x)=g(x)$ が成り立つならば, I 上 $f(x)=g(x)$.

16. （I） $\sinh x=\frac{e^x-e^{-x}}{2}$,　$\cosh x=\frac{e^x+e^{-x}}{2}$,　$\tanh x=\frac{e^x-e^{-x}}{e^x+e^{-x}}$

で定義される関数を**双曲線関数**という. これに対して次の式を示せ.

（1） $\cosh^2 x-\sinh^2 x=1$

（2） $\sinh(x\pm y)=\sinh x\cosh y\pm\cosh x\sinh y$

（3） $\cosh(x\pm y)=\cosh x\cosh y\pm\sinh x\sinh y$

（4） $\lim_{x\to 0}\frac{\sinh x}{x}=1$

（II） $\cosh x$ (ただし, $x>0$), $\sinh x$, $\tanh x$ の逆関数を**逆双曲線関数**といい, それぞれ $\cosh^{-1}x$, $\sinh^{-1}x$, $\tanh^{-1}x$ とかく. このとき, 次の式を証明せよ.

（1） $\sinh^{-1}x=\log(x+\sqrt{x^2+1})$　$(-\infty<x<\infty)$

（2） $\cosh^{-1}x=\log(x+\sqrt{x^2-1})$　$(x\geqq 1)$

（3） $\tanh^{-1}x=\frac{1}{2}\log\frac{1+x}{1-x}$　$(|x|<1)$

17. $\sin^{-1}\sqrt{1-x^2}=\begin{cases}\cos^{-1}x & (0\leqq x\leqq 1)\\ \pi-\cos^{-1}x & (-1\leqq x\leqq 0)\end{cases}$ を示せ.

B

18. $E,F\subset\boldsymbol{R}$ に対して, 次の式を証明せよ. ただし E,F は空集合でないとする.

（1） $\sup\{kx\mid x\in E\}=k\sup E$　$(k>0)$

（2）$\sup\{x+y \mid x \in E,\ y \in F\} = \sup E + \sup F$

19. （1）$\displaystyle\lim_{n\to\infty}\frac{1}{n}\left(1+\frac{1}{2}+\cdots+\frac{1}{n}\right)=0$　（2）$\displaystyle\lim_{n\to\infty}\sqrt[n]{n!}=\infty$

（3）$\displaystyle\lim_{n\to\infty}\sqrt[n^2]{n!}=1$　（4）$\displaystyle\lim_{n\to\infty}\frac{n}{\sqrt[n]{n!}}=e$

20. $a_1 = 2a > 0,\quad a_{n+1} = 2a + \dfrac{1}{a_n}$ で定義される数列 $\{a_n\}$ は収束する．

21. （1）正項級数 $\displaystyle\sum_{k=1}^{\infty} p_k$ は発散して，数列 $\{a_k\}$ は α に収束するならば

$$\lim_{n\to\infty}\left\{\sum_{k=1}^{n} p_k a_k \middle/ \sum_{k=1}^{n} p_k\right\} = \alpha$$

（2）$m \in \boldsymbol{N}$ のとき，$\displaystyle\lim_{n\to\infty}\left\{\sum_{k=1}^{n} k^m \middle/ n^{m+1}\right\} = \frac{1}{m+1}$．

22. $a_n > 0\ (n \in \boldsymbol{N})$ として次を証明せよ．

（1）$\displaystyle\lim_{n\to\infty} a_n = \alpha$　ならば　$\displaystyle\lim_{n\to\infty}\sqrt[n]{a_1 a_2 \cdots a_n} = \alpha$．

（2）$\displaystyle\lim_{n\to\infty} a_{n+1}/a_n = \alpha$　ならば　$\displaystyle\lim_{n\to\infty}\sqrt[n]{a_n} = \alpha$．

23. a は $|a|<1$ を満たす定数，b, x_1 を任意の実数とするとき，$x_{n+1} = a\sin x_n + b$ で定められる数列 $\{x_n\}$ は，方程式 $x = a\sin x + b$ のただ一つの解 ξ に収束する．

24. 数列 $\{x_n\}$，$\{y_n\}$ は $x_n,\ y_n \geqq 0,\quad x_{n+1}{}^2 + y_{n+1}{}^2 \leqq x_n y_n + \dfrac{x_n{}^2 + y_n{}^2}{2}\ (n \in \boldsymbol{N})$ を満たすとする．このとき，$\{x_n\}$，$\{y_n\}$ は共通の値に収束する．

25. （1）$a_n \to \infty\ (n \to \infty)$ とするとき，数列 $\{x_n\}$ に対して

$\displaystyle\lim_{n\to\infty}\left(1+\frac{x_n}{a_n}\right)^{a_n} = e^x$ となるための条件は，$\displaystyle\lim_{n\to\infty} x_n = x$．

（2）$\displaystyle\lim_{x\to\infty}\left(\cos\frac{a}{x}\right)^{x^2}$ を求めよ．

26. 自然数で，十進法表示したとき0が現れないものを小さい順に並べてできる数列を $\{a_n\}$ とするとき，正項級数 $\sum 1/a_n$ は収束する．

27. 閉区間の列 $I_n = [a_n,\ b_n]\ (n \in \boldsymbol{N})$ において，$I_{n+1} \subset I_n\ (n \in \boldsymbol{N})$ であるとき，すべての I_n に含まれる数が少なくとも一つ存在する．

（縮小区間列に関するカントールの定理）

28. $f(x) = \begin{cases} 1 & (x=0) \\ 1/p & (x \in \boldsymbol{Q},\ x = q/p\ \text{（既約分数，}p>0\text{）}) \\ 0 & (x \notin \boldsymbol{Q}) \end{cases}$

で定義される関数 $f(x)$ は有理数で不連続，無理数で連続である．

29. $\boldsymbol{R}$ 上で定義された関数 $f(x)$ が任意の $x,\ y \in \boldsymbol{R}$ に対して $f(x+y) = f(x) + f(y)$ を満たし，さらに次の (1) または (2) を満たすとき，$f(x) = ax$（a 定数）

（1）$f(x)$ は $\boldsymbol{R}$ 上連続．　（2）$x \geqq 0$ のとき $f(x) \geqq 0$．

30. $\boldsymbol{R}$ 上の連続関数 $f(x)$ が任意の $x,\ y \in \boldsymbol{R}$ に対して，$f(x+y)=f(x)f(y)$ を満たすとき，$f(x)\equiv 0$ または $f(x)=a^x$ （a 正定数）.

31. $2n$ 次の多項式 $f(x)$ が負の値をとらないとき，$f(x)$ はいくつかの多項式の平方の和でかけることを，n についての帰納法で証明せよ.

32. $f(x),\ g(x)$ を $\boldsymbol{R}$ 上の連続関数とすると，任意の $c \in \boldsymbol{R}$ に対して

（1） 集合　$\{x \mid f(x) \leqq c\}$，　$\{x \mid f(x)=g(x)\}$　は閉集合である.

（2） 集合　$\{x \mid f(x) > c\}$，　$\{x \mid f(x) \neq g(x)\}$　は開集合である.

33. $E_n\,(n \in \boldsymbol{N})$ は空でない有界な閉集合で，$E_1 \supset E_2 \supset \cdots$ とすると，$\bigcap_{n=1}^{\infty} E_n \neq \phi$.
（問題 27 の一般化）

2 微分とその応用

§1 微分係数，導関数

関数 $y=f(x)$ は $x=x_0$ の近くで定義されているとする．このとき，有限な極限値

$$\lim_{x\to x_0}\frac{f(x)-f(x_0)}{x-x_0}=\lim_{h\to 0}\frac{f(x_0+h)-f(x_0)}{h} \tag{1}$$

が存在するならば，$f(x)$ は $x=x_0$ で**微分可能**であるといい，この極限値を $f(x)$ の $x=x_0$ における**微分係数**と呼び，$f'(x_0)$ とかく．

これは，$x=x_0$ における x の増分 $x-x_0$ を Δx，それに対応する y の増分 $f(x)-f(x_0)$ を Δy とかくとき，$\Delta x\to 0$ とするときの増分の比の極限 $\lim\limits_{\Delta x\to 0}\Delta y/\Delta x$ を表している．x_0 を固定しておけば，Δy は Δx の関数と考えられる．微分可能性を次のようにいい換えることができる．

定　理 1　関数 $y=f(x)$ が $x=x_0$ で微分可能であるための条件は，ある定数 A が存在して

$$\Delta y\equiv f(x_0+\Delta x)-f(x_0)=A\,\Delta x+\varepsilon\Delta x \tag{2}$$

ただし，$\Delta x=0$ のとき $\varepsilon=0$ とする，

とかくとき，$\Delta x\to 0$ のとき $\varepsilon\to 0$ となることである．

証明． **必要性**：$A=f'(x_0)$ とおけば，$\varepsilon=\Delta y/\Delta x-f'(x_0)\to 0\ (\Delta x\to 0)$．
十分性：$\varepsilon=\Delta y/\Delta x-A\to 0\ (\Delta x\to 0)$ より，$\Delta y/\Delta x\to A$．
したがって，x_0 で微分可能で $f'(x_0)=A$ となる．　■

系　$f(x)$ が $x=x_0$ で微分可能ならば，$x=x_0$ で連続である．

（証）　(2) において，$\Delta x\to 0$ のとき $\Delta y\to 0$ となるから．

増分のとり方を制限して

$$\lim_{h\to+0}\frac{f(x_0+h)-f(x_0)}{h}, \qquad \text{または} \qquad \lim_{h\to-0}\frac{f(x_0+h)-f(x_0)}{h} \tag{3}$$

が存在するとき，$f(x)$ は $x=x_0$ で**右微分可能**または**左微分可能**であるといい，この極限値を**右微分係数，左微分係数**と呼び，それぞれ $f'_+(x_0)$，$f'_-(x_0)$ で表す．左右の微分係数を総称して**片側微分係数**と呼ぶ．微分可能であるとは，左右の微分係数がともに存在して，それらが一致することである．

例 1 $f(x)=|x|$ の $x=0$ における微分可能性を調べよ．

(解)

$$f'_+(0)=\lim_{h\to+0}\frac{|h|-0}{h}=\lim_{h\to+0}\frac{h}{h}=1$$

$$f'_-(0)=\lim_{h\to-0}\frac{|h|-0}{h}=\lim_{h\to-0}\frac{-h}{h}=-1$$

より $x=0$ で微分不可能．

注 上記の $f(x)$ は $x=0$ で連続である．よって定理 1 系の逆は成立しない．

$f(x)$ が区間 I の各点で微分可能であるとき，I **上で微分可能**であるという（ただし，I の端点が I に属しているとき，そこでは片側微分係数を持つだけでよい）．このとき，$x_0\in I$ における微分係数 $f'(x_0)$ の値は x_0 によって変わってくるから x_0 の関数である．x_0 を改めて x とかき直して，I 上の関数 $f'(x)$ を $f(x)$ の**導関数**という．$y=f(x)$ の導関数を

$$\frac{df(x)}{dx}, \quad \frac{d}{dx}f(x), \quad y', \quad \frac{dy}{dx} \quad \text{ともかく．}$$

関数 $f(x)$ の導関数を求めることを $f(x)$ を**微分する**という．

例 2 次の関数を微分せよ．

(1) $x^n\ (n\in \boldsymbol{N})$ (2) $\sin x$ (3) e^x (4) $\log|x|\ (x\neq 0)$

(解) (1) $(x^n)'=\lim_{h\to0}\frac{(x+h)^n-x^n}{h}=\lim_{h\to0}({}_n\mathrm{C}_1x^{n-1}+{}_n\mathrm{C}_2x^{n-2}h+\cdots+{}_n\mathrm{C}_nh^{n-1})$

$$={}_n\mathrm{C}_1x^{n-1}=nx^{n-1}$$

(2) $(\sin x)'=\lim_{h\to0}\frac{\sin(x+h)-\sin x}{h}=\lim_{h\to0}\frac{2\cos(x+h/2)\sin h/2}{h}$

$$=\lim_{h\to0}\cos(x+h/2)\lim_{h\to0}\frac{\sin h/2}{h/2}=\cos x$$

（3）　$(e^x)' = \lim_{h\to 0}\dfrac{e^{x+h}-e^x}{h} = \lim_{h\to 0} e^x\cdot\dfrac{e^h-1}{h} = e^x$　（第1章例 17）

（4）　$(\log|x|)' = \lim_{h\to 0}\dfrac{\log|x+h|-\log|x|}{h} = \lim_{h\to 0}\dfrac{\log|1+h/x|}{h}$　　　（4）

$$= \lim_{h\to 0}\frac{\log(1+h/x)}{h} = \lim_{h\to 0}\frac{\log(1+h/x)}{h/x}\cdot\frac{1}{x} = \frac{1}{x}$$

問 1　次の関数を微分せよ.

（1）　$x|x|$　　（2）　$\cos x$　　（3）　$\sqrt{x}$ $(x>0)$

問 2　$f(x)$ が $x=0$ で連続とすると，$g(x)=xf(x)$ は $x=0$ で微分可能である.

（I）　導関数の計算公式

次に，導関数の計算に必要な公式をあげよう.

1°　四則公式　$f(x)$, $g(x)$ がともに微分可能な点では，これらの和，差，定数倍，商も微分可能で，導関数は次の式で与えられる.

$$(f(x)\pm g(x))' = f'(x)\pm g'(x), \qquad (kf(x))' = kf'(x)$$

$$(f(x)g(x))' = f'(x)g(x)+f(x)g'(x)$$

$$\left(\frac{g(x)}{f(x)}\right)' = \frac{g'(x)f(x)-g(x)f'(x)}{f^2(x)} \qquad (\text{ただし，} f(x)\neq 0)$$

（証）　積についてだけ示す.

$$\frac{f(x+\Delta x)\,g(x+\Delta x)-f(x)\,g(x)}{\Delta x}$$

$$= \frac{f(x+\Delta x)-f(x)}{\Delta x}\cdot g(x+\Delta x)+f(x)\cdot\frac{g(x+\Delta x)-g(x)}{\Delta x}$$

ここで，g の連続性より，$\Delta x\to 0$ のとき $g(x+\Delta x)\to g(x)$ であるから，最後の式は $f'(x)\,g(x)+f(x)\,g'(x)$ に収束する.　■

問 3　商について証明せよ.

問 4　$(fgh)' = f'gh+fg'h+fgh'$　を導け.

問 5　次の関数を微分せよ.

（1）　$1/(1+x^2)$　　（2）　$\tan x$　　（3）　$e^x\sin x$　　（4）　$\log_a|x|$ $(x\neq 0)$

2°　合成関数の微分　　$y=f(x)$ が $x=x_0$ で微分可能で，$z=g(y)$ が $y_0=f(x_0)$ で微分可能ならば，合成関数 $z=g(f(x))$ は $x=x_0$ で微分可

能となり，微分係数は $g'(f(x_0))f'(x_0)$ で与えられる．

このことは

$$\frac{dz}{dx}=\frac{dz}{dy}\frac{dy}{dx} \tag{5}$$

とかくことができる．

（証）x の増分 Δx に対応する y の増分を Δy，これに対応する z の増分を Δz とおく．定理1により

$$\Delta y=f'(x_0)\Delta x+\varepsilon_1\Delta x$$

とおくと，$\Delta x\to 0$ のとき，$\varepsilon_1\to 0$ である．

同様に，$\Delta z=g'(y_0)\Delta y+\varepsilon_2\Delta y$

とおくと，$\Delta y\to 0$ のとき，$\varepsilon_2\to 0$ である．

前の式を後の式に代入して

$$\Delta z=g'(y_0)f'(x_0)\Delta x+(g'(y_0)\varepsilon_1+\varepsilon_2 f'(x_0)+\varepsilon_2\varepsilon_1)\Delta x$$

を得る．

$\Delta x\to 0$ のとき，$\Delta y\to 0$ であるから $\varepsilon_2\to 0$ であり，また $\varepsilon_1\to 0$．

よって，$\Delta z=g'(y_0)f'(x_0)\Delta x+\varepsilon\Delta x$　とおくとき，

$$\varepsilon=g'(y_0)\varepsilon_1+\varepsilon_2 f'(x_0)+\varepsilon_2\varepsilon_1\to 0.$$ ▨

例 3　k を定数とすると

$$(x^k)'=kx^{k-1}\quad(x>0).$$

（証）$x^k=e^{k\log x}$ であるから

$$z=e^y,\qquad y=k\log x$$

とおくと，

$$(x^k)'=\frac{dz}{dx}=\frac{de^y}{dy}\frac{dy}{dx}=e^y\cdot\frac{k}{x}=x^k\cdot\frac{k}{x}=kx^{k-1}$$

問 6　次の関数を微分せよ．

（1）$\sin^2 x$　（2）$\sin(x^2)$　（3）$\sqrt{1+x^2}$　（4）$\sqrt{1+\sin x}$

（5）a^x $(a>0)$　（6）$\log|\tan x|$　（7）$\log|x+\sqrt{x^2+A}|$（A定数）

（8）x^x $(x>0)$

3°　**逆関数の微分**　$y=f(x)$ がある区間で連続かつ狭義単調とする．$f(x)$ が $x=x_0$ で微分可能かつ $f'(x_0)\neq 0$ とすると，逆関数 $x=f^{-1}(y)$ は $y_0=f(x_0)$ で微分可能で，微分係数は $1/f'(x_0)$ で与えられる．このことは，

$$\frac{dx}{dy}=\frac{1}{dy/dx} \tag{6}$$

とかくことができる．

（証）f は1対1であるから，y の増分 Δy を決めれば，それに対する x の増分 Δx も一意に定まる．

逆関数の連続性により，$\Delta y\to 0$ のとき $\Delta x\to 0$ であるから

$$\frac{dx}{dy}=\lim_{\Delta y\to 0}\frac{\Delta x}{\Delta y}=\lim_{\Delta x\to 0}\frac{1}{\Delta y/\Delta x}=1/f'(x_0).$$ ▨

例 4　$(\cos^{-1}x)'=-\dfrac{1}{\sqrt{1-x^2}}$　$(-1<x<1)$

（証）$y=\cos x$ は $(0,\pi)$ で狭義減少で $y'=-\sin x\neq 0$.
よって，逆関数 $x=\cos^{-1}y$ は $(-1,1)$ で微分可能で $d(\cos^{-1}y)/dy=-1/\sin x$.
$0<x<\pi$ より $\sin x>0$．よって，$\sin x=\sqrt{1-\cos^2 x}=\sqrt{1-y^2}$.
ゆえに，$d(\cos^{-1}y)/dy=-1/\sqrt{1-y^2}$.

問 7（1）$(\sin^{-1}x)'=1/\sqrt{1-x^2}$ $(-1<x<1)$
（2）$(\tan^{-1}x)'=1/(1+x^2)$ $(-\infty<x<\infty)$

4°　**媒介変数による微分**　$x=\varphi(t)$，$y=\phi(t)$ において，$\varphi(t)$ は狭義単調とすると，y は x の関数と考えられる．このとき，$\varphi(t)$，$\phi(t)$ が微分可能で，$\varphi'(t)\neq 0$ ならば，y は x の関数として微分可能で

$$\frac{dy}{dx}=\frac{dy/dt}{dx/dt}. \tag{7}$$

（証）$t=\varphi^{-1}(x)$ より $y=\phi(\varphi^{-1}(x))$．これに，合成関数と逆関数の微分公式を適用すればよい． ▨

例 5　楕円 $\begin{cases} x=a\cos\theta \\ y=b\sin\theta \end{cases}$　$(0\leqq\theta\leqq 2\pi)$　（a,b は正定数）

の点 $(a/2,\ \sqrt{3}b/2)$ における微分係数を求めよ．

（解）$a/2=a\cos\theta$，$\sqrt{3}\,b/2=b\sin\theta$ より $\cos\theta=1/2$，$\sin\theta=\sqrt{3}/2$.

$$dx/d\theta = -a\sin\theta = -\sqrt{3}\,a/2, \qquad dy/d\theta = b\cos\theta = b/2$$

よって

$$\frac{dy}{dx} = \frac{b/2}{-\sqrt{3}\,a/2} = -b/\sqrt{3}\,a$$

問 8　半径 a の円がすべることなく一定直線上をころがるとき，円周上の固定された一点の描く軌跡を**サイクロイド**という．xy 座標を適当にとって，媒介変数 θ により，その方程式は　$x = a(\theta - \sin\theta)$,　$y = a(1-\cos\theta)$ となる．dy/dx を求めよ．

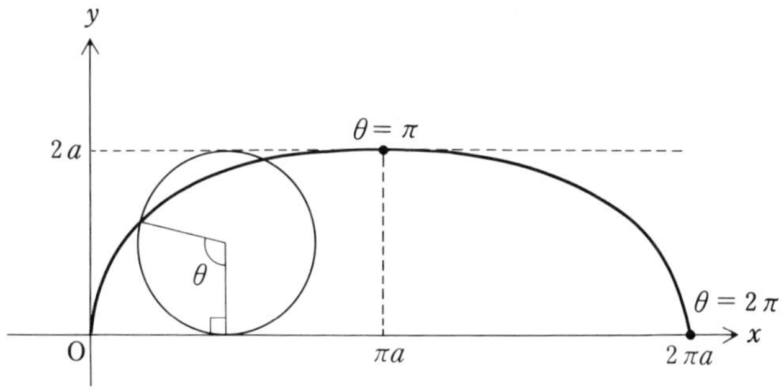

（II）　高階導関数

関数 $y = f(x)$ の導関数 $f'(x)$ が $x = x_0$ で微分可能なとき，その微分係数を $f''(x_0)$ とかき，これを関数 $f(x)$ の $x = x_0$ における**第 2 次の微分係数**という．すなわち

$$f''(x_0) = \lim_{h\to 0}\frac{f'(x_0+h)-f'(x_0)}{h} \tag{8}$$

である．

$f'(x)$ が区間 I の各点で微分可能であるとき，その導関数を $f''(x)$ とかき，これを $f(x)$ の **2 階導関数**と呼ぶ．$f''(x)$ からさらに $(f''(x))' = f'''(x)$ を考えて，$f(x)$ を順次に n 回微分して得られる関数を $f(x)$ の **n 階導関数**と呼び，これを $f^{(n)}(x)$ とかく．2 階以上の導関数を総称して**高階導関数**と呼ぶ．

$y = f(x)$ の n 階導関数を

$$\frac{d^n f(x)}{dx^n}, \quad \frac{d^n}{dx^n}f(x), \quad \frac{d^n y}{dx^n}, \quad y^{(n)}, \quad D^n f(x)$$

ともかく．なお，$f^{(0)}(x) = f(x)$ と規約する．

例 6　$f(x)=\sin x$ のとき，$f^{(n)}(x)=\sin\left(x+\dfrac{n\pi}{2}\right)$.

（**証**）　nによる帰納法で示す．$n=0$ のときは明らかである．nのとき成り立つとして，$n+1$ のとき

$$f^{(n+1)}(x)=(f^{(n)}(x))'=\left\{\sin\left(x+\frac{n\pi}{2}\right)\right\}'=\cos\left(x+\frac{n\pi}{2}\right)$$
$$=\sin\left(x+\frac{n\pi}{2}+\frac{\pi}{2}\right)=\sin\left(x+\frac{n+1}{2}\pi\right)$$

よって，$n+1$ のときも成り立つ．

問 9　$y=\cos x$ のとき，$y^{(n)}=\cos(x+n\pi/2)$.

問 10　$y=\log(1+x)$ のとき，$y^{(n)}$ を求めよ（$n\geqq 1$）.

問 11　$x=x(t)$，$y=y(t)$，$dx/dt\neq 0$ のとき，次の式を導け．

$$\frac{d^2y}{dx^2}=\frac{dx/dt\cdot d^2y/dt^2-d^2x/dt^2\cdot dy/dt}{(dx/dt)^3} \tag{9}$$

xの関数 u，v がn回微分可能のとき，明らかに

$$(au\pm bv)^{(n)}=au^{(n)}\pm bv^{(n)}\quad (a, b\ 定数)$$

が成り立つ．積については，次の公式がある．

ライプニッツの公式　　$$(uv)^{(n)}=\sum_{k=0}^{n}{}_n\mathrm{C}_k u^{(k)}v^{(n-k)} \tag{10}$$

（**証**）　nについての帰納法で示す．

$n=1$ のときは明らか．nのとき成り立つとして，$n+1$ のときは：

$$(uv)^{(n+1)}=((uv)^{(n)})'=\left(\textstyle\sum_{k=0}^{n}{}_n\mathrm{C}_k u^{(k)}v^{(n-k)}\right)'$$
$$=\textstyle\sum_{k=0}^{n}{}_n\mathrm{C}_k(u^{(k)}v^{(n-k)})'$$
$$=\textstyle\sum_{k=0}^{n}{}_n\mathrm{C}_k(u^{(k+1)}v^{(n-k)}+u^{(k)}v^{(n+1-k)})$$
$$=u^{(0)}v^{(n+1)}+\textstyle\sum_{k=0}^{n-1}{}_n\mathrm{C}_k u^{(k+1)}v^{(n-k)}$$
$$+\textstyle\sum_{k=1}^{n}{}_n\mathrm{C}_k u^{(k)}v^{(n+1-k)}+u^{(n+1)}v^{(0)}$$

この第2項は，$\sum_{k=1}^{n}{}_n\mathrm{C}_{k-1}u^{(k)}v^{(n+1-k)}$ とかける．

ここで，2項係数の関係式

$${}_n\mathrm{C}_{k-1}+{}_n\mathrm{C}_k={}_{n+1}\mathrm{C}_k\qquad(1\leqq k\leqq n) \tag{11}$$

を用いれば，

$$(uv)^{(n+1)}=u^{(0)}v^{(n+1)}+\textstyle\sum_{k=1}^{n}{}_{n+1}\mathrm{C}_k u^{(k)}v^{(n+1-k)}+u^{(n+1)}v^{(0)}$$

となるので，$n+1$ のときも成り立つ．　■

例 7　$f(x)=\sin^{-1}x$ のとき，$f^{(n)}(0)$ を求めよ．

（解）　$f'(x)=1/\sqrt{1-x^2}$，　$f''(x)=x/(\sqrt{1-x^2})^3$ より $(1-x^2)f''(x)=xf'(x)$．この両辺を n 回微分（$n\geqq 0$）すると，ライプニッツの公式により，

$$(1-x^2)f^{(n+2)}(x)-2nxf^{(n+1)}(x)-n(n-1)f^{(n)}(x)=xf^{(n+1)}(x)+nf^{(n)}(x).$$

ここで，$x=0$ として次の式を得る．

$$f^{(n+2)}(0)=n^2f^{(n)}(0)\quad(n=0,1,2,\cdots).\qquad(12)$$

$f^{(0)}(0)=0$，　$f'(0)=1$ から次の結果を得る．

$$\begin{cases}f^{(2m)}(0)=0\\ f^{(2m+1)}(0)=1^2\cdot3^2\cdot5^2\cdot\cdots\cdot(2m-1)^2\end{cases}$$

例 8　$P_n(x)=\dfrac{1}{2^nn!}\dfrac{d^n}{dx^n}(x^2-1)^n\qquad(n=0,1,2,\cdots)$

を **n 次のルジャンドル多項式**という．これは

$$(x^2-1)P_n''(x)+2xP_n'(x)-n(n+1)P_n(x)=0\qquad(13)$$

を満たす．

（証）　$y=(x^2-1)^n$ とおくと，$(x^2-1)y'=2nxy$ が成り立つ．この式の両辺を $(n+1)$ 回微分すると，

$$(x^2-1)y^{(n+2)}+(n+1)2xy^{(n+1)}+(n+1)ny^{(n)}=2n(xy^{(n+1)}+(n+1)y^{(n)})$$

よって，

$$(x^2-1)y^{(n+2)}+2xy^{(n+1)}-n(n+1)y^{(n)}=0.$$

この式の両辺を $2^nn!$ で割れば，$(1/2^nn!)y^{(n+2)}=P_n''(x)$ などに注意して，(13) を得る．

問 12　上記の y に対して，$y^{(m)}(1)=y^{(m)}(-1)=0\ (0\leqq m<n)$

問 13　次の関数の n 階導関数を求めよ．

（1）$(ax+b)^r$　　（2）$1/(1-x^2)$　　（3）x^2e^x

§2　平均値の定理，テイラーの定理

定　理 2　ロールの定理　関数 $f(x)$ は閉区間 $[a,b]$ で連続，(a,b) で微分可能とする．このとき，$f(a)=f(b)$ ならば，$f'(c)=0$ を満たす c が (a,b) 内に存在する．

注　$f(x)$ は区間の端点 $x=a$，$x=b$ では微分可能でなくてもよい．

証明．　$f(x)$ が定数であるときは，$f'(x)=0$ より c の値は任意でよい．定数でないとき，$f(a)=f(b)$ より大きい値をとりうる場合に考える．最大

値・最小値定理（第1章定理 15）により，f は $[a, b]$ において最大値をとる．$x=c$ において最大になるとしよう．このとき，$c \neq a, b$．

$f'(c)=0$ であることを示す．

$a \leqq x \leqq b$ で $f(x)-f(c) \leqq 0$ であるから，$(f(x)-f(c))/(x-c)$ は

$$a<x<c \quad で \quad \geqq 0, \qquad c<x<b \quad で \quad \leqq 0.$$

よって　$x \to c-0$,　$x \to c+0$　とすることにより，　$f'(c) \geqq 0$　かつ，$f'(c) \leqq 0$,　すなわち　$f'(c)=0$　を得る．

f が $f(a)=f(b)$ より小さい値をとりうる場合は，$-f$ を考えればよい．▨

定　理 3　平均値定理　　関数 $f(x)$ は閉区間 $[a, b]$ で連続，(a, b) で微分可能とする．このとき，

$$\frac{f(b)-f(a)}{b-a}=f'(c), \qquad (a<c<b) \tag{14}$$

を満たす c が存在する．

証明．関数　$\varphi(x)$

$$=f(x)-\left\{\frac{f(b)-f(a)}{b-a}(x-a)+f(a)\right\} \tag{15}$$

にロールの定理を適用すればよい．▨

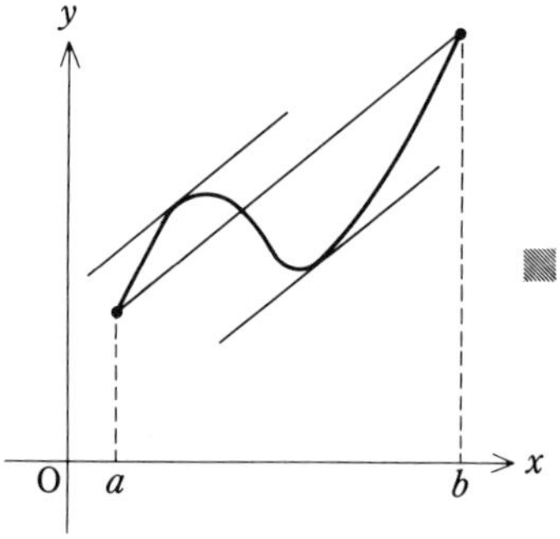

系 1　$f(x)$ が区間 I で微分可能とするとき，I で単調増加（単調減少）であるための条件は，I 上　$f'(x) \geqq 0$　$(f'(x) \leqq 0)$ となることである．

証明．$f(x)$ を単調増加とするとき，$(f(x+h)-f(x))/h$ において，$h \to +0$（または -0）とすることにより，$f'(x) \geqq 0$ を得る．

逆に I 上 $f'(x) \geqq 0$ とする．$x_1, x_2 \in I$,　$x_1 < x_2$ とすると，定理により $f(x_2)-f(x_1)=f'(\xi)(x_2-x_1)$ を満たす ξ $(x_1<\xi<x_2)$ が存在するから，$f(x_2)-f(x_1) \geqq 0$ を得る．すなわち，f は I で単調増加である．単調減少についても同様にできる．▨

上記の証明の後半と同様にして，狭義の単調性について一つの十分条件が得

られる．

系 2　$f(x)$ は閉区間 $[a,b]$ で連続，$[a,b]$ のたかだか有限個の点を除いて微分可能で $f'(x)>0$ $(f'(x)<0)$ ならば，$f(x)$ は $[a,b]$ で狭義に単調増加（単調減少）である．

系 3　$f(x)$ が区間 I でつねに $f'(x)=0$ を満たすならば，$f(x)$ は I 上で定数である．

証明．　系1により f は I 上で単調増加かつ単調減少であるから．　■

例 9　関数 $f(x)$ は $x=a$ の近くで，$x=a$ を除き微分可能で，$x=a$ では連続であると仮定する．このとき，有限な極限 $\lim_{x\to a} f'(x)=l$ が存在するならば，$f(x)$ は $x=a$ でも微分可能となり，$f'(a)=l$．

これは片側極限，片側微分としても成り立つ．

（証）　$x \neq a$ とすると，平均値定理により

$$(f(x)-f(a))/(x-a)=f'(\xi)$$

を満たす ξ が a と x の間に存在する．

ξ は x によるが，$x\to a$ のとき $\xi\to a$ である．よって

$$f'(a)=\lim_{x\to a}\frac{f(x)-f(a)}{x-a}=\lim_{x\to a}f'(\xi)=l\,.$$

問 14　$f(x)$ が (a,∞) で微分可能，$x\to\infty$ のとき $f'(x)\to l$ とすると，$f(x+1)-f(x)\to l$ $(x\to\infty)$．

関数 $f(x)$ が2階以上の導関数を持つとき，平均値定理は次のように拡張される．

定　理 4　テイラーの定理　関数 $f(x)$ は $[a,b]$ で n 回微分可能とするとき，

$$f(b)=f(a)+\frac{f'(a)}{1!}(b-a)$$
$$+\frac{f''(a)}{2!}(b-a)^2+\cdots+\frac{f^{(n-1)}(a)}{(n-1)!}(b-a)^{n-1}+R_n \qquad (16)$$

とおくと

$$R_n=\frac{f^{(n)}(c)}{n!}(b-a)^n \qquad (a<c<b) \qquad (17)$$

を満たす c が存在する．この R_n を**ラグランジュの剰余項**と呼ぶ．

証明． $$\varphi(x)=\sum_{k=0}^{n-1} f^{(k)}(x)\frac{(b-x)^k}{k!}+R_n\cdot\frac{(b-x)^n}{(b-a)^n} \tag{18}$$

とおくと，

$$\varphi(a)=\varphi(b)=f(b).$$

ロールの定理から，$\varphi'(c)=0$ を満たす c $(a<c<b)$ が存在する．

$$\varphi'(x)=f'(x)+\sum_{k=1}^{n-1}\left\{f^{(k+1)}(x)\frac{(b-x)^k}{k!}-f^{(k)}(x)\frac{(b-x)^{k-1}}{(k-1)!}\right\}$$
$$-R_n\cdot\frac{n(b-x)^{n-1}}{(b-a)^n}.$$

ここで，$\sum$ の部分は

$$f^{(n)}(x)\frac{(b-x)^{n-1}}{(n-1)!}-f'(x)$$

となる．

$\varphi'(c)=0$ をかきなおせば，(17) となる．　■

$\varphi(x)$ の定義式 (18) において，最後の項を $R_n\cdot(b-x)/(b-a)$ におきかえても，$\varphi(a)=\varphi(b)=f(b)$ を満たす．よってこの場合も $\varphi'(c)=0$ を満たす c $(a<c<b)$ が存在して，

$$R_n=f^{(n)}(c)(b-c)^{n-1}(b-a)/(n-1)! \tag{19}$$

となる．これを**コーシーの剰余項**と呼ぶ．

$a>b$ の場合も上記の証明がそのまま通用して定理が成り立つ．c が (a, b の大小にかかわらず) a と b の間にあるということは，$c=a+\theta(b-a)$ $(0<\theta<1)$ と書き表されることである．

系　関数 $f(x)$ が $x=a$ を含む区間で n 回微分可能とすると，その区間に属する x に対して，

$$f(x)=f(a)+f'(a)(x-a)$$
$$+\frac{f''(a)}{2!}(x-a)^2+\cdots+\frac{f^{(n-1)}(a)}{(n-1)!}(x-a)^{n-1}+R_n \tag{20}$$

とおくと，

$$R_n = \frac{(x-a)^n}{n!} f^{(n)}(a+\theta(x-a)) \quad (0<\theta<1) \tag{21}$$

あるいは，

$$R_n = \frac{(1-\theta)^{n-1}(x-a)^n}{(n-1)!} f^{(n)}(a+\theta(x-a)) \quad (0<\theta<1) \tag{22}$$

と書き表せる．

例 10　$f(x)=e^x$ に対して，$a=0$ として (20)，(21) より

$$e^x = 1+x+\frac{x^2}{2!}+\cdots+\frac{x^n}{n!}+\frac{x^{n+1}}{(n+1)!}e^{\theta x} \quad (0<\theta<1). \tag{23}$$

$x=1$ として，

$$e = 1+1+\frac{1}{2!}+\cdots+\frac{1}{n!}+\frac{e^\theta}{(n+1)!} \quad (0<\theta<1). \tag{24}$$

e の近似値として　$2+1/2!+\cdots+1/n!$　をとるとき，$e^\theta<e<3$　であるから，誤差は　$3/(n+1)!$　より小さい．

e の値を小数点以下第5位まで求めてみよう．

$3/(n+1)!<10^{-6}$　を満たす最小の n の値は9であるから，$2+1/2!+1/3!+\cdots+1/9!$　の値を求める．右の表において小数点以下第8位以下は切り捨ててある．

$$3/10! = 8.26\cdots\times10^{-7} < 8.3\times10^{-7}$$

より切り捨て誤差と併せて

$$e < 2.7182812+7\times10^{-7}+8.3\times10^{-7}$$

ゆえに

$$2.7182812 < e < 2.71828273$$

$$e = 2.71828\cdots.$$

$2+1/2!$	$=2.5$
$1/3!$	$=0.1666666$
$1/4!$	$=0.0416666$
$1/5!$	$=0.0083333$
$1/6!$	$=0.0013888$
$1/7!$	$=0.0001984$
$1/8!$	$=0.0000248$
+) $1/9!$	$=0.0000027$
	2.7182812

次に e が無理数であることを背理法で証明しよう．もし e が有理数 m/n に等しいとすると，(24) の両辺に $n!$ をかけて，$n!\ e^\theta/(n+1)! = e^\theta/(n+1)$ は正の整数でなければならない．よって $1\leqq e^\theta/(n+1)<3/(n+1)$．これから $n+1<3$．よって $n=1$ で e は整数となるが，これは $2<e<3$ と矛盾する．

一般に，関数 $f(x)$ が区間 I で n 回微分可能で，n 階導関数が I で連続であるとき，$f(x)$ は I 上 C^n **級**であるという．また，$f(x)$ が I で何回でも微分可能であるとき，$f(x)$ は I 上 C^∞ **級**であるという．

問 15　$f(x)$ が a を含む区間で C^n 級であるとき，(20) における剰余項 R_n を

$R_n = f^{(n)}(a)\,(x-a)^n/n!+\varepsilon\cdot(x-a)^n$ とおくと，$x\to a$ のとき $\varepsilon\to 0$ である．

関数の級数展開　関数 $f(x)$ が $x=a$ を内部に含む区間で C^∞ 級とすると，各 $n\in \boldsymbol{N}$ に対して次の式が成り立つ．

$$f(x)=f(a)+f'(a)(x-a)+\frac{f''(a)}{2!}(x-a)^2+\cdots+\frac{f^{(n-1)}(a)}{(n-1)!}(x-a)^{n-1}+R_n.$$

したがって，$R_n\to 0\ (n\to\infty)$ であれば

$$f(x)=f(a)+f'(a)(x-a)+\frac{f''(a)}{2!}(x-a)^2+\cdots+\frac{f^{(n)}(a)}{n!}(x-a)^n+\cdots \tag{25}$$

となり，$f(x)$ が $a_n(x-a)^n$（a_n 定数）の形の項の無限級数に展開される．

このとき，(25) の右辺を $f(x)$ の $x=a$ における**テイラー展開**と呼ぶ．

とくに $a=0$ のときは，

$$f(x)=f(0)+f'(0)x+\frac{f''(0)}{2!}x^2+\cdots+\frac{f^{(n)}(0)}{n!}x^n+\cdots \tag{26}$$

となり，これを $f(x)$ の**マクローリン展開**という．

例 11　主な関数のマクローリン展開をあげる．

(1)　$e^x=1+x+\dfrac{x^2}{2!}+\cdots+\dfrac{x^n}{n!}+\cdots \quad (|x|<\infty)$

(2)　$\sin x=x-\dfrac{x^3}{3!}+\dfrac{x^5}{5!}-\cdots+(-1)^n\dfrac{x^{2n+1}}{(2n+1)!}+\cdots \quad (|x|<\infty)$

(3)　$\cos x=1-\dfrac{x^2}{2!}+\dfrac{x^4}{4!}-\cdots+(-1)^n\dfrac{x^{2n}}{(2n)!}+\cdots \quad (|x|<\infty)$

(4)　$\log(1+x)=x-\dfrac{x^2}{2}+\dfrac{x^3}{3}-\cdots+(-1)^{n-1}\dfrac{x^n}{n}+\cdots \quad (|x|<1)$

(5)　$(1+x)^\alpha=1+\alpha x+\dfrac{\alpha(\alpha-1)}{2!}x^2+\cdots+\dfrac{\alpha(\alpha-1)\cdots(\alpha-n+1)}{n!}x^n+\cdots \quad (|x|<1)$

ただし，α は任意の実数とする．

（証）（1）（23）により，$R_n = e^{\theta x}x^n/n! \to 0\ (n\to\infty)$ のみ示せばよい．$0<\theta<1$ であるが，θ は x と n の両方によることに注意する．

$|\theta x| \leqq |x|$ であるから，第1章 §2問 12 より

$$|R_n| = e^{\theta x}|x|^n/n! \leqq e^{|x|}|x|^n/n! \to 0 \quad (n\to\infty).$$

（2）$f(x) = \sin x$ は §1例6により，$f^{(n)}(x) = \sin\left(x+\dfrac{n\pi}{2}\right)$．

よって，$f^{(n)}(0) = \sin\dfrac{n\pi}{2}$．これから展開式は明らか．$a=0$ として，ラグランジュの剰余項（21）をとると，

$$|R_n| = \left|\sin\left(\theta x+\frac{n\pi}{2}\right)\right|\frac{|x|^n}{n!} \leqq \frac{|x|^n}{n!} \to 0 \quad (n\to\infty).$$

（3）$f(x) = \cos x$ は $f^{(n)}(x) = \cos\left(x+\dfrac{n\pi}{2}\right)$ であるから，（2）と同様．

（4）$f(x) = \log(1+x)$ は §1問 10 より，$f^{(n)}(x) = (-1)^{n-1}(n-1)!/(1+x)^n$．

これから展開式は明らかである．

$R_n \to 0\ (n\to\infty)$ を示す．コーシーの剰余項（22）をとると，

$$|R_n| = \frac{|x|^n(1-\theta)^{n-1}}{(1+\theta x)^n}.$$

$0<(1-\theta)/(1+\theta x)<1\ (0<\theta<1,\ |x|<1)$ に注意して，

$$|R_n| = \frac{|x|^n}{1+\theta x}\left(\frac{1-\theta}{1+\theta x}\right)^{n-1}$$

$$\leqq \frac{|x|^n}{1+\theta x} \leqq \frac{|x|^n}{1-|x|} \to 0 \quad (n\to\infty).$$

（5）$f(x) = (1+x)^\alpha$ については

$$f^{(n)}(x) = \alpha(\alpha-1)\cdots(\alpha-n+1)\,(1+x)^{\alpha-n}.$$

これから展開式は明らかである．

再び，コーシーの剰余項（22）をとると，

$$|R_n| = \left|\frac{\alpha(\alpha-1)\cdots(\alpha-n+1)}{(n-1)!}x^n(1-\theta)^{n-1}(1+\theta x)^{\alpha-n}\right| \tag{27}$$

$$= \left|\frac{\alpha(\alpha-1)\cdots(\alpha-n+1)}{(n-1)!}x^n\right|\left(\frac{1-\theta}{1+\theta x}\right)^{n-1}(1+\theta x)^{\alpha-1}$$

$$\leqq \left|\frac{\alpha(\alpha-1)\cdots(\alpha-n+1)}{(n-1)!}x^n\right|(1+\theta x)^{\alpha-1} \quad \left(0<\frac{1-\theta}{1+\theta x}<1\ \text{より}\right)$$

ここで，$(1+\theta x)^{\alpha-1}$ は n に関して有界である．実際，$\alpha-1 \geqq 0$ のときは $(1+\theta x)^{\alpha-1} \leqq (1+|x|)^{\alpha-1}$，$\alpha-1<0$ のときは $(1+\theta x)^{\alpha-1} \leqq (1-|x|)^{\alpha-1}$ である．

よって，$R_n \to 0\ (n\to\infty)$ を示すには

$$C_n = \alpha(\alpha-1)\cdots(\alpha-n+1)x^n/(n-1)!$$

とおいて，$C_n \to 0\ (n\to\infty)$ を示せばよい．

$$\lim_{n\to\infty}\left|\frac{C_{n+1}}{C_n}\right| = \lim_{n\to\infty}\left|\frac{\alpha-n}{n}x\right| = |x| < 1$$

であるから，第1章 §2 例4 より，$C_n \to 0$ を得る．

注　実数 α と整数 $n \geqq 0$ に対して，

$$ {}_{\alpha}\mathrm{C}_n = \alpha(\alpha-1)\cdots(\alpha-n+1)/n! \tag{28}$$

と定める．このとき (5) は

$$(1+x)^{\alpha} = 1 + {}_{\alpha}\mathrm{C}_1 x + {}_{\alpha}\mathrm{C}_2 x^2 + \cdots + {}_{\alpha}\mathrm{C}_n x^n + \cdots \tag{29}$$

となる．とくに，α が自然数のとき，${}_{\alpha}\mathrm{C}_n$ はいままでの2項係数であり，$\alpha < n$ のとき ${}_{\alpha}\mathrm{C}_n = 0$ で（5）の右辺の級数は有限項で終わる．これが2項定理である．

問 16　次の展開式を確めよ．

（1）　$1/(1-x) = 1+x+x^2+\cdots+x^n+\cdots \quad (|x|<1)$

（2）　$1/(1-x)^2 = 1+2x+3x^2+\cdots+(n+1)x^n+\cdots \quad (|x|<1)$

（3）　$\sqrt{1+x} = 1+\dfrac{1}{2}x-\dfrac{1}{2\cdot4}x^2+\dfrac{1\cdot3}{2\cdot4\cdot6}x^3-\cdots$

$$+(-1)^{n-1}\frac{1\cdot3\cdot\cdots\cdot(2n-3)}{2\cdot4\cdot\cdots\cdot2n}x^n+\cdots \quad (|x|<1)$$

（4）　$\dfrac{1}{2}\log\dfrac{1+x}{1-x} = x+\dfrac{x^3}{3}+\dfrac{x^5}{5}+\cdots+\dfrac{x^{2n-1}}{2n-1}+\cdots \quad (|x|<1)$

問 17　e^x の展開式に形式的に $x = i\theta$ $(i=\sqrt{-1})$ を代入して

オイラーの関係式：$e^{i\theta} = \cos\theta + i\sin\theta$

を導け．

問 18　ラグランジュの剰余項を用いて，例 11 の(4) は $x=1$ においても成り立つことを示せ．$0<\alpha<1$ のとき，(5) も $x=1$ において成り立つ．

§3　微分の応用

(I)　不定形の極限

$x \to a$ のとき，$f(x)\to 0$, $g(x)\to 0$ であるとき，$f(x)/g(x)$ は形式的に 0/0 の形になる．

一般に，形式的に

$$\infty-\infty, \qquad 0\times\infty, \qquad 0/0, \qquad \infty/\infty, \qquad 1^{\infty}, \qquad \infty^0$$

などの形になる極限を**不定形**と呼ぶ．$x\to a\pm0$, $x\to\pm\infty$ の場合も同様である．ここでは微分法を用いた不定形の極限値を求める一つの簡単な方法を与える．そのためにまず，

定　理 5　コーシーの平均値定理　$f(x)$, $g(x)$ は $[a, b]$ で連続, (a, b) で微分可能とし, (a,b) で $g'(x) \neq 0$ とする. このとき,

$$\frac{f(b)-f(a)}{g(b)-g(a)} = \frac{f'(c)}{g'(c)} \tag{30}$$

を満たす c $(a < c < b)$ が存在する.

証明.　平均値定理（定理 3）より, $g(b) \neq g(a)$ である.

$$\varphi(x) = \{g(b)-g(a)\}\{f(x)-f(a)\} - \{f(b)-f(a)\}\{g(x)-g(a)\}$$

とおくと, $\varphi(x)$ はロールの定理の仮定を満たす. よって, $\varphi'(c) = 0$ を満たす c $(a < c < b)$ が存在する.

$\varphi'(c) = 0$ を書きなおせば, (30) となる.　■

定　理 6　ロピタルの定理　（1）$f(x)$, $g(x)$ は $x = a$ の近くで連続, a を除いて微分可能, $g'(x) \neq 0$ かつ $f(a) = g(a) = 0$ とする. もし, 極限 $\lim_{x \to a} f'(x)/g'(x) = l$ $(-\infty \leqq l \leqq \infty)$ が存在するならば, $\lim_{x \to a} f(x)/g(x)$ も存在して l に等しい.

（2）$f(x)$, $g(x)$ は $x = a$ の近くで a を除いて微分可能, $g'(x) \neq 0$ かつ $x \to a$ のとき $g(x) \to \infty$ とする. このとき, 極限 $\lim_{x \to a} f'(x)/g'(x) = l$ $(-\infty \leqq l \leqq \infty)$ が存在するならば, 極限 $\lim_{x \to a} f(x)/g(x)$ も存在して l に等しい.

(1), (2) は $x \to a \pm 0$, $x \to \pm\infty$ の場合も同様に成り立つ. たとえば, $x \to \infty$ の場合, (1) の条件は次のようになる：

$f(x)$, $g(x)$ は十分大きな x に対して微分可能で, $g'(x) \neq 0$ かつ $x \to \infty$ のとき, $f(x)$, $g(x) \to 0$ とする.

証明.　（1）前定理により, 十分 a に近い $x \neq a$ に対して,

$$\frac{f(x)-f(a)}{g(x)-g(a)} = \frac{f(x)}{g(x)} = \frac{f'(\xi)}{g'(\xi)}$$

を満たす $\xi = \xi(x)$ が a と x の間に存在する.

$x \to a$ のとき, $\xi \to a$ であるから, 仮定より

$$\lim_{x \to a} \frac{f(x)}{g(x)} = \lim_{x \to a} \frac{f'(\xi)}{g'(\xi)} = l\,.$$

（2）　$l \neq \pm\infty$ で $x \to a+0$ の場合に考えよう．任意の $\varepsilon > 0$ をとる．ある $x_1 > a$ をとって，$a < x < x_1$ なるすべての x に対して

$$\left| \frac{f'(x)}{g'(x)} - l \right| < \varepsilon \tag{31}$$

とできる．

前定理により，$a < x < x_1$ なる x に対して

$$\frac{f(x)-f(x_1)}{g(x)-g(x_1)} = \frac{f'(\xi)}{g'(\xi)}$$

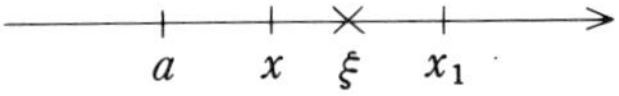

を満たす　$\xi = \xi(x)$ （$x < \xi < x_1$）　が存在する．

上記の左辺の分母・分子を $g(x)$ で割って，

$$\frac{f(x)}{g(x)} = \frac{f'(\xi)}{g'(\xi)}\left\{1 - \frac{g(x_1)}{g(x)}\right\} + \frac{f(x_1)}{g(x)} \tag{32}$$

を得る．よって，$x \to a+0$ のとき，

$$\frac{f(x)}{g(x)} - \frac{f'(\xi)}{g'(\xi)} \to 0 .$$

したがって，ある $\delta > 0$ をとれば（ただし $a+\delta < x_1$）

$$\left| \frac{f(x)}{g(x)} - \frac{f'(\xi)}{g'(\xi)} \right| < \varepsilon \qquad (a < x < a+\delta) \tag{33}$$

よって，$a < x < a+\delta$ なるすべての x に対して，(31)，(33) により

$$\left| \frac{f(x)}{g(x)} - l \right| \leqq \left| \frac{f(x)}{g(x)} - \frac{f'(\xi)}{g'(\xi)} \right| + \left| \frac{f'(\xi)}{g'(\xi)} - l \right| < \varepsilon + \varepsilon = 2\varepsilon$$

これは，$\lim_{x\to a+0} f(x)/g(x) = l$ を示す．同様にして，$\lim_{x\to a-0} f(x)/g(x) = l$ を示すことができる．

$l = \infty$ または $l = -\infty$ の場合も同様である．

最後に，$x \to \infty$ の場合は $x \to +0$ の場合に帰着できる．

$$\lim_{x\to\infty} \frac{f(x)}{g(x)} = \lim_{x\to+0} \frac{f(1/x)}{g(1/x)} = \lim_{x\to+0} \frac{-f'(1/x)/x^2}{-g'(1/x)/x^2}$$

$$= \lim_{x\to+0} \frac{f'(1/x)}{g'(1/x)} = \lim_{x\to\infty} \frac{f'(x)}{g'(x)}$$

■

例 12　（1）　$\lim_{x\to\infty} e^x/x^\alpha = \infty$　（α：定数）

（2）$\lim_{x\to\infty} \log x/x^{\alpha} = 0\ (\alpha > 0)$

（証）（1）$\alpha < n$ となる自然数 n を一つとる．$x > 1$ のとき $x^{\alpha} < x^n$ であるから，$\lim_{x\to\infty} e^x/x^n = \infty$ を示せばよい．前定理により，$\lim_{x\to\infty} e^x/nx^{n-1} = \infty$ が示されればよい．再び，前定理によりこれは $\lim_{x\to\infty} e^x/n(n-1)x^{n-2} = \infty$ が示されればよい．この操作を n 回繰り返して，$\lim_{x\to\infty} e^x/n! = \infty$ より，最初の $\lim_{x\to\infty} e^x/x^n = \infty$ が導かれる．

またこのことは，テイラーの定理から直接導くこともできる．すなわち，$x = 0$ におけるテイラー展開

$$e^x = 1 + x + \frac{x^2}{2!} + \cdots + \frac{x^{n+1}}{(n+1)!} + \frac{e^{\theta x}}{(n+2)!} x^{n+2} \quad (0 < \theta < 1)$$

から $x > 0$ のとき，$e^x > x^{n+1}/(n+1)!$

よって，$\lim_{x\to\infty} e^x/x^n \geqq \lim_{x\to\infty} x/(n+1)! = \infty$．

（2）$\lim_{x\to\infty} (\log x)'/(x^{\alpha})' = \lim_{x\to\infty} 1/\alpha x^{\alpha} = 0$．

注　上の結果は，次のように憶えておくとよい．

$$\log x \ll x^{\alpha} \ll e^x \quad (x \to \infty)^{*)} \quad (\alpha > 0) \tag{34}$$

例 13　（1）$\lim_{x\to 0} \dfrac{x - \sin x}{x^3} = \dfrac{1}{6}$

（2）$\lim_{x\to 0} \dfrac{a^x - b^x}{x} = \log \dfrac{a}{b} \quad (a, b > 0)$

（3）$\lim_{x\to(\pi/2)-0} (\tan x)^{\cos x} = 1$

（解）（1）$\lim_{x\to 0} \dfrac{1 - \cos x}{3x^2} = \lim_{x\to 0} \dfrac{\sin x}{6x} = \dfrac{1}{6}$．

（2）$\lim_{x\to 0} \dfrac{a^x \log a - b^x \log b}{1} = \log a - \log b = \log \dfrac{a}{b}$．

（3）対数をとって，

$$\lim_{x\to(\pi/2)-0} \cos x \log \tan x = \lim_{x\to(\pi/2)-0} \frac{\log \tan x}{1/\cos x} = \lim_{x\to(\pi/2)-0} \frac{\sec^2 x/\tan x}{\sin x/\cos^2 x}$$
$$= \lim_{x\to(\pi/2)-0} 1/\sin x \tan x = 0$$

よって，

$$\lim_{x\to(\pi/2)-0} (\tan x)^{\cos x} = \lim_{x\to(\pi/2)-0} e^{\cos x \log \tan x} = e^0 = 1$$

問 19　次の極限値を求めよ．

---

*) $A \ll B$ は“B は A に較べて非常に大きい”という意味．

(1) $\lim_{x\to+0} x\log x$　(2) $\lim_{x\to 0}\left(\frac{1}{\sin x}-\frac{1}{x}\right)$

(3) $\lim_{x\to 0}\frac{x-\sin^{-1}x}{x^3}$　(4) $\lim_{x\to\infty} x(a^{1/x}-1)$ $(a>0)$

(5) $\lim_{x\to+0} x^{\sin x}$　(6) $\lim_{x\to 0}\left(\frac{1+x}{1-x}\right)^{1/x}$

無限小，無限大と次数　$u=u(x)$, $v=v(x)$ が $x=a$ の近くで定義されていて（ただし，$x=a$ においては定義されていなくてもよい.），$u=\varepsilon v$ とおくとき，ε が $x=a$ の十分近くで有界ならば，$u=O(v)$ と記し，また $x\to a$ のとき，$\varepsilon\to 0$ ならば $u=o(v)$ と記す.

次に，$x\to a$ のとき $u\to 0$（または $u\to\infty$）ならば，u は $x=a$ において**無限小**（または**無限大**）であるという.

1°　u, v が $x=a$ においてともに無限小であるとき，$u=o(v)$ ならば u は v より**高位の無限小**であるという.

2°　u, v が $x=a$ においてともに無限大であるとき，$u=o(v)$ ならば v は u より**高位の無限大**であるという.

3°　u, v が $x=a$ においてともに無限小（ともに無限大）であるとき，$u=O(v)$ かつ $v=O(u)$ ならば，u, v は $x=a$ において**同位の無限小**（**無限大**）であるという.

とくに，$x\to a$ のとき，u/v が 0 でない値 l に収束するとき，u, v は同位の無限小（無限大）となる．$l=1$ のとき，$u\sim v$ $(x\to a)$ とかくことがある.

以上は $x\to a\pm 0$, $x\to\pm\infty$ の場合も同様に定義される．さらに数列に対しても同様に用いる.

$f(x)$ が $x\to 0$ $(x\to\infty)$ のとき x^k $(k>0)$ と同位の無限小（無限大）であるとき，$f(x)$ は $x\to 0$ $(x\to\infty)$ のとき，**k 次の無限小**（**無限大**）であるという.

例 14　(1)　$\alpha>0$ のとき，$\log x=o(x^\alpha)$ $(x\to\infty)$

(2)　$n^k=o(a^n)$ $(n\to\infty)$（ただし，$a>1$, k は任意の定数）

(3)　$x-\sin x$ は $x=0$ で3次の無限小である.

(1) は例 12 (2)，(2) は第1章 §2 例4による．(3) は例 13 (1) による.

例 15　$f(x)$ が $x=a$ の近くで C^n 級とすると，$x\to a$ のとき

$$f(x)=f(a)+f'(a)(x-a)+\frac{f''(a)}{2!}(x-a)^2+\cdots+\frac{f^n(a)}{n!}(x-a)^n+o\cdot(x-a)^n$$

これは，§2 問 15 を書き直したものである.

問 20　次の関数は $x=0$ において何次の無限小か．（例 15 を利用せよ）

(1) $1-\cos x$　(2) $\sqrt{1+x}-\left(1+\frac{1}{2}x\right)$　(3) $\sin ax-a\sin x$ $(|a|\neq 1, 0)$

（II） 極　値

$f(x)$ が $x=c$ の近くで定義されていて，$x=c$ の十分近くでは $x=c$ を除いて $f(x)<f(c)$ $(f(x)>f(c))$ を満たすとき，$f(x)$ は $x=c$ において **極大（極小）** となるといい，$f(c)$ を **極大値（極小値）** と呼ぶ．極大値，極小値を総称して**極値**という．

定　理 7　$f(x)$ が $x=c$ において極値となり，かつ，そこで微分可能ならば $f'(c)=0$ である．

証明． $x=c$ で極大の場合．$f(c)$ は $x=c$ のある近傍での最大値となる．以下，ロールの定理（定理2）の証明参照． ▩

定　理 8　$f(x)$ は $x=c$ で連続で，十分小さな $h>0$ をとると，

$c-h<x<c$ において微分可能，そこで $f'(x)>0$ (<0)，かつ，

$c<x<c+h$ において微分可能，そこで $f'(x)<0$ (>0)，

であるとき，$f(x)$ は $x=c$ において，極大（極小）である．

証明． $c-h<x<c$ とする．f に $[x,c]$ において平均値定理（定理3）を適用して，

$$f(c)-f(x)=f'(\xi)(c-x) \quad (x<\xi<c).$$

よって，

$$f(c)-f(x)>0 \quad (<0).$$

次に $c<x<c+h$ として，f に $[c,x]$ において平均値定理を適用して，$f(x)-f(c)<0$ (>0) を得る．ゆえに，$f(x)$ は $x=c$ において極大（極小）である． ▩

注 1　$f(x)$ は $x=c$ で微分可能である必要はない．

注 2　定理の逆は成立しない．$x=c$ で極値となり，$f'(x)$ の符号が $x=c$ の近くで細かく変化することもある．たとえば：

$$f(x)=x^2+\frac{x^2}{2}\sin\frac{1}{x} \ (x\neq 0), \quad f(0)=0$$

とする．$x\neq 0$ に対して，

$$f(x)\geqq x^2-\frac{x^2}{2}=\frac{x^2}{2}>0$$

より $f(x)$ は $x=0$ で極小．

$$f'(x) = 2x + x\sin\frac{1}{x} - \frac{1}{2}\cos\frac{1}{x} \quad (x \neq 0)$$

で，$x \to 0$ のとき，

$$2x + x\sin\frac{1}{x} \to 0$$

であることから，どんな $\delta > 0$ をとっても，$f'(x)$ は $0 < x < \delta$ および $-\delta < x < 0$ において正にも負にもなる．

定　理 9　$f(x)$ は $x = c$ の近傍で C^n 級で

$$f'(c) = f''(c) = \cdots = f^{(n-1)}(c) = 0 \quad \text{かつ} \quad f^{(n)}(c) \neq 0$$

とする．このとき，

（1）　n が偶数のとき，$f(x)$ は $x = c$ で極値をとる．これは $f^{(n)}(c) > 0$ ならば極小，$f^{(n)}(c) < 0$ ならば極大である．

（2）　n が奇数のとき，$f(x)$ は $x = c$ で極値をとらない．

証明．　$f^{(n)}(c) > 0$ の場合．$f^{(n)}(x)$ の連続性より，c の十分近くでは $f^{(n)}(x) > 0$．$[c, x]$ または $[x, c]$ において，f にテイラーの定理（定理4）を適用すると，c と x の間のある ξ に対して，

$$f(x) - f(c) = f^{(n)}(\xi)\,(x-c)^n/n!$$

（1）　$f^{(n)}(\xi) > 0$，$(x-c)^n > 0$ より，$f(x) - f(c) > 0$．ゆえに $f(x)$ は $x = c$ で極小となる．

（2）　$f^n(\xi) > 0$ から $x \leqq c$ のとき，$(x-c)^n \leqq 0$ で，$f(x) - f(c) \leqq 0$．ゆえに $x = c$ で極値とならない．

$f^{(n)}(c) < 0$ の場合も同様である．　■

（III）凸　関　数

$f(x)$ を区間 I 上で定義された関数とする．曲線 $y = f(x)$ $(x \in I)$ 上の任意の異なる2点 A, B に対して，A, B の間にある曲線 $y = f(x)$ の部分が弦 AB の上側にでないとき，$f(x)$ は I で**（下に）凸**であるという．

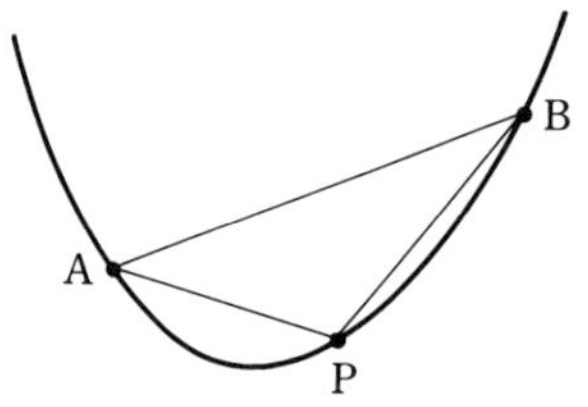

このことを式で表すと，次の不等式が成り立つことに等しい．

$x_1, x_2 \in I$ のとき

$$f(\alpha x_1+\beta x_2) \leqq \alpha f(x_1)+\beta f(x_2) \quad (\alpha+\beta=1, \quad \alpha, \beta>0) \qquad (35)$$

$x_1=x_2$ のときのみ等号が成り立つとき，$f(x)$ は**狭義に凸**であるという．

定　理 10　$f(x)$ を閉区間 I で連続，I の内部で微分可能とする．このとき，$f(x)$ が I で凸であるための条件は，$f'(x)$ が I 内部で増加であることである．

証明．$f(x)$ を凸とする．$\mathrm{A}(x_1, f(x_1))$，$\mathrm{B}(x_2, f(x_2))$，$\mathrm{P}(x, f(x))$，$x_1<x<x_2$ としよう．条件より明らかに，

$$(\text{AP の傾き}) \leqq (\text{AB の傾き}) \leqq (\text{PB の傾き})$$

である．$\mathrm{P} \to \mathrm{A}$ として，

$$f'(x_1) \leqq \frac{f(x_2)-f(x_1)}{x_2-x_1} \quad (=\text{AB の傾き})$$

を得る．同様に $\mathrm{P} \to \mathrm{B}$ として，

$$\frac{f(x_2)-f(x_1)}{x_2-x_1} \leqq f'(x_2).$$

ゆえに，$f'(x_1) \leqq f'(x_2)$

逆に，$f'(x)$ を I 内部で増加，$x_1<x_2$ として，(35) を示す．

$$\alpha f(x_1)+\beta f(x_2)-(\alpha+\beta)f(\alpha x_1+\beta x_2)$$

$$=\alpha\{f(x_1)-f(\alpha x_1+\beta x_2)\}+\beta\{f(x_2)-f(\alpha x_1+\beta x_2)\}$$

（平均値定理を適用して）

$$=\alpha\beta f'(\xi_1)(x_1-x_2)+\alpha\beta f'(\xi_2)(x_2-x_1)$$

$$(x_1<\xi_1<\alpha x_1+\beta x_2<\xi_2<x_2)$$

$$=\alpha\beta(x_2-x_1)\{f'(\xi_2)-f'(\xi_1)\} \geqq 0 \qquad (f'(\xi_1) \leqq f'(\xi_2) \text{ より}).$$

よって，

$$f(\alpha x_1+\beta x_2) \leqq \alpha f(x_1)+\beta f(x_2)$$ ■

証明の前半から，$f(x)$ が凸のとき，$x_1<x_2$ ならば

$$f'(x_1) \leqq \frac{f(x_2)-f(x_1)}{x_2-x_1} \leqq f'(x_2)$$

である．このことから次を得る．

系 1　$f(x)$ が微分可能な凸関数であるとき，曲線 $y=f(x)$ はその曲線上の接線の下側にはでない．

また，証明の後半から $f'(x)$ が狭義増加ならば，$f(x)$ は I で狭義に凸であることがわかる．

系 2　$f(x)$ が I で C^2 級であるとき，I で凸となるための条件は，I 上で $f''(x) \geqq 0$ となることである．さらに，I 内部で $f''(x)>0$ であるとき，$f(x)$ は I で狭義に凸となる．

$f(x)$ を I で凸として，$x_1, x_2, x_3 \in I$, $\alpha+\beta+\gamma=1$, $\alpha, \beta, \gamma>0$ とする．

$$\alpha x_1+\beta x_2+\gamma x_3=(\alpha+\beta)\left\{\frac{\alpha x_1}{\alpha+\beta}+\frac{\beta x_2}{\alpha+\beta}\right\}+\gamma x_3,$$

かつ $(\alpha+\beta)+\gamma=1$ に注意して，(35) から

$$f(\alpha x_1+\beta x_2+\gamma x_3) \leqq (\alpha+\beta)\, f\left(\frac{\alpha}{\alpha+\beta}x_1+\frac{\beta}{\alpha+\beta}x_2\right)+\gamma f(x_3)$$

$$\leqq (\alpha+\beta)\left\{\frac{\alpha}{\alpha+\beta}f(x_1)+\frac{\beta}{\alpha+\beta}f(x_2)\right\}+\gamma f(x_3)$$

すなわち，

$$f(\alpha x_1+\beta x_2+\gamma x_3) \leqq \alpha f(x_1)+\beta f(x_2)+\gamma f(x_3)$$

を得る（$f(x)$ が狭義に凸ならば，等号は $x_1=x_2=x_3$ のときのみ成り立つ）．これを一般化して（証明は n に関する帰納法による），

凸不等式　$f(x)$ は区間 I で凸とすると，任意の $n \geqq 2$ と任意の

$$x_i \in I \quad (1 \leqq i \leqq n), \qquad \sum_{i=1}^{n} \alpha_i = 1, \qquad \alpha_i > 0 \quad (1 \leqq i \leqq n)$$

に対して，

$$f\left(\sum_{i=1}^{n} \alpha_i x_i\right) \leqq \sum_{i=1}^{n} \alpha_i f(x_i) \tag{36}$$

が成り立つ（f が狭義に凸ならば，等号は $x_1=x_2=\cdots=x_n$ のときのみ成り立つ）．

例 16 $f(x) = -\log x$ は，$f''(x) = 1/x^2$ から定理 10 系 2 により，区間 $(0, \infty)$ で狭義に凸である．(36) において，$x_i = a_i > 0$，$\alpha_i = 1/n$ として

$$-\log \frac{a_1 + a_2 + \cdots + a_n}{n} \leqq -\frac{1}{n}(\log a_1 + \log a_2 + \cdots + \log a_n).$$

これを書きなおして，

$$\frac{a_1 + a_2 + \cdots + a_n}{n} \geqq \sqrt[n]{a_1 a_2 \cdots a_n}. \quad \text{（相加相乗平均不等式）}$$

（等号は $a_1 = a_2 = \cdots = a_n$ のときに限る．）

次に，(36) において，$x_1 = x$，$x_2 = y$ $(x, y > 0)$ として，

$$-\log(\alpha x + \beta y) \leqq -(\alpha \log x + \beta \log y).$$

書きなおすと，

$$\alpha x + \beta y \geqq x^\alpha y^\beta \qquad (\alpha + \beta = 1, \quad \alpha, \beta \geqq 0) \tag{37}$$

ここで，$\alpha = 1/p$，$\beta = 1/q$ として，x, y を，x^p, y^q でおきかえると

$$\frac{1}{p} x^p + \frac{1}{q} y^q \geqq xy \qquad \left(\frac{1}{p} + \frac{1}{q} = 1, \quad p > 1\right) \tag{38}$$

を得る．

任意の実数 a_i, b_i $(1 \leqq i \leqq n)$ に対して，

$$x_k = |a_k| \Big/ \left(\sum_{i=1}^{n} |a_i|^p\right)^{1/p}, \qquad y_k = |b_k| \Big/ \left(\sum_{i=1}^{n} |b_i|^q\right)^{1/q}$$

として上記の不等式に代入して $(k = 1, 2, \cdots, n)$，辺々加えて次の不等式を得る．

$1/p + 1/q = 1$，　$p, q > 1$ のとき，

$$\sum_{i=1}^{n} |a_i b_i| \leqq \left(\sum_{i=1}^{n} |a_i|^p\right)^{1/p} \left(\sum_{i=1}^{n} |b_i|^q\right)^{1/q}. \quad \text{（ヘルダーの不等式）}$$

問 21 $s > 1$ のとき，$a_i \geqq 0$ $(1 \leqq i \leqq n)$ に対して，不等式

$$(a_1 + a_2 + \cdots + a_n)^s \leqq n^{s-1}(a_1^s + a_2^s + \cdots + a_n^s)$$

が成り立つことを証明せよ．

(IV) 曲　　線

(A) 空間曲線　閉区間 $[\alpha, \beta]$ 上の連続関数 $x = x(t)$，$y = y(t)$，$z = z(t)$ から得られる点 $\mathrm{P}(t) = (x(t), y(t), z(t))$ の軌跡 C を（**空間**）**曲線**といい，t をその**パラメータ**（**媒介変数**）と呼ぶ．点 $\mathrm{P}(\alpha)$ を C の**始点**，$\mathrm{P}(\beta)$ を**終点**と呼び，始点と終点が一致する曲線を**閉曲線**という．ある $t_1 \neq t_2$（ただし $t_1 \neq \alpha, \beta$）で $\mathrm{P}(t_1) = \mathrm{P}(t_2)$ となるとき，このような点を**重複点**と

呼び，重複点をもたない曲線を**単純曲線**という．

記法を簡単にするため，ベクトル記号を用いて　曲線 $C: \boldsymbol{r}=\boldsymbol{r}(t)$ とかくことにする．すなわち，$\boldsymbol{r}(t)$ は成分 $x(t)$, $y(t)$, $z(t)$ のベクトルで，点 $\mathrm{P}(t)$ の位置ベクトルを表す．$\boldsymbol{r}(t)$ は $[\alpha, \beta]$ 上のベクトル値関数となる．

（B）ベクトルの微分　一般に，ベクトル値関数 $\boldsymbol{r}(t)$ について，$|\boldsymbol{r}(t)-\boldsymbol{b}| \to 0$ $(t \to t_1)$ となる定ベクトル $\boldsymbol{b}=(b_1, b_2, b_3)$ が存在するとき，$t \to t_1$ のとき $\boldsymbol{r}(t)$ は $\boldsymbol{b}$ に**収束**するといい，

$$\lim_{t \to t_1} \boldsymbol{r}(t) = \boldsymbol{b} \quad \text{または} \quad \boldsymbol{r}(t) \to \boldsymbol{b} \ (t \to t_1)$$

とかく．

$$|x(t)-b_1|, \quad |y(t)-b_2|, \quad |z(t)-b_3| \leqq |\boldsymbol{r}(t)-\boldsymbol{b}|$$
$$\leqq |x(t)-b_1| + |y(t)-b_2| + |z(t)-b_3| \tag{39}$$

より $\boldsymbol{r}(t) \to \boldsymbol{b}$ $(t \to t_1)$ は，$t \to t_1$ のとき，$x(t) \to b_1$, $y(t) \to b_2$, $z(t) \to b_3$ となることと同じである．とくに，$t \to t_1$ のとき $\boldsymbol{r}(t) \to \boldsymbol{r}(t_1)$ ならば，$\boldsymbol{r}=\boldsymbol{r}(t)$ は $t=t_1$ で**連続**であるといい，定義域の各点で連続であるとき，$\boldsymbol{r}(t)$ は連続であるという．これは $\boldsymbol{r}(t)$ の各成分が連続であることと同じである．

よって，$\boldsymbol{r}=\boldsymbol{r}(t)$ が曲線を表しているとき，$\boldsymbol{r}(t)$ は連続である．

次に極限

$$\lim_{\Delta t \to 0} \frac{\boldsymbol{r}(t+\Delta t)-\boldsymbol{r}(t)}{\Delta t}$$

が存在するとき，この極限を $\boldsymbol{r}(t)$ の**微分係数**と呼ぶ．各点で微分係数をもつとき，$\boldsymbol{r}=\boldsymbol{r}(t)$ は微分可能であるといい，その**導関数**を $d\boldsymbol{r}/dt$ とかく．連続の場合と同様に，$\boldsymbol{r}=\boldsymbol{r}(t)$ が微分可能であるのは各成分が微分可能となるときで，

$$\frac{d\boldsymbol{r}}{dt} = \left(\frac{dx}{dt}, \ \frac{dy}{dt}, \ \frac{dz}{dt}\right) \tag{40}$$

である．

高階導関数　$d^n\boldsymbol{r}/dt^n$ もいままでと同様に定義され，

$$\frac{d^n\boldsymbol{r}}{dt^n} = \left(\frac{d^nx}{dt^n}, \ \frac{d^ny}{dt^n}, \ \frac{d^nz}{dt^n}\right)$$

が成り立つ．

（C）速度ベクトル，加速度ベクトル　$\boldsymbol{r}(t)$ の n 階までの導関数が存在して，それらがすべて連続なとき（これは $\boldsymbol{r}(t)$ の各成分がかかる条件を満たすことと同じ），$\boldsymbol{r}(t)$ は C^n **級**であるという．

C^1 級の曲線 $C: \boldsymbol{r}=\boldsymbol{r}(t)$ について，$d\boldsymbol{r}/dt=\boldsymbol{0}$ を満たす点 $\mathrm{P}(t)$ を**特異**

点と呼ぶ．特異点でない点を**正則点**，特異点をもたない曲線を**正則曲線**という．

以後この節では，$C: \boldsymbol{r} = \boldsymbol{r}(t)$ を C^2 級の正則曲線とし，$d\boldsymbol{r}/dt$，$d^2\boldsymbol{r}/dt^2$を $\dot{\boldsymbol{r}}, \ddot{\boldsymbol{r}}$ とかく．

$\dot{\boldsymbol{r}}$ は曲線 C の接線ベクトルを表している．これは

$$\frac{\Delta \boldsymbol{r}}{\Delta t} = \frac{\boldsymbol{r}(t+\Delta t) - \boldsymbol{r}(t)}{\Delta t}$$

において $\Delta \boldsymbol{r}/\Delta t$ が $\Delta \boldsymbol{r}$ と同じ方向のベクトルであることからわかる．

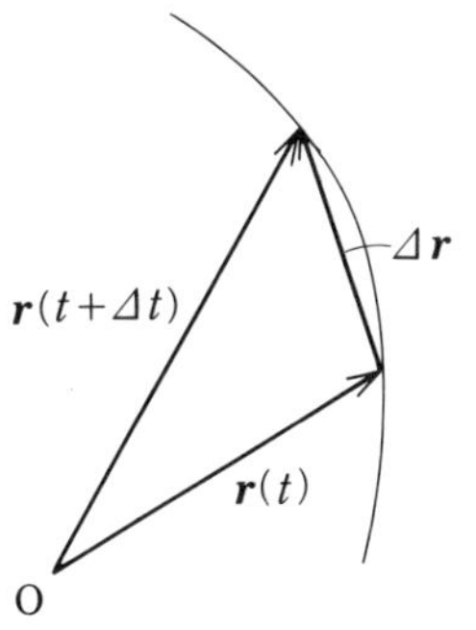

$\dot{\boldsymbol{r}}$ を単位化してできるベクトル，すなわち $\dot{\boldsymbol{r}}$ と同じ方向，同じ向きをもつ単位ベクトル $\dot{\boldsymbol{r}}/|\dot{\boldsymbol{r}}|$ を**単位接線ベクトル**と呼び，$\boldsymbol{t}$ で表す．

さて曲線 $C: \boldsymbol{r} = \boldsymbol{r}(t)$ は，パラメータ t を時間を表す変数と考えて，xyz-空間内を運動する質点の軌跡とみることもできる．$\boldsymbol{r}(t)$ は時刻 t での質点の位置ベクトルを表している．$\boldsymbol{r}$ を**動径ベクトル**，$\boldsymbol{v} = \dot{\boldsymbol{r}} = (\dot{x}, \dot{y}, \dot{z})$ を**速度ベクトル**，$\boldsymbol{a} = \ddot{\boldsymbol{r}} = (\ddot{x}, \ddot{y}, \ddot{z})$ を**加速度ベクトル**とよぶ．

ベクトル $\boldsymbol{a}, \boldsymbol{b}$ の内積を $\boldsymbol{a}\cdot\boldsymbol{b}$ とかく．$\boldsymbol{u}, \boldsymbol{v}$ を t のベクトル値関数，$f(t)$ を実数値関数とするとき，次の微分公式が成り立つ．

$$(\boldsymbol{b})' = \boldsymbol{0} \ (\boldsymbol{b} \text{ 定ベクトル}), \qquad (\boldsymbol{u} \pm \boldsymbol{v})' = \boldsymbol{u}' \pm \boldsymbol{v}'$$

$$(f\boldsymbol{u})' = f'\boldsymbol{u} + f\boldsymbol{u}' \qquad (k\boldsymbol{u})' = k\boldsymbol{u}' \ (k \text{ 定数}) \tag{41}$$

$$(\boldsymbol{u}\cdot\boldsymbol{v})' = \boldsymbol{u}'\cdot\boldsymbol{v} + \boldsymbol{u}\cdot\boldsymbol{v}' \qquad \left(\frac{\boldsymbol{u}}{f}\right)' = \frac{f\boldsymbol{u}' - f'\boldsymbol{u}}{f^2} \quad (f \neq 0) \tag{42}$$

これらは成分で計算すれば，容易に確かめることができる．

例 17　$r = |\boldsymbol{r}|$，$v = |\boldsymbol{v}|$（速さ）とすると，

$$dr^2/dt = 2\,\dot{\boldsymbol{r}}\cdot\boldsymbol{r} = 2\,\boldsymbol{v}\cdot\boldsymbol{r} \tag{43}$$

$$\dot{r} = d\,|\boldsymbol{r}|/dt = \dot{\boldsymbol{r}}\cdot\boldsymbol{r}/r = \boldsymbol{v}\cdot\boldsymbol{r}/r \,. \quad \dot{v} = \dot{\boldsymbol{v}}\cdot\boldsymbol{v}/v = \boldsymbol{a}\cdot\boldsymbol{t} \tag{44}$$

が成り立つ．

（証）　$r^2 = \boldsymbol{r}\cdot\boldsymbol{r}$ の両辺を微分すれば，(43) を得る．次に，(44) については，

$$\frac{d|\boldsymbol{r}|}{dt}=\frac{d}{dt}\sqrt{\boldsymbol{r}\cdot\boldsymbol{r}}=\frac{1}{2\sqrt{\boldsymbol{r}\cdot\boldsymbol{r}}}\frac{d}{dt}\boldsymbol{r}\cdot\boldsymbol{r}=\frac{1}{2r}2\dot{\boldsymbol{r}}\cdot\boldsymbol{r}=\dot{\boldsymbol{r}}\cdot\frac{\boldsymbol{r}}{r}.$$

v についても同様である.

注　一般にベクトル$\boldsymbol{A}$と有向直線$\overrightarrow{l}$に対して，$\boldsymbol{A}$の$\overrightarrow{l}$への正射影を$\boldsymbol{A}$の$\overrightarrow{\boldsymbol{l}}$**方向成分**と呼ぶ．$\overrightarrow{l}$の方向ベクトルを $\boldsymbol{u}$, $\boldsymbol{A}$ と $\boldsymbol{u}$ のなす角を θ とすれば，$\boldsymbol{A}$ の $\overrightarrow{l}$方向成分は $|\boldsymbol{A}|\cos\theta=|\boldsymbol{A}|\,|\boldsymbol{u}|\cos\theta/|\boldsymbol{u}|=\boldsymbol{A}\cdot\boldsymbol{u}/|\boldsymbol{u}|$ と表される．よって，(44) は次のようにいい表すことができる．

動径の大きさの変化率は速度の動径方向成分に等しい．

速さの変化率は加速度の接線方向成分に等しい．

(D)　曲　率　　曲線Cの始点から点 $\mathrm{P}(t)$ までの弧長を $s=s(t)$ とすると，第4章 §4により $ds/dt=|\dot{\boldsymbol{r}}|=v$ である．したがって，sはtの狭義増加な C^1 級関数となる．逆関数の微分公式から，t も s の C^1 級関数となる．

sに関する微分を以後 $'$ を用いて表す．

$$\boldsymbol{r}'=\frac{d\boldsymbol{r}}{ds}=\frac{d\boldsymbol{r}}{dt}\frac{dt}{ds}=\frac{d\boldsymbol{r}/dt}{ds/dt}=\frac{\dot{\boldsymbol{r}}}{|\dot{\boldsymbol{r}}|}\tag{45}$$

より $\boldsymbol{r}'=\boldsymbol{t}$ を得る．

$t=t_0$ における単位接線ベクトルを $\boldsymbol{t}_0$, $\boldsymbol{t}$ と $\boldsymbol{t}_0$ のなす角を $\Delta\theta$ とおくとき，$\Delta\boldsymbol{t}=\boldsymbol{t}-\boldsymbol{t}_0$, $\Delta s=s(t)-s(t_0)$ として，

$$\lim_{t\to t_0}\frac{\Delta\theta}{|\Delta s|}=\lim_{t\to t_0}\frac{\Delta\theta}{|\Delta\boldsymbol{t}|}\frac{|\Delta\boldsymbol{t}|}{|\Delta s|}=\lim_{t\to t_0}\left|\frac{\Delta\boldsymbol{t}}{\Delta s}\right|=\left|\frac{d\boldsymbol{t}}{ds}\right|=|\boldsymbol{t}'|.\tag{46}$$

ただし，$\Delta\theta/|\Delta\boldsymbol{t}|\to 1$ $(t\to t_0)$ を用いた．

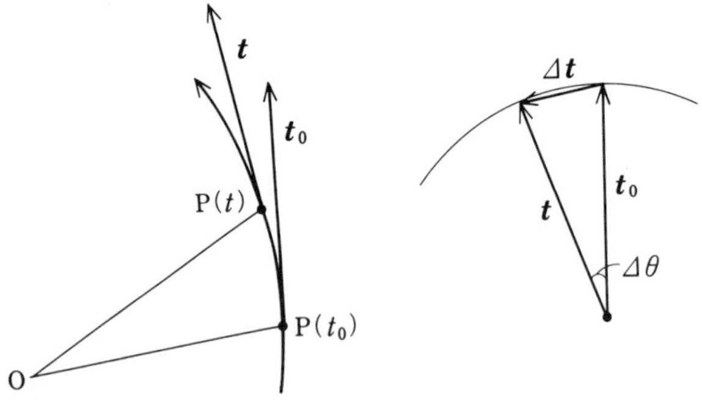

この値をCの $t=t_0$ における**曲率**と呼び，κ で表す．すなわち，

$$\kappa=\lim_{t\to t_0}\frac{\Delta\theta}{|\Delta s|}=|\boldsymbol{t}'|=|\boldsymbol{r}''|$$

$\rho=1/\kappa$ を**曲率半径**という．

$\boldsymbol{t}\cdot\boldsymbol{t}=1$ の両辺を微分して $\dot{\boldsymbol{t}}\cdot\boldsymbol{t}=0$，よって $\dot{\boldsymbol{t}}$ は $\boldsymbol{t}$ と直交する．$\dot{\boldsymbol{t}}$ の単位化 $\dot{\boldsymbol{t}}/|\dot{\boldsymbol{t}}|$ を**単位主法線ベクトル**と呼び，$\boldsymbol{n}$ で表す．

$\boldsymbol{v}=v\boldsymbol{t}$ の両辺を微分して，

$$\boldsymbol{a}=\dot{v}\boldsymbol{t}+v\dot{\boldsymbol{t}}\,.$$

ここで，$\dot{\boldsymbol{t}}=d\boldsymbol{t}/dt=d\boldsymbol{t}/ds\cdot ds/dt=v\boldsymbol{t}'$ より

$$v\,|\dot{\boldsymbol{t}}|=v^2\,|\boldsymbol{t}'|=\kappa v^2=v^2/\rho.$$

よって，加速度の直交分解

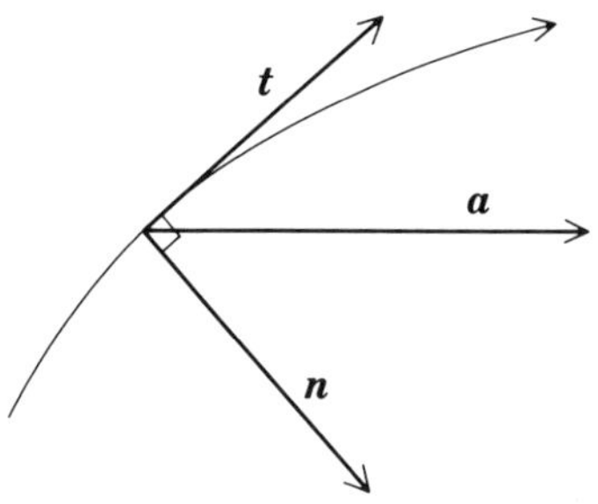

$$\boldsymbol{a}=\dot{v}\boldsymbol{t}+\frac{v^2}{\rho}\boldsymbol{n} \qquad (47)$$

を得る．$\dot{v}$，v^2/ρ はそれぞれ加速度の**接線方向成分，主法線方向成分**となる．これを a_t, a_n とかく．

$$\begin{aligned} \boldsymbol{a}&=a_t\boldsymbol{t}+a_n\boldsymbol{n}\,,\\ a_t&=\boldsymbol{a}\cdot\boldsymbol{t}=\dot{v}\,, \qquad (48)\\ a_n&=\boldsymbol{a}\cdot\boldsymbol{n}=v^2/\rho \end{aligned}$$

P(t) において，$\boldsymbol{t}$ と $\boldsymbol{n}$ によってできる平面を，P(t) における**接触平面**と呼ぶ．

例 18　$\boldsymbol{r}(t)=(a\cos\omega t,\ a\sin\omega t,\ bt)$ の a_t, a_n を求めよ．

（**解**）　$\boldsymbol{v}=(-a\omega\sin\omega t,\ a\omega\cos\omega t,\ b)$，　$v=\sqrt{a^2\omega^2+b^2}$

$\boldsymbol{a}=(-a\omega^2\cos\omega t,\ -a\omega^2\sin\omega t,\ 0)$，　$a_t=\boldsymbol{a}\cdot\boldsymbol{v}/v=0$

$a_n\geqq 0$ に注意して，$a_n=|a_n\boldsymbol{n}|=|\boldsymbol{a}-a_t\boldsymbol{t}|=|\boldsymbol{a}|=|a|\,\omega^2$

問 22　$d\boldsymbol{r}/ds\ (=\boldsymbol{t})=\boldsymbol{v}/v$ から次を導け．

$$\boldsymbol{r}''=\frac{v^2\boldsymbol{a}-(\boldsymbol{a}\cdot\boldsymbol{v})\boldsymbol{v}}{v^4},\qquad \kappa^2=\frac{v^2|\boldsymbol{a}|^2-(\boldsymbol{a}\cdot\boldsymbol{v})^2}{v^6}$$

(E)　平 面 曲 線　　平面曲線は空間曲線 $\boldsymbol{r}=(x(t),\ y(t),\ z(t))$ において，$z(t)\equiv 0$ の場合と考えられる．z 座標を以後省略して，$C:\boldsymbol{r}=(x(t),$

$y(t)$) を正則な C^2 級曲線とする．C 上の点 P(t) における接線が，正の x 軸となす角を θ とすると，曲率は $|d\theta/ds|$ であるが，平面曲線については符号を含めて，$\kappa=d\theta/ds$ を曲率とする．

$\tan\theta=\dot{y}/\dot{x}$ を t で微分して，$(\sec^2\theta)\dot{\theta}=(\dot{x}\ddot{y}-\ddot{x}\dot{y})/\dot{x}^2$，これと $\sec^2\theta=1+\tan^2\theta=(\dot{x}^2+\dot{y}^2)/\dot{x}^2=v^2/\dot{x}^2$ より次を得る．

$$\kappa=\frac{\dot{\theta}}{v}=\frac{\dot{x}\ddot{y}-\ddot{x}\dot{y}}{v^3},\qquad v=\sqrt{\dot{x}^2+\dot{y}^2}. \tag{49}$$

とくに，曲線 $y=f(x)$ については，$x=t$，$\boldsymbol{r}(t)=(t,f(t))$ と考えて，

$$\kappa=\frac{f''(x)}{\{1+f'(x)^2\}^{3/2}}. \tag{50}$$

問 23　円：$x=x_0+r\cos t$，$y=y_0+r\sin t$ の曲率は $1/r$ である．

C 上の点Pにおいて，接線に接して曲率半径 $\rho=1/|\kappa|$ を半径とする円で，接線に関して C と同じ側にある円をPにおける**曲率円**，その中心を**曲率の中心**と呼ぶ．C が $y=f(x)$ と表されるとき，点 $(x,f(x))$ における曲率の中心 (ξ,η) を求めよう（一般に，正則曲線 C $(x(t),\ y(t))$ については $\dot{x}^2+\dot{y}^2\neq 0$ より，$\dot{x}$, $\dot{y}$ の少なくとも一方は0でない．$\dot{x}(t_0)\neq 0$ とすれば，$t=t_0$ の近くでは，x と t は1対1に対応するから，逆に t を x の関数とみて，局所的に C は $y=f(x)$ と表される）．

$y''>0$ の場合：接線ベクトル $(1,y')$ を $+90°$ 回転した $(-y',1)$ から，

$$(\xi,\eta)=(x,y)+\rho(-y',1)/\sqrt{1+y'^2}$$

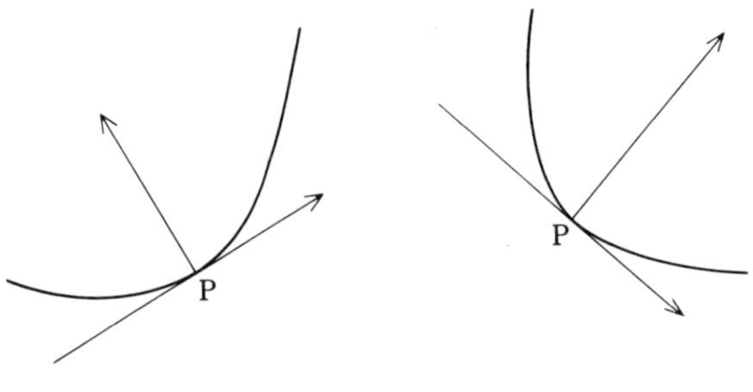

よって

$$\xi = x - \frac{\rho y'}{\sqrt{1+y'^2}} = x - \frac{y'(1+y'^2)}{y''}, \qquad \eta = y + \frac{\rho}{\sqrt{1+y'^2}} = y + \frac{1+y'^2}{y''} \tag{51}$$

$y''<0$ の場合も同じ式を得る.

問 24　(51) を x で微分することにより，$\rho>0$ が定数ならば曲線は円になることを示せ.

平面曲線 C の曲率中心の軌跡 E を C の**縮閉線**といい，これに対して，C を E の**伸開線**という.

例 19　サイクロイド： $x=a(t-\sin t)$, $y=a(1-\cos t)$ の縮閉線を求めよ.

(解)　$\dot{x}=a(1-\cos t)$,　　$\ddot{x}=a\sin t=\dot{y}$　　$\ddot{y}=a\cos t$.

ゆえに，$y'=\dot{y}/\dot{x}=\sin t/(1-\cos t)$

$$y''=(\dot{x}\ddot{y}-\ddot{x}\dot{y})/\dot{x}^3=-1/a(1-\cos t)^2.$$

(51) に代入して

$$\xi=a(t+\sin t), \qquad \eta=a(-1+\cos t).$$

これは求める縮閉線のパラメータ表示である.

ここで，$t+\pi=\theta$ とおくと

$$\xi=a(\theta-\sin\theta)-\pi a, \qquad \eta=a(1-\cos\theta)-2a.$$

すなわち，縮閉線はもとの曲線を平行移動したものと一致する.

問 25　楕円 $x=a\cos t$, $y=b\sin t$ の縮閉線を求めよ.

(F)　極座標と極方程式（平面）　平面上に半直線 $\overrightarrow{\mathrm{OX}}$ が与えられたとき，この平面上の点Pの位置は，$\overline{\mathrm{OP}}=r$ と $\overrightarrow{\mathrm{OX}}$ から $\overrightarrow{\mathrm{OP}}$ までの一般角 θ によって決まる. (r,θ) を点 P の $\overrightarrow{\mathrm{OX}}$ に関する**極座標**という. O を**極**，半直線 $\overrightarrow{\mathrm{OX}}$ を**始線**，$\overrightarrow{\mathrm{OP}}$ を**動径**，θ を**偏角**と呼ぶ. $\overrightarrow{\mathrm{OX}}$ を正の x 軸とする xy —座標系に関する座標 $\mathrm{P}(x,y)$ との関係は

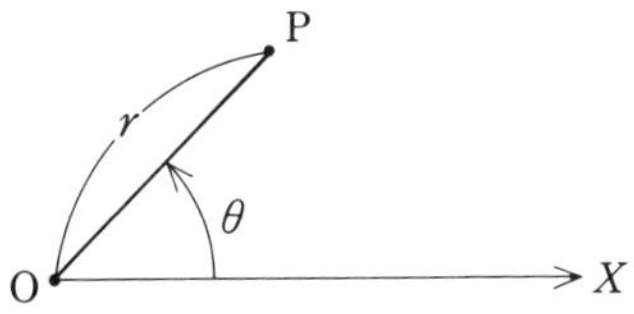

$$x=r\cos\theta, \qquad y=r\sin\theta, \tag{52}$$

したがって，

$$r^2=x^2+y^2, \qquad \tan\theta=y/x. \tag{53}$$

とくに断らない限り，xy-座標はこのようにとるものとする．

極座標 (r,θ) の r と θ の関係式で表された曲線の方程式を**極方程式**という．

例 20　(1)　原点を通らない直線 l は，原点から l に下した垂線の足を H として，$\overline{\mathrm{OH}}=d$，正の x 軸から $\overrightarrow{\mathrm{OH}}$ までの一般角を α とするとき

$$r\cos(\theta-\alpha)=d \tag{54}$$

で表される．

(2)　楕円 $x^2/a^2+y^2/b^2=1$ $(a\geqq b>0)$ の焦点 $\mathrm{F}'(-\sqrt{a^2-b^2},0)$ を極とする極方程式は

$$r=\frac{a(1-\varepsilon^2)}{1-\varepsilon\cos\theta}\qquad\left(\varepsilon=\sqrt{1-\frac{b^2}{a^2}}\right)$$

(**証**)　(1)は図から明らかであろう．

(2)　まず　$r\cos\theta=x+\varepsilon a$　に注意する．

$$r^2=(x+\varepsilon a)^2+y^2=(x+\varepsilon a)^2+b^2\left(1-\frac{x^2}{a^2}\right)$$
$$=\varepsilon^2x^2+2\,\varepsilon ax+a^2=(\varepsilon x+a)^2.$$
$$\varepsilon x+a>0\quad\text{より}\quad r=\varepsilon x+a.$$

よって

$$r\,(=\varepsilon x+a)=\varepsilon(r\cos\theta-\varepsilon a)+a\,.$$

これから表記の方程式を得る．

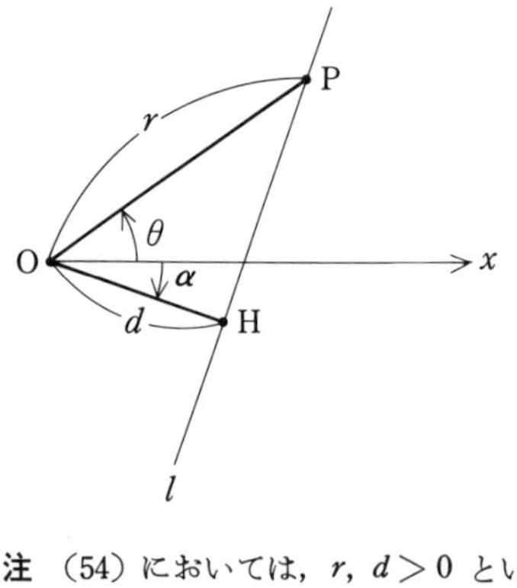

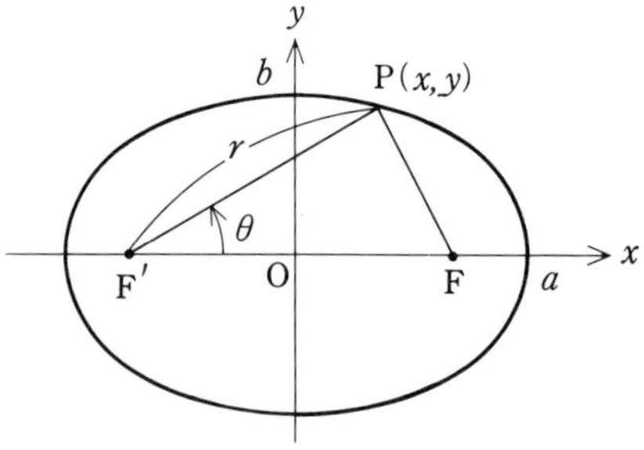

注　(54)においては，$r,\ d>0$ ということから，θ を $\theta-\alpha$ が第1または第4象限の角になるような範囲に制限する考えもあるが，極座標の定義を拡張して，$r<0$ の場合も (r,θ) は関係式(52)によって定まる点 $(x,\ y)$ を表すと規約すれば，$\theta-\alpha\neq m\pi+\pi/2$ $(m\in\boldsymbol{Z})$ なる θ に対しても(54)を満たす点 (r,θ) は l 上にあることがわかる．

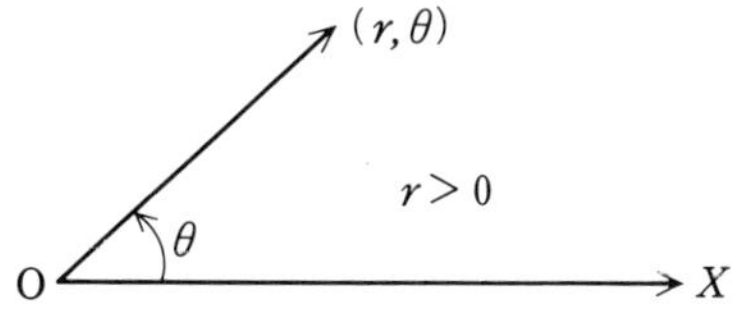

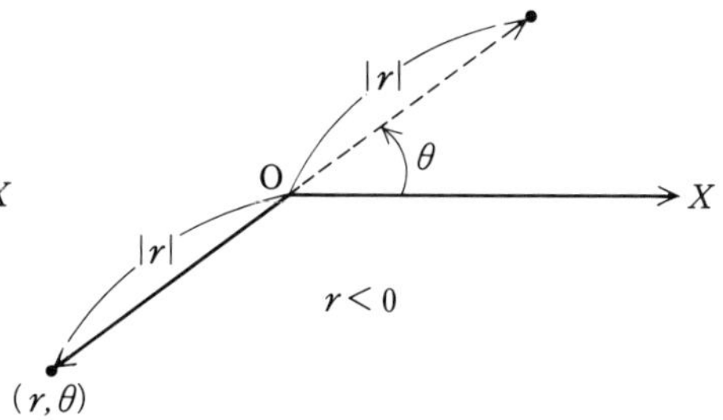

以後，極座標は $r<0$ の場合も含むものとする．

一般に，$(r,\ \theta)=(-r,\ \theta+\pi)$．

また，原点を通り始線と角 α をなす直線の極方程式は $\theta=\alpha$ となる．

曲線 $C: r=r(\theta)$ 上の点 P において，θ の増加する向きにとった接線と動径 $\overrightarrow{\mathrm{OP}}$ のなす φ（**接線角**）を求める．$\theta+\Delta\theta$ に対応する点 Q をとれば，Q から直線 OP に下した垂線の足を H として，

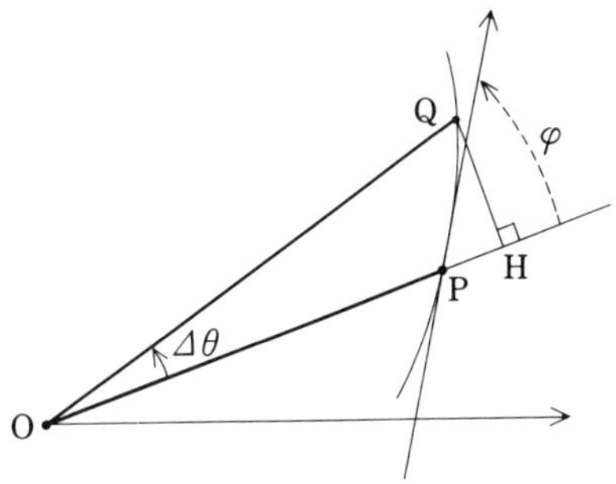

$$\tan\varphi=\lim_{\Delta\theta\to 0}\frac{\mathrm{QH}}{\mathrm{PH}}$$

$$=\lim_{\Delta\theta\to 0}\frac{(r+\Delta r)\sin\Delta\theta}{(r+\Delta r)\cos\Delta\theta-r}$$

$$=\lim_{\Delta\theta\to 0}\frac{(r+\Delta r)(\sin\Delta\theta)/\Delta\theta}{(\cos\Delta\theta)\Delta r/\Delta\theta+r(\cos\Delta\theta-1)/\Delta\theta}=\frac{r}{r'}.$$

よって

$$\tan\varphi=r/r'. \qquad (55)$$

例 21　曲線 $r=a+b\cos\theta$ $(0<a\leqq b)$ の概形を描け．

（解）　r は θ の偶関数であるから，$0\leqq\theta\leqq\pi$ における形を調べればよい．$a<b$ の場合．

$$r'=-b\sin\theta\leqq 0, \qquad \tan\varphi=\left(-\frac{a}{b}-\cos\theta\right)\Big/\sin\theta$$

θ	0		$\pi/2$		θ_0		π
r	$a+b$	↘	a	↘	0	↘	$a-b$

これから概形は図のようになる．$a=b$ の場合も同様である．

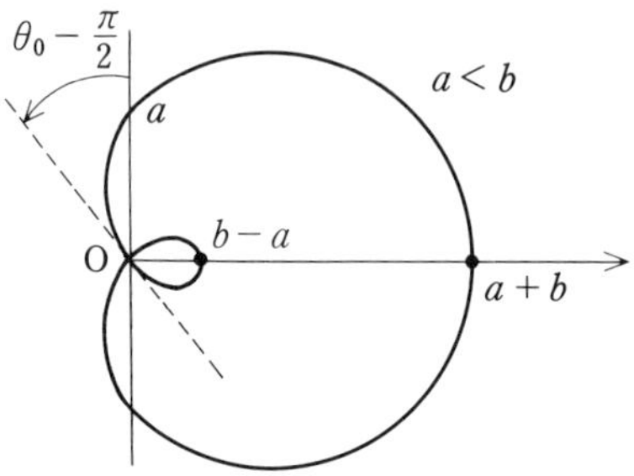

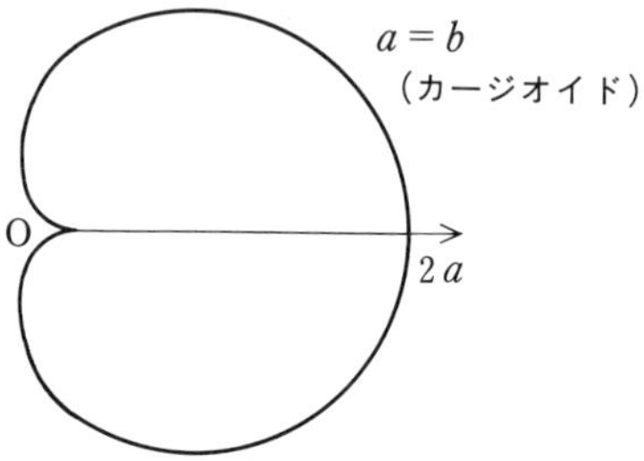

問 26　次の曲線の概形を描け（$a>0$ とする）．

（1）　$r=a\sin 3\theta$　　　（**三葉線**）

（2）　$r=a\theta$　　　（**アルキメデスのらせん**）

（3）　$r^2=a^2\cos 2\theta$　　　（**レムニスケート**）

演 習 問 題

A

1.　次の関数を微分せよ．

（1）　$\dfrac{1}{2}\log\left|\dfrac{1+x}{1-x}\right|$　　（2）　$\dfrac{\sqrt{a^2+x^2}+\sqrt{a^2-x^2}}{\sqrt{a^2+x^2}-\sqrt{a^2-x^2}}$　$(a\neq 0)$

（3）　$x\sqrt{\dfrac{1+\sqrt{x}}{1-\sqrt{x}}}$　　（4）　$\dfrac{\sin x}{\sqrt{a^2\cos^2 x+b^2\sin^2 x}}$

（5）　$x\sqrt{a^2-x^2}+a^2\sin^{-1}\dfrac{x}{a}$　$(a>0)$　　（6）　$\log|\log|x||$

（7）　$x^{\sin x}$　$(x>0)$　　（8）　$\log\sqrt{\dfrac{1-\cos x}{1+\cos x}}$

（9）　$\tan^{-1}\left(\sqrt{\dfrac{a-b}{a+b}}\tan\dfrac{x}{2}\right)$　$(a>b>0)$　　（10）　$(a^x+b^x)^{1/x}$　$(a,b>0)$

2.　次の関数の $dy/dx,\ d^2y/dx^2$ を求めよ（$a>0$ とする）．

（1）　$\begin{cases} x=a\cosh t \\ y=a\sinh t \end{cases}$　　（2）　$\begin{cases} x=a\cos^3 t \\ y=a\sin^3 t \end{cases}$

3.　次の関数の n 階導関数を求めよ．

（1）　$y=\cos x\cos 2x$　　（2）　$y=\dfrac{x}{(1-x)^2}$

（3） $y = x^2 \sin x$　　（4） $y=e^x \sin x$

4. 次の不等式を証明せよ.

（1） $(1+x)^\alpha > 1+\alpha x \quad (\alpha > 1 : x > -1,\quad x \neq 0)$

（2） $(1+x)^\alpha < 1+\alpha x \quad (0 < \alpha < 1 : x > -1,\quad x \neq 0)$

（3） $\dfrac{2}{\pi}x < \sin x < x \quad \left(0 < x < \dfrac{\pi}{2}\right)$

（4） $x - \dfrac{x^3}{3!} < \sin x < x \quad (x > 0)$

（5） $1-\dfrac{x^2}{2!} < \cos x < 1-\dfrac{x^2}{2!}+\dfrac{x^4}{4!} \quad (x \neq 0)$

（6） $1+x < e^x < \dfrac{1}{1-x} \quad (x < 1,\ x \neq 0)$

（7） $\dfrac{x}{1+x} < \log(1+x) < x \quad (x > -1,\ x \neq 0)$

5. 次の極限値を求めよ.

（1） $\displaystyle\lim_{x\to 0}\frac{\tan x - x}{x^3}$　　（2） $\displaystyle\lim_{x\to 0}\left(\frac{1}{x^2}-\frac{1}{\sin^2 x}\right)$

（3） $\displaystyle\lim_{x\to 0}\frac{e^x - e^{\sin x}}{x^3}$　　（4） $\displaystyle\lim_{x\to \pi/2}\frac{e^{\sin x}-e}{\log \sin x}$

（5） $\displaystyle\lim_{x\to 1}\frac{x^x - x}{1-x+\log x}$　　（6） $\displaystyle\lim_{x\to 0}\frac{(1+x)^{1/x}-e}{x}$

（7） $\displaystyle\lim_{x\to \infty} x^{1/x}$　　（8） $\displaystyle\lim_{x\to 0}\left(\frac{a^x+b^x}{2}\right)^{1/x} \quad (a, b > 0)$

（9） $\displaystyle\lim_{x\to\infty}\left\{x - x^2\log\left(1+\frac{1}{x}\right)\right\}$　　（10） $\displaystyle\lim_{x\to\infty}\log x \log\left(1+\frac{1}{x}\right)$

6. 数列 $\{c_n\}$ に対して,

$$f(x) = \begin{cases} c_n & \left(\dfrac{1}{n+1} < x \leqq \dfrac{1}{n} :\ n = 1, 2, \cdots\right) \\ 0 & (x = 0) \end{cases}$$

で定義される関数 $f(x)$ が $x = 0$ で右微分可能となるための条件は, 数列 $\{nc_n\}$ が収束することである.

7. $f(x)$ が $x = a$ で微分可能ならば

$$\lim_{\substack{h\to +0\\ k\to +0}}\frac{f(a+h)-f(a-k)}{h+k} = f'(a).$$

8. $p \in \boldsymbol{N}$ とする.

$$f(x) = \begin{cases} x^p \sin \dfrac{1}{x} & (x \neq 0) \\ 0 & (x = 0) \end{cases}$$

で定義される関数 $f(x)$ に対して，

（1） $f(x)$ は連続であることを示せ．

（2） $f(x)$ が $\boldsymbol{R}$ 上微分可能となる p の範囲を求めよ．

（3） $f(x)$ が $\boldsymbol{R}$ 上 C^1 級となる p の範囲を求めよ．

9． $f(x)$ が $x=a$ の近くで C^2 級ならば

$$\lim_{h\to 0}\frac{f(a+h)+f(a-h)-2f(a)}{h^2}=f''(a).$$

10． $f(x)=\tan^{-1}x$ に対して $f^{(n)}(0)$ を求めよ．

11． 次の値を小数第5位まで求めよ．

（1） $\sin 0.1$　　（2） $\sqrt{101}$

（3） $\log 2$，　$\log 5$，$\log 10$ （$\log\dfrac{1+x}{1-x}$ の展開式を用いよ）．

12． 円弧 AB に対する弦の長さを a，弧 AB の半分の弧に対する弦の長さを b とすると，弧 AB に対する中心角が十分小さければ，弧 AB の長さはほぼ $\dfrac{8b-a}{3}$ に等しい．

13． $f(x)=\log(1+x)-x\dfrac{1+bx}{1+ax}$ が $x=0$ において4次の無限小となるように a, b の値を定めよ．

14． $x=0$ において $f(x)$，$g(x)$ がそれぞれ α 次，β 次の無限小であるとき，

$$\frac{1+g(x)}{1+f(x)+g(x)}-\frac{1}{1+g(x)}$$

は何次の無限小か．（ただし $\alpha\neq\beta$）

15． 次の曲線上の点 (x, y) における曲率半径，および縮閉線を求めよ．

（1） $x^2-y^2=a^2$　　　（2） $y=a\cosh\dfrac{x}{a}$

16． 曲線 $y=f(x)$ が原点で，x 軸に接しているとき，この点における曲率は

$$\lim_{x\to 0}\frac{2y}{x^2}$$

で与えられる．

17． 曲線 $r=r(\theta)$ 上の点 (r,θ) における曲率の絶対値は次の式で表される．

$$\frac{|r^2+2r'^2-rr''|}{(r^2+r'^2)^{3/2}}$$

B

18． 次の不等式を証明せよ．ただし，$x>0$ とする．

（1） $\sin x\geqq x-x^2/\pi$ （等号は $x=\pi$ のときのみ）

（2） $\cos x+\sin x\geqq 1+x-2x^2/\pi$ （等号は $x=\pi/2$ のときのみ）

19. (1)　m, n を0でない定数とするとき

$$\lim_{x\to 0}\{\cot mx \cot nx - \alpha \cot^2 x\} = \beta$$

を満たす α, β を m, n を用いて表せ.

(2)　次を満たす多項式 $P(x)$ を求めよ.

$$\lim_{x\to\infty}\left\{\frac{x}{(1/x)-\sin(1/x)} - P(x)\right\} = 0.$$

(3)　k を定数, $P(x)$ を多項式 $1+a_1x+a_2x^2+\cdots+a_nx^n$ とするとき,
次の極限値を k, a_1, a_2 を用いて表せ.

$$\lim_{x\to 0} x^{-2}\{P(x)^k - (1+ka_1x)\}$$

20. $f(x) = \begin{cases} e^{-1/x^2} & (x \neq 0) \\ 0 & (x = 0) \end{cases}$ で定義される関数 $f(x)$ は $\boldsymbol{R}$ 上 C^∞ 級であるが, 原点のまわりでテイラー展開できない.

21. 閉区間 $[a, b]$ で微分可能な関数 $f(x)$ に対して, 次のことを証明せよ.

(1)　$f'(a)f'(b) < 0$ ならば $f'(c) = 0$ を満たす c $(a < c < b)$ が存在する.

(2)　$f'(a) \neq f'(b)$ ならば, $f'(x)$ は (a, b) において, $f'(a)$ と $f'(b)$ の間の値をすべてとる(導関数に関する中間値定理).

(3)　(a, b) で $f'(x) \neq 0$ ならば, $f(x)$ は $[a, b]$ で狭義単調である.

22. n 次のルジャンドル多項式

$$P_n(x) = \frac{1}{2^n\, n!}\frac{d^n}{dx^n}(x^2-1)^n$$

は $(-1, 1)$ において, 相異なる n 個の零点をもつ.

23. $\lim_{n\to\infty} \sin(2\pi e n!) = 0$ を示せ.

24. 関数 $f(x)$ は $x = a$ の近くで C^{n+1} 級, $f^{(n+1)}(a) \neq 0$ とすると, テイラーの定理

$$f(a+h) = f(a) + f'(a)h + \frac{f''(a)}{2!}h^2 + \cdots + \frac{f^{(n)}(a+\theta h)}{n!}h^n$$

において,

$$\lim_{h\to 0}\theta = \frac{1}{n+1}$$

である.

25. 関数 $f(x)$ は $x = \alpha$ の近くで C^2 級で, $f(\alpha) = 0$, $f'(\alpha) > 0$ とする. 十分小さい k に対して方程式 $f(x) = k$ の解を $x = \alpha + \delta$ とおくと, δ はほぼ次の式の値に等しい.

$$\frac{-f'(\alpha)+\sqrt{f'(\alpha)^2+2kf''(\alpha)}}{f''(\alpha)} \quad \left(\text{ただし, } f''(\alpha) = 0 \text{ のときは, } \frac{k}{f'(\alpha)} \text{ とする.}\right)$$

26. 関数 $f(x)$ は $[a, b]$ で C^2 級で, $f''(x) > 0$, $f(a)f(b) < 0$ とする.

$a \leqq x_1 \leqq b$, $f(x_1) > 0$ として，$x_{n+1} = x_n - f(x_n)/f'(x_n)$ $(n \in \boldsymbol{N})$ とするとき，数列 $\{x_n\}$ は (a, b) における方程式 $f(x) = 0$ のただ一つの根 ξ に単調に収束する．さらに，

$[a, b]$ 上　$0 < K \leqq |f'(x)|$,　$|f''(x)| \leqq M$　とすると次が成り立つ．

$$|x_{n+1} - \xi| \leqq \frac{M}{2K}|x_n - \xi|^2 \qquad (n \in \boldsymbol{N})$$

これを用いて，次の方程式の実根を小数第3位まで求めよ．

（1）$x^3 = 2$　（2）$x^3 - 3x = 3$　（3）$x - \cos x = 0$

27．平面上で，円 O に糸を巻きつけ，その一端を引っ張りながら糸をほどいていくとき，その端の描く曲線 C の縮閉線は円 O であることを示せ．

28．二つの C^n 級曲線　$y = f(x)$,　$y = g(x)$　に対して，$b = f(a) = g(a)$, $f'(a) = g'(a), \cdots, f^{(n)}(a) = g^{(n)}(a)$ が成り立っているとき，この2曲線は点 (a, b) で，少なくとも **n 位の接触**をするという．

C^2 級曲線 $y = f(x)$ 上の点 $(a, f(a))$ で，これに少なくとも2位の接触をする円は曲率円と一致することを示せ．

3 不定積分と微分方程式

§1 不定積分

関数 $f(x)$ に対して，$F'(x)=f(x)$ を満たす関数 $F(x)$ を $f(x)$ の**原始関数**または**不定積分**という．連続関数 $f(x)$ は原始関数を持つことが次章§2において示される．本章前半では，主な関数の原始関数を求める計算法について述べる．

$F(x)$，$G(x)$ をともに $f(x)$ の原始関数とすると，

$$(F(x)-G(x))'=F'(x)-G'(x)=f(x)-f(x)=0.$$

よって，第2章定理3系3により次を得る．

1° $F(x)$ を $f(x)$ の区間 I における一つの原始関数とすると，$f(x)$ の I におけるすべての原始関数は，

$$F(x)+C \quad (C\text{ は定数})$$

の形で表される．この定数 C を**積分定数**と呼ぶ．

注 $f(x)$の定義域が区間でないときは成り立たない．$F(x)=\log|x|$, $f(x)=1/x$ のとき，$G(x)$ を $G(x)=F(x)$ $(x<0)$，$=F(x)+1$ $(x>0)$ と定めると，$G(x)$ も $f(x)$ の原始関数である．このような場合，上記の定数 C は $f(x)$ の定義域を構成する各部分区間ごとに定まる．

$f(x)$ の原始関数を $\int f(x)dx$ で表し，以後これを慣用に従い，$f(x)$ の不定積分と呼ぶことにする．

$F(x)=\int f(x)dx$ は $F'(x)=f(x)$ を表現を変えて表したものであり，この2式は同一の内容を述べている．よって，導関数の計算公式からただちに不定積分の対応する公式を導くことができる．

2° $\int \alpha f(x)+\beta g(x)dx=\alpha\int f(x)dx+\beta\int g(x)dx$ （α, β 定数）

3°-1　**部分積分法**

$$\int f(x)g'(x)dx = f(x)g(x) - \int f'(x)g(x)dx$$

3°-2　$g(x) = \int g'(x)dx$ であるから，$g'(x)$ を改めて $g(x)$ とおけば，上記の式は

$$\int f(x)g(x)dx = f(x)\int g(x)dx - \int\left(f'(x)\int g(x)dx\right)dx$$

となる．

4°　**置換積分法**　　$x = \varphi(t)$ とおくとき，φ が C^1 級ならば

$$\int f(x)dx = \int f(\varphi(t))\varphi'(t)dt\,.$$

ここで，形式的に左辺は x の関数で，右辺は t の関数であるが，等式は，左辺の不定積分 $F(x)$ に $x = \varphi(t)$ を代入した式が右辺に等しいことをいっている．

3° は積の微分法，4° は合成関数の微分法に対応する．証明は，2°, 3° については，等式右辺を微分すればよい．4°は等式左辺を合成関数の微分法を用いて t に関して微分する．

注　4° について，左辺の x を φ に変えて，さらに $d\varphi$ を形式的に $d\varphi = \dfrac{d\varphi}{dt}dt = \varphi'(t)dt$ として，$\varphi'(t)dt$ に変えれば右辺になる．微積分ではこのような形式化による等式が成立することが多い．

不定積分の計算は，上記の公式を用いて以下にあげる基本的な関数の不定積分に帰着させるのが原則である．なお，積分定数は以後省略する．

5°　**基本的な関数の不定積分**，以下 $a \neq 0$ とする．

（1）　$\displaystyle\int x^\alpha\,dx = \frac{1}{\alpha+1}x^{\alpha+1}$　$(\alpha \neq -1)$,　　$\displaystyle\int \frac{dx}{x} = \log|x|$

（2）　$\displaystyle\int e^x\,dx = e^x$,　　$\displaystyle\int a^x\,dx = \frac{a^x}{\log a}$　$(a > 0, a \neq 1)$

（3）　$\displaystyle\int \log|x|\,dx = x\log|x| - x$,

（4）　$\displaystyle\int \sin(ax+b)dx = -\frac{1}{a}\cos(ax+b)$,

$$\int \cos(ax+b)dx = \frac{1}{a}\sin(ax+b)$$

（5） $\displaystyle\int \sec^2(ax+b)dx = \frac{1}{a}\tan(ax+b)$,

$$\int \tan(ax+b)dx = -\frac{1}{a}\log|\cos(ax+b)|$$

（6） $\displaystyle\int \frac{dx}{x^2-a^2} = \frac{1}{2a}\log\left|\frac{x-a}{x+a}\right|$

（7） $\displaystyle\int \frac{dx}{\sqrt{a^2-x^2}} = \sin^{-1}\frac{x}{a}$, $\displaystyle\int \frac{dx}{a^2+x^2} = \frac{1}{a}\tan^{-1}\frac{x}{a}$

（ともに，$a>0$）

（8） $\displaystyle\int \sqrt{a^2-x^2}\,dx = \frac{1}{2}\left(x\sqrt{a^2-x^2}+a^2\sin^{-1}\frac{x}{a}\right)$ $(a>0)$

（9） $\displaystyle\int \frac{dx}{\sqrt{x^2+A}} = \log|x+\sqrt{x^2+A}|$ $(A \neq 0)$

（10） $\displaystyle\int \sqrt{x^2+A}\,dx = \frac{1}{2}(x\sqrt{x^2+A}+A\log|x+\sqrt{x^2+A}|)$ $(A \neq 0)$

注 $\displaystyle\int 1\,dx$, $\displaystyle\int \frac{1}{f(x)}\,dx$ をそれぞれ $\displaystyle\int dx$, $\displaystyle\int \frac{dx}{f(x)}$ と略記する．

上記等式の証明には，右辺を微分すればよい．(3), (8) など後に導き方をいくつか示す．関数 $f(x)$ の不定積分を求めることを $f(x)$ を**積分する**という．

例 1 次の関数を積分せよ．

（1） $\log|x|$ （公式 5°(3)）　（2） $\cos^2 x$, $\sin^2 x$

（3） $\sqrt{a^2-x^2}$ （$a>0$, 公式 5°(8)）

（解） （1） 部分積分法 3°-2 において，$f(x)=\log|x|$, $g(x)=1$ とおいて，

$$\int \log|x|\,dx = x\log|x| - \int \frac{1}{x}\cdot x\ dx = x\log|x|-x$$

（2） $\displaystyle\int \cos^2 x\,dx = \int \frac{1+\cos 2x}{2}dx = \frac{1}{2}\int dx + \frac{1}{2}\int \cos 2x\,dx = \frac{x}{2}+\frac{\sin 2x}{4}$

$\displaystyle\sin^2 x = \frac{1-\cos 2x}{2}$ より同様に，$\displaystyle\int \sin^2 x\,dx = \frac{x}{2}-\frac{\sin 2x}{4}$

（3） $-a \leqq x \leqq a$ より $x = a\sin t$ $(-\pi/2 \leqq t \leqq \pi/2)$ とおくと，

$$dx=\frac{dx}{dt}dt=a\cos t\,dt.$$

$$\sqrt{a^2-x^2}=a\sqrt{1-\sin^2 t}=a\sqrt{\cos^2 t}=a|\cos t| \qquad (1)$$

$-\pi/2\leqq t\leqq\pi/2$ であるから，$\cos t\geqq 0$ より $|\cos t|=\cos t$.

よって，置換積分法と（2）の結果から，

$$\int\sqrt{a^2-x^2}\,dx=\int a^2\cos^2 t\,dt=\frac{a^2}{2}(t+\sin t\cos t)$$

ここで，$-a\leqq x\leqq a$ と $-\pi/2\leqq t\leqq\pi/2$ は1対1に対応することに注意する．

$a\cos t=\sqrt{a^2-x^2}$，$t=\sin^{-1}(x/a)$ により上記の等式を x に戻すと，

$$\int\sqrt{a^2-x^2}\,dx=\frac{1}{2}\left(x\sqrt{a^2-x^2}+a^2\sin^{-1}\frac{x}{a}\right)$$

例 2　次の関数を積分せよ．

（1）$x(x^2+1)^\alpha$　　（2）$(\cos x)^\alpha\sin x$

（解）（1）$u=x^2+1$ とおくと，$u'=2x$. 置換積分法により，

$$\int x(x^2+1)^\alpha\,dx=\frac{1}{2}\int u^\alpha u'dx=\frac{1}{2}\int u^\alpha\,du=\frac{u^{\alpha+1}}{2(\alpha+1)}\quad(\alpha\neq-1),$$
$$=\frac{1}{2}\log|u|\quad(\alpha=-1).$$

よって

$$\int x(x^2+1)^\alpha dx=\frac{(x^2+1)^{\alpha+1}}{2(\alpha+1)}\quad(\alpha\neq-1),\quad=\frac{1}{2}\log(x^2+1)\quad(\alpha=-1)$$

（2）$u=\cos x$ とおくと，$u'=-\sin x$. 同じく置換積分法により，

$$\int(\cos x)^\alpha\sin x\,dx=-\int u^\alpha u'dx=-\int u^\alpha\,du=-\frac{u^{\alpha+1}}{\alpha+1}\quad(\alpha\neq-1),$$
$$=-\log|u|\quad(\alpha=-1).$$

よって

$$\int(\cos x)^\alpha\sin x\,dx=-\frac{(\cos x)^{\alpha+1}}{\alpha+1}\quad(\alpha\neq-1),\quad=-\log|\cos x|\quad(\alpha=-1)$$

注　$u=x^2+1$，$u=\cos x$ とおく変換を省略して，形式的に次のように積分してよい．

（1）
$$\int x(x^2+1)^\alpha dx=\frac{1}{2}\int(x^2+1)^\alpha(x^2+1)'dx=\frac{1}{2}\int(x^2+1)^\alpha d(x^2+1)$$
$$=\frac{(x^2+1)^{\alpha+1}}{2(\alpha+1)}\quad(\alpha\neq-1)$$

（2）
$$\int(\cos x)^\alpha\sin x\,dx=-\int(\cos x)^\alpha(\cos x)'dx=-\int(\cos x)^\alpha d(\cos x)$$
$$=-\frac{(\cos x)^{\alpha+1}}{\alpha+1}\quad(\alpha\neq-1)$$

$\alpha=-1$ のときは省略．このほかよく現れる形として，

$$\int f(x^2)x\,dx=\frac{1}{2}\int f(x^2)d(x^2),\qquad \int f(\sin x)\cos x\,dx=\int f(\sin x)\,d(\sin x)$$

$$\int\frac{f'(x)}{f(x)}dx=\int\frac{d(f(x))}{f(x)}=\log|f(x)|$$

問 1　次の関数を積分せよ．

（1）x^2e^{-x}　（2）$x^3\log x$　（3）$\dfrac{1}{\sqrt{x}+\sqrt{x+1}}$　（4）$(ax+b)^\alpha$ $(a\neq 0)$

（5）$\tan^2 x$　（6）$\dfrac{\log x}{x}$　（7）$\dfrac{x}{\sqrt{1+x^2}}$　（8）$\cos^3 x$

（9）xe^{x^2}　（10）$\dfrac{e^x-e^{-x}}{e^x+e^{-x}}$　（11）$\sin^{-1}x$

例 3　$I=\displaystyle\int e^{ax}\cos bx\,dx$，$J=\displaystyle\int e^{ax}\sin bx\,dx$ $(a^2+b^2\neq 0)$ を求めよ．

（解）　$a\neq 0$ のとき，部分積分法により，

$$I=\frac{1}{a}e^{ax}\cos bx+\frac{b}{a}\int e^{ax}\sin bx\,dx$$

$$J=\frac{1}{a}e^{ax}\sin bx-\frac{b}{a}\int e^{ax}\cos bx\,dx\,.$$

よって

$$aI=e^{ax}\cos bx+bJ$$

$$aJ=e^{ax}\sin bx-bI\,.$$

これを I,J について解いて，

$$I=\frac{e^{ax}}{a^2+b^2}(a\cos bx+b\sin bx) \tag{2}$$

$$J=\frac{e^{ax}}{a^2+b^2}(-b\cos bx+a\sin bx)\,. \tag{3}$$

これは $a=0,\ b\neq 0$ のときも成り立つ．

問 2　$I=\displaystyle\int\frac{\sin x\,dx}{\sin x+\cos x}$，$J=\displaystyle\int\frac{\cos x\,dx}{\sin x+\cos x}$ を求めよ．

例 4　$I_m=\displaystyle\int\frac{dx}{(x^2+A)^m}$ $(A\neq 0)$ とおくと，$m\neq 1$ のとき

$$I_m=\frac{1}{2A(m-1)}\left\{\frac{x}{(x^2+A)^{m-1}}+(2m-3)I_{m-1}\right\} \tag{4}$$

が成り立つ．

（証）　$I_m=\dfrac{1}{A}\displaystyle\int\frac{(x^2+A)-x^2}{(x^2+A)^m}dx=\frac{1}{A}I_{m-1}-\frac{1}{2A}\int x\frac{2x}{(x^2+A)^m}dx$

$$=\frac{1}{A}I_{m-1}-\frac{1}{2A}\left\{-\frac{1}{m-1}\frac{x}{(x^2+A)^{m-1}}+\frac{1}{m-1}\int\frac{dx}{(x^2+A)^{m-1}}\right\}$$
$$=\frac{1}{A}I_{m-1}+\frac{1}{2A(m-1)}\frac{x}{(x^2+A)^{m-1}}-\frac{1}{2A(m-1)}I_{m-1}.$$

これから（4）を得る.

I_1 については，公式 5°(6),(7) から，

$$I_1=\begin{cases}\dfrac{1}{2a}\log\left|\dfrac{x-a}{x+a}\right| & (A=-a^2<0\ のとき) \quad (5)\\[2ex] \dfrac{1}{a}\tan^{-1}\dfrac{x}{a} & (A=a^2>0\ のとき) \quad (6)\end{cases}$$

したがって，(4) を用いて，I_1 から $I_2, I_3, \cdots$ が順次求められる．このような，$I_m, I_{m-1}, \cdots$ の間の関係式を**漸化式**という．

問 3　次の漸化式を導け.

（1）　$I_n=\int\sin^n x\,dx$ に関して，$I_n=\dfrac{1}{n}\{-\cos x\sin^{n-1}x+(n-1)I_{n-2}\}\quad(n\neq 0)$

（2）　$I_n=\int x^n\sin x\,dx$ に関して，$I_n=-x^n\cos x+nx^{n-1}\sin x-n(n-1)I_{n-2}$

問 4　$\displaystyle\int\frac{dx}{(x^2+1)^{5/2}}$ を求めよ.

§2　有理関数・三角関数・無理関数の不定積分

（I）　有 理 関 数

二つの多項式 $P(x)$, $Q(x)$ の比として表される関数 $f(x)=Q(x)/P(x)$ を**有理関数**と呼ぶ．$Q(x)$ を $P(x)$ で割ったときの商を $g(x)$，余りを $Q_0(x)$ とすると，

$$Q(x)=g(x)P(x)+Q_0(x),\qquad (Q_0\ の次数)<(P\ の次数)$$

であり，

$$f(x)=g(x)+Q_0(x)/P(x)$$

となる．よって，有理関数の不定積分は

$$f(x)=Q(x)/P(x),\qquad (Q\ の次数)<(P\ の次数)\qquad (7)$$

なる形の有理関数の不定積分に帰着される.

一般に，多項式 $P(x)$ は相異なる一次式と実根を持たない二次式によって，

$$P(x) = a(x+\alpha_1)^{m_1}(x+\alpha_2)^{m_2}\cdots(x^2+\beta_1 x+\gamma_1)^{n_1}(x^2+\beta_2 x+\gamma_2)^{n_2}\cdots$$

と表される（ここで，係数はすべて実数で，$\beta_k{}^2-4\gamma_k<0$）．このとき，(7) の有理関数 $f(x)=Q(x)/P(x)$ は

$$f(x) = \sum_k \left\{\sum_{l=1}^{m_k} \frac{A_{k,l}}{(x+\alpha_k)^l}\right\} + \sum_k \left\{\sum_{l=1}^{n_k} \frac{B_{k,l}x+C_{k,l}}{(x^2+\beta_k x+\gamma_k)^l}\right\} \qquad (8)$$

なる形に分解されることが知られている．これを**部分分数分解**という．

これから，$f(x)$ の不定積分は次の形の不定積分に帰着される．

$$\int \frac{dx}{(x+\alpha)^n}, \qquad \int \frac{Bx+C}{(x^2+\beta x+\gamma)^n}dx \quad (\beta^2-4\gamma<0)$$

第1の積分はすぐできる．第2の積分については，等式

$$\frac{Bx+C}{(x^2+\beta x+\gamma)^n} = \frac{B}{2}\frac{2x+\beta}{(x^2+\beta x+\gamma)^n} + \left(C-\frac{\beta B}{2}\right)\frac{1}{(x^2+\beta x+\gamma)^n} \qquad (9)$$

により，次の二つの積分に帰着される．

$$\int \frac{2x+\beta}{(x^2+\beta x+\gamma)^n}dx = \begin{cases} \log(x^2+\beta x+\gamma) & (n=1) \\ -\dfrac{1}{n-1}\dfrac{1}{(x^2+\beta x+\gamma)^{n-1}} & (n>1) \end{cases} \qquad (10)$$

$$\int \frac{dx}{(x^2+\beta x+\gamma)^n} = \int \frac{dx}{\{(x+\beta/2)^2+\gamma-\beta^2/4\}^n} \qquad (11)$$

$\gamma-\beta^2/4>0$ であるから，最後の積分は例4の漸化式（4）を利用して逆正接関数と有理関数によって表すことができる．

例 5 （1） $\displaystyle\int \frac{dx}{x^3+1}$ （2） $\displaystyle\int \frac{dx}{(x-1)^2(x^2+1)}$ を求めよ．

（**解**） （1） $x^3+1=(x+1)(x^2-x+1)$ から部分分数分解は次の形となる．

$$\frac{1}{x^3+1} = \frac{A}{x+1} + \frac{Bx+C}{x^2-x+1}$$

両辺に x^3+1 をかけて，両辺の係数を比較して

$$A+B=0, \qquad B+C-A=0, \qquad A+C=1,$$

これを解いて，

$$A=1/3, \qquad B=-1/3, \ . \quad C=2/3.$$

よって，

$$\int \frac{dx}{x^3+1} = \frac{1}{3}\int \frac{dx}{x+1} - \frac{1}{3}\int \frac{x-2}{x^2-x+1}dx$$

$$= \frac{1}{3}\log|x+1| - \frac{1}{6}\int\frac{(2x-1)-3}{x^2-x+1}dx$$

$$\left(x^2-x+1 = \left(x-\frac{1}{2}\right)^2+\frac{3}{4}\right)$$

$$= \frac{1}{3}\log|x+1| - \frac{1}{6}\log(x^2-x+1) + \frac{1}{\sqrt{3}}\tan^{-1}\frac{2x-1}{\sqrt{3}}$$

（2）　$\dfrac{1}{(x-1)^2(x^2+1)} = \dfrac{A}{x-1} + \dfrac{B}{(x-1)^2} + \dfrac{Cx+D}{x^2+1}$

において，分母をはらって両辺の係数を比較することにより，

$$A = -1/2, \qquad B = C = 1/2, \qquad D = 0.$$

よって

$$\int\frac{dx}{(x-1)^2(x^2+1)} = -\frac{1}{2}\int\frac{dx}{x-1} + \frac{1}{2}\int\frac{dx}{(x-1)^2} + \frac{1}{4}\int\frac{2xdx}{x^2+1}$$

$$= -\frac{1}{2}\log|x-1| - \frac{1}{2}\frac{1}{x-1} + \frac{1}{4}\log(x^2+1)$$

問 5　次の関数を積分せよ．

（1）　$\dfrac{1}{x^3-1}$　　（2）　$\dfrac{1}{(x^2-1)^2}$　　（3）　$\dfrac{1}{x^4+1}$

（II）　三 角 関 数

$R(X, Y)$ を X, Y の有理関数，すなわち，2変数 X, Y の多項式の商として表される関数とするとき，$\boldsymbol{R(\cos x, \sin x)}$ の積分は有理関数の積分に帰着される．

$\tan\dfrac{x}{2} = t$ とおくと，

$$\cos x = \frac{1-t^2}{1+t^2}, \qquad \sin x = \frac{2t}{1+t^2}, \qquad dx = \frac{2\,dt}{1+t^2} \tag{12}$$

よって，

$$\int R(\cos x,\ \sin x)dx = \int R\left(\frac{1-t^2}{1+t^2}, \frac{2t}{1+t^2}\right)\frac{2\,dt}{1+t^2}$$

例 6　$I = \displaystyle\int\frac{dx}{\sin x}$ を求めよ．

（解）　$\tan x/2 = t$ とおくと，(12) より，

$$I = \int\frac{1}{2t/(1+t^2)}\cdot\frac{2\,dt}{1+t^2} = \int\frac{dt}{t} = \log|t| = \log\left|\tan\frac{x}{2}\right|.$$

$\sin^2 x$, $\cos^2 x$, $\tan x$ の有理式になっているときは，$\tan x = t$ とおくほうが簡単である．

例 7 $I=\displaystyle\int\frac{dx}{\sin^2 x}$ を求めよ．

(**証**) $\tan x = t$ **とおくと**，

$$\cos^2 x = 1/(1+t^2),\qquad \sin^2 x = t^2/(1+t^2),\qquad dx = dt/(1+t^2) \qquad (13)$$

より，$I=\displaystyle\int\frac{1}{t^2/(1+t^2)}\cdot\frac{dt}{1+t^2}=\int\frac{dt}{t^2}=-\frac{1}{t}=-\cot x$．

問 6 次の関数を積分せよ．

(1) $\dfrac{1}{\cos x}$　(2) $\dfrac{1}{1+\sin x}$　(3) $\dfrac{1}{a+\cos x}$

(4) $\dfrac{1}{a\cos^2 x+b\sin^2 x}$　$(a>0,\ b\neq 0)$

(III) 無 理 関 数

変数変換によって有理関数の積分に帰着できるものをいくつかあげる．詳しい計算は省略して置換を示すだけにする．

(A) $R(x, \sqrt{ax^2+bx+c})$ について，

$a>0$ のとき，$\sqrt{ax^2+bx+c}=t-\sqrt{a}\,x$ と置換する．

$a<0$ のとき，$ax^2+bx+c=0$ の2実解を α, β $(\alpha<\beta)$ として，(虚数解のときは常に $ax^2+bx+c<0$ であり，この場合は不要.)

$$t=\sqrt{\frac{x-\alpha}{\beta-x}}\quad とおく．$$

(B) $R\left(x, \sqrt[n]{\dfrac{ax+b}{cx+d}}\right)$ $(ad-bc\neq 0)$ については，$t=\sqrt[n]{\dfrac{ax+b}{cx+d}}$ とおく．

(C) **二項積分**　$I=\displaystyle\int x^p(ax^q+b)^r dx$ (p, q, r 有理数)

$x^q=t$ とおくと，

$$I=\frac{1}{q}\int t^{(p+1)/q-1}(at+b)^r dt=\frac{1}{q}\int t^{(p+1)/q+r-1}\left(\frac{at+b}{t}\right)^r dt$$

ここで，

(i) $\dfrac{p+1}{q}$ が整数のとき，n を r の分母として，さらに，

$$u=(at+b)^{1/n}\quad とおく．$$

（ii）　$\dfrac{p+1}{q}+r$ が整数のとき，

$$u=\left(\frac{at+b}{t}\right)^{1/n}\quad とおく.$$

（iii）　r が整数のとき，$\dfrac{p+1}{q}$ の分母を m として，

$$u=t^{1/m}\quad とおく.$$

例 8　次の関数を積分せよ.

（1）　$\sqrt{x^2+A}\ (A\neq 0)$　　（2）　$\sqrt{\dfrac{1-x}{x}}$　　（3）　$\sqrt{x(1-x^3)}$

（解）（1）（§1 公式 5°（10））（A）に従って，$\sqrt{x^2+A}=t-x$ とおくと，

$$x=\frac{t^2-A}{2t},\qquad \sqrt{x^2+A}=\frac{t^2+A}{2t},\qquad \frac{dx}{dt}=\frac{t^2+A}{2t^2}$$

よって，

$$\int\sqrt{x^2+A}\,dx=\frac{1}{4}\int\frac{(t^2+A)^2}{t^3}dt=\frac{1}{4}\int\left(t+2\frac{A}{t}+\frac{A^2}{t^3}\right)dt$$

$$=\frac{1}{4}\left(\frac{t^2}{2}+2A\log|t|-\frac{A^2}{2t^2}\right)=\frac{1}{2}(x\sqrt{x^2+A}+A\log|x+\sqrt{x^2+A}|)$$

（2）（B）に従って，$t=\sqrt{\dfrac{1-x}{x}}$ とおくと，

$$x=\frac{1}{1+t^2},\quad \frac{dx}{dt}=\frac{-2t}{(1+t^2)^2}$$

よって，

$$\int\sqrt{\frac{1-x}{x}}dx=-2\int\frac{t^2\,dt}{(1+t^2)^2}=-2\int\frac{(t^2+1)-1}{(1+t^2)^2}dt$$

$$=2\left(\int\frac{dt}{(t^2+1)^2}-\int\frac{dt}{t^2+1}\right),\quad 例4の漸化式（4）により$$

$$=2\left(\frac{1}{2}\frac{t}{t^2+1}+\frac{1}{2}\int\frac{dt}{t^2+1}-\int\frac{dt}{t^2+1}\right)$$

$$=\frac{t}{t^2+1}-\tan^{-1}t=\sqrt{x(1-x)}-\tan^{-1}\sqrt{\frac{1-x}{x}}$$

（3）（C）において，$p=1/2$，$q=3$，$r=1/2$ で，$\dfrac{p+1}{q}+r=1$ より（ii）の場合である.

$$u=\left(\frac{1-t}{t}\right)^{1/2}=\left(\frac{1-x^3}{x^3}\right)^{1/2},\qquad x=(1+u^2)^{-1/3},\qquad \frac{dx}{du}=-\frac{2}{3}u(1+u^2)^{-4/3}\ より$$

$$\int\sqrt{x(1-x^3)}\,dx = -\frac{2}{3}\int(1+u^2)^{-1/6}u(1+u^2)^{-1/2}u(1+u^2)^{-4/3}du$$
$$= -\frac{2}{3}\int\frac{u^2}{(1+u^2)^2}du \quad \text{（この積分は (2) で計算した）}$$
$$= \frac{1}{3}\left(\frac{u}{1+u^2}-\tan^{-1}u\right) = \frac{1}{3}\left\{x^3\sqrt{\frac{1-x^3}{x^3}}-\tan^{-1}\sqrt{\frac{1-x^3}{x^3}}\right\}$$

問 7 次の関数を積分せよ．

（1） $\dfrac{1}{x\sqrt{x^2+1}}$ （2） $\dfrac{1}{x\sqrt{x^2-x+1}}$ （3） $\dfrac{1}{x+\sqrt{x+1}}$ （4） $\dfrac{\sqrt[3]{x}}{\sqrt{x}-1}$

注 $\sqrt{p(x)}$（$p(x)$ 3 次以上の多項式）を含んだ無理関数の積分は，一般には初等関数*) にならない．

また，

$$\int\frac{e^x}{x}dx, \quad \int\frac{\sin x}{x}dx, \quad \int\frac{dx}{\log x}, \quad \int e^{-x^2}dx, \cdots$$

も初等関数ではないことが知られている．

§3 微分方程式

x を独立変数とする未知関数 y の導関数 $y', y'', \cdots$ を含んだ方程式 $F(x, y, y', \cdots, y^{(n)}) = 0$ を（常）**微分方程式**という．F に含まれる y の導関数の最大階数をその方程式の**階数**と呼ぶ．

A, B を任意定数として，$y = Ae^x+Be^{2x}$ は 2 階の微分方程式 $y''-3y'+2y = 0$ の解である．

$y^2 = \log|x|+C$（C 任意定数）で定められる y は，1 階の微分方程式 $2xyy' = 1$ の解である．

n 階の微分方程式の解で，n 個の任意定数を含むものを**一般解**，任意定数の一部またはすべてに値を代入して得られる解を**特殊解**と呼ぶ．一般解でも特殊解でもない解を**特異解**と呼ぶ．

（I） 変数分離形

$$y' = f(x)g(y) \tag{14}$$

*) 有理関数，指数関数，三角関数から i）加減乗除，ii）逆関数をとる，iii）合成する，以上の操作を有限回施して得られる関数を初等関数という．したがって，無理関数，対数関数，逆三角関数もこれに含まれる．

これは，$y'/g(y)=f(x)$ として，両辺を x で積分すれば（形式的に $y'dx=dy$ と考えて），

$$\int\frac{dy}{g(y)}=\int f(x)dx$$

となる．これから一般解を得る．もしある点 $y=y_0$ において $g(y_0)=0$ となるならば，定数関数 $y=y_0$ も解となる．

例 9　x を t の関数，g, a を正定数として次の微分方程式を解け．

$$\frac{d^2x}{dt^2}=g-a\left(\frac{dx}{dt}\right)^2 \quad \text{ただし，} x(0)=x'(0)=0.$$

（**解**）$dx/dt=y$ とおくと，$dy/dt=g-ay^2$ となり，変数分離形．

$$\int\frac{dy}{g-ay^2}=\int dt \quad \text{より} \tag{15}$$

$$\frac{1}{2\sqrt{ag}}\log\left|\frac{\sqrt{g/a}+y}{\sqrt{g/a}-y}\right|=t+C \tag{16}$$

$t=0$ のとき，$y=0$ より $C=0$.
同じ条件から

$$y=\sqrt{\frac{g}{a}}\,\frac{e^{2\sqrt{ag}t}-1}{e^{2\sqrt{ag}t}+1}=\sqrt{\frac{g}{a}}\,\frac{e^{\sqrt{ag}t}-e^{-\sqrt{ag}t}}{e^{\sqrt{ag}t}+e^{-\sqrt{ag}t}}$$

したがって

$$x=\int y\,dt=\sqrt{\frac{g}{a}}\cdot\frac{1}{\sqrt{ag}}\log\left(e^{\sqrt{ag}t}+e^{-\sqrt{ag}t}\right)+C'$$

$t=0$ のとき $x=0$ から

$$x=\frac{1}{a}\log\frac{e^{\sqrt{ag}t}+e^{-\sqrt{ag}t}}{2}.$$

応用上現れるほとんどの n 階微分方程式 $F(x, y, y', \cdots, y^{(n)})=0$ では，一点 $x=x_0$ における $y, y', \cdots, y^{(n-1)}$ の値を指定すると，これらを満たす解がただ一つ定まる．このような条件を**初期条件**と呼ぶ．

(II)　同次形

$$y'=f(y/x) \tag{17}$$

$y/x=u$ とおいて u に関する方程式に変換する．

$$y=xu \quad \text{より} \quad y'=u+xu'$$

よって

$$u' = (f(u) - u)/x \tag{18}$$

これは，変数分離形である．

例 10 $\boldsymbol{y' = f\left(\dfrac{ax+by+c}{a'x+b'y+c'}\right) \quad (ab'-a'b \neq 0)}$ (19)

（解） $ab'-a'b \neq 0$ より，$a\alpha+b\beta+c = a'\alpha+b'\beta+c' = 0$ を満たす (α, β) がただ一組存在する．

$$x = u+\alpha, \qquad y = v+\beta$$

と変数変換すると，

$$\frac{dv}{du} = \frac{dv/dx}{du/dx} = \frac{dy}{dx} = f\left(\frac{au+bv}{a'u+b'v}\right) = f\left(\frac{a+bv/u}{a'+b'v/u}\right)$$

となり同次形である．

問 8 次の微分方程式を解け（一般解を求める）．

（1） $x\sqrt{1+y^2}+y\sqrt{1+x^2}y' = 0$　（2） $\cos^2 x\,dy = \cos^2 y\,dx$

（3） $y' = \tan x \tan y$　（4） $x^2+y^2 = 2xyy'$

（5） $x+yy' = ay$（a 定数）　（6） $(2x+y-4)y' = x-2y+3$

問 9 （ ）内の変数変換を行い，次の微分方程式を解け．

（1） $(x+y)^2y' = a^2$（a 正定数）（$x+y = Y$）

（2） $yy' = (2e^x-y)e^x$　（$e^x = t$）

（III） 1階線形微分方程式

$$\boldsymbol{y'+P(x)y = Q(x)} \tag{20}$$

まず，$Q(x)$ を定数 0 におきかえた **同次**方程式 $y'+P(x)y = 0$ を考える．これは変数分離形であり，一般解は $y = C_1e^{-\int P(x)dx}$（C_1 定数）となる．

次に，(20) を解くために，上記の C_1 をあらためて，x の関数とみて(20)に代入して整頓すると，

$$C_1'e^{-\int P(x)dx} = Q\,.$$

したがって，$C_1' = Qe^{\int P(x)dx}$

ゆえに，(20) の一般解として次を得る．

$$\boldsymbol{y = e^{-\int P(x)dx}\left\{\int (Q(x)e^{\int P(x)dx})dx+C\right\}} \tag{21}$$

このように，同次方程式の一般解において，任意定数を x の関数とみて非同次方程式の一般解を求める方法を**定数変化法**と呼ぶ．

例 11　自己インダクタンス L のコイルと抵抗 R を含む直列回路に起電力 $E(t)$ を与えるとき，回路に流れる電流 $I(t)$ は次の微分方程式を満たす．

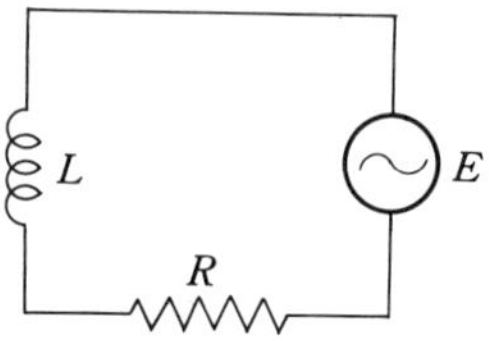

$$\frac{dI(t)}{dt}+\frac{R}{L}I(t)=\frac{1}{L}E(t) \tag{22}$$

(22) の解は (21) より

$$I(t)=e^{-(R/L)t}\left(\int\frac{1}{L}E(t)e^{(R/L)t}dt+C\right)$$

となる．

（i）　$E(t)=E_0$（定数）であるとき，

$$I(t)=\frac{E_0}{R}+Ce^{-(R/L)t}$$

$t\to\infty$ のとき，右辺第2項は急速に0に減衰して，$I(t)$ はオームの法則による一定値 E_0/R に近づく．

（ii）　$E(t)=E_0\sin\omega t$ であるとき，例3により，

$$I(t)=\frac{E_0}{R^2+(\omega L)^2}(R\sin\omega t\ -\omega L\cos\omega t)+Ce^{-(R/L)t}$$

$$=\frac{E_0}{\sqrt{R^2+(\omega L)^2}}\sin(\omega t-\alpha)+Ce^{-(R/L)t} \tag{23}$$

$$\left(\begin{aligned}\cos\alpha&=R/\sqrt{R^2+(\omega L)^2}\\ \sin\alpha&=\omega L/\sqrt{R^2+(\omega L)^2}\end{aligned}\right)$$

$Z=R+i\omega L$（これを複素インピーダンスと呼ぶ）とおくと，$\sqrt{R^2+(\omega L)^2}=|Z|$，$\alpha=\arg Z$ である（§5（I）参照）．

例 12　ベルヌイの微分方程式

$$y'+P(x)y=Q(x)y^n\quad(n\neq 1) \tag{24}$$

は $z=y^{1-n}$ と変換することにより，次の線形微分方程式に帰着される．

$$z'+(1-n)P(x)z=(1-n)Q(x)$$

問 10　次の微分方程式を解け．

（1）　$y'-\dfrac{y}{x}=\log x$　　　（2）　$y'+y\cos x=e^{-\sin x}$

（3）　$y'=ay+b\sin x$　　　（4）　$y'+y\cos x=\cos x$

（5）　$x^2y'=xy+y^2$　　　（6）　$y'+\dfrac{y}{x}=\dfrac{1}{y}$

§4　2階線形微分方程式

$$\boldsymbol{y''+p_1(x)y'+p_2(x)y = q(x)} \tag{25}$$

1階線形微分方程式 (20) に対して，その一般解 (21) は不定積分で表されている．このように，不定積分によって解を求める方法を**求積法**と呼ぶ．2階以上の線形微分方程式に対しては，一般的な求積法による解の公式は存在しない．ここでは2階線形微分方程式の解の存在，性質などの一般論を述べる．

次の解の存在，一意性に関する定理を出発点とする．証明は第4章，第5章の知識を必要とするので付録で行う．

定　理 1　方程式 (25) において，$p_1(x), p_2(x), q(x)$ は開区間 I (無限区間でもよい) 上で連続とする．このとき，任意の $x_0 \in I$ と任意の実数 c_0, c_1 に対して $y(x_0) = c_0$, $y'(x_0) = c_1$ を満たす (25) の解が唯一存在する．

$q(x) \equiv 0$ とした**同次方程式**

$$y''+p_1(x)y'+p_2(x)y = 0 \tag{26}$$

を考える．

y_1, y_2 がともに (26) の解であるとき，一次結合 (線形結合) $c_1y_1+c_2y_2$ も (26) の解となる．$c_1y_1+c_2y_2 \equiv 0$ となるのは，$c_1 = c_2 = 0$ のときに限る場合，y_1, y_2 は**一次独立**であるといい，一次独立でないとき**一次従属**であるという．$y \equiv 0$ は (26) の一つの解である．これを**自明な解**とよぶ．

一般に，微分可能な関数 y_1, y_2 に対して，行列式

$$W[y_1, y_2](x) = \begin{vmatrix} y_1(x) & y_2(x) \\ y_1'(x) & y_2'(x) \end{vmatrix}$$

を y_1, y_2 の**ロンスキー行列式** (**ロンスキアン**) と呼ぶ．

定　理 2　y_1, y_2 を同次方程式 (26) の解とするとき，

y_1, y_2 が一次従属ならば，I 上 $W[y_1, y_2](x) \equiv 0$ であり，

y_1, y_2 が一次独立ならば，I 上 $W[y_1, y_2](x) \neq 0$ である．

したがって，ある点 $x_0 \in I$ で $W[y_1, y_2](x_0) \neq 0$ ならば，y_1, y_2 は一次独立である．

証明. y_1, y_2 を一次従属として，$c_1y_1+c_2y_2 \equiv 0$ $((c_1, c_2) \neq (0,0))$ とおく．これから $c_1y_1'+c_2y_2' \equiv 0$．任意の $x_0 \in I$ に対して，u, v の連立方程式

$$y_1(x_0)u+y_2(x_0)v = 0, \qquad y_1'(x_0)u+y_2'(x_0)v = 0 \tag{27}$$

を考える．これは $(u, v) = (c_1, c_2) \neq (0,0)$ なる解を持つから，その係数行列の行列式 $W[y_1, y_2](x_0) = 0$．x_0 は任意であるから $W[y_1, y_2](x) \equiv 0$．

逆に　ある点 $x_0 \in I$ で，$W[y_1, y_2](x_0) = 0$ ならば，y_1, y_2 は一次従属であることを示す．$W[y_1, y_2](x_0) = 0$ とすると，u, v の連立方程式 (27) は $(u, v) \neq (0, 0)$ なる解を少なくとも一組持つ．それを $(u, v) = (c_1, c_2)$ とすると，$y = c_1y_1+c_2y_2$ は (26) の解であり，$y(x_0) = y'(x_0) = 0$ を満たす．解の一意性より y は自明な解 $y \equiv 0$ に一致する． ▨

定　理 3　同次方程式 (26) は一次独立な解 y_1, y_2 を持つ．(26) のすべての解は y_1, y_2 の一次結合で一意的に表される．

よって，(26) の解の全体は2次元の線形空間をなす．この線形空間の基底，すなわち，一次独立な1組の解 y_1, y_2 を方程式 (25) の**基本解**と呼ぶ．

(25) の一つの解を y_0，1組の基本解を y_1, y_2 とすると，(25) のすべての解は，$y_0+c_1y_1+c_2y_2$ の形に一通りに表される．すなわち，非同次方程式 (25) の一般解は，(26) の一般解に，(25) の一つの解を加えたものとして得られる．

証明.　1点 $x_0 \in I$ をとる．(26) の解 y_1, y_2 で $y_1(x_0) = y_2'(x_0) = 1$, $y_2(x_0) = y_1'(x_0) = 0$ を満たすものをとる．$W[y_1, y_2](x_0) = 1$ から前定理により，y_1, y_2 は一次独立である．y_3 を (26) の任意の解とする．$y_3(x_0) = c_1$, $y_3'(x_0) = c_2$ として，$y = y_3-c_1y_1-c_2y_2$ とおくと，y も (26) の解で $y(x_0) = y'(x_0) = 0$ を満たす．よって $y \equiv 0$, $y_3 = c_1y_1+c_2y_2$．

後半については，y_0+((26) の解) は (25) の解となること，および，y を (25) の任意の解とすると，$y-y_0$ は (26) の解となることからわかる． ▨

同次方程式 (26) の一般解を (25) の**余関数**とよぶ．したがって (25) の一般解は (余関数)+(一つの特殊解) となる．

方程式 (25) が求積法で解ける場合もある．

階数低下法 同次方程式(26)の自明でない解 u が一つわかっているとき，(25)の解を $y=uv$ とおいて(25)の左辺に代入すると，

$$y''+p_1y'+p_2y=(u''+p_1u'+p_2u)v+uv''+(p_1u+2u')v'$$
$$=uv''+(p_1u+2u')v'$$

よって，$uv''+(p_1u+2u')v'=q$

となる．これは，v' に関する1階線形方程式であるからいつも解ける．

例 13 $y''+xy'-y=x^2$ は，$u=x$ を同次方程式の解として持つことを用いて，これを解け．

（解） $y=xv$ とおくと，v に関してもとの方程式は

$$xv''+(2+x^2)v'=x^2$$

となる．よって

$$v''+(2/x+x)v'=x.$$

公式(21)から，

$$v'=x^{-2}e^{-x^2/2}\left(\int x^3e^{x^2/2}\,dx+C_1\right)$$
$$=x^{-2}e^{-x^2/2}((x^2-2)e^{x^2/2}+C_1)$$
$$=1-2x^{-2}+C_1x^{-2}e^{-x^2/2}$$

よって

$$v=x+\frac{2}{x}+C_1\int x^{-2}e^{-x^2/2}\,dx+C_2$$

ゆえに

$$y=x^2+2+C_1x\int x^{-2}e^{-x^2/2}\,dx+C_2x$$

§5 定数係数2階線形微分方程式

(I) 複 素 数

複素平面 複素数 $z=x+iy$ に対して，x を z の**実部**，y を z の**虚部**といい，それぞれ $\mathrm{Re}\,z$, $\mathrm{Im}\,z$ で表す．$z=x+iy$ に対して，$x-iy$ を z の**共役複素数**と呼び，これを $\overline{z}$ とかく．

次の式が成り立つ．

$$\mathrm{Re}\,z=\frac{z+\overline{z}}{2},\qquad \mathrm{Im}\,z=\frac{z-\overline{z}}{2i}$$

$$\overline{z_1\pm z_2}=\overline{z_1}\pm\overline{z_2},\qquad \overline{z_1z_2},=\overline{z_1}\,\overline{z_2}\qquad \overline{z_1/z_2}=\overline{z_1}/\overline{z_2}$$

問 11　上記の等式を確かめよ．なお，商の公式は積の公式から導け．

問 12　$z=a+ib\ (\neq 0)$ のとき，$\mathrm{Re}\,(1/z)$，$\mathrm{Im}\,(1/z)$ を a,b で表せ．

$z=x+iy$ に座標平面上の点 (x,y) を対応させて，複素数は座標平面上の点を表すものとする．このときの座標平面を**複素平面**（または**ガウス平面**）と呼ぶ．座標平面の横軸を**実軸**，縦軸を**虚軸**と呼ぶ．

複素数 z に点 z の表す位置ベクトルを対応させて，z は複素平面上のベクトルを表すとも考えることができる．複素数の間の加減は，ベクトルとしての加減と一致していることに注意する（下の図を参照）．

極形式　　$z=x+iy$ に対して，$\overrightarrow{\mathrm{O}z}$ の長さを r，$\overrightarrow{\mathrm{O}z}$ と正の実軸のなす一般角を θ とすると，

$$z=r(\cos\theta+i\sin\theta) \tag{28}$$

と表される．この表し方を z の**極形式**と呼ぶ．

r,θ をそれぞれ z の**絶対値**，**偏角**といい $|z|$，$\arg z$ で表す．よって

$$|z|=\sqrt{x^2+y^2} \qquad |z|^2=z\bar{z}$$

$$\cos\theta=x/|z| \qquad \sin\theta=y/|z|$$

（複素数 0 の偏角は定義しない．）

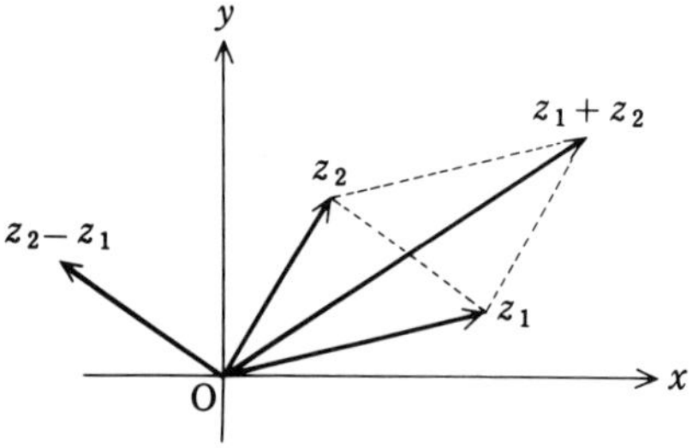

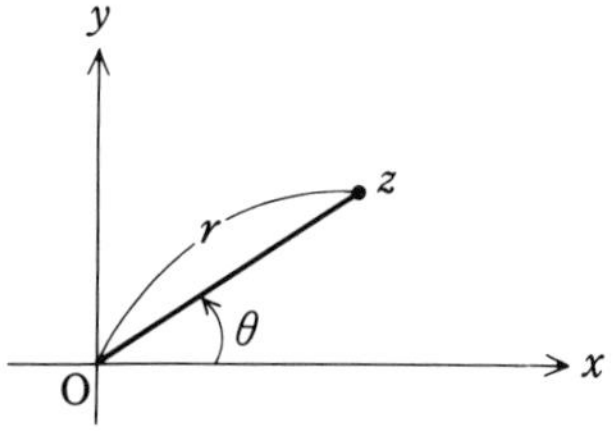

（**例**）　$|i|=1$，　　$\arg i=\pi/2$，　　$i=\cos\pi/2+i\sin\pi/2$

　$|-1|=1$，　$\arg(-1)=\pi$，　　$-1=\cos\pi+i\sin\pi$

問 13　z が実数のとき，$|z|$ はいままでの絶対値と一致することを確かめよ．

問 14　$|z_2-z_1|$ は 2 点 z_1,z_2 の距離を表すことを確かめよ．

次の不等式が成り立つ．

$$||z_1|-|z_2|| \leqq |z_1 \pm z_2| \leqq |z_1|+|z_2| \quad \textbf{（三角不等式）} \tag{29}$$

絶対値1の複素数は，$\cos\theta+i\sin\theta$ と表される．これをオイラーに従って $e^{i\theta}$ とかくことにする（第2章問 17 参照）．

$$e^{i\theta} = \cos\theta+i\sin\theta \tag{30}$$

したがって，$|z| = r$ のとき，$z = re^{i\theta}$ とかくことができる．

次の二つの等式は基本的である．

$$(\cos\theta_1+i\sin\theta_1)(\cos\theta_2+i\sin\theta_2) = \cos(\theta_1+\theta_2)+i\sin(\theta_1+\theta_2) \tag{31}$$

$$(\cos\theta+i\sin\theta)^n = \cos n\theta+i\sin n\theta \quad \textbf{（ド・モアブルの公式）} \tag{32}$$

この2式は，次のように書き表される．

$$e^{i\theta_1}\cdot e^{i\theta_2} = e^{i(\theta_1+\theta_2)} \qquad (e^{i\theta})^n = e^{in\theta} \tag{33}$$

（証）（31）は三角関数の加法定理による．（31）から帰納法により（32）を得る．

問 15　$(\cos\theta+i\sin\theta)^{-1} = \cos\theta-i\sin\theta = \cos(-\theta)+i\sin(-\theta)$ を用いて，ド・モアブルの公式は，$n=-1, -2, \cdots$ に対しても成り立つことを示せ．

絶対値と偏角については，次の等式が成り立つ．

$$|z_1z_2| = |z_1||z_2|, \qquad |z_1/z_2| = |z_1|/|z_2| \tag{34}$$

$$\arg(z_1z_2) = \arg z_1+\arg z_2, \qquad \arg(z_1/z_2) = \arg z_1-\arg z_2 \tag{35}$$

偏角については，一般角としての等式であることに注意する．すなわち，等式の両辺の値は 2π の整数倍の差を無視して一致する．

（証）　いずれも左側の等式については，$(r_1e^{i\theta_1})\cdot(r_2e^{i\theta_2}) = r_1r_2e^{i(\theta_1+\theta_2)}$ から明らかである．右側については $(re^{i\theta})^{-1} = r^{-1}e^{-i\theta}$ を用いる．▩

z に $re^{i\theta}$ をかけることは，$|re^{i\theta}\cdot z| = r|z|$, $\arg(re^{i\theta}\cdot z) = \arg z+\theta$ により，$\overrightarrow{\mathrm{O}z}$ の長さを r 倍して，原点のまわりに θ 回転することに等しい（これが複素数の積の幾何的意味である）．とくに，z を i 倍することは，z を原点のまわりに正の向きに 90° 回転することに等しい．

問 16　点 (a, b) を原点のまわりに 90° 回転した点の座標を求めよ．

複素数値関数の微分，積分　　実変数 t の複素数値関数 $z = z(t)$ は

$$z(t) = u(t)+iv(t) \qquad (u(t) = \mathrm{Re}\, z(t),\ v(t) = \mathrm{Im}\, z(t))$$

と二つの実数値関数の組み合わせで表される．

$z(t)$ の微分，積分を次の式で定義する．

$$z' = u' + iv' \qquad \int z\,dt = \int u\,dt + i\int v\,dt \tag{36}$$

このとき，次が成り立つ．

$$\operatorname{Re} z' = (\operatorname{Re} z)' \quad \operatorname{Im} z' = (\operatorname{Im} z)' \quad \operatorname{Re}\int z\,dt = \int \operatorname{Re} z\,dt \quad \operatorname{Im}\int z\,dt = \int \operatorname{Im} z\,dt$$

$$\bar{z}(t) = u(t) - iv(t) \quad \text{とおくと，} (\overline{z})' = \overline{z'}, \ \overline{\int z\,dt} = \int \overline{z}\,dt.$$

$z(t)$ の微積分の計算は，i を普通の実定数のように扱っていままでの微積分の計算公式どおりに行ってよい．

問 17　$w(t)$ も複素数値関数とするとき，$(z(t)w(t))' = z'(t)w(t) + z(t)w'(t)$ を確かめよ．また，実数値の $t = \varphi(\tau)$ に対して，$(z(\varphi(\tau)))' = z'(\varphi(\tau))\varphi'(\tau)$．

さて，$z(\theta) = \cos\theta + i\sin\theta$ とおくと，

$$z'(\theta) = -\sin\theta + i\cos\theta = iz(\theta) \quad \text{かつ} \quad z(0) = 1.$$

これからも，$\cos\theta + i\sin\theta$ を $e^{i\theta}$ とかくことが理解されるであろう．

次に，e^z を一般の複素数 $z = a + ib$ に対して，

$$e^{a+ib} = e^a e^{ib} \quad \text{すなわち，} |e^{a+ib}| = e^a, \quad \arg(e^{a+ib}) = b$$

と定義する（z が実数のときは，いままでのものと一致する）．

$$e^{z_1}\cdot e^{z_2} = e^{z_1+z_2} \qquad (e^z)^m = e^{mz} \quad (m \in \mathbf{Z}) \tag{37}$$

$$\overline{e^z} = e^{\bar{z}} \tag{38}$$

が成り立つ．

$\alpha = a + ib$ とおくと，

$$(e^{\alpha t})' = (e^{at}e^{ibt})' = ae^{at}e^{ibt} + e^{at}\cdot ibe^{ibt} = (a+ib)e^{at}e^{ibt} = \alpha e^{\alpha t}$$

よって，

$$(e^{\alpha t})' = \alpha e^{\alpha t}.$$

また $\alpha \neq 0$ のとき

$$\int e^{\alpha t}\,dt = \frac{1}{\alpha}e^{\alpha t} \tag{39}$$

問 18　$\displaystyle\int e^{(a+ib)x}\,dx = \frac{1}{a+ib}e^{(a+ib)x}$

の両辺の実部・虚部を比較して，例3の結果を導け．

（II）　定数係数線形微分方程式（同次）

$$y''+py'+qy=0 \tag{40}$$

ここで p, q は実定数である．

$$2\text{次方程式}\quad t^2+pt+q=0 \tag{41}$$

を（40）の**特性方程式**と呼ぶ．$y(x)$ を複素数値関数 $y(x)=u(x)+iv(x)$ とすると，（40）の左辺は $(u''+pu'+qu)+i(v''+pv'+qv)$ となるから，$y(x)$ が（40）の解ならば，その実部・虚部もともに（40）の解である．

そこで，$y=e^{tx}$（t 複素数）とおくと，

$$y''+py'+qy=(t^2+pt+q)e^{tx} \tag{42}$$

となる．これをもとにして，

定　理 4　　方程式(40)の一般解は次のようになる．特性方程式(41)が，

（i）　異なる２実解 α, β を持つとき，　　$y=C_1e^{\alpha x}+C_2e^{\beta x}$

（ii）　重解 $\alpha\,(=-p/2)$ を持つとき，　　$y=(C_1x+C_2)e^{\alpha x}$

（iii）　虚数解 $a\pm bi$ $(b \neq 0)$ を持つとき，　$y=e^{ax}(C_1\cos bx+C_2\sin bx)$

証明．　上記の考察により，（i）のとき $y_1=e^{\alpha x}$，$y_2=e^{\beta x}$ は解である．（ii）のとき $y_1=e^{\alpha x}$ は解である．第４節末の階数低下法により別の解 $y_2=xe^{\alpha x}$ を得る．（iii）のとき複素解 $e^{(a+ib)x}$ の実部 $y_1=e^{ax}\cos bx$，虚部 $y_2=e^{ax}\sin bx$ はともに解である．ロンスキアン $W[y_1, y_2]$ はそれぞれ（i）$(\beta-\alpha)e^{(\alpha+\beta)x}$，（ii）$e^{2\alpha x}$，（iii）$be^{2ax}$ となり，定理 2, 3 より表記の結論を得る．　■

例 14　k を 0 でない定数とすると，

（1）　$y''-k^2y=0$　の一般解は，$y=C_1e^{kx}+C_2e^{-kx}$　　(43)

（2）　$y''+k^2y=0$　の一般解は，$y=C_1\cos kx+C_2\sin kx$　　(44)

問 19　次の微分方程式の $y(0)=y'(0)=1$ を満たす解を求めよ．

（1）　$y''-2y'+5y=0$　　（2）　$y''-4y'+3y=0$

（III）　定数係数線形微分方程式（非同次）

$$y''+py'+qy=f(x) \tag{45}$$

ここで，f は実数値連続関数である．(45) の余関数は定理4で与えられるから，(45) の一つの解がわかれば一般解が得られる (定理 3).

ここでは，**演算子法**による特殊解の求め方を述べる．

以下，α, β は一般に複素数を表すものとする．

d/dx を D とかく．$D-\alpha$ は微分可能な関数 y に $y'-\alpha y$ を対応させる演算子を表す．また，積 $(D-\alpha)(D-\beta)$ は最初に $D-\beta$ を，次に $D-\alpha$ を施す演算を意味する．このとき，明らかに次が成り立つ．

$$(D-\alpha)(D-\beta) = (D-\beta)(D-\alpha) = D^2-(\alpha+\beta)D+\alpha\beta \qquad (46)$$

$$(D^2 = d^2/dx^2)$$

さて，(複素係数) 線形微分方程式 $(D-\alpha)y = g$ の解 y を形式的に

$$y = (D-\alpha)^{-1}g = \frac{1}{D-\alpha}g$$

とかいて，$(D-\alpha)^{-1}$ は関数 g に上記の解を対応させる演算子を表すとする．

このとき，次が成り立つ．

$$(D-\alpha)(D-\beta)^{-1} = (D-\beta)^{-1}(D-\alpha) \qquad (47)$$

(証)　任意の g に対して，

$$(D-\alpha)(D-\beta)^{-1}g = (D-\beta)^{-1}(D-\alpha)g \cdots ①$$

を示せばよい．

$y = (D-\beta)^{-1}g$ とおくと，$(D-\beta)y = g$．よって，$(D-\beta)(D-\alpha)y = (D-\alpha)(D-\beta)y = (D-\alpha)g$．すなわち，$(D-\beta)\{(D-\alpha)y\} = (D-\alpha)g$．$(D-\beta)^{-1}$ の定義より $(D-\alpha)y = (D-\beta)^{-1}(D-\alpha)g$．　これは①を意味する．　■

以上のことがらを用いて，(45) の特殊解を求める．

特性方程式 $\boldsymbol{\varphi(t) = t^2+pt+q} = 0$ の2解を α, β とおく．

このとき，(45) は(46) より

$$\varphi(D)y \equiv (D^2+pD+q)y = (D-\alpha)(D-\beta)y = f \qquad (48)$$

と書き表される．

$\alpha \neq \beta$ のとき，(45) の複素解 y は次のように表される．

$$y = \frac{1}{(D-\alpha)(D-\beta)}f = \frac{1}{\alpha-\beta}\left(\frac{1}{D-\alpha}-\frac{1}{D-\beta}\right)f$$

$$= \frac{1}{\alpha-\beta}\left\{e^{\alpha x}\int e^{-\alpha x}f(x)dx - e^{\beta x}\int e^{-\beta x}f(x)dx\right\} \tag{49}$$

これは，$\dfrac{1}{\alpha-\beta}\left(\dfrac{1}{D-\alpha}-\dfrac{1}{D-\beta}\right)f$ に (46), (47) を用いて，$(D-\alpha)(D-\beta)$ を施してみれば，実際に求める解であることがわかる．

$\alpha=\beta$ のとき，

$$y = \frac{1}{(D-\alpha)^2}f = \frac{1}{D-\alpha}\left(\frac{1}{D-\alpha}f\right)$$

$$= e^{\alpha x}\int\left(\int e^{-\alpha x}f(x)dx\right)dx. \tag{50}$$

$f(x)$ がいくつかの代表的な関数であるとき，特殊解 y の形を調べてみよう．

以下 $\alpha, \beta \neq 0$，すなわち，$\varphi(0)\neq 0$ とする（$\varphi(0)=0$ の場合は，(45) は y' に関する1階線形方程式となるからただちに解ける）．

最初に，$\lambda\,(\neq 0)$ を複素数として，

$$\int e^{\lambda x}x^n\,dx = \frac{1}{\lambda}e^{\lambda x}x^n - \frac{n}{\lambda}\int e^{\lambda x}x^{n-1}\,dx \tag{51}$$

より，

$$\int e^{\lambda x}P_n(x)\,dx = e^{\lambda x}\times(\text{複素係数}\,n\,\text{次多項式}) \tag{52}$$

となることに注意する．ただし，以下 P_n, Q_n, R_n は（実係数）n 次多項式を示す記号とする．

A.　$f(x)=P_n(x)$　　(49), (50), (52) からただちに，

$$y = Q_n(x)$$

（α, β は実数でも虚数でもよい．虚数の場合，(49) が複素係数となったとしても，$y=u+iv$ とおけば，(45) は $(u''+pu'+qu)+i(v''+pv'+qv)=f$ となるから，y の実部 u が実数値の特殊解を与える．）

B.　$f(x)=P_n(x)e^{ax}$ $(a\neq 0)$

$a\neq\alpha,\beta$　のとき，　$y=e^{ax}Q_n(x)$

$a=\alpha$　のとき，$\begin{cases}\alpha\neq\beta & \text{ならば}\quad y=e^{ax}Q_{n+1}(x)\\ \alpha=\beta & \text{ならば}\quad y=e^{ax}Q_{n+2}(x)\end{cases}$

B′.　$f(x)=e^{ax}$ $(a\neq 0)$

$$a \neq \alpha, \beta \quad \text{のとき}, \quad y = e^{ax}/\varphi(a) \tag{53}$$

$$a = \alpha \quad \text{のとき} \quad \begin{cases} \alpha \neq \beta \quad \text{ならば} \quad y = xe^{ax}/(\alpha-\beta) & (54) \\ \alpha = \beta \quad \text{ならば} \quad y = x^2e^{ax}/2 & (55) \end{cases}$$

問 20　B, B′ を証明せよ．とくに，(54) は (49) から得たものと異なる点に注意せよ．

C.　$f(x)=P_n(x)\cos bx$ または $P_n(x)\sin bx$（ただし，$b \neq 0$）

$y''+py'+qy = P_n(x)e^{ibx}$ を考える．この特殊解として，B より $ib \neq \alpha, \beta$ ならば $e^{ibx}\times(n$ 次多項式$)$，$ib = \alpha$ ならば $e^{ibx}\times((n+1)$ 次多項式$)$ を得る．ただし，多項式は複素係数となる．$P_n(x)e^{ibx}$ の実部または虚部が表記の $f(x)$ であるから，求める特殊解は上記の複素解の実部または虚部をとって，

$$ib \neq \alpha, \beta \quad \text{のとき}, \quad y = Q_n(x)\cos bx + R_n(x)\sin bx$$

$$ib = \alpha \quad \text{のとき}, \quad y = Q_{n+1}(x)\cos bx + R_{n+1}(x)\sin bx$$

D.　$f(x) = e^{ax}\cos bx$ または $e^{ax}\sin bx$（ただし，$b \neq 0$）

$y''+py'+qy = e^{(a+bi)x}$ の複素数値特殊解は，B′ と同様に表される．これから求める特殊解は，

$$\left.\begin{array}{ll} a+bi \neq \alpha, \beta \quad \text{のとき}, & y = e^{(a+bi)x}/\varphi(a+bi) \\ a+bi = \alpha \quad \text{のとき}, & y = xe^{(a+bi)x}/2bi \end{array}\right\} \text{の実部または虚部} \tag{56}$$

例 15　次の微分方程式の一般解を求めよ．

（1）　$y''-y'-2y = 2x^2+2x$

（2）　$y''-4y'+5y = x(A\cos x + B\sin x)$

（3）　$x''+k^2x = e^{at}\sin bt \quad (k, b > 0)$

（解）（1）　特性方程式は $t^2-t-2=0$，$t=-1, 2$．よって余関数は，定理4により，$C_1e^{-x}+C_2e^{2x}$．次に，(1) の特殊解を求める．A により，2次式を特殊解に持つから，$y = Ax^2+Bx+C$ とおいて (1) に代入して

$$-2Ax^2-2(A+B)x+2A-B-2C = 2x^2+2x.$$

両辺の係数を比較して，

$$-2A = 2, \quad -2(A+B) = 2, \quad 2A-B-2C = 0$$

これから $A=-1$，$B=0$，$C=-1$．

ゆえに (1) の一般解は

$$y = C_1e^{-x}+C_2e^{2x}-(x^2+1)$$

（2）　特性方程式 $t^2-4t+5=0$ の解は，$t=2\pm i$．よって余関数は，定理4により，$e^{2x}(C_1\cos x + C_2\sin x)$．特殊解は C の方法を用いて，まず，$y''-4y'+5y = xe^{ix}$ の特殊

解を求めよう．これは，　$y=(\lambda x+\mu)e^{ix}$ の形の解を持つ．

$$y''-4y'+5y=\{4(1-i)\lambda x+2(i-2)\lambda+4(1-i)\mu\}e^{ix}=xe^{ix}$$

より $\lambda=(1+i)/8$，$\mu=(1+2i)/16$ を得る．

$$(\lambda x+\mu)e^{ix}=\left\{\left(\frac{x}{8}+\frac{1}{16}\right)+i\left(\frac{x}{8}+\frac{1}{8}\right)\right\}(\cos x+i\sin x)$$

の実部，虚部をとって，

$$y''-4y'+5y=x\cos x\,,\qquad y''-4y'+5y=x\sin x$$

の特殊解として，おのおの

$$\left(\frac{x}{8}+\frac{1}{16}\right)\cos x-\left(\frac{x}{8}+\frac{1}{8}\right)\sin x\,,\qquad \left(\frac{x}{8}+\frac{1}{8}\right)\cos x+\left(\frac{x}{8}+\frac{1}{16}\right)\sin x$$

を得る．ゆえに，(2) の一般解は

$$y=e^{2x}(C_1\cos x+C_2\sin x)+A\left\{\left(\frac{x}{8}+\frac{1}{16}\right)\cos x-\left(\frac{x}{8}+\frac{1}{8}\right)\sin x\right\}$$
$$+B\left\{\left(\frac{x}{8}+\frac{1}{8}\right)\cos x+\left(\frac{x}{8}+\frac{1}{16}\right)\sin x\right\}$$

(3)　特性方程式 $\varphi(\lambda)=\lambda^2+k^2=0$ の解は，$\lambda=\pm ki$．余関数は，$C_1\cos kt+C_2\sin kt$ である．(56) により特殊解は，

$a=0$　かつ　$b=k$　のとき　　$te^{ikt}/2ki$　の虚部をとって，$-\dfrac{1}{2k}t\cos kt$，

$a\neq 0$　または　$b\neq k$　のとき，$e^{(a+ib)t}/\varphi(a+ib)$ の虚部をとって，

$$\{(a^2-b^2+k^2)^2+(2ab)^2\}^{-1}\{-2ab\cos bt+(a^2-b^2+k^2)\sin bt\}e^{at}\,.$$

これから，(3) の一般解を得る．

(II)(III) は3階以上の定数係数線形微分方程式に対しても同様に成り立つ．直接に，次の等式を利用してもよい．

$$\varphi(D)e^{\alpha x}=\varphi(\alpha)e^{\alpha x},\qquad (D-\alpha)^n e^{\alpha x}P(x)=e^{\alpha x}P^{(n)}(x)\qquad(57)$$

例 16　$\varphi(D)=(D-2)^2(D^2+1)y=f(x)$ を $f(x)=e^x, e^{2x}$ の場合に解け．

(解)　特性方程式 $\varphi(t)=(t-2)^2(t^2+1)=0$ の解は，$t=2,\pm i$．よって，基本解は e^{2x}，xe^{2x}，$\cos x$，$\sin x$ である．次に特殊解を求める．

$f(x)=e^x$ のとき，B′ と同様に $\varphi(1)=2\neq 0$ より $e^x/\varphi(1)=e^x/2$ が特殊解である．これは (57) の左の等式からも確かめられる．

$f(x)=e^{2x}$ のとき，$t=2$ は $\varphi(t)=0$ の2重解であるから，B′ と同様に kx^2e^{2x} の形の特殊解をもつ．k の値は (57) を利用して，次のように求める．

$$(D-2)^2(D^2+1)x^2e^{2x}=(D^2+1)(D-2)^2x^2e^{2x}=(D^2+1)(x^2)''e^{2x}$$
$$=2(D^2+1)e^{2x}=2(2^2+1)e^{2x}=10e^{2x}$$

より $k=1/10$．以上から一般解は，

$$y = C_1e^{2x}+C_2xe^{2x}+C_3\cos x+C_4\sin x+\begin{cases} e^x/2 \\ x^2e^{2x}/10\,, \end{cases} \quad f(x) = \begin{cases} e^x \\ e^{2x} \end{cases}$$

問 21　次の微分方程式を解け.

（1）　$y''-2y'+5y = 5x^2+x$　　（2）　$y''-4y'+4y = e^x+e^{2x}$

（3）　$y''-2y'+2y = e^{ax}\cos x$

問 22　$\dfrac{1}{(t-1)^2(t-2)} = \dfrac{1}{t-2}-\dfrac{1}{t-1}-\dfrac{1}{(t-1)^2}$ を利用して

$\varphi(D)y = (D-1)^2(D-2)y = xe^{2x}$ を解け.

演 習 問 題

A

1.　次の関数を積分せよ.

（1）　$\log(1+x)$　　（2）　$x(x+1)^\alpha$　　（3）　$\sqrt[3]{x}(\sqrt{x}+1)$

（4）　$x^3(x^2+1)^\alpha$　　（5）　$\dfrac{1}{x\log x}$　　（6）　$\dfrac{e^x}{(e^x+1)^2}$

（7）　$\dfrac{e^x}{\sqrt{e^{2x}-1}}$　　（8）　$\dfrac{x+1}{\sqrt{9-4x^2}}$　　（9）　$(\log x)^3$

（10）　$\sin(\log x)$　　（11）　$\tan^{-1}x$　　（12）　$x\sin^{-1}x$

2.　次の関数を積分せよ.

（1）　$\dfrac{x}{x^2-2x+2}$　　（2）　$\dfrac{x^4+2x^2}{x^3-1}$　　（3）　$\dfrac{1}{x(x^4-1)}$

（4）　$\dfrac{1}{(x+1)^2(x^2+1)}$　　（5）　$\dfrac{1}{\sqrt{x}(x+1)}$　　（6）　$\dfrac{1}{x^2\sqrt{x^2+1}}$

（7）　$\dfrac{x}{\sqrt{1+x-x^2}}$　　（8）　$\dfrac{1}{x+\sqrt{x^2+x+1}}$　　（9）　$\dfrac{x+\sin x}{1+\cos x}$

（10）　$\dfrac{\cos x}{\sin x(1+\cos x)}$　　（11）　$\dfrac{1}{a+\tan x}$　　（12）　$\dfrac{1}{\sqrt{1+e^{2x}}}$

3.　次の不定積分の漸化式をつくれ.

（1）　$I_n = \displaystyle\int(\log x)^n\,dx$　　（2）　$I_n = \displaystyle\int\frac{dx}{(x^2-1)^n}$

（3）　$I_n = \displaystyle\int\frac{x^n\,dx}{\sqrt{x^2+a^2}}$　$(a \neq 0)$

4.　$I_{m,n} = \displaystyle\int\sin^m x\cos^n x\,dx$ に対して，次の漸化式を導け.

$$I_{m,n} = \frac{\sin^{m+1}x\cos^{n-1}x}{m+n}+\frac{n-1}{m+n}I_{m,n-2} \qquad (m+n \neq 0)$$

$$= -\frac{\sin^{m-1} x \cos^{n+1} x}{m+n} + \frac{m-1}{m+n} I_{m-2,n} \qquad (m+n \neq 0)$$

$$= -\frac{\sin^{m+1} x \cos^{n+1} x}{n+1} + \frac{m+n+2}{n+1} I_{m,n+2} \qquad (n \neq -1)$$

$$= \frac{\sin^{m+1} x \cos^{n+1} x}{m+1} + \frac{m+n+2}{m+1} I_{m+2,n} \qquad (m \neq -1)$$

これを利用して，次の関数を積分せよ．

（1）　$\sin^2 x \cos^4 x$　　（2）　$\dfrac{1}{\sin^2 x \cos^4 x}$

5. 次の各式について，定数を消去して微分方程式をつくれ．

（1）　$y = cx + \dfrac{1}{c}$　　（2）　$x^2 + y^2 = cx$

（3）　$y = \begin{cases} ax^2 & (x \geqq 0) \\ bx^2 & (x < 0) \end{cases}$　　（4）　$y = (ax+b)e^x$

（5）　$y = a \log|x+b|$　　（6）　$y = \tan(ax+b)$

6. 次の微分方程式を解け．

（1）　$xyy' = y^2 - 4$　　（2）　$\sqrt{1-x^2}\, y' = \sqrt{1-y^2}$

（3）　$xy' \log x = y \log y$　　（4）　$xy' + (2x^2-1)\sin y = 0$

（5）　$(x-y-4)y' = x+y+2$　　（6）　$xy^2 y' = x^3 + y^3$

（7）　$x \cot \dfrac{y}{x} - y + xy' = 0$　　（8）　$xy' = y + \sqrt{x^2+y^2}$

7. 次の微分方程式を解け．

（1）　$y' = \dfrac{xy+1}{1+x^2}$　　（2）　$y' - \dfrac{x}{1+x^2} y = x^2$

（3）　$(1-x^2)y' + xy = ax$　　（4）　$y' + y \tan x = \sin 2x$

（5）　$y' - y \tan x = \sec^2 x$　　（6）　$xy' + y = xy^2 \log x$

（7）　$y' + y \sin x = y^2 \sin 2x$　　（8）　$y' + \dfrac{1}{2} y = \dfrac{1}{y} \cos x$

8. 次の形の微分方程式は括弧内に示された変換によって求積法で解けることを確かめよ．ただし，f, g は既知関数とする．

（1）　$y' = \dfrac{y}{x} + f(x)$　$(x+y=u)$　　（2）　$y' = \dfrac{y}{x} f(xy)$　$(xy=u)$

（3）　$yy' = xf(x^2+y^2)$　$(x^2+y^2=u)$

9. α をパラメータとする次の曲線族の満たす微分方程式をつくり，次に，この曲線族に直交する曲線を求めよ．

（1）　$y = \alpha x^n$　（$n \neq 0$ 定数）　　（2）　$x^2 + y^2 = \alpha x$　（5.（2）参照）

（3）　$y^2 = 4\alpha(x+\alpha)$

10. 次の微分方程式を解け．ただし，$a \neq 0$ とする．

（1） $y''-y'-2y=e^{ax}$　　（2） $y''-2y'+5y=\sin ax$

（3） $y''+4y'+4y=e^{ax}$　　（4） $y''+y'-6y=x^2e^x$

（5） $y''+3y'+2y=\dfrac{1}{1+e^x}$　　（6） $y''-2y'+3y=e^x(A\cos x+B\sin x)$

11. **オイラーの微分方程式** $x^2y''+axy'+by=f(x)$ （a, b 定数）は，$|x|=e^t$ なる変数変換によって，定数係数線形方程式に変換されることを示し，これを利用して次の微分方程式を解け．

（1） $x^2y''-6y=0$　　（2） $x^2y''+2xy'-2y=x^3+x$

B

12. 次の関数を積分せよ．

（1） $(\sin^{-1}x)^2$　　（2） $\dfrac{\sin^{-1}x}{\sqrt{1+x}}$　　（3） $\dfrac{1-r\cos\theta}{1-2r\cos\theta+r^2}$ （r 正定数）

（4） $\sqrt{\dfrac{x-1}{2-x}}$　　（5） $\dfrac{\sqrt{x^3+1}}{x}$　　（6） $\dfrac{\sqrt[4]{x^3}}{(1-\sqrt{x})^2}$

13. $F_0(x)=\log x$, $F_n(x)=\displaystyle\int F_{n-1}(x)\,dx$ （$n \in N$） とするとき，$F_n(x)$ を求めよ．（ただし，積分定数は省略する．）

14. 括弧内の関数が同次方程式の一つの解であることを利用して，次の微分方程式を解け．

（1） $x^2y''-xy'+y=x^2$ （$y=x$）

（2） $xy''-(2x+1)y'+(x+1)y=(x^2+x-1)e^x$ （$y=e^x$）

15. P, Q を x の関数とするとき，等式

$$\left(\frac{d}{dx}+P\right)\left\{\left(\frac{d}{dx}+Q\right)y\right\}=\frac{d^2y}{dx^2}+(P+Q)\frac{dy}{dx}+(PQ+Q')y$$

を利用して，次の微分方程式を解け．

$$y''+2xy'+(x^2+1)y=0$$

16. y'' が y および y' だけで表される微分方程式は，y', y'' を y の関数と考えて，$p=y'$ とおくと，$y''=\dfrac{dp}{dx}=\dfrac{dp}{dy}\dfrac{dy}{dx}=p\dfrac{dp}{dy}$ により，p に関する1階微分方程式となる．このことを利用して，次の微分方程式を解け．

（1） $y''=2yy'$　　（2） $y''=k\sqrt{1+y'^2}$ （k 定数）

（3） $(yy')'=a+by$ （a, b 定数で，$y(0)=0$ とする．）

17. 線形同次微分方程式 $y''+py'+qy=0$ （p, q は x の関数）の一組の基本解を y_1, y_2 とするとき，次を証明せよ．

（1）　$W[y_1, y_2](x) = Ce^{-\int p\,dx}$　$(C \neq 0)$

（2）　$\dfrac{y_2}{y_1} = \displaystyle\int \frac{e^{-\int p\,dx}}{{y_1}^2}\,dx + C_1$

ここで C, C_1 は定数である.

18. 非同次線形方程式 $y'' + py' + qy = f(x)$ に対して，その同次方程式の１組の基本解 y_1, y_2 をとり，定数変化法によって，$y = c_1 y_1 + c_2 y_2$ が一つの特殊解となるように関数 c_1, c_2 を定めたい．そのような c_1, c_2 を１組求めよ

19. $\displaystyle\sum_{k=1}^{n} z^k = z\frac{1-z^n}{1-z}$ $(z \neq 1)$ を利用して，次の等式を導け.

（1）　$\sin\theta + \sin 2\theta + \cdots + \sin n\theta = \sin\dfrac{n}{2}\theta \sin\dfrac{n+1}{2}\theta \Big/ \sin\dfrac{\theta}{2}$

（2）　$\cos\theta + \cos 2\theta + \cdots + \cos n\theta = \sin\dfrac{n}{2}\theta \cos\dfrac{n+1}{2}\theta \Big/ \sin\dfrac{\theta}{2}$

$(\theta \neq 2k\pi)$

4 定積分とその応用

§1 定　積　分

(I) 定　積　分

$f(x)$ を閉区間 $I=[a,b]$ 上の有界な関数とする．I をいくつかの小区間に分け，その分点を $a=x_0<x_1<x_2<\cdots<x_n=b$ とする．この分割 $\varDelta$ に対して，

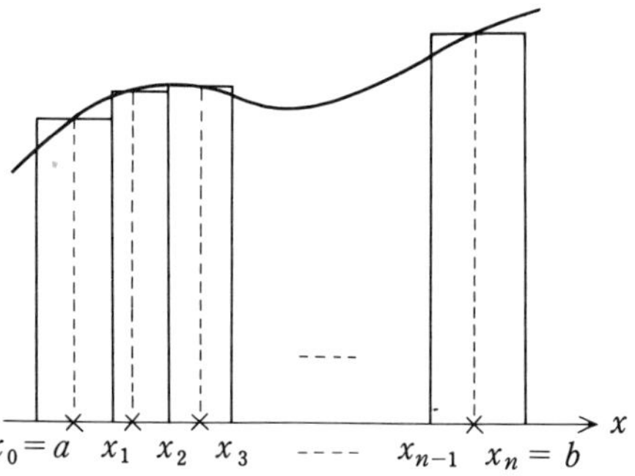

$$I_k=[x_{k-1},x_k],$$

$$\varDelta x_k=x_k-x_{k-1}$$

$$(k=1,2,\cdots,n)$$

とおき，

$$|\varDelta|=\max_{1\leqq k\leqq n}\varDelta x_k$$

を分割 $\varDelta$ の幅と呼ぶ．

さらに各 I_k から任意の点 ξ_k をとり，和

$$R[\varDelta\,;\{\xi_k\}]=\sum_{k=1}^{n}f(\xi_k)\varDelta x_k \tag{1}$$

を作り，これを$\varDelta$, $\{\xi_k\}$ に関する f の**リーマン和**という．

いま，定数 J があって，分割を限りなく細かくしていくとき，分割 $\varDelta$ および $\{\xi_k\}$ のとり方に関係なく，$R[\varDelta\,;\{\xi_k\}]$ の値が J に近づくとき，すなわち，

$$|\varDelta|\to 0 \quad \text{ならば} \quad R[\varDelta\,;\{\xi_k\}]\to J \tag{2}$$

であるとき，f は I 上で（**リーマン**）**積分可能**（または**可積**）であるという．このとき，値 J を f の I 上の **定積分**と呼び，

$$\int_a^b f(x)dx$$

で表す．

(II) 積分可能性判定条件

理論上次の量を導入すると便利である．区間 I_k での f の上限，下限をそれぞれ M_k, m_k とおき，分割 Δ に対して，

$$S[\Delta] = \sum_\Delta M_k \Delta x_k, \qquad s[\Delta] = \sum_\Delta m_k \Delta x_k$$

を作る．ただし，Δ に対応する和 $\sum_{k=1}^n$ を $\sum_\Delta$ で表した．

明らかに，

$$s[\Delta] \leqq R[\Delta;\{\xi_k\}] \leqq S[\Delta]. \tag{3}$$

分割 Δ, Δ' について，Δ の分点はすべて Δ' の分点になっているとき，Δ' は Δ の**細分**であるという．このとき，

$$s[\Delta] \leqq s[\Delta'], \qquad S[\Delta] \geqq S[\Delta']. \tag{4}$$

問 1 この不等式を証明せよ．

二つの分割 Δ_1, Δ_2 に対して，両方の分点を採用してできる分割を $\Delta_1 \cup \Delta_2$ とかく．これは Δ_1, Δ_2 の細分になっているから，(4) より

$$s[\Delta_1] \leqq s[\Delta_1 \cup \Delta_2] \leqq S[\Delta_1 \cup \Delta_2] \leqq S[\Delta_2].$$

したがって，任意の分割 Δ_1, Δ_2 に対して，

$$s[\Delta_1] \leqq S[\Delta_2]. \tag{5}$$

そこで

$$s = \sup_\Delta s[\Delta], \qquad S = \inf_\Delta S[\Delta] \tag{6}$$

とおくと，

$$s \leqq S.$$

s, S をそれぞれ f の I 上の**下積分**，**上積分**と呼ぶ．

定　理 1　ダルブーの定理　f を I 上の有界関数とすると，

$$|\Delta| \to 0 \text{ のとき}, \qquad S[\Delta] \to S, \qquad s[\Delta] \to s.$$

証明． $s[\Delta]$ についても同様であるから，$S[\Delta]$ について証明する．

I 上，$|f(x)| \leqq M$ として，任意に $\varepsilon > 0$ を固定する．S の定義式（6）より，ある分割 $\varDelta_\varepsilon$ に対して，

$$S[\varDelta_\varepsilon] < S + \varepsilon \tag{7}$$

が成り立つ．この $\varDelta_\varepsilon$ の分点の個数を p，各小区間の最小幅を δ とすると，$|\varDelta| < \min\{\delta, \varepsilon/2pM\}$ を満たす任意の分割 $\varDelta$ に対して，

$$S[\varDelta] - S < 2\varepsilon \tag{8}$$

となることを示そう（これから，$|\varDelta| \to 0$ のとき，$S[\varDelta] \to S$ を得る）．

まず，

$$S[\varDelta] - S[\varDelta \cup \varDelta_\varepsilon] = \textstyle\sum_\varDelta M_k \varDelta x_k - \sum_{\varDelta \cup \varDelta_\varepsilon} M_l \varDelta x_l$$

を評価する．$\varDelta$ の各小区間は，$|\varDelta| < \delta$ より $\varDelta_\varepsilon$ の分点をたかだか1個含む．$\varDelta_\varepsilon$ の分点を含まない小区間に対応する項は相殺される．

$\varDelta_\varepsilon$ の分点を含む小区間 $\varDelta x_k$ に対応する項については，$\varDelta x_k$ が $\varDelta x_{l_1}$ と $\varDelta x_{l_2}$ に分割されるとして，

$$M_k \varDelta x_k - (M_{l_1} \varDelta x_{l_1} + M_{l_2} \varDelta x_{l_2}) \leqq 2M|\varDelta|$$

したがって，

$$S[\varDelta] - S[\varDelta \cup \varDelta_\varepsilon] \leqq 2pM|\varDelta| < \varepsilon. \tag{9}$$

他方，（7）より

$$S[\varDelta \cup \varDelta_\varepsilon] - S \leqq S[\varDelta_\varepsilon] - S < \varepsilon$$

よって，（9）と併せて，

$$S[\varDelta] - S = (S[\varDelta] - S[\varDelta \cup \varDelta_\varepsilon]) + (S[\varDelta \cup \varDelta_\varepsilon] - S) < 2\varepsilon. \qquad ▨$$

系 1　I 上の有界関数 f が I 上で積分可能となるための条件は，

$$s = S$$

が成り立つことである．

（証）　f が I 上積分可能とする．任意に $\varepsilon > 0$ をとる．$\varDelta$ を I の n 等分割とし，各小区間 I_k から，$f(\xi_k) > M_k - \varepsilon$ を満たす ξ_k をとると，

$$R[\varDelta;\ \{\xi_k\}] > S[\varDelta] - \varepsilon(b-a) \geqq S - \varepsilon(b-a).$$

$n \to \infty$ とすると，仮定から

$$R[\varDelta;\ \{\xi_k\}] \to J = \int_a^b f(x)dx$$

であるから,

$$J \geqq S - \varepsilon(b-a).$$

ここで, ε は任意であるから, $J \geqq S$ を得る.

同様にして, $J \leqq s$ を得る. $J \leqq s \leqq S \leqq J$ より $s = S = J$.

逆は定理と (3) から明らかであろう.

系1の条件を使いやすくするため, さらに次の量を導入する.

分割 $\varDelta$ の各小区間 I_k に対して,

$$\omega(I_k\,; f) = \omega_k = \sup\{f(x) - f(x') \mid x, x' \in I_k\} \tag{10}$$

とおき, これを I_k における f の**振動量**と呼ぶ.

$$\omega_k = M_k - m_k \qquad (M_k = \sup_{I_k} f, \quad m_k = \inf_{I_k} f) \tag{11}$$

であり, したがって, $S[\varDelta] - s[\varDelta] = \sum_{\varDelta} \omega_k \varDelta x_k$.

系 2 I 上の有界関数 f が I 上で積分可能となるための条件は, 任意の正数 ε に対して, $\sum_{\varDelta} \omega_k \varDelta x_k < \varepsilon$ を満たす I の分割 $\varDelta$ が存在することである.

問 2 系2を証明せよ.

例 1 $I = [0, 1]$ 上で

$$f(x) = \begin{cases} 1 & (x \in \boldsymbol{Q}) \\ 0 & (x \notin \boldsymbol{Q}) \end{cases}$$

と定義すると, 任意の分割 $\varDelta$ に対して, $S[\varDelta] = 1, s[\varDelta] = 0$. よって, $S = 1$, $s = 0$. ゆえに, 系1より, f は I 上可積ではない.

例 2 $I = [0, 1]$ 上で

$$f(x) = \begin{cases} 0 & (x \text{ は無理数または } 0) \\ 1/m & (x = n/m \text{ 既約分数}) \end{cases}$$

とすれば, $f(x)$ は I 上可積で, $\int_0^1 f(x)dx = 0$.

(**証**) ε に対して, $1/N < \varepsilon$ となる N を固定する. 分母が N より小さい有理数は I の中に有限個しかないから, これらの点を区間の長さの総和が ε より小さい有限個の互いに素な区間でおおう. これから生ずる区間 I の分割を $\varDelta$ とする. $\sum_{\varDelta} M_k \varDelta x_k$ において, 分母が N より小さい有理数を含む区間と含まない区間に分けて加えれば, $0 \leqq f(x) \leqq 1$ に注意して, $S[\varDelta] < 1 \times \varepsilon + (1/N) \times 1 < 2\varepsilon$. よって, $S = 0$. また明らかに $s = 0$.

定　理 2　$[a, b]$ 上の単調関数 $f(x)$ は積分可能である.

証明.　f が増加として示す. 任意の分割 Δ に対して, $\omega_k = f(x_k) - f(x_{k-1})$ より,

$$\sum \omega_k \Delta x_k \leqq \sum \omega_k |\Delta| = |\Delta| \sum \omega_k = |\Delta|(f(b) - f(a)).$$

よって, $|\Delta|$ を小さくとれば, $\sum \omega_k \Delta x_k$ はいくらでも小さくなる.　▨

定　理 3　$I = [a, b]$ 上の連続関数 $f(x)$ は積分可能である.

証明.　第1章定理 16 により, f は I 上一様連続である. すなわち, 任意の $\varepsilon > 0$ に対して, ある $\delta > 0$ をとれば,

$$|f(x) - f(x')| < \varepsilon \quad (|x - x'| < \delta, \quad x, x' \in I).$$

よって, $|\Delta| < \delta$ なる任意の分割 Δ に対して, $\omega_k \leqq \varepsilon$ であるから,

$$\sum_\Delta \omega_k \Delta x_k \leqq \varepsilon \sum_\Delta \Delta x_k = \varepsilon(b - a).$$　▨

$a \geqq b$ の場合,

$$\int_a^a f(x)dx = 0, \qquad \int_a^b f(x)dx = -\int_b^a f(x)dx$$

と規約する.

(III)　定積分の性質

以下, 定積分の簡単な性質をあげる.

1°)　f を $[a, b]$ で可積とすると, $[a, b]$ に含まれる任意の閉区間で可積である.

2°)　**区間加法性**　f が $[a, b]$ および $[b, c]$ $(a < b < c)$ で可積とすると, $[a, c]$ でも可積となり, 次の式が成り立つ.

$$\int_a^c f(x)dx = \int_a^b f(x)dx + \int_b^c f(x)dx \tag{12}$$

3°)　f, g を $I = [a, b]$ で可積とすると, $f \pm g$, kf (k 定数), fg も可積である. また, α, β を定数として, 次の式が成り立つ.

$$\int_a^b \{\alpha f(x) + \beta g(x)\}dx = \alpha \int_a^b f(x)dx + \beta \int_a^b g(x)dx \tag{13}$$

(線形性)

（証） 1°） 閉区間 $J \subset [a,b]$ を任意にとる．$\varepsilon>0$ に対して $[a,b]$ の分割 $\varDelta$ で，$\sum_{\varDelta}\omega_k \varDelta x_k<\varepsilon$ となるものをとる．$\varDelta$ に J の端点を付け加えた分割 $\varDelta'$ について，

$$\sum_{\varDelta'}\omega_k' \varDelta x_k' \leqq \sum_{\varDelta}\omega_k \varDelta x_k<\varepsilon .$$

$\varDelta'$ に属する各小区間のうち，J に含まれるものだけをとって J の分割 $\varDelta''$ を得る．これに関して，$\sum_{\varDelta''}\omega_k'' \varDelta x_k''<\varepsilon$.

2°） $[a,c]$ における可積性は定理1系2からわかる．(12) については，$[a,b],[b,c]$ それぞれに関してのリーマン和を考えればよい．

3°） $\alpha f \pm \beta g$ の可積性および (13) については，$\alpha f \pm \beta g$ のリーマン和を考えれば明らかである．積 fg の可積性については，まず，f, g は I で有界だから，I 上 $|f(x)| \leqq K$, $|g(x)| \leqq K$ とする．

I の分割 $\varDelta$ に関する $\sum \omega_k \varDelta x_k$ は細分により減少するから，$\varepsilon>0$ に対して，

$$\sum \omega_k(f) \varDelta x_k<\varepsilon / K, \qquad \sum \omega_k(g) \varDelta x_k<\varepsilon / K$$

を同時に満たす分割 $\varDelta$ が存在する．容易にわかる不等式，

$$\omega_k(fg) \leqq K \omega_k(f)+K \omega_k(g) \tag{14}$$

から $\sum \omega_k(fg) \varDelta x_k \leqq K \sum \omega_k(f) \varDelta x_k+K \sum \omega_k(g) \varDelta x_k<2 \varepsilon$.

問 3 (12) は f が可積な区間内で a,b,c の大小の順序に無関係に成り立つ．

問 4 不等式 (14) を証明せよ．

例 3 $f(x)$ は $I=[a,b]$ で可積，かつ $m \leqq f(x) \leqq M$ とする．$\varphi(x)$ が $[m,M]$ で連続ならば，合成関数 $\varphi \circ f$ は I 上可積となる．

とくに，$|f(x)|$, $|f(x)|^p$ (p 正定数), $e^{f(x)}$ は可積である．

（証） φ は有界であるから，$[m,M]$ 上 $|\varphi(x)| \leqq K$ とする．任意に $\varepsilon>0$ をとる．φ の一様連続性により，ある $\delta>0$ をとれば，

$$|\varphi(y)-\varphi(y')|<\varepsilon \quad (|y-y'|<\delta).$$

次に，I の分割 $\varDelta$ で $\sum \omega_k(f) \varDelta x_k<\varepsilon \delta$ を満たすものをとる．

まず，すべての $\omega_k(\varphi \circ f)$ について，$\omega_k(\varphi \circ f) \leqq 2K$ である．$\omega_k(f)<\delta$ を満たす k については，上記の不等式から $\omega_k(\varphi \circ f) \leqq \varepsilon$ が成り立つ．次に，$\omega_k(f) \geqq \delta$ となる $\varDelta x_k$ の総和を l とおくと，$\delta l \leqq \sum \omega_k(f) \varDelta x_k<\varepsilon \delta$ より $l<\varepsilon$ を得る．

以上から，

$$\sum \omega_k(\varphi \circ f) \varDelta x_k \leqq \varepsilon(b-a)+2Kl<\varepsilon(b-a+2K).$$

ゆえに，$\varphi(f(x))$ は I 上可積である．

問 5 f は $(a,b]$ で定義された有界関数とする．任意の a' ($a<a'<b$) に対して f が $[a',b]$ 上可積ならば，$f(a)$ の値を任意に与えて，f は $[a,b]$ 上可積となる．

4°） $f(x), g(x)$ が $[a,b]$ 上可積かつ $f(x) \leqq g(x)$ とすると，

$$\int_a^b f(x)dx \leqq \int_a^b g(x)dx . \tag{15}$$

さらに，$f(x), g(x)$ がともに連続ならば，等号は $f(x) \equiv g(x)$ のときのみ成り立つ．

とくに，$f(x)$ が $[a,b]$ 上可積かつ $f(x) \geqq 0$ とすると，

$$\int_a^b f(x)dx \geqq 0\,. \tag{16}$$

さらに，$f(x)$ が連続ならば，等号は $f(x) \equiv 0$ のときのみ成り立つ．

（**証**）前半は後半に帰着されるから後半を示す．(16) はリーマン和で考えれば明らかである．そこで，$f(x)$ は $[a,b]$ 上連続，$x=x_0$ で $f(x_0) > 0$ と仮定する．連続性より，x_0 を含むある開区間 (c,d) で $f(x) > f(x_0)/2$ が成り立つ．ゆえに，

$$\int_a^b f(x)dx = \left(\int_a^c + \int_c^d + \int_d^b\right) f(x)dx \geqq \int_c^d f(x)dx \geqq f(x_0)\frac{d-c}{2} > 0\,.$$

系

$$\left|\int_a^b f(x)dx\right| \leqq \int_a^b |f(x)|\,dx \tag{17}$$

$$\int_a^b |f(x) \pm g(x)|\,dx \leqq \int_a^b |f(x)|\,dx + \int_a^b |g(x)|\,dx \tag{18}$$

問 6　系を証明せよ．また，連続な $f(x)$ に対して，(17) の等号条件を調べよ．

5°) **積分の平均値定理**　$f(x)$ は $[a,b]$ 上可積，$m \leqq f(x) \leqq M$ とすると，

$$\int_a^b f(x)dx = \lambda(b-a) \qquad (m \leqq \lambda \leqq M) \tag{19}$$

を満たす λ が存在する．

とくに，$f(x)$ が $[a,b]$ で連続ならば，$\lambda = f(c)$ となる c $(a < c < b)$ が存在する．

（**証**）4°) より

$$m(b-a) \leqq \int_a^b f(x)dx \leqq M(b-a)\,.$$

よって，

$$\lambda = \frac{1}{b-a}\int_a^b f(x)dx$$

とおけばよい．

次に，f を連続とする．f が定数ならば c は任意の値でよい．f が定数でないとき，

$M_1 = \max_{a \leqq x \leqq b} f(x)$, $m_1 = \min_{a \leqq x \leqq b} f(x)$ とおくと，4°）より

$$m_1(b-a) < \int_a^b f(x)dx < M_1(b-a).$$

これから上に定めた λ は，$m_1 < \lambda < M_1$ を満たす．ゆえに，中間値の定理から $\lambda = f(c)$ を満たす c ($a<c<b$) が存在する．

§2　不定積分と定積分の計算

$f(x)$ は $I=[a,b]$ 上可積とする．§1 1°）より I 上の関数，

$$F(x) = \int_a^x f(t)dt \qquad (a \leqq x \leqq b)$$

が定義される．この関数を f の**不定積分***）と呼ぶ．

定　理 4　$f(x)$ を $I=[a,b]$ 上可積とすると，その不定積分 $F(x)$ は I 上連続である．

証明． f は有界だから $|f(x)| \leqq M$ とする．§1 の 2°), 4°）および系より

$$|F(x+h)-F(x)| = \left|\int_x^{x+h} f(t)dt\right| \leqq \left|\int_x^{x+h} |f(t)|\,dt\right| \tag{20}$$

$$\leqq \left|\int_x^{x+h} Mdt\right| = M|h|$$

$h \to 0$　とすれば，　$F(x+h)-F(x) \to 0$　を得る．　■

定　理 5　$f(x)$ が $I=[a,b]$ 上可積，I の1点 $x=x_0$ で連続とする．

このとき，$f(x)$ の不定積分 $F(x)$ は $x=x_0$ で微分可能で，$F'(x_0)=f(x_0)$ が成り立つ．

証明． $\dfrac{F(x_0+h)-F(x_0)}{h} = \dfrac{1}{h}\displaystyle\int_{x_0}^{x_0+h} f(t)dt$, および積分に関する平均値定理（§1 5°)）により $[x_0, x_0+h]$（または $[x_0+h, x_0]$）における f の上限，下限をそれぞれ $M(h), m(h)$ とすると，

$$\{F(x_0+h)-F(x_0)\}/h = \lambda(h) \quad (m(h) \leqq \lambda(h) \leqq M(h))$$

とおける．

仮定より $h \to 0$ のとき，$m(h), M(h) \to f(x_0)$，したがって，$\lambda(h) \to f(x_0)$.

---

*）これが本来の不定積分の定義であり，第3章における不定積分は厳密には原始関数と呼ぶのが正しい．

ゆえに，$F'(x_0)=f(x_0)$.　■

系　f が $[a,b]$ で連続ならば，そこで原始関数を持つ.

例 4　§1 例2の関数 $f(x)$ について，$0\leqq f(x)$ より

$$0\leqq\int_0^x f(t)dt\leqq\int_0^1 f(t)dt=0. \quad (0\leqq x\leqq 1).$$

すなわち，$F(x)=\int_0^x f(t)dt=0$ $(0\leqq x\leqq 1)$，よって $F'(x)=0$ $(0\leqq x\leqq 1)$. これから，$F'(x)=f(x)$ は x が0および無理数のときだけしか成立しない.

定　理 6　微分積分学の基本定理　$f(x)$ が $I=[a,b]$ 上可積，かつ I 上原始関数 $G(x)$ を持つならば，

$$\int_a^b f(x)dx=[G(x)]_a^b\equiv G(b)-G(a). \tag{21}$$

証明.　I の n 等分割 Δ をとる. 微分に関する平均値定理により各小区間で

$$G(x_k)-G(x_{k-1})=f(\xi_k)\Delta x_k,\quad x_{k-1}<\xi_k<x_k.$$

よって，

$$G(b)-G(a)=\sum_{k=1}^{n}(G(x_k)-G(x_{k-1}))=\sum_{k=1}^{n}f(\xi_k)\Delta x_k.$$

$n\to\infty$ とするとき，最後の項は $\int_a^b f(x)dx$ に収束する.　■

例 5　$g(x)$ は I 上可積，$f(x)$ は $I=[a,b]$ で連続，そこで有限個の点を除いて微分可能で $g(x)=f'(x)$ とすると，

$$\int_a^b g(x)dx=f(b)-f(a) \tag{22}$$

(証)　I をいくつかの区間に分けて，各区間ごとに成り立つことを示せば，それらの等式を辺々加えて (22) がでる. よって，$f(x)$ が $x=a$ または $x=b$ で微分不可能なときだけ示せばよい.

$f(x)$ が $x=a$ のみで微分不可能として (22) を示す.

$a<a'<b$ とすると前定理により

$$\int_{a'}^b g(x)dx\left(=\int_{a'}^b f'(x)dx\right)=f(b)-f(a').$$

ここで，$a' \to a$ とすると，上記左辺は不定積分の連続性により $\int_a^b g(x)\,dx$ に収束し，右辺は仮定より $f(b)-f(a)$ に収束する．よって，(22) を得る．

例 6 $f(x)=|x|$ $(-1 \leqq x \leqq 1)$ について，$g(x)$ を

$$g(x) = -1 \quad (-1 \leqq x \leqq 0), \qquad = 1 \quad (0 < x \leqq 1)$$

として，$f'(x) = g(x)$ $(-1 \leqq x \leqq 1, x \neq 0)$.

よって，例5より，

$$\int_{-1}^{x} g(t)dt = [f(t)]_{-1}^{x} = |x|-1 \quad (-1 \leqq x \leqq 1).$$

前章の不定積分（原始関数）の置換積分法・部分積分法に対応して，

1°) **置換積分法**　$f(x)$ は $[a,b]$ で連続，$\varphi(t)$ は $[\alpha,\beta]$ または $[\beta,\alpha]$ で C^1 級，かつ そこで $a \leqq \varphi(t) \leqq b$，$\varphi(\alpha)=a$，$\varphi(\beta)=b$ とすると，

$$\int_a^b f(x)dx = \int_\alpha^\beta f(\varphi(t))\varphi'(t)dt. \tag{23}$$

2°) **部分積分法**　$f(x)$ は $[a,b]$ で C^1 級，$g(x)$ は $[a,b]$ で連続とする．$g(x)$ の不定積分を $G(x)$ とすると，

$$\int_a^b f(x)g(x)dx = [f(x)G(x)]_a^b - \int_a^b f'(x)G(x)dx \tag{24}$$

$$\text{とくに，} \quad = \left[f(x)\int_a^x g(t)dt\right]_a^b - \int_a^b f'(x)\left(\int_a^x g(t)dt\right)dx \tag{25}$$

問 7 上記 1°), 2°) を証明せよ．

例 7 $I = \displaystyle\int_0^\pi \frac{x\sin x}{1+|\cos x|}dx = \pi \log 2$

（証） $I = \left(\displaystyle\int_0^{\pi/2} + \int_{\pi/2}^{\pi}\right)\frac{x\sin x}{1+|\cos x|}dx.$

$[\pi/2, \pi]$ における積分を，$x=\pi-t$ と変換して，

$$\int_{\pi/2}^{\pi} \frac{x\sin x}{1+|\cos x|}dx = -\int_{\pi/2}^{0} \frac{(\pi-t)\sin t}{1+|\cos t|}dt$$

$$= \pi\int_0^{\pi/2} \frac{\sin t}{1+|\cos t|}dt - \int_0^{\pi/2} \frac{t\sin t}{1+|\cos t|}dt$$

ゆえに

$$I = \pi\int_0^{\pi/2} \frac{\sin t}{1+|\cos t|}dt = \pi[-\log(1+\cos t)]_0^{\pi/2} = \pi\log 2.$$

問 8　$f(x)$ を連続として次のおのおのを証明せよ.

（1）　$f(x)$ が偶関数ならば

$$\int_{-a}^{a} f(x)dx = 2\int_{0}^{a} f(x)dx$$

$f(x)$ が奇関数ならば

$$\int_{-a}^{a} f(x)dx = 0\,.$$

（2）

$$\int_{0}^{\pi/2} f(\sin x)dx = \int_{0}^{\pi/2} f(\cos x)dx$$

$$\int_{0}^{\pi} f(\sin x)dx = 2\int_{0}^{\pi/2} f(\sin x)dx$$

例 8　$f_0(x) \equiv f(x)$ を $[a, b]$ で連続とする. 各 $n \in \boldsymbol{N}$ に対して

$$f_n(x) = \int_a^x f_{n-1}(t)dt \quad (a \leqq x \leqq b)$$

とおくと,

$$f_n(x) = \frac{1}{(n-1)!}\int_a^x f(t)(x-t)^{n-1}dt \quad (a \leqq x \leqq b)\,.$$

（証）　$f_n(x)$ はすべて連続だから, $f_k'(x) = f_{k-1}(x)$ $(k \in \boldsymbol{N})$. 部分積分法により

$$\int_a^x f(t)(x-t)^{n-1}dt = [(x-t)^{n-1}f_1(t)]_a^x + (n-1)\int_a^x f_1(t)(x-t)^{n-2}dt\,.$$

右辺第1項は0であることに注意する. 同様にして,

$$(n-1)\int_a^x f_1(t)(x-t)^{n-2}dt = (n-1)(n-2)\int_a^x f_2(t)(x-t)^{n-3}dt\,.$$

これを続けて

$$\int_a^x f(t)(x-t)^{n-1}dt = (n-1)(n-2)\cdot\cdots\cdot 2\cdot 1\int_a^x f_{n-1}(t)(x-t)^0dt = (n-1)!f_n(x)\,.$$

例 9　$n \geqq 2$ のとき,

$$I_n = \int_0^{\pi/2} \sin^n x\,dx = \begin{cases} \dfrac{n-1}{n}\cdot\dfrac{n-3}{n-2}\cdot\cdots\cdot\dfrac{1}{2}\cdot\dfrac{\pi}{2} & (n\ \text{偶数}) \\[2ex] \dfrac{n-1}{n}\cdot\dfrac{n-3}{n-2}\cdot\cdots\cdot\dfrac{2}{3} & (n\ \text{奇数}) \end{cases} \tag{26}$$

（証）　部分積分法により, $n \geqq 2$ のとき

$$\begin{aligned} I_n &= \int_0^{\pi/2} \sin^{n-1}x \sin x\,dx = [-\cos x \sin^{n-1}x]_0^{\pi/2} + (n-1)\int_0^{\pi/2} \sin^{n-2}x\cos^2 x\,dx \\ &= (n-1)\int_0^{\pi/2} \sin^{n-2}x\,(1-\sin^2 x)dx = (n-1)(I_{n-2}-I_n)\,. \end{aligned}$$

これから

$$I_n = \frac{n-1}{n} I_{n-2} \quad (n \geqq 2).$$

$I_0 = \pi/2$, $I_1 = 1$ より (26) を得る.

$n \in N$ に対して, $\quad n!! = \begin{cases} n(n-2)\cdot \cdots \cdot 3\cdot 1 & (n \ \text{奇数}) \\ n(n-2)\cdot \cdots \cdot 4\cdot 2 & (n \ \text{偶数}) \end{cases}$

とする. このとき, (26) は次のようにかける.

$$I_n = \begin{cases} \dfrac{(n-1)!!}{n!!} \dfrac{\pi}{2} & (n \ \text{偶数}) \\ \dfrac{(n-1)!!}{n!!} & (n \ \text{奇数}). \end{cases}$$

さて, $(0, \pi/2)$ で $\sin^{2n+1} x < \sin^{2n} x < \sin^{2n-1} x$ であるから, $I_{2n+1} < I_{2n} < I_{2n-1}$.
ゆえに, 上記の結果より,

$$\frac{(2n)!!}{(2n+1)!!} < \frac{(2n-1)!!}{(2n)!!} \frac{\pi}{2} < \frac{(2n-2)!!}{(2n-1)!!}$$

よって,

$$\frac{1}{2n+1} \cdot \frac{(2n)!!}{(2n-1)!!} < \frac{(2n-1)!!}{(2n)!!} \cdot \frac{\pi}{2} < \frac{1}{2n} \cdot \frac{(2n)!!}{(2n-1)!!} \tag{27}$$

よって

$$\frac{1}{2n+1} \cdot \frac{2}{\pi} < \left\{ \frac{(2n-1)!!}{(2n)!!} \right\}^2 < \frac{1}{2n} \cdot \frac{2}{\pi} \tag{28}$$

ゆえに

$$\frac{2}{\pi} = \lim_{n \to \infty} 2n \cdot \left\{ \frac{(2n-1)!!}{(2n)!!} \right\}^2 \tag{29}$$

これから,

$$\sqrt{\pi} = \lim_{n \to \infty} \frac{1}{\sqrt{n}} \cdot \frac{(2n)!!}{(2n-1)!!} = \lim_{n \to \infty} \frac{2^{2n}}{\sqrt{n}} \frac{(n!)^2}{(2n)!}. \tag{30}$$

これを**ワリスの公式**という.

問 9 $\dfrac{(2n)!!}{(2n-1)!!} \sim \sqrt{n\pi} \quad (n \to \infty)$.

問 10 (29) から次の式 (これもワリスの公式という) を導け.

$$\frac{2}{\pi} = \lim_{n \to \infty} \left\{1 - \frac{1}{(2n)^2}\right\} \left\{1 - \frac{1}{(2n-2)^2}\right\} \cdot \cdots \cdot \left\{1 - \frac{1}{4^2}\right\} \left\{1 - \frac{1}{2^2}\right\}$$
$$= \left(1 - \frac{1}{2^2}\right)\left(1 - \frac{1}{4^2}\right)\left(1 - \frac{1}{6^2}\right) \cdots$$

§3 広義積分

前節においては, 有限区間における有界な関数の積分を考えた. この節では,有界でない関数の積分，および無限区間における積分を定義する．

（I）　非有界関数の積分

$f(x)$ は $(a,b]$ 上の非有界関数で，任意の a' $(a<a'<b)$ に対して，$[a',b]$ で有界かつ可積である（したがって，$f(x)$ は点 $x=a$ の近くでは有界でない．このような点を $f(x)$ の**特異点**と呼ぶ）とする．このとき，有限な極限値

$$\lim_{a'\to a+0}\int_{a'}^{b} f(x)dx$$

が存在するならば，$f(x)$ は $(a,b]$ で**広義積分可能**（または**広義可積**）であるといい，この極限値をいままでと同じ記号

$$\int_a^b f(x)dx$$

で表す．

$[a,b)$ において，$x=b$ が特異点の場合も同様である．閉区間 $[a,b]$ の内部にただ一つの特異点 $x=c$ があるときは，c で区間を分けて考え，二つの広義積分

$$\int_a^c f(x)dx=\lim_{\varepsilon\to+0}\int_a^{c-\varepsilon} f(x)dx,\qquad \int_c^b f(x)dx=\lim_{\varepsilon\to+0}\int_{c+\varepsilon}^{b} f(x)dx$$

がともに存在するとき，$f(x)$ は $[a,b]$ で広義積分可能であるといい，この二つの値の和を

$$\int_a^b f(x)dx$$

で表す．

一般に，$[a,b]$ の内部または端に2個以上の特異点が存在するときは，$[a,b]$ をいくつかの区間に分けて，おのおのの区間で広義積分可能であるとき，$[a,b]$ で広義積分可能であるという．

（II）　無限区間における積分

$f(x)$ は無限区間 $[a,\infty)$ で定義されていて，任意の $a'(>a)$ に対して積分 $\int_a^{a'} f(x)dx$（広義積分でもよい．）が存在するとする．このとき，有限な極限値

$\lim_{a'\to\infty}\int_a^{a'} f(x)dx$ が存在するならば，$f(x)$ は $[a,\infty)$ で（広義）積分可能であるといい，この極限値を $\int_a^\infty f(x)dx$ で表す．

同様に，$(-\infty,a]$ における積分 $\int_{-\infty}^a f(x)dx$ を定義する．また，$f(x)$ が $(-\infty,\infty)$ で定義されていて，二つの広義積分

$$\int_a^\infty f(x)dx=\lim_{a'\to\infty}\int_a^{a'} f(x)dx,\qquad \int_{-\infty}^a f(x)dx=\lim_{a'\to-\infty}\int_{a'}^a f(x)dx$$

がともに存在するならば，$f(x)$ は $(-\infty,\infty)$ で（広義）積分可能であるといい，これらの和を $\int_{-\infty}^\infty f(x)dx$ で表す（この定義が a のとり方によらないことは明らかである）．

広義積分に対しても，§1 の $1°,2°,3°$ が成り立つ．ただし，積については一般には成り立たない（f,g が広義可積でも，積 fg は広義可積と限らない．次の例10注2参照）．

また，不定積分 $F(x)=\int_a^x f(t)dt$ について，§2 の定理 4, 5 が成り立つ．

問 11　$f(x)$ が $(a,b]$ で広義可積であるとき，$F(x)=\int_a^x f(t)dt$ について，$x\to a+0$ のとき，実際 $F(x)\to F(a)=0$ となることを確かめよ．

例 10
$$\int_0^1\frac{dx}{x^\lambda}=\begin{cases}\dfrac{1}{1-\lambda} & (\lambda<1)\\ \text{存在しない} & (\lambda\geqq 1)\end{cases}$$

（証）　$\lambda<1$ のとき $\displaystyle\lim_{\varepsilon\to+0}\int_\varepsilon^1\frac{dx}{x^\lambda}=\lim_{\varepsilon\to+0}\frac{1-\varepsilon^{1-\lambda}}{1-\lambda}=\frac{1}{1-\lambda}$

$\lambda=1$ のとき $\displaystyle\lim_{\varepsilon\to+0}\int_\varepsilon^1\frac{dx}{x}=\lim_{\varepsilon\to+0}(-\log\varepsilon)=\infty$

$\lambda>1$ のとき $\displaystyle\lim_{\varepsilon\to+0}\int_\varepsilon^1\frac{dx}{x^\lambda}=\lim_{\varepsilon\to+0}\frac{1-\varepsilon^{1-\lambda}}{1-\lambda}=\infty$

注 1　$\lambda\geqq 1$ のとき，$\int_0^1\frac{dx}{x^\lambda}=\infty$ とかくこともある．

注 2　$f(x)=g(x)=1/\sqrt{x}$ は $(0,1]$ で広義可積であるが，積 $f(x)g(x)=1/x$ は $(0,1]$ で広義可積ではない．

$\int_0^1\frac{dx}{x}$ は存在しないから，広義積分 $\int_{-1}^1\frac{dx}{x}$ はもちろん存在しない．しかし

$$\lim_{\varepsilon\to+0}\left(\int_{-1}^{-\varepsilon}+\int_{\varepsilon}^{1}\right)\frac{dx}{x}=\lim_{\varepsilon\to+0}\left([\log|x|]_{-1}^{-\varepsilon}+[\log x]_{\varepsilon}^{1}\right)=0.$$

この値を主値積分といい，　$(\mathrm{P})\int_{-1}^{1}\frac{dx}{x}=0$　とかく．

広義積分が存在するとき積分は**収束**するといい，存在しないとき**発散**するという．例10と同様にして，

例 11　$\int_{1}^{\infty}\frac{dx}{x^{\lambda}}$ は $\lambda>1$ のとき収束し，$\lambda\leqq 1$ のとき発散する．

問 12　$\int_{2}^{\infty}\frac{dx}{x(\log x)^{\lambda}}$ は $\lambda>1$ のとき収束，$\lambda\leqq 1$ のとき発散．

例 12　$\alpha>0$ のとき，第3章例3から，

（1）$$\int_{0}^{\infty}e^{-\alpha x}\cos\beta x\,dx=\frac{\alpha}{\alpha^2+\beta^2}\tag{31}$$

（2）$$\int_{0}^{\infty}e^{-\alpha x}\sin\beta x\,dx=\frac{\beta}{\alpha^2+\beta^2}\tag{32}$$

問 13　次の積分の値を求めよ．

（1）$\int_{0}^{1}\log x\,dx$　（2）$\int_{-1}^{1}\frac{dx}{\sqrt{1-x^2}}$　（3）$\int_{0}^{\infty}x^2e^{-x}\,dx$

（4）$\int_{-\infty}^{\infty}\frac{dx}{1+x^2}$　（5）$\int_{0}^{\infty}\frac{dx}{e^x+e^{-x}}$　（6）$\int_{0}^{\infty}\frac{dx}{1+x^3}$

例 13　$\int_{0}^{\infty}\frac{\sin x}{x}dx$ は収束する．

（**証**）$x\to 0$ のとき，$\sin x/x\to 1$ であるから，$x=0$ は積分の特異点ではない．
$0<a<a'$ に対して

$$\left|\int_{0}^{a'}\frac{\sin x}{x}dx-\int_{0}^{a}\frac{\sin x}{x}dx\right|=\left|\int_{a}^{a'}\frac{\sin x}{x}dx\right|$$
$$=\left|\left[\frac{-\cos x}{x}\right]_{a}^{a'}-\int_{a}^{a'}\frac{\cos x}{x^2}dx\right|$$
$$\leqq\frac{1}{a}+\frac{1}{a'}+\int_{a}^{a'}\frac{dx}{x^2}=\frac{2}{a}$$

したがって，$a, a'\to\infty$ のとき，

$$\int_0^{a'} \frac{\sin x}{x}dx - \int_0^{a} \frac{\sin x}{x}dx \to 0\,.$$

ゆえに，有限な $\lim_{a\to\infty}\int_0^a \frac{\sin x}{x}dx$ が存在する．

一方，$\int_0^\infty \left|\frac{\sin x}{x}\right| dx$ は発散することが次の不等式からわかる．

$$\int_0^{n\pi} \left|\frac{\sin x}{x}\right| dx = \sum_{k=1}^{n}\int_{(k-1)\pi}^{k\pi} \left|\frac{\sin x}{x}\right| dx \tag{33}$$

$$> \sum_{k=1}^{n}\int_{(k-1)\pi}^{k\pi} \frac{|\sin x|}{k\pi} dx = \frac{2}{\pi}\sum_{k=1}^{n}\frac{1}{k}\,. \tag{34}$$

したがって，$f(x)$ が広義可積でも $|f(x)|$ は広義可積であると限らない．

(III) 絶対収束

ここでは簡単のため，被積分関数は積分区間の内部で連続であるものとする．一般に，$|f(x)|$ がある区間で広義可積であるとき，その区間で $f(x)$ は**絶対可積**であるといい，$f(x)$ の広義積分は**絶対収束**するという．

不等式 $\left|\int_b^{b'} f(x)dx\right| \leqq \int_b^{b'} |f(x)|\,dx \quad (b<b')$

により，絶対収束する広義積分は収束している．

収束しているが，絶対収束でない広義積分は**条件収束**するという．

収束判定条件　以下よく使われるものをあげておく．

1°) $\int_a^\infty f(x)dx$ が収束するための条件は，次が成り立つこと．

$$b, b' \to \infty \quad \text{のとき} \quad \int_b^{b'} f(x)dx \to 0 \tag{35}$$

2°) $[a, \infty)$ 上 $f(x) \geqq 0$ のとき，

$\int_a^\infty f(x)dx$ が収束するための条件は

不定積分 $\int_a^x f(t)dt \ (a<x<\infty)$ が有界となること．

3°) $[a, \infty)$ 上 $|f(x)| \leqq \varphi(x)$ とする．このとき，

$\int_a^\infty \varphi(x)dx$ が収束ならば，　$\int_a^\infty f(x)dx$ は絶対収束する．

問 14　1°), 2°), 3°) を証明せよ.

上記 1°), 2°), 3°) は，他の区間における広義積分についても同様に成り立つ.

$\int_a^b \frac{dx}{(x-a)^\lambda}$,　$\int_a^b \frac{dx}{(b-x)^\lambda}$　($a<b$ で，ともに $\lambda<1$),　および

$\int_1^\infty \frac{dx}{x^\lambda}$　($\lambda>1$)　は収束であるから，3°) より次の定理を得る.

定　理 7（1）　$(a,b]$（または $[a,b)$）において $x=a$ ($x=b$) を $f(x)$ の特異点とする．ある $\lambda<1$ に対して，$(x-a)^\lambda f(x)$　($(b-x)^\lambda f(x)$) が (a,b) で有界となるならば，

$$\int_a^b f(x)dx \quad \text{は絶対収束する.}$$

（2）　$[a,\infty)$ 上の関数 $f(x)$ について，ある $\lambda>1$ に対して，$x^\lambda f(x)$ が $[a,\infty)$ で有界となるならば，

$$\int_a^\infty f(x)dx \quad \text{は絶対収束する.}$$

例 14　$\int_0^\infty e^{-x}x^{s-1}dx$ ($s>0$) は収束する.

（証）　$0<s<1$ のとき，$x=0$ は $f(x)=e^{-x}x^{s-1}$ の特異点である．このとき，$x^{1-s}f(x)=e^{-x}<1$ ($0<x<\infty$) であるから，定理7の (1) より $\int_0^1 f(x)dx$ は収束する.

次に，$x\to\infty$ のとき $e^{-x}x^{s+1}\to 0$ であるから，$x^2f(x)=e^{-x}x^{s+1}$ は，$(1,\infty)$ で有界である．よって，定理7 (2) より，$\int_1^\infty f(x)dx$ は収束する.

以上から，すべての $s>0$ に対して $\int_0^\infty f(x)dx$ は収束する.

$s>0$ の関数 $\int_0^\infty e^{-x}x^{s-1}dx$ を $\boldsymbol{\Gamma(s)}$ とかき，**ガンマ関数**と呼ぶ.

さて，部分積分法により $s>0$ のとき，

$$\int_0^\infty e^{-x}x^s dx = \left[-e^{-x}x^s\right]_0^\infty + s\int_0^\infty e^{-x}x^{s-1}dx. \tag{36}$$

ここで，右辺第1項は0となるので，次の式を得る.

$$\Gamma(s+1) = s\Gamma(s) \quad (s>0) \tag{37}$$

$\Gamma(1)=1$ から，

$$\Gamma(n)=(n-1)!\quad (n\in \boldsymbol{N}) \tag{38}$$

を得る．このことから，$\Gamma(s)$ は階乗関数 $(n-1)!$ の，正の数全体への拡張であると考えられる．

例 14 と同様にして，

例 15 $\int_0^1 x^{p-1}(1-x)^{q-1}dx\ (p,q>0)$ は収束する．

これを $\boldsymbol{B(p,q)}$ で表し，**ベータ関数**と呼ぶ．

問 15 次の広義積分が収束することを確かめよ．

（1）$\displaystyle\int_0^\pi \frac{dx}{\sqrt{\sin x}}$　（2）$\displaystyle\int_0^{\pi/2}\log(\sin x)dx$　（3）$\displaystyle\int_0^\infty e^{-x^2}dx$　（4）$\displaystyle\int_0^\infty \frac{\log x}{1+x^2}dx$

例 16 $[a,\infty)$ で $f(x)$ は連続，$\varphi(x)$ は C^1 級とする．このとき，次の2条件が満たされるならば，

$$\text{広義積分}\quad \int_a^\infty \varphi(x)f(x)dx \quad \text{は収束する．}$$

（i）不定積分 $\int_a^x f(t)dt\ (a<x<\infty)$ が有界．

（ii）$\varphi'(x)$ は $[a,\infty)$ で絶対可積，かつ $\varphi(x)\to 0\ (x\to\infty)$．

とくに，$\varphi(x)$ が $[a,\infty)$ で減少，かつ $\varphi(x)\to 0\ (x\to\infty)$ である C^1 級関数とすると，$\varphi(x)$ に関する条件（ii）は満たされる．

（証）これは例13の考えを一般化したものである．$F(x)=\int_a^x f(t)dt$ とおき，$|F(x)|\leqq M\ (a<x<\infty)$ とする．$a<b<b'$ とすると，

$$\left|\int_b^{b'}\varphi(x)f(x)dx\right|=\left|[\varphi(x)F(x)]_b^{b'}-\int_b^{b'}\varphi'(x)F(x)dx\right|$$
$$\leqq M\left\{|\varphi(b')|+|\varphi(b)|+\int_b^{b'}|\varphi'(x)|\,dx\right\} \tag{39}$$

仮定より，$b,b'\to\infty$ のとき (39) は0に収束する．

ゆえに

$$\text{広義積分}\quad \int_a^\infty \varphi(x)f(x)dx \quad \text{は収束する．}$$

次に，φ が減少，かつ $\varphi(x)\to 0\ (x\to\infty)$ としよう．

$\varphi'(x)\leqq 0$ であるから，$|\varphi'(x)|=-\varphi'(x)$．よって，

$$\int_b^{b'}|\varphi'(x)|\,dx=-\int_b^{b'}\varphi'(x)dx$$
$$=-[\varphi(x)]_b^{b'}=\varphi(b)-\varphi(b')\to 0\quad (b,b'\to\infty).$$

ゆえに，$\int_a^\infty|\varphi'(x)|\,dx$ は収束する．

問 16　次の広義積分が，それぞれの α の範囲で収束することを示せ．

（1）$\displaystyle\int_1^{\infty}\frac{\sin x}{x^{\alpha}}dx \quad (\alpha>0)$　　　（2）$\displaystyle\int_0^{\infty}\sin(x^{\alpha})dx \quad (\alpha>1)$

§4　定積分の応用

（I）面　　積

$y=f(x)$ を $[a,b]$ 上の連続関数とし，$f(x)\geqq 0$ とする．x 軸と直線 $x=a$, $x=b$ および曲線 $y=f(x)$ で囲まれた図形を D とする．すなわち，

$$D=\{(x,y)\,|\,a\leqq x\leqq b,\ 0\leqq y\leqq f(x)\}.$$

$[a,b]$ の分割 $\varDelta$ に対して，$s[\varDelta]$ は D に含まれる長方形和の面積を表し，$S[\varDelta]$ は D を含む長方形和の面積を表している．よって，D の面積を A とすると，$s[\varDelta]\leqq A\leqq S[\varDelta]$ が成り立つ．$|\varDelta|\to 0$ として，

$$A=\int_a^b f(x)dx. \tag{40}$$

例 17　楕円 $\dfrac{x^2}{a^2}+\dfrac{y^2}{b^2}=1$ $(a,b>0)$ で囲まれた部分 D の面積 S は πab に等しい．

（**証**）D は x 軸，y 軸に関して対称であるから，D の第1象限にある部分 D_1 の面積を4倍すればよい．D_1 の面積は $\displaystyle\int_0^a y\,dx$ に等しい．ここで，$x=a\cos\theta$，$y=b\sin\theta$ $(0\leqq\theta\leqq\pi/2)$ と変数変換して，

$$S=4\int_0^a y\,dx=4\int_{\pi/2}^0 b\sin\theta(-a\sin\theta)d\theta$$
$$=4\,ab\int_0^{\pi/2}\sin^2\theta\,d\theta=\pi ab.$$

問 17　図の扇形の面積 $A=\dfrac{1}{2}\rho^2\omega$ を(40)から導け $(0<\omega<\pi/2$ とする$)$．

問 18　$a>0$ として，サイクロイド：$x=a(\theta-\sin\theta)$,　$y=a(1-\cos\theta)$ $(0\leqq\theta\leqq 2\pi)$ と x 軸によって囲まれた部分の面積を求めよ．

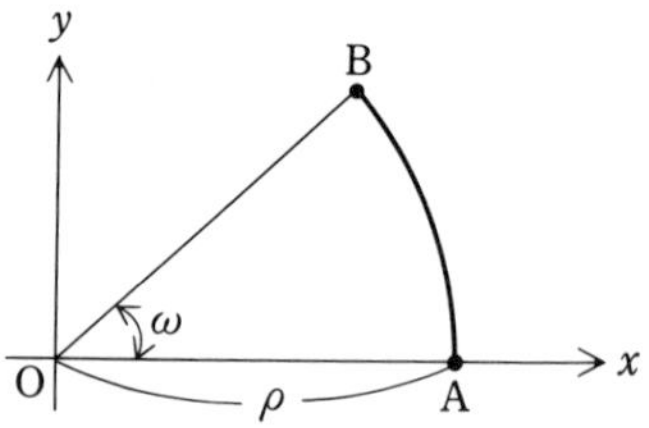

定　理 8　正項級数の積分判定法　　$f(x)$ は $[1,\infty)$ 上正値，かつ単調減少とする．このとき正項級数 $\displaystyle\sum_{n=1}^{\infty}f(n)$ と広義積分 $\displaystyle\int_1^{\infty}f(x)dx$ は同時に収束，

発散する．

（証）$k \leqq x \leqq k+1$ のとき，

$$f(k) \geqq f(x) \geqq f(k+1).$$

よって，$[k, k+1]$ で積分すると，

$$f(k) \geqq \int_k^{k+1} f(x)dx \geqq f(k+1)$$

したがって，

$$\sum_{k=1}^{n} f(k) \geqq \int_1^{n+1} f(x)dx$$

$$\geqq \sum_{k=1}^{n+1} f(k) - f(1).$$

ゆえに，$\sum_{k=1}^{n} f(k)$ と $\int_1^{n+1} f(x)dx$ は同時に有界となる．

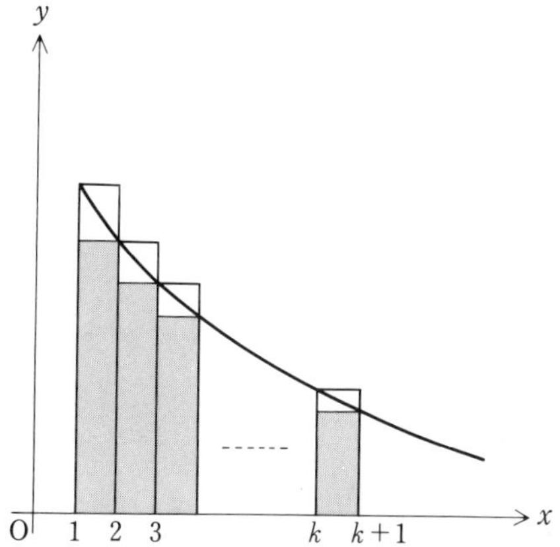

$\sum_{n=1}^{\infty} 1/n^p$ は $p \leqq 0$ のとき明らかに発散である．$p>0$ のとき $f(x)=1/x^p$ $(x \geqq 1)$ として，定理から次を得る．

系 $\sum_{n=1}^{\infty} \dfrac{1}{n^p}$ は $p>1$ のとき収束し，$p \leqq 1$ のとき発散する．

問 19 $\sum_{n=2}^{\infty} 1/n(\log n)^p$ は $p>1$ のとき収束，$p \leqq 1$ のとき発散．

例 18 $n! \sim \sqrt{2\pi}\, n^{n+1/2} e^{-n}$ $(n \to \infty)$（**スターリングの公式**）

（証）$a_n = n!/n^{n+1/2} e^{-n}$ とおいて，$a_n \to \sqrt{2\pi}$ を示す．

$\log a_n/a_{n+1} = (n+1/2) \log (1+1/n) - 1$ を評価する．

右図から（$y=1/x$ の凸性を用いて，面積の比較から）

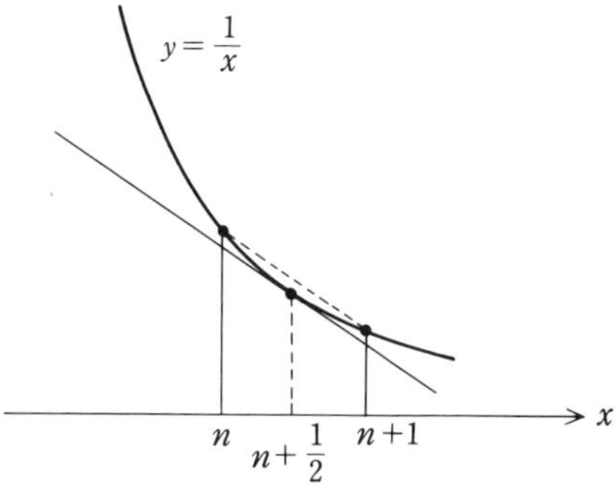

$$\frac{1}{n+1/2} < \int_n^{n+1} \frac{dx}{x} \left(= \log\left(1+\frac{1}{n}\right)\right)$$

$$< \frac{1}{2}\left(\frac{1}{n}+\frac{1}{n+1}\right).$$

よって，

$$0 < \log a_n/a_{n+1} < 1/4n(n+1).$$

この不等式の n から $2n-1$ までを辺々加えて，

$$0 < \log a_n/a_{2n} < \frac{1}{4}\sum_{k=n}^{2n-1}\frac{1}{k(k+1)} = \frac{1}{4}\left(\frac{1}{n}-\frac{1}{2n}\right) = \frac{1}{8n}.$$

ゆえに，$a_n/a_{2n} \to 1$ $(n\to\infty)$.

$n! = n^{n+1/2}e^{-n}a_n$ を用いて，ワリスの公式 (30) を書き直して

$$\sqrt{\pi} = \lim_{n\to\infty}\frac{2^{2n}}{\sqrt{n}}\frac{(n!)^2}{(2n)!} = \lim_{n\to\infty}\frac{2^{2n}}{\sqrt{n}}\frac{n^{2n+1}e^{-2n}a_n{}^2}{(2n)^{2n+1/2}e^{-2n}a_{2n}}$$

$$= \lim_{n\to\infty}\frac{a_n}{\sqrt{2}}\frac{a_n}{a_{2n}} = \lim_{n\to\infty}\frac{a_n}{\sqrt{2}}$$

ゆえに，$\lim_{n\to\infty} a_n$ (は存在して) $= \sqrt{2\pi}$.

曲線が極方程式 $r = f(\theta)$ $(\alpha \leqq \theta \leqq \beta)$ で表されているとき，この曲線と動径 $\theta = \alpha, \theta = \beta$ で囲まれた部分の面積 A を求めよう.

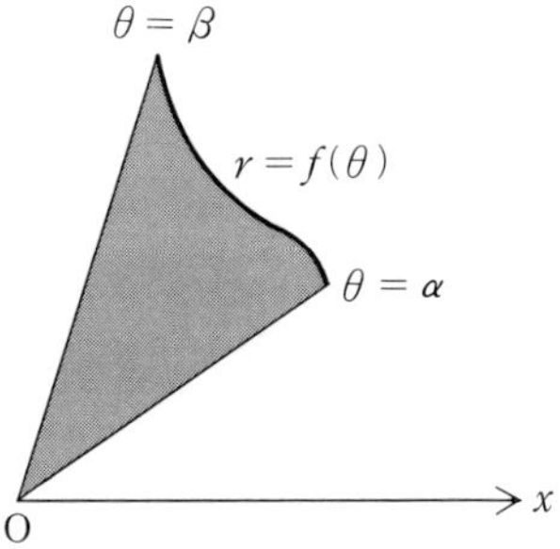

まず，半径 ρ，中心角 ω の扇形の面積は $\frac{1}{2}\rho^2\omega$ に等しい (問 17 参照). このことから，$[\alpha, \beta]$ の分割 Δ に対して，

$$\frac{1}{2}s[\Delta, f^2] \leqq A \leqq \frac{1}{2}S[\Delta, f^2]$$

$|\Delta| \to 0$ のとき，不等式の両端はともに，

$$\frac{1}{2}\int_\alpha^\beta f^2(\theta)d\theta$$

に収束する. ゆえに，

$$A = \frac{1}{2}\int_\alpha^\beta r^2 d\theta \ \left(= \frac{1}{2}\int_\alpha^\beta f^2(\theta)d\theta\right) \tag{41}$$

例 19　レムニスケート：

$r = a\sqrt{\cos 2\theta}$ $(a > 0)$ の囲む部分の面積は，$-\pi/4 \leqq \theta \leqq \pi/4$ の範囲の部分が囲む面積を 2 倍して，

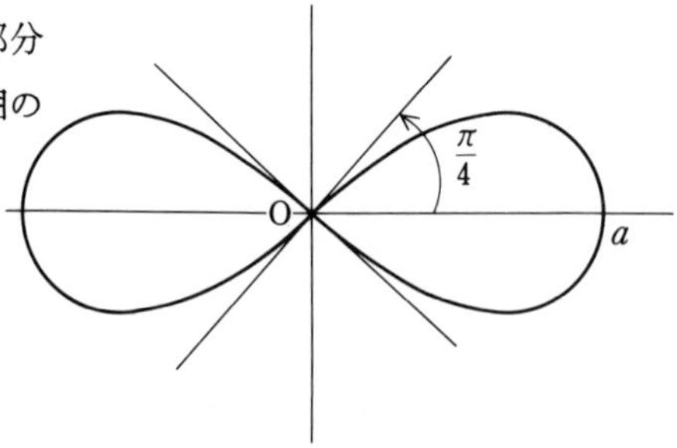

$$2\cdot\frac{1}{2}\int_{-\pi/4}^{\pi/4} a^2 \cos 2\theta \, d\theta$$

$$= \frac{a^2}{2}[\sin 2\theta]_{-\pi/4}^{\pi/4} = a^2$$

問 20 カージオイド：$r = a(1+\cos\theta)$ $(a>0, 0 \leqq \theta \leqq 2\pi)$ の囲む部分の面積を求めよ．

(II) 曲線の長さ

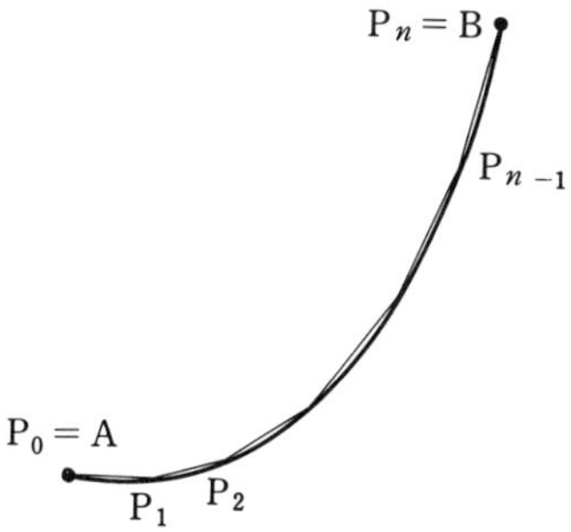

平面上で2点 A, B を結ぶ曲線

$$C : \boldsymbol{r} = \boldsymbol{r}(t) \quad (\alpha \leqq t \leqq \beta)$$

を考える．

区間 $[\alpha, \beta]$ の分割

$$\varDelta : \alpha = t_0 < t_1 < t_2 < \cdots < t_n = \beta$$

に対して，t_i に対応する C 上の分点を P_i とするとき，これらの分点 $P_0 = A$, $P_1, P_2, \cdots, P_n = B$ を結んで得られる折れ線の長さ $\sum_{i=1}^{n} \overline{P_{i-1}P_i}$ を $L_\varDelta$ とかく．$[\alpha, \beta]$ のすべての分割 $\varDelta$ に関する上限 $\sup L_\varDelta = L$ を C の**長さ**または**弧長**という．$L < \infty$ のとき C は**長さを持つ**という．

C^1 級曲線 $\boldsymbol{r} = \boldsymbol{r}(t) = (x(t), y(t))$ $(\alpha \leqq t \leqq \beta)$ の長さ L は，

$$L = \int_\alpha^\beta |\boldsymbol{r}'(t)|\,dt = \int_\alpha^\beta \sqrt{x'^2(t) + y'^2(t)}\,dt \tag{42}$$

で与えられる．

(**証**) $L(\leqq \infty)$ を C の長さとする．$[\alpha, \beta]$ の一つの分割 $\varDelta_0$ と，その任意の細分 $\varDelta$ に対して，明らかに $L_{\varDelta_0} \leqq L_\varDelta \leqq L$.

$$\varDelta : \alpha = t_0 < t_1 < \cdots < t_n = \beta, \quad \varDelta t_i = t_i - t_{i-1} \quad (1 \leqq i \leqq n)$$

$$\varDelta \boldsymbol{r}_i = \boldsymbol{r}(t_i) - \boldsymbol{r}(t_{i-1}) = (\varDelta x_i, \varDelta y_i)$$

として，平均値定理から

$$\varDelta x_i = x(t_i) - x(t_{i-1}) = x'(\sigma_i)\varDelta t_i, \quad t_{i-1} < \sigma_i < t_i,$$

$$\varDelta y_i = y(t_i) - y(t_{i-1}) = y'(\tau_i)\varDelta t_i, \quad t_{i-1} < \tau_i < t_i.$$

次に，$\sqrt{x'(\sigma_i)^2 + y'(\tau_i)^2} = \sqrt{x'(t_i)^2 + y'(t_i)^2} + \varepsilon_i$

$$\varepsilon = \max |\varepsilon_i| \, (1 \leqq i \leqq n)$$

とおいて，

$$|\varDelta \boldsymbol{r}_i| = \sqrt{x'(\sigma_i)^2 + y'(\tau_i)^2}\,\varDelta t_i, \qquad |\boldsymbol{r}'(t_i)| = \sqrt{x'(t_i)^2 + y'(t_i)^2}$$

に注意して

$$\begin{aligned} |L_\varDelta - \textstyle\sum |\boldsymbol{r}'(t_i)|\,\varDelta t_i| &= |\textstyle\sum (|\varDelta \boldsymbol{r}_i| - |\boldsymbol{r}'(t_i)|\,\varDelta t_i)| \\ &\leqq \textstyle\sum ||\varDelta \boldsymbol{r}_i| - |\boldsymbol{r}'(t_i)|\,\varDelta t_i| = \textstyle\sum |\varepsilon_i|\,\varDelta t_i \leqq \varepsilon(\beta - \alpha). \end{aligned} \tag{43}$$

$x'(t), y'(t)$ および　関数 $y=\sqrt{x}$ $(x \geqq 0)$ の一様連続性から，$|\varDelta| \to 0$ のとき，$\varepsilon \to 0$. よって，$|\varDelta| \to 0$ のとき，$L_\varDelta - \sum |\boldsymbol{r}'(t_i)| \varDelta t_i \to 0$.

また，(42) の右辺を I とすると，

$$|\varDelta| \to 0 \quad \text{のとき，} \quad \sum |\boldsymbol{r}'(t_i)| \varDelta t_i \to I, \quad \text{よって} \quad L_\varDelta \to I.$$

$L_{\varDelta_0} \leqq L_\varDelta \leqq L$ から，$L_{\varDelta_0} \leqq I \leqq L$. $\varDelta_0$ は任意であるから，$L = I$ を得る.

例 20　サイクロイド：$x = a(\theta - \sin\theta)$，$y = a(1-\cos\theta)$　$(a > 0,\ 0 \leqq \theta \leqq 2\pi)$ の長さ L を求めよ.

（**解**）$x'(\theta) = a(1-\cos\theta)$，$y'(\theta) = a\sin\theta$ より

$$\begin{aligned} |\boldsymbol{r}'(\theta)| &= \sqrt{x'(\theta)^2 + y'(\theta)^2} = a\sqrt{(1-\cos\theta)^2 + \sin^2\theta} \\ &= a\sqrt{2(1-\cos\theta)} = 2a\sqrt{\sin^2(\theta/2)} \\ &= 2a\,|\sin(\theta/2)| = 2a\sin(\theta/2) \quad (0 \leqq \theta/2 \leqq \pi \text{ より，} \sin(\theta/2) \geqq 0) \end{aligned}$$

よって，

$$L = 2a\int_0^{2\pi} \sin\frac{\theta}{2}\,d\theta = -4a\left[\cos\frac{\theta}{2}\right]_0^{2\pi} = 8a$$

空間曲線 $C : \boldsymbol{r} = \boldsymbol{r}(t)$ $(\alpha \leqq t \leqq \beta)$ の長さも平面曲線と同様に定義され，$\boldsymbol{r}(t) = (x(t), y(t), z(t))$ が C^1 級ならば，同様にして C の長さ L は

$$L = \int_\alpha^\beta |\boldsymbol{r}'(t)|\,dt = \int_\alpha^\beta \sqrt{x'^2(t) + y'^2(t) + z'^2(t)}\,dt \tag{44}$$

に等しいことが証明される.

問 21　$y = f(x)$ $(a \leqq x \leqq b)$ と表された平面曲線 C の長さ L は，$f(x)$ が C^1 級ならば

$$L = \int_a^b \sqrt{1+f'(x)^2}\,dx.$$

問 22　懸垂線（カテナリー）：$y = a\cosh\dfrac{x}{a} = \dfrac{a}{2}(e^{x/a} + e^{-x/a})$ $(a > 0)$ の $x = 0$ と $x = x_0$ (>0) に対応する2点の間の弧長を求めよ.

問 23　ら線：$x = a\cos\theta$，$y = a\sin\theta$，$z = h\theta$ (a, h 正定数，$0 \leqq \theta \leqq 2\pi$) の長さを求めよ.

平面曲線 C が極方程式 $r = f(\theta)$ $(\alpha \leqq \theta \leqq \beta)$ で表されているとき，C の媒介変数表示は，$x = f(\theta)\cos\theta$，$y = f(\theta)\sin\theta$ となることを用いて，

$$C \text{ の長さ}\quad L = \int_\alpha^\beta \sqrt{f^2(\theta) + f'(\theta)^2}\,d\theta \tag{45}$$

となる.

問 24 次の曲線の長さを求めよ.

（1） $r = a\theta$ $(a > 0,\ \alpha \leqq \theta \leqq \beta)$　　（2） カージオイド（問20参照）

（3） 対数ら線：$r = e^{k\theta}$ $(k > 0,\ \alpha \leqq \theta \leqq \beta)$

$C : \boldsymbol{r} = \boldsymbol{r}(t)$ $(\alpha \leqq t \leqq \beta)$ を C^1 級の平面または空間曲線とする. $s(t)$ を C の始点から t に対応する点 P までの C の弧長とすると,

$$s(t) = \int_\alpha^t |\boldsymbol{r}'(\tau)|\, d\tau$$

であるから, $s(t)$ は微分可能で,

$$s'(t) = |\boldsymbol{r}'(t)|. \tag{46}$$

したがって, C が正則, すなわち $\boldsymbol{r}'(t) \neq \boldsymbol{0}$ であるとき, $s'(t) \neq 0$. よって, $s(t)$ $(\alpha \leqq t \leqq \beta)$ は狭義の増加関数である.

$t+\Delta t$ に対応する点を Q とすると, 弧 $\widehat{\mathrm{PQ}}$ の長さ $|\Delta s|$, $\Delta s = s(t+\Delta t) - s(t)$ で, $\lim\limits_{\Delta t \to 0} \Delta s/\Delta t = s'(t) = |\boldsymbol{r}'(t)|$.

ゆえに,

$$\frac{|\Delta s|}{|\Delta \boldsymbol{r}|} = \frac{|\Delta s/\Delta t|}{|\Delta \boldsymbol{r}/\Delta t|} \to \frac{|\boldsymbol{r}'(t)|}{|\boldsymbol{r}'(t)|} = 1 \quad (\Delta t \to 0). \tag{47}$$

すなわち,

$$\frac{\text{弧}\ \widehat{\mathrm{PQ}}\ \text{の長さ}}{\text{線分}\ \mathrm{PQ}\ \text{の長さ}} \to 1 \quad (\mathrm{Q} \to \mathrm{P}) \tag{48}$$

演習問題

A

1. 次の定積分の値を求めよ.

（I）（1） $\displaystyle\int_0^1 \frac{\log x}{x^\alpha}dx$ $(0 \leqq \alpha < 1)$　（2） $\displaystyle\int_0^a x\sqrt{ax-x^2}\,dx$ $(a > 0)$

（3） $\displaystyle\int_a^b \frac{dx}{\sqrt{(x-a)(b-x)}}$ $(a < b)$　（4） $\displaystyle\int_1^\infty \frac{dx}{x(x+1)}$

（5） $\displaystyle\int_0^\infty \frac{e^x}{1+e^{2x}}dx$　（6） $\displaystyle\int_{-\infty}^\infty \frac{dx}{(x^2+a^2)(x^2+b^2)}$ $(0 < a < b)$

（7） $\displaystyle\int_0^1 \frac{dx}{\sqrt{1+\sqrt{x}}}$

（II）（1） $\displaystyle\int_0^1 (\log x)^n\,dx$ $(n \in \boldsymbol{N})$　（2） $\displaystyle\int_{-\infty}^\infty \frac{dx}{(1+x^2)^{n+1}}$ $(n \in \boldsymbol{N})$

（3） $\displaystyle\int_0^\infty e^{-x}|\sin x|\,dx$

2. 次の広義積分が収束することを確かめよ．

（1） $\displaystyle\int_0^1 \frac{\log x}{1-x}dx$　　（2） $\displaystyle\int_0^2 \frac{dx}{\sqrt{|\log x|}}$

（3） $\displaystyle\int_0^{\pi/2} \frac{d\theta}{(\cos\theta)^p}$　$(p<1)$　　（4） $\displaystyle\int_0^{\infty} x^{\alpha}e^{-x^2}dx$　$(\alpha>0)$

3. 定積分の定義を用いて，次の極限値を求めよ．

（1） $\displaystyle\lim_{n\to\infty}\frac{1}{n\sqrt{n}}\sum_{k=1}^{n}\sqrt{k}$　　（2） $\displaystyle\lim_{n\to\infty}\sum_{k=1}^{n}\frac{1}{n+k}$

（3） $\displaystyle\lim_{n\to\infty}\sum_{k=1}^{n}\frac{1}{\sqrt{n^2+k^2}}$

4. 次の関数を微分せよ．ただし，関数 f は連続とする．

（1） $\displaystyle\int_x^a f(t)dt$　　（2） $\displaystyle\int_{x-a}^{x+a} f(t)dt$

（3） $\displaystyle\int_a^b e^t f(x-t)dt$　　（4） $\displaystyle\int_a^x (x-t)f'(t)dt$　$(f:C^1$ 級$)$

5. 次の不等式を証明せよ．

（1） $\displaystyle\frac{\pi}{4}<\int_0^1\sqrt{1-x^4}\,dx<1$

（2） $\displaystyle 1<\int_0^{\pi/2}\sqrt{1-\sin^3 x}\,dx<\frac{1}{2}\{\sqrt{2}+\log(1+\sqrt{2})\}$　$(=1.147\cdots)$

6. 次の定積分を求めよ（ただし，$m,n\in\boldsymbol{N}$）．

（1） $\displaystyle\int_{-\pi}^{\pi}\sin mx\sin nx\,dx$　　（2） $\displaystyle\int_{-\pi}^{\pi}\cos mx\cos nx\,dx$

（3） $\displaystyle\int_{-\pi}^{\pi}\sin mx\cos nx\,dx$

7. $\displaystyle f(x)=\frac{a_0}{2}+\sum_{k=1}^{n}(a_k\cos kx+b_k\sin kx)$ ならば，

$$a_k=\frac{1}{\pi}\int_{-\pi}^{\pi}f(x)\cos kx\,dx\quad(0\leqq k\leqq n)$$

$$b_k=\frac{1}{\pi}\int_{-\pi}^{\pi}f(x)\sin kx\,dx\quad(1\leqq k\leqq n)$$

8. 次の不等式を証明せよ．ただし，関数 f,g は $[a,b]$ で連続とする．

（1） $\displaystyle\left\{\int_a^b f(x)g(x)dx\right\}^2\leqq\int_a^b f^2(x)dx\int_a^b g^2(x)dx$　（**シュワルツの不等式**）

（2） $\displaystyle\left[\int_a^b\{f(x)+g(x)\}^2dx\right]^{1/2}\leqq\left[\int_a^b f^2(x)dx\right]^{1/2}+\left[\int_a^b g^2(x)dx\right]^{1/2}$

9. $[a,b]$ で $f(x),g(x)$ は連続，$g(x)\geqq 0$ とすると，

$$\int_a^b f(x)g(x)dx=f(c)\int_a^b g(x)dx\quad(a\leqq c\leqq b)$$

を満たす c が存在する．

10. ベータ関数 $B(p,q)=\int_0^1 x^{p-1}(1-x)^{q-1}\,dx\ (p,q>0)$ について次を示せ．

（1） $B(q,p)=B(p,q)$　　（2） $B(p,q+1)=\dfrac{q}{p}B(p+1,q)$

（3） $B(p,q)=\dfrac{(p-1)!\,(q-1)!}{(p+q-1)!}\quad (p,q\in \boldsymbol{N})$

（4） $B(p,q)=2\int_0^{\pi/2}(\sin\theta)^{2p-1}(\cos\theta)^{2q-1}d\theta$

（5） $B(p,q)=\int_0^{\infty}\dfrac{x^{p-1}}{(1+x)^{p+q}}dx$

11. $f(x)$ が区間 I で C^n 級とすると，任意の $a,x\in I$ に対して，

$$f(x)=\sum_{k=0}^{n-1}\frac{f^{(k)}(a)}{k!}(x-a)^k+R_n(x)$$

$$R_n(x)=\frac{1}{(n-1)!}\int_a^x f^{(n)}(t)(x-t)^{n-1}dt$$

と表される．

12. ルジャンドル多項式 $P_n(x)=\dfrac{1}{2^n n!}\dfrac{d^n}{dx^n}(x^2-1)^n$ に対して次が成り立つ．

（1） $\displaystyle\int_{-1}^{1}x^kP_n(x)dx=\begin{cases}0 & (k=0,1,2,\cdots,n-1)\\ \dfrac{2^{n+1}(n!)^2}{(2n+1)!} & (k=n)\end{cases}$

（2） $\displaystyle\int_{-1}^{1}P_m(x)P_n(x)dx=\begin{cases}0 & (m\neq n)\\ \dfrac{2}{2n+1} & (m=n)\end{cases}$

（3） 最高次の係数が 1 の n 次多項式 $f(x)$ のうちで，$\int_{-1}^{1}f^2(x)dx$ の値を最小にするのは $\dfrac{2^n(n!)^2}{(2n)!}P_n(x)$ である．

13. **エルミート多項式**　$H_n(x)=(-1)^n e^{x^2}\dfrac{d^n}{dx^n}e^{-x^2}$ について，

$$\int_{-\infty}^{\infty}H_m(x)H_n(x)e^{-x^2}dx=\begin{cases}0 & (m\neq n)\\ 2^n n!\sqrt{\pi} & (m=n)\end{cases}$$

が成り立つ．ただし，$\int_{-\infty}^{\infty}e^{-x^2}dx=\sqrt{\pi}$ である．

14. （1） アステロイド $x^{2/3}+y^{2/3}=a^{2/3}\ (a>0)$ の囲む図形の面積，およびこの曲線の長さを求めよ．

（2） 曲線 $\sqrt{x}+\sqrt{y}=1$ と両軸が囲む図形の面積，およびこの曲線の長さを求めよ．

B

15. 次の定積分の値を求めよ（ただし，$m, n \in \boldsymbol{N}$）.

（1）$\displaystyle\int_0^1 x^p (\log x)^n\,dx$　$(p > -1)$　　（2）$\displaystyle\int_0^1 (1-x^{1/m})^n\,dx$

（3）$\displaystyle\int_0^{\pi/2} \sin^m\theta \cos^n\theta\,d\theta$　　（4）$\displaystyle\int_0^{\pi} \frac{\sin nx}{\sin x}\,dx$

16. $\displaystyle\int_0^{\pi} xf(\sin x)\,dx = \frac{\pi}{2}\int_0^{\pi} f(\sin x)\,dx = \pi\int_0^{\pi/2} f(\sin x)\,dx$

を示して，次の定積分の値を求めよ.

（1）$\displaystyle\int_0^{\pi/2} \log(\sin\theta)\,d\theta$　　（2）$\displaystyle\int_0^{\pi} \frac{x}{1+\sin x}\,dx$

17.（1）$a_n = 1+\dfrac{1}{2}+\cdots+\dfrac{1}{n}-\log n$ $(n \in \boldsymbol{N})$ とすると，数列 $\{a_n\}$ は収束する（この極限値を**オイラーの定数**という）.

（2）$s_n = 1+\dfrac{1}{2}+\cdots+\dfrac{1}{n}$ $(n \in \boldsymbol{N})$ とおくと，s_n を n の有理式で表すことはできないことを証明せよ.

18. 広義積分 $\displaystyle\int_0^{\infty} \frac{\sin x}{x^\alpha}dx$ は，$0<\alpha<2$ のとき収束する．また，$1<\alpha<2$ のとき絶対収束する.

19. $f(x)$ は $[0,\infty)$ で連続とする．広義積分 $\displaystyle\int_0^{\infty} e^{-xt}f(t)dt$ が $x=x_0$ のとき収束するならば，$x_1>x_0$ なる $x=x_1$ に対しても収束することを示せ.

20. $\displaystyle\max_{0<x<\infty}\int_0^x \frac{\sin t}{t}dt = \int_0^{\pi} \frac{\sin t}{t}dt$ を証明せよ.

21.（1）$f(x)$ が $\boldsymbol{R}$ 上の周期 $p>0$ の連続関数ならば，

$$\int_x^{x+p} f(t)dt = \int_0^p f(t)dt \quad (x \in \boldsymbol{R}).$$

（2）$\displaystyle\lim_{n\to\infty}\int_a^b |\sin nx|\,dx = \frac{2(b-a)}{\pi}$ を証明せよ.

22. $f(x)$ は開区間 (a,b) 上の連続関数で，$0<f(x)<1$ とすると，

$$\lim_{n\to\infty}\int_a^b f^n(x)dx = 0\,.$$

23. $\varphi(x)$ は $[0, A]$ における連続な増加凸関数とする．$f(x)$ が $[a,b]$ 上の連続関数で，$0 \leqq f(x) \leqq A$ とすると，

$$\varphi\left(\frac{1}{b-a}\int_a^b f(x)dx\right) \leqq \frac{1}{b-a}\int_a^b \varphi(f(x))dx\,.$$

24. $p>1$, $\dfrac{1}{p}+\dfrac{1}{q}=1$ のとき，$[a,b]$ で連続な $f(x), g(x)$ に対して，

$$\left|\int_a^b f(x)g(x)dx\right| \leqq \left\{\int_a^b |f(x)|^p dx\right\}^{1/p}\left\{\int_a^b |g(x)|^q dx\right\}^{1/q}$$ **（ヘルダーの不等式）**

25. $f(x)$ は $[0,1]$ 上の連続な増加関数で，

$$\int_0^1 f(x)dx=0 \quad \text{とすると，} \quad \int_0^1 xf(x)dx \geqq 0\,.$$

26. $f(x), g(x)$ を閉区間 $I=[a,b]$ 上の可積な関数とする．I の分割 Δ: $x_0=a<x_1<\cdots<x_n=b$ と，任意にとった ξ_i, η_i, ただし $x_{i-1}\leqq \xi_i, \eta_i \leqq x_i$ に対して，

$$\lim_{|\Delta|\to 0} \sum_\Delta f(\xi_i)g(\eta_i)\Delta x_i = \int_a^b f(x)g(x)dx$$

27. $f(x)$ を $[a,\infty)$ 上の C^1 級関数とする．このとき，

（1） ある $q>1$ に対して，$x^q f'(x)$ が $[a,\infty)$ 上有界となるならば，有限な $\displaystyle\lim_{x\to\infty} f(x)$ が存在する．

（2） $f^2(x), f'^2(x)$ がともに $[a,\infty)$ で広義可積ならば，$\displaystyle\lim_{x\to\infty} f(x)=0$.

28. $[a,b]$ で $f(x)$ が連続，かつ $f(x)\geqq 0$ ならば，$\displaystyle\lim_{x\to\infty}\left(\int_a^b f^n(x)dx\right)^{1/n} = \max_{a\leqq x\leqq b} f(x)$.

5 級　数

級数についてすでに第1章 §2 で簡単な事項に触れたが，本章ではさらに立ち入って調べる．まず，扱いやすい正項級数について述べる．

§1 正項級数

正項級数 $\sum a_n$ は，その部分和列 $\{S_n\}$ が有界ならば収束し，有界でなければ ∞ に発散する（第1章定理 8)．

定　理 1　比較判定法　$a_n, b_n > 0$ とする．ある定数 K があって，十分大きい n に対して $a_n \leqq Kb_n$ が成り立つとき，$\sum b_n$ が収束ならば $\sum a_n$ も収束である（したがって，$\sum a_n$ が発散ならば，$\sum b_n$ も発散)．

とくに，$\displaystyle\lim_{n\to\infty}\frac{b_n}{a_n}=\rho$ が存在して，$0<\rho<\infty$ のとき，$\sum a_n$ と $\sum b_n$ は同時に収束・発散する．

証明．　級数は有限個の項をとり除いても 収束・発散は変わらないから，すべての n につき $a_n \leqq Kb_n$ が成り立つとして一般性を失わない．このとき，それぞれの部分和列を考えれば，定理の主張は明らかである．

後半については，十分大きなnに対して，

$$\rho/2 < b_n/a_n < 3\rho/2$$

であるから，これを

$$a_n < (2/\rho)b_n\,, \qquad b_n < (3\rho/2)a_n$$

と書き直せば前半からわかる．　■

系 1　コーシーの判定法　　正項級数 $\sum a_n$ について

$$\lim_{n\to\infty}\sqrt[n]{a_n}=r \tag{1}$$

が存在するとき，

（1） $0 \leqq r < 1$ ならば収束，

（2） $1 < r \leqq \infty$ ならば発散する．

系 1′ 上極限 $\overline{\lim_{n\to\infty}} \sqrt[n]{a_n} = r$ が $r<1$ のとき収束，$r>1$ のとき発散する．

系 2 ダランベールの判定法　正項級数 $\sum a_n$ について

$$\lim_{n\to\infty} \frac{a_{n+1}}{a_n} = r \tag{2}$$

が存在するとき，

（1） $0 \leqq r < 1$ ならば収束，

（2） $1 < r \leqq \infty$ ならば発散する．

証明． 系 1) $r<1$ の場合．$r<\rho<1$ なる ρ を一つとる．十分大きな n に対して，$\sqrt[n]{a_n} < \rho$，したがって，$a_n < \rho^n$．$\sum \rho^n$ が収束だから定理より $\sum a_n$ も収束する．

$r>1$ の場合．十分大きな n に対して $\sqrt[n]{a_n} > 1$，すなわち，$a_n > 1$．よって，$a_n \to 0$ $(n\to\infty)$ ではなく，$\sum a_n$ は発散（第1章定理7系）する．

系 1′) $r<1$ の場合．系1の証明と同じである．$r>1$ の場合．$\sqrt[n]{a_n}>1$，すなわち，$a_n>1$ をみたす n が無限個あるから，系1と同様に $\sum a_n$ は発散する．

系 2) $r<1$ の場合．$r<\rho<1$ なる ρ を一つとる．十分大きな n に対して，$a_{n+1}/a_n < \rho$ である．これが $n \geqq N$ のとき成り立つとすると，

$$a_n = \frac{a_n}{a_{n-1}} \cdot \frac{a_{n-1}}{a_{n-2}} \cdot \cdots \cdot \frac{a_{N+1}}{a_N} \cdot a_N \leqq a_N \rho^{n-N} \quad (n \geqq N).$$

よって，$a_n \leqq (a_N \rho^{-N})\rho^n$ $(n \geqq N)$ で $\sum \rho^n$ は収束だから，定理より $\sum a_n$ も収束する．

$r>1$ の場合．十分大きな n に対して，$a_{n+1}/a_n > 1$．よって，ある番号から先 $a_n < a_{n+1} < a_{n+2} < \cdots$ となり，$a_n \to 0$ $(n\to\infty)$ ではない．ゆえに，$\sum a_n$ は発散する．　▨

一般に，コーシーの判定法より，ダランベールの判定法のほうが，適用範囲は狭いが使いやすい．

例 1　p を定数とすると，$\sum n^p a^n$ $(0 \leqq a < 1)$ は収束する．

（**証**）$a=0$ のときは明らかである．$0<a<1$ のとき，$a_n = n^p a^n$ とおくと，

$$\frac{a_{n+1}}{a_n} = \left(1+\frac{1}{n}\right)^p a \to a \quad (n \to \infty).$$

よって，ダランベールの判定法により $\sum a_n$ は収束．

例 2　p, α を正の定数とすると，$\sum \sin(\alpha/n^p)$ は $p>1$ のとき収束し，$p \leqq 1$ のとき発散する．

（**証**）$p>0$ より，十分大きな n に対しては，$0<\alpha/n^p<\pi$ となり，$\sin(\alpha/n^p)>0$ となるから，正項級数の比較定理を適用できる．

$a_n = 1/n^p$，$b_n = \sin(\alpha/n^p)$ とおくと，$\lim\limits_{n\to\infty} b_n/a_n = \alpha$ であるから，定理1により $\sum a_n$ と $\sum b_n$ の収束・発散は一致する．したがって，前章定理8系により表記の結果を得る．

問 1　次の正項級数の収束・発散を調べよ．

（1）$\sum \dfrac{\log n}{n^2}$　　（2）$\sum \left(1-\dfrac{1}{n}\right)^{n^2}$　　（3）$\sum \left(1-\cos\dfrac{\alpha}{n}\right)$　（α 定数）

ガウスの判定法　ダランベールの判定法（系2）において，$\lim a_{n+1}/a_n = 1$ の場合は扱われていない．実際，$a_n = 1/n^p$ のとき $\lim a_{n+1}/a_n = 1$ であり，$\sum a_n$ は $p>1$ のとき収束し，$p \leqq 1$ のとき発散する．$\lim a_{n+1}/a_n = 1$ の場合には，次に述べるガウスの判定法が有用である．まず，

補題　正項級数 $\sum a_n$，$\sum b_n$ において，十分大きな n に対して，

$$\frac{a_{n+1}}{a_n} \leqq \frac{b_{n+1}}{b_n} \text{*)} \tag{3}$$

が成り立つとき，$\sum b_n$ が収束ならば $\sum a_n$ も収束で，$\sum a_n$ が発散ならば $\sum b_n$ も発散である．

（**証**）条件式は $a_{n+1}/b_{n+1} \leqq a_n/b_n$ となるから，$\{a_n/b_n\}$ はある番号から先減少である．とくに，$\{a_n/b_n\}$ は有界である．$a_n/b_n \leqq K$ とすれば，$a_n \leqq K b_n$ であるから，定理1により表記の結果を得る．

定　理 2　ガウスの判定法　正項級数 $\sum a_n$ において，

$$\frac{a_n}{a_{n+1}} = 1 + \frac{k}{n} + \frac{c_n}{n \log n}, \qquad c_n \to 0 \quad (n \to \infty) \tag{4}$$

と表されるとする．ここで k は定数である．このとき，$\sum a_n$ は $k>1$ なら

---

*）$\{a_n\}$ の増加率が，$\{b_n\}$ の増加率でおさえられる．

ば収束，$k \leqq 1$ ならば発散である．

証明． $k>1$ の場合．$k>s>1$ なる s を一つとり，$b_n=1/n^s$ として，

$$\frac{b_n}{b_{n+1}}=\frac{(n+1)^s}{n^s}=\left(1+\frac{1}{n}\right)^s=1+\frac{s_n}{n} \tag{5}$$

とおくと，$s_n \to s$ $(n\to\infty)$ である．よって，

$$\frac{a_n}{a_{n+1}}-\frac{b_n}{b_{n+1}}=\frac{1}{n}\left(k-s_n+\frac{c_n}{\log n}\right) \tag{6}$$

は十分大きな n に対して正となる．$\sum b_n$ は収束だから，補題により $\sum a_n$ も収束である．

$k \leqq 1$ の場合．$b_n=1/n\log n$ $(n\geqq 2)$ と比較する（第4章問19参照）．

$x\log x$ に区間 $[n,n+1]$ において平均値定理を適用すると，

$$(n+1)\log(n+1)-n\log n=1+\log c,\quad n<c<n+1.$$

よって，

$$\frac{b_n}{b_{n+1}}=\frac{(n+1)\log(n+1)}{n\log n}=1+\frac{\log c}{n\log n}+\frac{1}{n\log n}>1+\frac{1}{n}+\frac{1}{n\log n}$$

したがって，

$$\frac{a_n}{a_{n+1}}-\frac{b_n}{b_{n+1}}<\frac{k-1}{n}+\frac{c_n-1}{n\log n}.$$

ゆえに，十分大きなnに対して，$a_n/a_{n+1}-b_n/b_{n+1}<0$.

$\sum b_n$ が発散であるから，$\sum a_n$ も発散である．　■

注　(4) が満たされているとき，k の値は，$k=\lim_{n\to\infty} n(a_n/a_{n+1}-1)$ で与えられる．

例 3　$a,b>0$ として，次の級数の収束・発散を調べよ．

$$\frac{b}{a}+\frac{b(b+1)}{a(a+1)}+\frac{b(b+1)(b+2)}{a(a+1)(a+2)}+\cdots$$

（解）　$a_n=b(b+1)\cdots(b+n-1)/a(a+1)\cdots(a+n-1)$ とおくと，

$$n(a_n/a_{n+1}-1)=(a-b)n/(n+b).$$

よって，定理2の (4) における c_n は，$k=a-b$ として，

$$c_n=(\log n)\left\{n\left(\frac{a_n}{a_{n+1}}-1\right)-k\right\}=b(b-a)\frac{\log n}{n+b}\to 0\quad(n\to\infty).$$

ゆえに，$a-b>1$ のとき収束，$a-b\leqq 1$ のとき発散である．

問 2　$\sum_{n=1}^{\infty} \frac{(2n-1)!!}{(2n)!!} = \frac{1}{2} + \frac{1\cdot 3}{2\cdot 4} + \frac{1\cdot 3\cdot 5}{2\cdot 4\cdot 6} + \cdots$ の収束・発散を調べよ．

§2　絶対収束と条件収束

まず簡単な次の**ライプニッツの定理**より始める．

定　理 3　数列 $\{a_n\}_{n=1}^{\infty}$ は単調減少で，$a_n \to 0\ (n \to \infty)$ とするとき，

$$\text{級数：}\quad a_1 - a_2 + a_3 - a_4 + \cdots + (-1)^{n-1}a_n + \cdots \tag{7}$$

は収束する．

このように，正負の項が交互に現れる級数を**交代級数**という．

証明.　$S_{2m+2} = S_{2m} + (a_{2m+1} - a_{2m+2})$ より数列 $\{S_{2m}\}_{m=1}^{\infty}$ は単調増加で，

$$S_{2m} = a_1 - (a_2 - a_3) - \cdots - (a_{2m-2} - a_{2m-1}) - a_{2m} < a_1$$

より有界である．よって，$\{S_{2m}\}$ は収束する．

次に，$S_{2m+1} = S_{2m} + a_{2m+1}$ で，$a_{2m+1} \to 0\ (m \to \infty)$ だから，$\{S_{2m}\}, \{S_{2m+1}\}$ は共通の値 S に収束する．よって，$\{S_n\}$ 自身が S に収束する．■

この定理から，級数 $\sum (-1)^{n-1}/n^p\ (p > 0)$ は収束する．各項の絶対値をとった $\sum 1/n^p$ の収束・発散は p の値によって変わる．

このように，$\sum a_n$ が収束するとき，$\sum |a_n|$ は収束する場合も発散する場合もある．$\sum |a_n|$ が収束するとき，$\sum a_n$ は**絶対収束**するといい，$\sum |a_n|$ が発散して，$\sum a_n$ が収束するとき，$\sum a_n$ は**条件収束**するという．ここで，$\sum |a_n|$ が収束して，$\sum a_n$ が発散することは起こりえない．すなわち，

定　理 4　絶対収束級数は収束する．

証明.　$|a_n + a_{n+1} + \cdots + a_m| \leqq |a_n| + |a_{n+1}| + \cdots + |a_m|\quad (n \leqq m)$
から明らかである．■

$\sum |a_n|$ は正項級数であるから，絶対収束の判定は正項級数の収束判定法によればよい．簡単なものをいくつかまとめておくと，

1°)　$|a_n| \leqq \alpha_n$ で，$\sum \alpha_n < \infty$ ならば $\sum a_n$ は絶対収束する．

2°)　$\lim \sqrt[n]{|a_n|} < 1$ または $\lim |a_{n+1}|/|a_n| < 1$ ならば，$\sum a_n$ は絶対収束

する.

3°) $\sum a_n$ が絶対収束して, $\{c_n\}$ が有界列ならば, $\sum c_n a_n$ は絶対収束する.

例 4 1) $\sum (-1)^{n-1}/n^p\ (p>0)$ は $p>1$ のとき絶対収束, $0<p\leqq 1$ のとき条件収束する.

2) $\sum (\sin\theta_n)/n^2$ は $\{\theta_n\}$ がどんな数列でも絶対収束する.

3) $\sum_{n=0}^{\infty} x^n/n!$ はすべての x の値に対して絶対収束する.

(I) 項の並べ換え

次に級数の項の並べ換えを論ずる. そのために, まず

定 理 5 級数 $\sum a_n$ において

$$a_n^+ = \max(a_n, 0), \qquad a_n^- = -\min(a_n, 0) \tag{8}$$

と定義する. このとき, $a_n^+\geqq 0$, $a_n^-\geqq 0$ で

$$a_n = a_n^+ - a_n^-, \qquad |a_n| = a_n^+ + a_n^- \tag{9}$$

であり,

1) $\sum a_n$ が絶対収束するのは, $\sum a_n^+$, $\sum a_n^-$ がともに収束するときである. このとき,

$$\sum a_n = \sum a_n^+ - \sum a_n^-. \tag{10}$$

2) $\sum a_n$ が条件収束するとき, $\sum a_n^+$, $\sum a_n^-$ はともに発散する.

問 3 定理5を証明せよ.

定 理 6 絶対収束級数 $\sum_{n=1}^{\infty} a_n$ は項の順序をどのように変えても同じ値に収束する. すなわち, φ を $\boldsymbol{N}$ から $\boldsymbol{N}$ の上への1対1写像とし $\varphi(k)=\nu_k$ とすると

$$\sum_{k=1}^{\infty} a_{\nu_k} = \sum_{n=1}^{\infty} a_n .$$

証明. まず, $\sum_{n=1}^{\infty} a_n$ が正項級数の場合に証明する.

各 $n\in\boldsymbol{N}$ に対して, $m_n = \max\{\varphi(k)\,|\,1\leqq k\leqq n\}$ とおけば,

$$\sum_{k=1}^{n} a_{\nu_k} \leqq \sum_{k=1}^{m_n} a_k \leqq \sum_{n=1}^{\infty} a_n . \tag{11}$$

よって，

$$\sum_{k=1}^{\infty} a_{\nu_k} \leqq \sum_{n=1}^{\infty} a_n .$$

$\{a_n\}_{n=1}^{\infty}$ は $\{a_{\nu_k}\}_{k=1}^{\infty}$ を並べ換えたものであるから，同様に

$$\sum_{n=1}^{\infty} a_n \leqq \sum_{k=1}^{\infty} a_{\nu_k}$$

も成り立つ．よって等しい．

次に，$\sum a_n$ が一般の絶対収束級数の場合．

a_n^+, a_n^- を定理5のように定める．定理5により，$\sum a_n^+, \sum a_n^-$ はともに収束して，$\sum a_n = \sum a_n^+ - \sum a_n^-$ が成り立つ．

前半の正項級数の場合から，

$$\sum a_{\nu_k}^+ = \sum a_n^+ , \qquad \sum a_{\nu_k}^- = \sum a_n^- . \tag{12}$$

よって，

$$\begin{aligned} \sum a_{\nu_k} &= \sum (a_{\nu_k}^+ - a_{\nu_k}^-) \\ &= \sum a_{\nu_k}^+ - \sum a_{\nu_k}^- = \sum a_n^+ - \sum a_n^- = \sum a_n . \end{aligned}$$

▨

注　条件収束級数では，無限個の項の順序を変えてはならない．実際，次のことが知られている．

$\sum a_n$ を条件収束級数とする．A を任意の値（$\pm\infty$ でもよい）とすると，$\sum a_n$ の項の順序を入れ換えて，和が A に等しいようにできる．

（II）乗積級数

二つの級数 $\sum_{n=0}^{\infty} a_n, \sum_{n=0}^{\infty} b_n$ に対して，これらの**乗積級数（コーシー積）**$\sum_{n=0}^{\infty} c_n$ を，

$$c_n = \sum_{k+l=n} a_k b_l = \sum_{k=0}^{n} a_k b_{n-k} \tag{13}$$

によって定義する．

定　理 7　$\sum_{n=0}^{\infty} a_n, \sum_{n=0}^{\infty} b_n$ がともに絶対収束するとき，これらの乗積級数 $\sum_{n=0}^{\infty} c_n$ も絶対収束して，次の式が成り立つ．

$$\left(\sum_{n=0}^{\infty} a_n\right)\left(\sum_{n=0}^{\infty} b_n\right) = \sum_{n=0}^{\infty} c_n \tag{14}$$

証明. $$\sum_{n=0}^{N} |c_n| \leqq \sum_{n=0}^{N}\left(\sum_{k=0}^{n} |a_k||b_{n-k}|\right) \leqq \left(\sum_{n=0}^{N} |a_n|\right)\left(\sum_{n=0}^{N} |b_n|\right) \tag{15}$$

より，$\sum c_n$ は絶対収束する．(14) を示そう．$\sum a_n$, $\sum b_n$ がともに正項級数の場合は，次の不等式から明らかである．

$$\sum_{n=0}^{N} c_n \leqq \left(\sum_{n=0}^{N} a_n\right)\left(\sum_{n=0}^{N} b_n\right) \leqq \sum_{k+l \leqq 2N} a_k b_l = \sum_{n=0}^{2N} c_n\,. \tag{16}$$

次に一般の場合には，定理5のように，

$$a_n = a_n{}^+ - a_n{}^-, \qquad b_n = b_n{}^+ - b_n{}^-$$

と分解して上記の正項級数の場合の等式に帰着すればよい． ▨

例 5 $\left(\sum_{n=0}^{\infty} x^n/n!\right)\left(\sum_{n=0}^{\infty} y^n/n!\right) = \sum_{n=0}^{\infty} (x+y)^n/n!$ $\quad (|x|, |y| < \infty)$

（**証**） これは，$e^x e^y = e^{x+y}$ ということで，すでに知っている等式であるが，上記の定理を使って級数の形のままで実際確かめてみよう．

まず，$\sum_{n=0}^{\infty} x^n/n!$ はすべての x の値に対して絶対収束する（例4 3)）．そこで，$a_n = x^n/n!$, $b_n = y^n/n!$ とおくと，

$$c_n = \sum_{k=0}^{n} x^k y^{n-k}/k!(n-k)!\,. \tag{17}$$

ここで，$n!/k!(n-k)! = {}_n\mathrm{C}_k$ に注意すれば，2項定理により，

$$c_n = (x+y)^n/n!\,.$$

よって定理7より表記の等式が成り立つ．

§3 関数列および関数項級数

区間 I 上で定義された関数の無限列 $f_1(x), f_2(x), \cdots$ を I 上の**関数列**といい，これを $\{f_n(x)\}_{n=1}^{\infty}$ または簡単に $\{f_n(x)\}, \{f_n\}$ などとかく．I 上の1点 $x = x_0$ を固定すれば数列 $\{f_n(x_0)\}_{n=1}^{\infty}$ を得る．この数列が収束（または発散）するとき，関数列 $\{f_n(x)\}$ は $\boldsymbol{x = x_0}$ **で収束**（または**発散**）するという．

I 上のすべての点で関数列 $\{f_n(x)\}$ が収束するとき，極限値 $\lim_{n\to\infty} f_n(x)$ は一般には x の値によって変わる．すなわち，$\lim_{n\to\infty} f_n(x)$ は x の関数となる．

これを $f(x)$ とかくとき，関数列 $\{f_n(x)\}$ は I **上で関数** $f(x)$ **に収束**（または**各点収束**）するという．$f(x)$ を**極限関数**とよぶ．

このことを詳しく定義に従って述べると，任意の $x \in I$ と任意の正数 ε に対して，適当な N をとれば，

$$|f_n(x)-f(x)|<\varepsilon \quad (n>N)$$

が成り立つようにできることである．

このとき注意することは，x の値を変えれば対応する数列 $\{f_n(x)\}$ も変わるので，ε の値を一つ決めても，N は x の値によって変わってくることである．すなわち，N は ε と x の両方に依存する．

このことを例でみてみよう．

$I=(0,1)$，$f_n(x)=x^n$ とすると，I 上で $\lim_{n\to\infty} f_n(x)=f(x)\equiv 0$.

正数 ε を与えて，

$$|f_n(x)-f(x)|=x^n<\varepsilon \qquad (18)$$

を逆に解くと，

$$n>\frac{\log 1/\varepsilon}{\log 1/x}$$

となる．

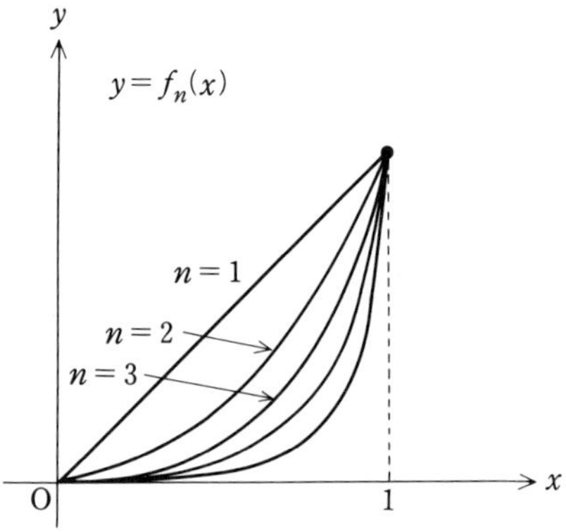

よって，(18) を成り立たせる n は（ε を固定しておいても），x が1に近い所ほど大きくとらなければならない*)．したがって，N も ε と x によってくる．

次に，$f_n(x)=x^n(1-x)^n$ を $I=(0,1)$ で考えてみよう．同じく極限関数 $f(x)\equiv 0$. さて，I 上で $0<x(1-x)\leqq 1/4$ であるから，

$$|f_n(x)-f(x)|=(x(1-x))^n\leqq 1/4^n$$

したがって，正数 ε を与えたとき

$|f_n(x)-f(x)|<\varepsilon$ を満たすようにするには，$n>\dfrac{\log 1/\varepsilon}{\log 4}$ であればよい．$\dfrac{\log 1/\varepsilon}{\log 4}$ より大きい自然数 N を一つとれば，$n>N$ なるすべての n と，すべての $x\in I$ に対して

$$|f_n(x)-f(x)|<\varepsilon$$

が成り立つ．この後の例のように，

任意の正数 ε に対して，ある N をとると，

$$|f_n(x)-f(x)|<\varepsilon \quad (n>N,\ x\in I) \qquad (19)$$

が成り立つとき，関数列 $\{f_n(x)\}$ は I 上 $f(x)$ に**一様収束する**という．この

*) このことは，x が1に近い所ほど $f_n(x)$ が $f(x)$ に近づくのが遅いと考えることができる．

とき，当然 $f_n(x)$ は $f(x)$ に各点収束している．

例 6 $\{a_n\}$ を一つの数列として，$f_n(x)$ を $I=[0,1]$ 上で次のように定義する．

$$\begin{cases} 0 \leqq x \leqq 1/n \text{ では 3 点 } (0,0),\ (1/n,0),\ (1/2n, a_n) \text{ を結ぶ折れ線,} \\ 1/n \leqq x \leqq 1 \text{ では } f_n(x) \equiv 0. \end{cases}$$

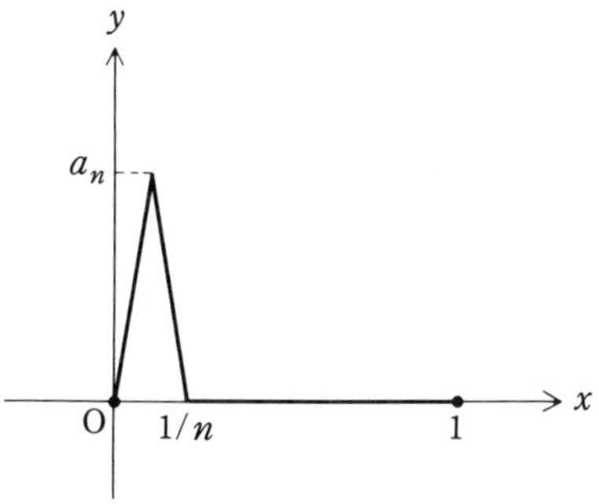

このとき，$0 < x \leqq 1$ とすると，十分大きな n に対して $f_n(x)=0$. また，$f_n(0)=0$，これから I 上 $f_n(x) \to f(x) \equiv 0$. よって，$|f_n(x)-f(x)| \leqq |a_n|$ $(x \in I)$ から，

$a_n \to 0$ のとき，$f_n(x)$ は 0 に I 上一様収束する，

$a_n \to 0$ でないときは，一様収束しないことは明らかであろう．

一般に，$f_n(x)$ が I 上 $f(x)$ に一様収束するための条件は，

$$\sup_{x \in I} |f_n(x)-f(x)| \to 0 \quad (n \to \infty) \tag{20}$$

問 4 $0 < \delta < 1$ とすると，$f_n(x) = nx^n$ は $[0,\delta]$ で一様収束する．

問 5 次の関数列は一様収束するか．

（1） $f_n(x) = x^{2n}/(1+x^{2n})$, $\quad I=[0,1]$

（2） $f_n(x) = n^p x e^{-nx^2}$, $\quad I=(-\infty,\infty)$，（p 定数）

I 上の関数列 $\{f_n(x)\}$ からつくられた級数

$$\sum_{n=1}^{\infty} f_n(x) = f_1(x)+f_2(x)+f_3(x)+\cdots \tag{21}$$

を**関数項級数**と呼ぶ．

これに対応する部分和列 $\{S_n(x)\}_{n=1}^{\infty}$

$$S_n(x) = f_1(x)+f_2(x)+\cdots+f_n(x)$$

は関数列となる．

級数 (21) の収束・発散・一様収束を関数列 $\{S_n(x)\}$ の収束・発散・一様収束で定義する．関数列に関する諸結果は関数項級数に対しても適用できる．

定　理 8　コーシーの判定条件　（1） 関数列 $\{f_n(x)\}$ が I 上一様収束するための条件は，任意の正数 ε に対して，ある N をとると，

$$|f_m(x)-f_n(x)|<\varepsilon \quad (m, n>N,\ x\in I) \tag{22}$$

が成り立つようにできることである．

（2） 関数項級数 $\sum f_n(x)$ が I 上一様収束するための条件は，任意の正数 ε に対して，ある N をとると，

$$|f_n(x)+f_{n+1}(x)+\cdots+f_m(x)|<\varepsilon \quad (m\geqq n>N,\ x\in I) \tag{23}$$

が成り立つようにできることである．

証明．(1) だけ証明すればよい．まず，**必要性**を示す．

$f_n(x)$ が $f(x)$ に I 上一様収束したとする．

任意に $\varepsilon>0$ をとる．ある N をとれば

$$|f_n(x)-f(x)|<\varepsilon/2 \quad (n>N,\ x\in I)$$

となる．

$m, n>N$ に対して，

$$|f_m(x)-f_n(x)|\leqq|f_m(x)-f(x)|+|f_n(x)-f(x)|<\varepsilon \quad (x\in I)$$

となり，(22) が成り立つ．

十分性：定理の条件が満たされているとする．とくに，各 $x\in I$ に対して，数列 $\{f_n(x)\}$ は基本列であるから収束する．極限関数を $f(x)$ とする．

(22) において，$m>N$ を任意に固定して $n\to\infty$ として，

$$|f_m(x)-f(x)|\leqq\varepsilon \quad (x\in I).$$

これが任意の $m>N$ について成り立つから，$\{f_n(x)\}$ は I 上 $f(x)$ に一様収束する．■

系　ワイエルストラスの *M*-判定法　区間 I 上の関数項級数 $\sum_{n=1}^{\infty} f_n(x)$ に対して，数列 $\{M_n\}$ で

$$|f_n(x)|\leqq M_n \quad (n\in \mathbf{N},\ x\in I),\quad \text{かつ}\quad \sum_{n=1}^{\infty} M_n<\infty \tag{24}$$

を満たすものがあるとき，$\sum_{n=1}^{\infty} f_n(x)$ は I 上一様収束する．

証明. $|f_n(x)+f_{n+1}(x)+\cdots+f_m(x)|$

$$\leqq |f_n(x)|+|f_{n+1}(x)|+\cdots+|f_m(x)| \leqq M_n+M_{n+1}+\cdots+M_m$$

より定理の (2) の条件が満たされる. ■

この系は簡単で便利であり，よく使われる.

例 7 （1） $p>1$ とすると，$\displaystyle\sum_{n=1}^{\infty}\frac{\sin nx}{n^p}$ は $(-\infty,\infty)$ で一様収束する.

（2） $0<r<1$ とすると，$\displaystyle\sum_{n=1}^{\infty} r^n \sin nx$ は $(-\infty,\infty)$ で一様収束する.

$I=[0,1]$ 上で $f_n(x)=x^n$ を考える. I 上で収束して極限関数 $f(x)$ は $0\leqq x<1$ のとき，$f(x)=0$，$x=1$ のとき $f(x)=1$. これは $x=1$ で不連続である. このように，連続性は各点収束の極限関数に伝わらない. このことが一様収束の概念の生まれた一因であった.

定　理 9　連続な関数列（または，関数項級数）の一様収束極限は連続である. たとえば，関数項級数 $\sum f_n(x)$ が I 上一様収束して和 $f(x)$ を持つとき，各項 $f_n(x)$ が I 上で連続ならば，和 $f(x)$ も I 上で連続である.

証明. 関数列 $\{f_n(x)\}$ が I 上で $f(x)$ に一様収束するとき，各 $f_n(x)$ が I 上で連続ならば，$f(x)$ は I 上で連続となることを証明する.

$x_0\in I$ を固定して，$f(x)$ が $x=x_0$ で連続であることを以下示そう.

正数 ε をとる. 仮定から，とくに，ある N があって，

$$|f_N(x)-f(x)|<\varepsilon \quad (x\in I).$$

$f_N(x)$ は $x=x_0$ で連続であるから，ある $\delta>0$ をとれば，

$$|f_N(x)-f_N(x_0)|<\varepsilon \quad (|x-x_0|<\delta,\ x\in I).$$

以上から，$|x-x_0|<\delta$ なる $x\in I$ に対して，

$$|f(x)-f(x_0)|\leqq|f(x)-f_N(x)|+|f_N(x)-f_N(x_0)|+|f_N(x_0)-f(x_0)|<3\varepsilon$$

よって，$f(x)$ は $x=x_0$ で連続である. ■

定理から例 7 の関数項級数の極限は，ともに到るところ連続である.

問 6 定理の証明にならって次を証明せよ.

I 上の連続な関数列 $\{f_n(x)\}$ が I 上 $f(x)$ に一様収束するとき，I の点 x_0 に収束

する I 内の任意の数列 $\{x_n\}$ に対して，

$$\lim_{n\to\infty} f_n(x_n) = f(x_0).$$

次に関数列または関数項級数の収束と，積分・微分との関係を述べる．

定　理 10　（1）　**極限と積分の順序交換**　閉区間 $I=[a,b]$ 上の連続な関数列 $\{f_n(x)\}$ が I 上 $f(x)$ に一様収束するとき，

$$\lim_{n\to\infty}\left(\int_a^b f_n(x)dx\right)=\int_a^b\left(\lim_{n\to\infty} f_n(x)\right)dx\ \left(=\int_a^b f(x)dx\right) \tag{25}$$

（2）　**項別積分**　各 $f_n(x)$ は $I=[a,b]$ 上連続で，$\sum f_n(x)$ が I 上一様収束するとき，

$$\int_a^b\left(\sum f_n(x)\right)dx=\sum\int_a^b f_n(x)dx \tag{26}$$

証明.　まず，定理 9 より極限関数は連続となり，I 上積分可能である．(1) だけを示そう．

任意に正数 ε をとると，仮定から，ある N をとれば

$$|f_n(x)-f(x)|<\varepsilon\quad (n>N,\ x\in I).$$

したがって，$n>N$ に対して，

$$\left|\int_a^b f_n(x)dx-\int_a^b f(x)dx\right|=\left|\int_a^b (f_n(x)-f(x))dx\right|$$

$$\leqq\int_a^b |f_n(x)-f(x)|\,dx<\varepsilon(b-a)$$

ゆえに，

$$\int_a^b f_n(x)dx\to\int_a^b f(x)dx\quad (n\to\infty)$$

が成り立つ．　■

注　この定理は，I が無限区間では成立しない．

例 8　例 6 の関数列 $f_n(x)$ を $I=[0,1]$ 上で考えて，(25) の両辺を比較してみよう．

極限関数 $f(x)\equiv 0$ であるから，(25) の右辺は 0 である．$\displaystyle\int_0^1 f_n(x)dx=\frac{a_n}{2n}$ より (25) の左辺の状態は，数列 $\{a_n\}$ によって変わる．

$a_n=1/n$ とおけば，(25) は成立する．この場合は一様収束だから当然である．

$a_n = 1$ とすると，一様収束しないが，(25) は成立する．
$a_n = (-1)^n n$ とすると，(25) の左辺は存在しない．
$a_n = n^2$ とすれば，各点で $f_n(x) \to 0$ で，しかも $\int_0^1 f_n(x)dx \to \infty$ である．

問 7　$I = [a, b]$ 上の連続な関数の列 $\{f_n(x)\}$ が I 上 $f(x)$ に一様収束するとき，不定積分 $F_n(x) = \int_a^x f_n(t)dt$ も I 上 $F(x) = \int_a^x f(t)dt$ に一様収束する．

定　理 11　(1)　**極限と微分の順序交換**　各 $f_n(x)$ は区間 I 上で C^1 級とする．$\{f_n'(x)\}$ が I 上一様収束するとき，$\{f_n(x)\}$ がある 1 点 $x_0 \in I$ で収束するならば，I 上すべての点で収束して，極限関数 $f(x)$ も I 上 C^1 級であって次の式が成り立つ．

$$f'(x) = \frac{d}{dx}\left(\lim_{n\to\infty} f_n(x)\right) = \lim_{n\to\infty}\left(\frac{d}{dx}f_n(x)\right) \tag{27}$$

(2)　**項別微分**　各 $f_n(x)$ は区間 I 上で C^1 級とし，関数項級数 $\sum f_n'(x)$ は I 上一様収束するとする．$\sum f_n(x)$ がある 1 点 $x_0 \in I$ で収束するならば，I 上すべての点で収束して，極限関数も I 上 C^1 級であって次の式が成り立つ．

$$\frac{d}{dx}(\sum f_n(x)) = \sum \frac{d}{dx}f_n(x) \tag{28}$$

証明．　(1) のみ示す．

$$f_n(x) - f_n(x_0) = \int_{x_0}^x f_n'(t)dt$$

より

$$f_n(x) = \int_{x_0}^x f_n'(t)dt + f_n(x_0).$$

ここで，$n \to \infty$ とすれば定理 10 により

$$\lim_{n\to\infty} f_n(x) = \int_{x_0}^x \lim_{n\to\infty} f_n'(t)dt + f(x_0)\,.$$

$\lim_{n\to\infty} f_n'(t)$ は定理 9 により連続であるから，右辺は x に関し微分可能で，

$$\frac{d}{dx}\left(\lim_{n\to\infty} f_n(x)\right) = \lim_{n\to\infty} f_n'(x)\,. \qquad ▩$$

問 8　$f(x) = \sum \dfrac{\sin nx}{n^p}$　$(p > 2)$ は項別微分可能である．

§4 整　級　数

$\sum_{n=0}^{\infty} a_n(x-a)^n$ の形の関数項級数を，$\{a_n\}$ を係数とする $x=a$ 中心の**整級数**または**べき級数**という．ここでは簡単のため，$a=0$ の場合

$$\sum_{n=0}^{\infty} a_n x^n = a_0 + a_1 x + a_2 x^2 + \cdots \tag{29}$$

について述べることにする（一般の場合は，x を $x-a$ に置き換えることによりまったく同様に扱うことができる）．

最初に整級数の収束性をみよう．

アーベルの補題　整級数 $\sum a_n x^n$ が $x=x_0\ (\neq 0)$ で収束するならば，$|x|<|x_0|$ なるすべての x に対して絶対収束する．

（**証**）$\sum a_n x_0{}^n$ が収束するから，$a_n x_0{}^n \to 0\ (n\to\infty)$．よって $\{a_n x_0{}^n\}$ は有界である．$|a_n x_0{}^n| \leqq M\ (n=0,1,\cdots)$ としよう．

$|x|<|x_0|$ とすると，

$$|a_n x^n| = |a_n x_0{}^n||x/x_0|^n \leqq M|x/x_0|^n, \qquad |x/x_0|<1$$

であり，$\sum |x/x_0|^n$ は収束だから $\sum |a_n x^n|$ も収束する．　▨

整級数 $\sum a_n x^n$ の収束，発散について，次の三つの場合がある．

（1）$x=0$ 以外のすべての x に対して発散する．

（2）すべての x の値に対して収束する．

（3）x のある値 $x_0\ (\neq 0)$ に対しては収束し，かつ別のある値 x_1 に対しては発散する．

(3) の場合，$\sum a_n x^n$ が収束するような x の値の絶対値は $|x_1|$ より小さい．そこで，そのような x の値の絶対値の上限を R とおくと，$0<|x_0|\leqq R\leqq|x_1|<\infty$ で，次のことが成り立つ．

$\sum a_n x^n$ は，

　$|x|<R$ なるすべての x に対して絶対収束して，

　$|x|>R$ なるすべての x に対して発散する．

R を整級数 $\sum a_n x^n$ の**収束半径**という．(1) の場合には $R=0$，(2) の場合には $R=\infty$ と規約する．

例 9　（1）$\sum x^n$，$R=1$　　（2）$\sum x^n/n!$，$R=\infty$

（3） $\sum n!x^n$, $R=0$

R の値は係数 $\{a_n\}$ から直接，求めることができる．

定 理 12 （1） $\lim_{n\to\infty}|a_{n+1}/a_n|=r$ または，（2） $\lim_{n\to\infty}\sqrt[n]{|a_n|}=r$ $(0\leqq r\leqq\infty)$ が存在するとき，$R=1/r$*) である．

定理 12′ 一般に，$R=1/\overline{\lim}\sqrt[n]{|a_n|}$ **（コーシー・アダマールの公式）**.

証明. （1） $\lim_{n\to\infty}|a_{n+1}x^{n+1}/a_nx^n|=r|x|$ であるから，ダランベールの判定法（定理 1 系 2）より，$\sum a_nx^n$ は $r|x|<1$ のとき絶対収束して，$r|x|>1$ のときは絶対収束しない．これから，$R=1/r$.（2）もコーシーの判定法（定理 1 系 1）から同様にわかる．

定理 12′ については等式：

$$\overline{\lim_{n\to\infty}}\sqrt[n]{|a_nx^n|}=\overline{\lim_{n\to\infty}}|x|\sqrt[n]{|a_n|}=|x|\overline{\lim_{n\to\infty}}\sqrt[n]{|a_n|} \tag{30}$$

に注意すれば，上極限によるコーシーの判定法（定理 1 系 1′）より得られる． ▩

例 10 （1） $\sum n^px^n$（p 定数），（収束半径）$R=1$

（2） $\sum a^{n^2}x^n$（a 定数），$|a|<1$, $|a|=1$, $|a|>1$ に応じて $R=\infty,1,0$

（3） $\sum_{m=0}^{\infty}(-1)^m x^{2m+1}/(2m+1)$, $R=1$

（証） （1） $a_n=n^p$, $|a_{n+1}/a_n|=(1+1/n)^p\to 1$ $(n\to\infty)$ から．

（2） $a_n=a^{n^2}$, $\sqrt[n]{|a_n|}=|a|^n\to 0$ $(|a|<1)$, 1 $(|a|=1)$, $\infty(|a|>1)$ から．

（3） $\sum_{n=0}^{\infty}a_nx^n$ において，$a_{2m+1}=(-1)^m/(2m+1)$, $a_{2m}=0$ とした整級数である．この場合は，直接 定理 12 を適用することはできない．これは，問題の級数を $x\sum_{m=0}^{\infty}(-1)^m(x^2)^m/(2m+1)$ として，$\sum_{m=0}^{\infty}(-1)^m(x^2)^m/(2m+1)$ が収束するような x の範囲を調べる．$x^2=y$ とおいて，$\sum_{m=0}^{\infty}(-1)^m y^m/(2m+1)$ の収束半径は 1. $|y|<1$ から，$|x^2|<1$ より $|x|<1$ となり $R=1$ を得る．

（コーシー・アダマールの公式を使えば，$\overline{\lim_{n\to\infty}}\sqrt[n]{|a_n|}=1$ からただちに $R=1$.）

問 9 次の整級数の収束半径 R を求めよ．

（1） $\sum_{n=0}^{\infty}{}_{\alpha}C_nx^n$　（2） $\sum_{n=1}^{\infty}(n^n/n!)x^n$　（3） $\sum_{n=1}^{\infty}(1+1/n)^{n^2}x^n$

（4） $\sum_{n=0}^{\infty}n^2x^{2n}$　（5） $\sum_{n=0}^{\infty}x^{k_n}$（$\{k_n\}$ は狭義増加な自然数列）

---

*) $1/0=\infty$　$1/\infty=0$ とする．

定　理 13　整級数 $\sum_{n=0}^{\infty} a_n x^n$ の収束半径を $R\ (0 < R \leqq \infty)$ とする．この級数は $|x| < R$ である x に対して絶対収束し，かつ，$(-R, R)$ に含まれる任意の閉区間で一様収束する．したがって，和 $f(x) = \sum_{n=0}^{\infty} a_n x^n$ は $(-R, R)$ で連続である．

証明． 任意に $r < R$ をとり，$|x| \leqq r$ で一様収束することを示せばよい．$r < R$ より，$\sum a_n x^n$ は $x = r$ で絶対収束する．すなわち，$\sum |a_n| r^n < \infty$．$|x| \leqq r$ のとき，$|a_n x^n| \leqq |a_n| r^n$ であるから，ワイエルストラスの M-判定法（定理8系）より，$\sum a_n x^n$ は $|x| \leqq r$ で一様収束する．$f(x)$ の連続性については，前半の結果と定理9からわかる．▨

この定理と定理10からただちに

定　理 14　項別積分　整級数 $\sum_{n=0}^{\infty} a_n x^n$ の収束半径を $R\ (0 < R \leqq \infty)$ とする．このとき，$(-R, R)$ に含まれる任意の閉区間 $[a, b]$ で項別積分できる．すなわち，和を $f(x) = \sum_{n=0}^{\infty} a_n x^n$ とすると，

$$\int_a^b f(x)\,dx = \int_a^b \sum_{n=0}^{\infty} a_n x^n\,dx = \sum_{n=0}^{\infty} \int_a^b a_n x^n\,dx \tag{31}$$

したがって，$|x| < R$ に対して，

$$\int_0^x f(t)dt = \sum_{n=0}^{\infty} \frac{a_n}{n+1} x^{n+1} \tag{32}$$

定　理 15　項別微分　整級数 $\sum_{n=0}^{\infty} a_n x^n$ の収束半径を $R\ (0 < R \leqq \infty)$ とする．このとき，和 $f(x) = \sum_{n=0}^{\infty} a_n x^n$ は $(-R, R)$ で微分可能で，項別微分できる．すなわち，

$$f'(x) = \left(\sum_{n=0}^{\infty} a_n x^n\right)' = \sum_{n=1}^{\infty} n a_n x^{n-1} \tag{33}$$

項別微分してできる整級数の収束半径も R である．

証明． まず，$\sum_{n=1}^{\infty} n a_n x^{n-1}$ の収束半径 R' が R に等しいことを示す．明らかに $\sum_{n=1}^{\infty} n a_n x^n$ の収束半径も R' である．$|a_n x^n| \leqq |n a_n x^n|$ であるから $R' \leqq R$.

次に，$|x|<R$ なる任意の x を固定して，$|x|<\xi<R$ なる ξ を一つとると

$$|na_nx^n|=n|x/\xi|^n|a_n\xi^n|.$$

$|x/\xi|<1$ だから $n|x/\xi|^n\to 0$ $(n\to\infty)$，したがって $\{n|x/\xi|^n\}$ は有界であるから，$\sum|a_n\xi^n|$ の収束より，$\sum|na_nx^n|$ も収束する．よって，$|x|\leqq R'$．$|x|<R$ なる任意の x について成り立つから $R\leqq R'$．ゆえに，$R'=R$．

定理 13 より，$\sum na_nx^{n-1}$ は $(-R,R)$ に含まれる任意の閉区間で一様収束する．これと定理11 より $\sum a_nx^n$ を項別微分してよいことがわかる． ▩

この定理を繰り返し使うことにより，

系 整級数 $\sum_{n=0}^{\infty}a_nx^n$ の収束半径を R $(0<R\leqq\infty)$ とすると，$(-R,R)$ において $\sum_{n=0}^{\infty}a_nx^n$ は何回でも微分可能で，しかも項別微分ができる．

項別微分してできる整級数の収束半径はすべて R に等しい．

整級数 $\sum a_nx^n$ の収束半径を $R\,(\neq 0,\infty)$ とする．端点 $x=R$ または $-R$ における収束・発散の状態は一般には定まらない．$\sum_{n=1}^{\infty}(-1)^{n-1}x^n/n$ のように，$x=\pm R$ の一方（$x=1$，これはライプニッツの定理（定理 3）による）で収束，もう一方（$x=-1$）で発散するということもある．一般に，関数列または関数項級数の収束するような変数の値全体からなる集合を，その関数列または関数項級数の**収束域**と呼ぶ．

定　理 16　アーベルの定理　　整級数 $\sum a_nx^n$ の収束半径を R $(\neq 0,\ \infty)$ とする．もし，$x=R$ においてこの整級数が収束するならば，収束は $[0,R]$ においても一様であり，したがって，和 $f(x)=\sum a_nx^n$ は $(-R,R]$ において連続である．すなわち，

$$\lim_{x\to R-0}f(x)=f(R)=\sum a_nR^n \tag{34}$$

$x=-R$ において収束するときも同様である．

証明． まず，$R=1$ で，$x=1$ において収束する場合に示す．

任意に正数 ε をとる．仮定により $\sum a_n$ $(=f(1))$ は収束するから，あるN をとると

$$|a_n+a_{n+1}+\cdots+a_m|<\varepsilon \quad (m \geqq n > N). \tag{35}$$

$n>N$ を任意に一つ固定して,

$$\sigma_k = a_n+a_{n+1}+\cdots+a_k \quad (k \geqq n) \tag{36}$$

とおく. このとき, $m>n$ に対して,

$$\left|\sum_{k=n}^{m} a_k x^k\right| = |\sigma_n x^n + (\sigma_{n+1}-\sigma_n)x^{n+1}+\cdots+(\sigma_m-\sigma_{m-1})x^m|$$

$$= |\sigma_n(x^n-x^{n+1})+\sigma_{n+1}(x^{n+1}-x^{n+2})+\cdots+\sigma_{m-1}(x^{m-1}-x^m)+\sigma_m x^m|$$

$$(0 \leqq x \leqq 1,\ |\sigma_k|<\varepsilon \text{ より})$$

$$\leqq \varepsilon\left(\sum_{k=n}^{m-1}(x^k-x^{k+1})+x^m\right) = \varepsilon x^n \leqq \varepsilon.$$

以上から, $m \geqq n > N$ のとき,

$$\left|\sum_{k=n}^{m} a_k x^k\right| \leqq \varepsilon \quad (0 \leqq x \leqq 1).$$

ゆえに, 定理 8 (2) より $\sum a_n x^n$ は $[0,1]$ 上一様収束する. 定理9から, 和 $f(x)$ は $[0,1]$ 上連続である.

一般の R のときは, $x=R\xi$ (または, $x=-R\xi$) なる変換で $R=1$ の場合に帰着すればよい. ▨

関数の整級数展開　関数 $f(x)$ が $x=a$ のある近傍で,

$$f(x) = \sum_{n=0}^{\infty} a_n (x-a)^n \tag{37}$$

と, $x=a$ を中心とする整級数に展開できたとする. 定理 15 系により, $f(x)$ は その近傍内で C^∞ 級で項別微分が何回でもできる.

(37) の両辺を k 回 $(k=0,1,2\cdots)$ 微分して $x=a$ を代入すれば,

$$f^{(k)}(a) = k!a_k, \quad \text{したがって,} \quad a_k = f^{(k)}(a)/k! \tag{38}$$

を得る. すなわち, (37) 右辺の整級数は $f(x)$ の $x=a$ におけるテイラー展開と一致する.

以下簡単のため, $a=0$ の場合に戻ろう.

定理7からただちに次を得る.

例 11　$f(x)=\sum_{n=0}^{\infty} a_n x^n$, $g(x)=\sum_{n=0}^{\infty} b_n x^n$ をともに $|x|<R$ におけるテイラ

ー展開とする．このとき，積 $f(x)g(x)$ も $|x|<R$ でテイラー展開されて，展開式は $\sum_{n=0}^{\infty}\left(\sum_{k+l=n} a_k b_l\right)x^n$ に等しい．

これは，$(a_0+a_1x+a_2x^2+\cdots)(b_0+b_1x+b_2x^2+\cdots)$ に形式的な積の展開を行って，同類項をまとめたものに一致する．

たとえば，

$$e^x = 1+x+x^2/2!+x^3/3!+x^4/4!+x^5/5!+\cdots$$
$$\sin x = x-x^3/3!+x^5/5!-\cdots,$$

から

$$e^x \sin x = x+\frac{x^2}{1!}+\left(\frac{1}{2!}-\frac{1}{3!}\right)x^3+\left(\frac{1}{3!}-\frac{1}{1!3!}\right)x^4+\left(\frac{1}{4!}-\frac{1}{2!3!}+\frac{1}{5!}\right)x^5+\cdots$$
$$= x+x^2+\frac{1}{3}x^3-\frac{1}{30}x^5+\cdots$$

例 12 $(1+x)^\alpha = \sum_{n=0}^{\infty} {}_\alpha C_n x^n = 1+\sum_{n=1}^{\infty}\frac{\alpha(\alpha-1)\cdots(\alpha-n+1)}{n!}x^n \quad (|x|<1)$

（α 任意の実数）において，$\alpha=-1/2$ とおき，x を $-t^2$ におきかえると，

$$\frac{1}{\sqrt{1-t^2}} = 1+\sum_{n=1}^{\infty}\frac{(2n-1)!!}{(2n)!!}t^{2n} \quad (|t|<1). \tag{39}$$

両辺を 0 から x $(|x|<1)$ まで積分すると，定理 14 により

$$\sin^{-1}x = \int_0^x \frac{dt}{\sqrt{1-t^2}} = x+\sum_{n=1}^{\infty}\frac{(2n-1)!!}{(2n)!!}\frac{x^{2n+1}}{2n+1} \quad (|x|<1) \tag{40}$$

を得る．これは $\sin^{-1}x$ のテイラー展開である．

例 13 $\tan^{-1}x = x-\frac{x^3}{3}+\frac{x^5}{5}-\cdots+(-1)^n\frac{x^{2n+1}}{2n+1}+\cdots \quad (|x|\leqq 1).$ (41)

（証） $1/(1+x) = 1-x+x^2-\cdots \quad (|x|<1)$

において，$x=t^2$ $(|t|<1)$ と変換して，

$$1/(1+t^2) = 1-t^2+t^4-\cdots \tag{42}$$

を項別積分すればよい（以上 $|x|<1$ のとき）．

$x=\pm 1$ においては，定理 3 と定理 16（および $\tan^{-1}x$ の $x=\pm 1$ における連続性）による．$x=1$ のときを実際にかくと，

$$\frac{\pi}{4} = 1-\frac{1}{3}+\frac{1}{5}-\frac{1}{7}+\cdots \quad \text{（ライプニッツ）} \tag{43}$$

問 10　次の関数を $x=0$ においてテイラー展開せよ.

（1）　$\cos^2 x$　　（2）　$\log(x+\sqrt{1+x^2})$

問 11　$1/(1+x)=1-x+x^2-x^3+\cdots$ （$|x|<1$） から次の式を導け.

$$\log(1+x)=x-\frac{x^2}{2}+\frac{x^3}{3}-\cdots \quad (-1<x\leqq 1)$$

とくに,

$$\log 2=1-\frac{1}{2}+\frac{1}{3}-\frac{1}{4}+\cdots$$

問 12　$\cos\sqrt{|x|}+\cosh\sqrt{|x|}$, $\cos\sqrt{|x|}\cosh\sqrt{|x|}$ はともに $(-\infty,\infty)$ で C^∞ 級であることを示せ.

演 習 問 題

A

1.　次の級数の収束, 発散を調べよ.

（1）　$\sum_{n=1}^{\infty}\frac{1}{an+b}\ (a,b>0)$　　（2）　$\sum_{n=1}^{\infty}\frac{n^\alpha}{2^n}$　　（3）　$\sum_{n=1}^{\infty}\frac{n^\alpha}{n!}$

（4）　$\sum_{n=1}^{\infty}\frac{1}{n^\alpha}\log\left(1+\frac{1}{n}\right)$　　（5）　$\sum_{n=1}^{\infty}(-1)^n\sin\frac{\alpha}{n}$

（6）　$\sum_{n=1}^{\infty}n^\alpha(\sqrt[n]{a}-1)\quad(a>0)$　　（7）　$\sum_{n=1}^{\infty}a^{\log n}\quad(a>0)$

（8）　$\sum_{n=1}^{\infty}\frac{n!}{n^n}$　　（9）　$\sum_{n=1}^{\infty}\left(\frac{cn+d}{an+b}\right)^n\quad(a,b,c,d>0)$

2.　（1）　$\sum a_n{}^2$, $\sum b_n{}^2$ が収束ならば, $\sum a_nb_n$ は絶対収束する.

（2）　正項級数 $\sum u_n$ が収束ならば, $\sum\sqrt{u_n u_{n+1}}$ は収束する.

3.　$\sum a_n$ が絶対収束ならば, $\sum a_n{}^2$ は絶対収束する. 逆は成立しないことを例をあげて示せ.

4.　正項級数 $\sum d_n$ が発散ならば, $\sum\frac{d_n}{a+d_n}$ $(a>0)$ も発散する.

5.　次の関数列の一様収束性を調べよ.

（1）　$\frac{1}{(1+x^2)^n}$　　（2）　$\frac{x^n}{(1+x^2)^n}$　　（3）　$\frac{nx}{1+n^2x^2}$

（4）　$nx(1-x)^n\quad(0\leqq x\leqq 1)$　　（5）　$n\sin(x/n)\quad(0\leqq x\leqq\pi)$

6.　次の関数項級数の一様収束性を調べよ.

（1）　$\sum 1/(n^2+x^2)$　　（2）　$\sum xe^{-nx}\quad(0\leqq x\leqq 1)$

（3）　$\sum a^n\cos(b^n\pi x)\quad(|a|<1)$　　（4）　$\sum x/(1+n^p x^2)\quad(p>2)$

7. 次の整級数の収束半径を求めよ.

(1) $\sum_{n=0}^{\infty}\frac{x^n}{2n+1}$　(2) $\sum_{n=1}^{\infty}\left(1+\frac{1}{n}\right)^n x^n$　(3) $\sum_{n=1}^{\infty}\frac{3^n}{n^2}x^n$

(4) $\sum_{n=0}^{\infty}\frac{(n!)^2}{(2n)!}x^n$　(5) $\sum n^{\log n}x^n$　(6) $\sum(a^n+b^n)x^n$　$(a, b>0)$

8. 次の関数を $x=0$ を中心とする整級数に展開せよ.

(1) $1/(1-5x+6x^2)$　(2) $\log(1+\sqrt{1+x})$　(3) $(1-x)e^x$

(4) $\frac{\log(1+x)}{1+x}$　(5) $\int_0^x\frac{\sin t}{t}dt$　(6) $\frac{\tan^{-1}x}{1+x^2}$

9. $\{a_k\}$ が0に収束する減少列ならば,

$$\left|\sum_{k=1}^{\infty}(-1)^{k-1}a_k-\sum_{k=1}^{n}(-1)^{k-1}a_k\right|\leqq a_{n+1}.$$

10. $\{a_n\}$ が $|a_{n+1}/a_n|\leqq r<1$　$(n\geqq N)$ を満たすとき,

$$\left|\sum_{n=0}^{\infty}a_n-\sum_{n=0}^{N-1}a_n\right|\leqq\frac{1}{1-r}|a_N|.$$

11. $|k|<1$ のとき, 次が成り立つ.

(1) $\frac{2}{\pi}\int_0^{\pi/2}\sqrt{1-k^2\sin^2\theta}\,d\theta=1-\frac{1}{4}k^2-\frac{3}{64}k^4-\frac{5}{256}k^6-\cdots$

(2) $\frac{2}{\pi}\int_0^{\pi/2}\frac{d\theta}{\sqrt{1-k^2\sin^2\theta}}=1+\frac{1}{4}k^2+\frac{9}{64}k^4+\frac{25}{256}k^6+\cdots$

12. $y=\frac{1}{2}(\sin^{-1}x)^2$ が, 微分方程式 $(1-x^2)y''-xy'=1$ を満たすことを用いて, $y=\frac{1}{2}(\sin^{-1}x)^2$ の $x=0$ における整級数展開を求めよ.

B

13. 次の級数の収束・発散を調べよ.

(1) $\sum_{n=1}^{\infty}\frac{(2n-1)!!}{(2n)!!\,n^p}$

(2) $1+\frac{a+1}{b+1}+\frac{(a+1)(2a+1)}{(b+1)(2b+1)}+\frac{(a+1)(2a+1)(3a+1)}{(b+1)(2b+1)(3b+1)}+\cdots$ $(a, b\geqq 0)$

(3) $1+\frac{\alpha\cdot\beta}{1\cdot\gamma}+\frac{\alpha(\alpha+1)}{1\cdot 2}\frac{\beta(\beta+1)}{\gamma(\gamma+1)}+\frac{\alpha(\alpha+1)(\alpha+2)}{1\cdot 2\cdot 3}\frac{\beta(\beta+1)(\beta+2)}{\gamma(\gamma+1)(\gamma+2)}+\cdots$

$(\gamma\neq 0, -1, -2, \cdots)$

14. (1) $\sum_{n=0}^{\infty}{}_{\alpha}\mathrm{C}_n$ は $\alpha>-1$ のとき, 2^{α} に収束する.

(2) $\sum_{n=0}^{\infty}(-1)^n{}_{\alpha}\mathrm{C}_n$ は $\alpha\geqq 0$ のとき収束し, $\alpha<0$ のとき発散する.

15. （1） $\sum a_n$ は発散，$\sum b_n$ は収束，かつ $a_n/b_n \to 0$ $(n\to\infty)$ を満たす $\{a_n\}$，$\{b_n\}$ の例をあげよ．

（2） $\sum a_n$ は発散，$\sum b_n$ は収束，かつ $a_n/b_n \to 1$ $(n\to\infty)$ を満たす $\{a_n\}$，$\{b_n\}$ の例をあげよ．

16. 次の関数項級数が，それぞれの区間で一様収束することを証明せよ．

（1） $\sum_{n=1}^{\infty}(-1)^n(n+x)/n^2$，$[-A, A]$ （A は任意の正数）．

（2） $\sum_{n=2}^{\infty}(-1)^n/(n+\sin x)$，$(-\infty,\ \infty)$

17. 閉区間 $I=[a, b]$ 上の連続な関数列 $\{f_n(x)\}$ が I 上単調に増加しながら $f(x)$ に収束するとする．このとき，$f(x)$ が I 上連続ならば，$f_n(x)$ は I 上一様に $f(x)$ に収束する．$\{f_n(x)\}$ が I 上単調に減少しながら連続関数 $f(x)$ に収束する場合も同様である（**ディニの定理**）．

18. 次の整級数の収束半径を求めよ．$(a \neq 0)$

（1） $\sum_{n=1}^{\infty}\left(1+\frac{1}{2}+\cdots+\frac{1}{n}\right)x^n$　（2） $\sum_{n=0}^{\infty}a^n x^{2^n}$　（3） $\sum_{n=2}^{\infty}\frac{x^n}{(\log n)^{\log n}}$

19. ‘2重数列’ $\{a_k^{(n)}\}_{k,n\in \boldsymbol{N}}$ に対して，ある正数列 $\{A_k\}_{k\in \boldsymbol{N}}$ が存在して

$$\sum_{n=1}^{\infty}|a_k^{(n)}| \leqq A_k \quad (k\in \boldsymbol{N}), \qquad \sum_{k=1}^{\infty}A_k < \infty$$

を満たすとする．このとき，各 $n\in \boldsymbol{N}$ に対して，$\sum_{k=1}^{\infty}a_k^{(n)}$ も絶対収束して

$$\sum_{k=1}^{\infty}\left(\sum_{n=1}^{\infty}a_k^{(n)}\right)=\sum_{n=1}^{\infty}\left(\sum_{k=1}^{\infty}a_k^{(n)}\right)$$　（**コーシーの2重級数定理**）

20. 前題を用いて，次を証明せよ．

$f(x)$，$g(x)$ はともに $x=0$ の近傍でテイラー展開され，$g(0)=0$ とする．このとき，合成関数 $f(g(x))$ も $x=0$ のある近傍でテイラー展開される．

（**合成関数のテイラー展開**）

21. $$e=\left(1+\frac{1}{n}\right)^n\left(1+\frac{1}{2n}-\frac{5}{24n^2}+\frac{5}{48n^3}+\cdots\right)\quad (n\in \boldsymbol{N})$$

22. 整級数 $f(x)=\sum_{n=0}^{\infty}a_n x^n$，$g(x)=\sum_{n=0}^{\infty}b_n x^n$ はともに正の収束半径を持つとする．0に収束する数列 $\{\xi_k\}$，ただし $\xi_k \neq 0$ で，すべての k に対して $f(\xi_k)=g(\xi_k)$ を満たすものが存在するならば，$a_n=b_n$ $(n=0, 1, 2, \cdots)$ である．（**一致の定理**）

23. 数列 $\{a_k\}_{k\geqq 0}$，$\{\lambda_k\}_{k\geqq 0}$ に対して，

$$S_k=a_0+a_1+\cdots+a_k,\quad S_{-1}=0,\quad \Delta\lambda_k=\lambda_{k+1}-\lambda_k \qquad (k\geqq 0)$$

とおくと，$0\leqq p\leqq q$ に対して，

$$\sum_{k=p}^{q}\lambda_k a_k=(\lambda_q S_q-\lambda_p S_{p-1})-\sum_{k=p}^{q-1}(\Delta\lambda_k)S_k$$

とくに，

$$\sum_{k=0}^{n} \lambda_k a_k = \lambda_n S_n - \sum_{k=0}^{n-1} (\Delta\lambda_k) S_k$$

が成り立つことを示し，これを利用して次を証明せよ．

（1） S_k $(0 \leqq k \leqq n)$ が正，$\lambda_0 \geqq \lambda_1 \geqq \cdots \geqq \lambda_n \geqq 0$ ならば，$\sum_{k=0}^{n} \lambda_k a_k \geqq 0$.

（2） $\lambda_0 \geqq \lambda_1 \geqq \cdots \geqq \lambda_n > 0$ とすると，$\sum_{k=0}^{n} \lambda_k \sin(2k+1)\theta > 0$ $(0 < \theta < \pi)$.

（3） $f(x)$ が $[0, \pi]$ 上の正値減少関数ならば，$\int_0^{\pi} f(x) \sin(\alpha x) dx \geqq 0$ $(\alpha > 0)$

24. $\{\lambda_n\}_{n \geqq 0}$ は 0 に収束する単調減少列で，$\sum_{n=0}^{\infty} a_n$ の部分和列 $\{S_n\}$ が有界ならば，$\sum_{n=0}^{\infty} \lambda_n a_n$ は収束する（**ディリクレの定理**）.

これを証明して，次を示せ．$\{\lambda_n\}_{n \geqq 0}$ が上記の仮定を満たすとき，

（1） $\sum_{n=1}^{\infty} \lambda_n \sin n\theta$ はすべての θ に対して収束し，

（2） $\sum_{n=0}^{\infty} \lambda_n \cos n\theta$ は，$\theta = 2m\pi$ $(m \in \boldsymbol{Z})$ を除いて収束する．

（3） しかも，ともに 収束は，$\theta = 2m\pi$ $(m \in \boldsymbol{Z})$ を含まない任意の閉区間で一様である．

25. (a, ∞) 上の連続な関数列 $\{f_n(x)\}$ が，(a, ∞) に含まれる任意の閉区間上 $f(x)$ に一様収束するとする．(a, ∞) 上 広義可積な関数 $g(x)$ が存在して，(a, ∞) 上 $|f_n(x)| \leqq g(x)$ を満たすならば，$f(x)$ も (a, ∞) 上可積で，

$$\int_a^{\infty} f_n(x) dx \to \int_a^{\infty} f(x) dx \quad (n \to \infty).$$

26. $[0, \infty)$ 上 $f_n(x) = (1 - x^2/n)^n$ $(0 \leqq x \leqq \sqrt{n})$，$= 0$ $(\sqrt{n} \leqq x)$ と定義される関数列 $\{f_n(x)\}$ は，$[0, \infty)$ 上 単調に増加しながら e^{-x^2} に収束することを確かめ，次を導け．

$$\int_0^{\infty} e^{-x^2} dx = \lim_{n \to \infty} \int_0^{\sqrt{n}} \left(1 - \frac{x^2}{n}\right)^n dx = \frac{\sqrt{\pi}}{2}.$$

27.
$$\Gamma(s) = \int_0^{\infty} e^{-x} x^{s-1} dx = \lim_{n \to \infty} \int_0^n \left(1 - \frac{x}{n}\right)^n x^{s-1} dx$$
$$= \lim_{n \to \infty} \frac{n!\, n^s}{s(s+1)\cdots(s+n)} \quad (s > 0)$$

（オイラー・ガウスの公式）

28. $\int_0^{\infty} e^{-x} \log x \, dx = -\gamma$ （ただし，γ はオイラーの定数．第 4 章演習問題 17 参照）

6 偏微分とその応用

§1 点集合・点列

平面上の2点 P(x, y), Q(x', y') の距離を $\boldsymbol{d}(\mathbf{P}, \mathbf{Q})$ とかくことにする．すなわち，

$$d(\mathrm{P}, \mathrm{Q}) = \sqrt{(x-x')^2+(y-y')^2}$$

距離は次の性質を満たす．

（1） **正値性**：$d(\mathrm{P}, \mathrm{Q}) \geqq 0$，等号が成り立つのは，$\mathrm{P}=\mathrm{Q}$ のときに限る．

（2） **対称性**：$d(\mathrm{Q}, \mathrm{P}) = d(\mathrm{P}, \mathrm{Q})$

（3） **三角不等式**：$d(\mathrm{P}, \mathrm{R}) \leqq d(\mathrm{P}, \mathrm{Q})+d(\mathrm{Q}, \mathrm{R})$

以後しばらくの間，E は平面上の点からなる一つの集合（単に**点集合**という）を表すとしよう．点 P と正数 ε に対して，集合 $\{\mathrm{Q} \mid d(\mathrm{P}, \mathrm{Q}) < \varepsilon\}$ を P の **ε 近傍**と呼び，$\boldsymbol{U_\varepsilon}(\mathbf{P})$ とかく．すなわち，$U_\varepsilon(\mathrm{P})$ は P 中心，半径 ε の円の内部の点全体からなる集合である．点 P のある近傍 $U(\mathrm{P})$ が E に含まれるとき，P は E の**内点**であるという（ここで，近傍 $U(\mathrm{P})$ の半径 ε は，正ならばどんなに小さくてもよい．ε の大きさは問題でないので，ε を省略した）．これに対して，P のある近傍 $U(\mathrm{P})$ で E と共有点を持たないものがとれるとき，P は E の**外点**であるという．E の内点でも外点でもない点を E の**境界点**という．P が E の境界点であるための条件は，P のすべての近傍が E の点も E に属さない点も含むことである．

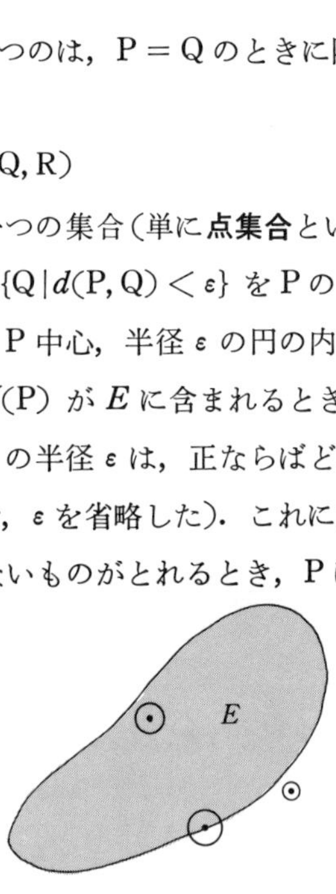

点Pが点集合 E の
$$\begin{cases} \text{内　点：ある } U(\mathrm{P}) \text{ に対して，} U(\mathrm{P}) \subset E \\ \text{外　点：ある } U(\mathrm{P}) \text{ に対して，} U(\mathrm{P}) \cap E = \phi \\ \text{境界点：P の任意の近傍 } U(\mathrm{P}) \text{ に対して，} U(\mathrm{P}) \cap E \neq \phi \\ \qquad\qquad \text{かつ，} U(\mathrm{P}) \cap E^c \neq \phi \end{cases}$$

明らかに，E の内点は E に属し，E の外点は E に属さない．E の境界点は E に属するときも属さないときもある．とくに，E の境界点はすべて E に属すとき，E は**閉集合**であるといい，反対に，E の境界点はどれも E に属さないとき，E は**開集合**であるという．E の境界点全体からなる集合を E の**境界**と呼び，$\boldsymbol{\partial E}$ とかく．

問 1　次の集合の内点，外点，境界点を求めよ．また開集合であるか調べよ

（1）$E=\{(x,y)\,|\,x^2+y^2<1\}$　　（2）$E=\{(x,y)\,|\,x^2+y^2=1\}$

（3）$E=\{(x,y)\,|\,xy>0\}$　　（4）$E=\{(x,y)\,|\,x,y\in \boldsymbol{Q}\}$

問 2　任意の点集合 E に対して，$\partial(E^c)=\partial E$ を示せ．これから，E が開集合（閉集合）となることは，E^c が閉集合（開集合）となることである．

問 3　任意の点集合 E に対して，∂E は閉集合である．

点Pの任意の近傍が E の点を無限個含むとき，Pを E の**集積点**という．これはPの任意の近傍が，Pと異なる E の点を少なくとも一つ含むことと同値である．

E の内点はすべて E の集積点である．E の境界点で，E の集積点でない点は明らかに E に属する点である．このような点を E の**孤立点**と呼ぶ．

E の
- 内　点…E の集積点．
- 境界点…E の集積点，または E の孤立点．
- 外　点…E の集積点でも孤立点でもない．

問 4　問1の各集合について，その集積点をすべて求めよ．

問 5　E が閉集合となるための条件は，E の集積点はすべて E に属することである．

点　　列　平面上の(無限)点列 $\{\mathrm{P}_n\}$ に対して，定点Pがあって $d(\mathrm{P}_n,\mathrm{P})\to 0\ (n\to\infty)$ が成り立つとき，$\{\mathrm{P}_n\}$ は P に**収束する**といい，P をその**極限点**と呼ぶ．このことを，$\lim_{n\to\infty}\mathrm{P}_n=\mathrm{P}$ または $\mathrm{P}_n\to\mathrm{P}\ (n\to\infty)$ と記す．

不等式

$$|x-x'|,|y-y'| \leqq \sqrt{(x-x')^2+(y-y')^2} \leqq |x-x'|+|y-y'| \qquad (1)$$

により，$P_n(x_n, y_n)$，$P(x, y)$ とすれば，$P_n \to P$ となることは，$x_n \to x$ かつ $y_n \to y$ となることである．このことから，次のことは明らかであろう．

1°）点列の極限点は，存在するならばただ一つである．

2°）収束する点列 $\{P_n\}$ は**有界**である．すなわち，点集合 $\{P_n \mid n \in \boldsymbol{N}\}$ はある円板に含まれる．

3°）収束する点列の任意の部分点列は同じ極限点に収束する．

定　理 1　ボルツァノ・ワイエルストラスの定理　　有界な点列は，収束する部分点列を含む．

証明．　$\{P_n\}$ を有界とする．$P_n(x_n, y_n)$ として，数列 $\{x_n\}$ は明らかに有界であるから，第1章定理5により，$\{x_n\}$ のある部分列 $\{x_{n_k}\}$ で収束するものがある．数列 $\{y_{n_k}\}$ も有界であるから，さらに，この部分列 $\{y_{n_{k'}}\}$ で収束するものがある．このとき，$\{x_{n_{k'}}\}$ は $\{x_{n_k}\}$ の部分列であるから収束する．そこで，$\lim x_{n_{k'}} = x$，$\lim y_{n_{k'}} = y$ とおくと，点列 $\{P_{n_{k'}}\}$ は $\{P_n\}$ の部分点列で，点 $P(x, y)$ に収束する．　■

定　理 2　コーシーの判定条件　　点列 $\{P_n\}$ が収束するための条件は，

$$d(P_m, P_n) \to 0 \quad (m, n \to \infty)$$

となること，すなわち，任意の正数 ε に対して，ある N をとれば，

$$d(P_m, P_n) < \varepsilon \quad (m, n > N) \tag{2}$$

を満たすようにできることである．

証明．　必要性：　$P_n \to P$ とする．$\varepsilon > 0$ に対して，ある N をとれば，$d(P_n, P) < \varepsilon$ $(n > N)$．よって，

$$d(P_m, P_n) \leqq d(P_m, P) + d(P, P_n) < 2\varepsilon \quad (m, n > N).$$

ゆえに，定理の条件が成り立つ．

十分性：　逆に定理の条件が満たされているとする．$P_n(x_n, y_n)$ とおくと，$|x_m - x_n|, |y_m - y_n| \leqq d(P_m, P_n)$ であるから，数列 $\{x_n\}, \{y_n\}$ は仮定からともに基本列となる．よって，ともに収束する．$\lim x_n = x$，$\lim y_n = y$，$P(x, y)$ とすれば，$\lim P_n = P$．　■

次に 点集合の性質を点列を用いて表現しよう.

定 理 3 点集合 E が閉集合であるための条件は, E からとりだした収束する点列の極限点は必ず E に属すことである.

証明. 必要性: E を閉集合, $P_n \in E$, $P_n \to P\ (n \to \infty)$ とする. $d(P_n, P) \to 0\ (n \to \infty)$ であるから, P のどんな近傍も $\{P_n\}$ の点を含む. したがって, P は E の外点ではない. したがって, P は E の内点か境界点であるが, いずれにしろ, P は E に属す.

十分性: E が定理の条件を満たすとする. P を E の境界点とすると, P のどんな近傍も E に属する点を含む. 各 $n \in \boldsymbol{N}$ に対して, 半径 $1/n$ の近傍 $U_{1/n}(P)$ に含まれる E の点 P_n をとりだす. $d(P_n, P) < 1/n$ より, $d(P_n, P) \to 0\ (n \to \infty)$. すなわち, $\{P_n\}$ は E の点からなる点列で, P に収束する. ゆえに, 仮定から P は E に属する. 定義により, E は閉集合となる. ▨

この定理と定理1より,

定 理 4 有界閉集合 E は次の性質を満たす.

E からとりだした点列は, E の点に収束する部分点列を必ず含む.

問 6 P が点集合 E の内点または境界点であるための条件は, P が E からとりだしたある点列の極限点になっていることである.

問 7 定理4の逆が成り立つことを示せ.

点 P が E の集積点であるための条件は, E に属する点列 $\{P_n\}$ で, $P_n \fallingdotseq P\ (n \in \boldsymbol{N})$, かつ $P_n \to P\ (n \to \infty)$ を満たすものが存在することである. このことは定理3の証明と同様にしてわかる. これから定理1は次のようにいい表すことができる.

定理 5 無限個の点からなる有界な集合は少なくとも一つ集積点を持つ.

以上のこの節の議論は, 空間における点集合, 点列についてもまったく同様に行うことができ, 各定理はすべてそのまま成り立つ. 証明もほとんど同様であるから各自確かめてみよ.

§2　多変数関数の極限と連続性

平面上の点集合 D の各点に，なんらかの方法によって実数が対応しているとき，D 上の一つの関数 f が与えられたという．D 上の点 P に対応する値を $f(\mathrm{P})$ で表して，関数 $f(\mathrm{P})$ などとかくことにする．D を関数 $f(\mathrm{P})$ の**定義域**と呼ぶ．

関数 $f(\mathrm{P})$ において，P の座標を (x, y)，これに対応する f の値を $f(x, y)$ とかいてこれを **2 変数 x, y の関数**と呼ぶ．このとき，$f(x, y)$ の値を一つの文字 z で表して，$z=f(x, y)$ とかいて，**z は x, y の関数**であるという．

以上で，D を空間における点集合としても同様に考えることができる．$\mathrm{P}(x, y, z)$ として，これに対応する f の値を $w=f(x, y, z)$ とかくとき，w は3変数 x, y, z の関数であるという．

（I）極　限

以下，簡単のため D を平面上の点集合とする．

定点 P_0 と定数 l があって，$\mathrm{P} \neq \mathrm{P}_0$ が P_0 に近づくとき，$f(\mathrm{P})$ の値が l に限りなく近づくならば，f は P_0 において**極限値** l を持つといい，これを

$$\lim_{\mathrm{P} \to \mathrm{P}_0} f(\mathrm{P}) = l, \quad \text{または} \quad f(\mathrm{P}) \to l \ (\mathrm{P} \to \mathrm{P}_0)$$

とかく．このことを厳密に述べると，次のようになる．

任意の正数 ε に対して，適当な正数 δ をとれば，

$$|f(\mathrm{P}) - l| < \varepsilon \qquad (0 < d(\mathrm{P}, \mathrm{P}_0) < \delta) \tag{3}$$

が成り立つようにできる．

ここで注意することは，P は f の定義域 D 上を動きながら P_0 に近づくことである（P_0 は D に属さなくてもよい）．このことを明示するときは

$$\lim_{\substack{\mathrm{P} \to \mathrm{P}_0 \\ \mathrm{P} \in D}} f(\mathrm{P}) = l, \quad \text{または} \quad f(\mathrm{P}) \to l \ (\mathrm{P} \in D \to \mathrm{P}_0)$$

とかく．

$\mathrm{P}(x, y)$，$\mathrm{P}_0(a, b)$ とするとき，$\displaystyle\lim_{\mathrm{P} \to \mathrm{P}_0} f(\mathrm{P})$ を

$$\lim_{(x, y) \to (a, b)} f(x, y) \quad \text{または} \quad \lim_{\substack{x \to a \\ y \to b}} f(x, y)$$

とかくこともある．

多変数関数の極限についても，1変数の場合（第1章§3）と同様なことが成り立つ．主なものをあげると，

1°) 有限な極限値 $\lim_{P\to P_0} f(P)$ が存在するための条件は，P_0 に収束するどんな点列 $\{P_n\}$（ただし，$P_n \in D, P_n \neq P_0$）に対しても，数列 $\{f(P_n)\}$ が収束することである．

2°) f, g はともに D 上で定義されていて，$\lim_{P\to P_0} f(P) = \alpha$，$\lim_{P\to P_0} g(P) = \beta$ とする．このとき，

$$\lim_{P\to P_0}\{f(P)\pm g(P)\},\quad \lim_{P\to P_0} kf(P),\quad \lim_{P\to P_0} f(P)g(P),\quad \lim_{P\to P_0} g(P)/f(P)$$

も存在して，それぞれ $\alpha\pm\beta$，$k\alpha$，$\alpha\beta$，β/α に等しい．ただし，k は定数で，β/α においては $\alpha\neq 0$ とする．

例 1 $(x, y)\neq(0, 0)$ に対して，$f(x, y) = xy/\sqrt{x^2+y^2}$ とすると，

$$\lim_{(x,y)\to(0,0)} f(x, y) = 0.$$

（**証**） これは，不等式：$2|xy| \leqq x^2+y^2$ により，$|f(x, y)| \leqq \dfrac{\sqrt{x^2+y^2}}{2}$ であることからわかる．

例 2 $(x, y)\neq(0, 0)$ に対して，$f(x, y) = xy/(x^2+y^2)$ とすると，

$\lim_{(x,y)\to(0,0)} f(x, y)$ は存在しない．

（**証**） 直線 $y = mx$ 上を点 (x, y) が $(0, 0)$ に近づくとき，$f(x, y) = m/(1+m^2)$．この値は m の値によって変化する．(x, y) が $(0, 0)$ に近づく仕方によって，$f(x, y)$ の近づく値が変わるので，極限値は存在しない．

注 この例では二つの"累次極限" $\lim_{y\to 0}\left\{\lim_{x\to 0} f(x, y)\right\}$，$\lim_{x\to 0}\left\{\lim_{y\to 0} f(x, y)\right\}$ はともに存在して0に等しい．しかし，同時に $x\to 0, y\to 0$ としたときの極限 $\lim_{(x,y)\to(0,0)} f(x, y)$ は存在しない．

問 8 次の関数が $(0, 0)$ において極限値を持つかどうかを調べよ．

（1） $f(x, y) = (x^2+2y^2)/\sqrt{x^2+y^2}$ （2） $f(x, y) = x^2y/(x^4+y^2)$

（3） $f(x, y) = \left(1+\dfrac{x}{y}\right)\sin\dfrac{1}{x}\sin y$ （$xy=0$ のとき，$f(x, y) = 0$ とする．）

問 9 $\lim_{(x,y)\to(a,b)} f(x, y) = A$ が存在するとき，二つの累次極限

$$\lim_{x\to a}\left\{\lim_{y\to b} f(x, y)\right\},\qquad \lim_{y\to b}\left\{\lim_{x\to a} f(x, y)\right\}$$

は存在して，ともに A に等しい．ただし，{ } 内の極限は存在するものとする．

（II）連　続　性

多変数関数の連続性についても，1変数の場合（第1章 §4）とほとんど同様である．関数 f が定義域 D の1点 P_0 において**連続**であるとは，$\mathrm{P} \to \mathrm{P}_0$ のとき $f(\mathrm{P}) \to f(\mathrm{P}_0)$ となることである．すなわち，任意の正数 ε に対して，適当な正数 δ をとって，

$$|f(\mathrm{P})-f(\mathrm{P}_0)| < \varepsilon \qquad (d(\mathrm{P}, \mathrm{P}_0) < \delta) \tag{4}$$

が成り立つようにできることである．

D 上の各点で連続であるとき，**D 上で連続**であるという．

1°）$f(\mathrm{P})$ が $\mathrm{P} = \mathrm{P}_0$ で連続であるための条件は，P_0 に収束するすべての点列 $\{\mathrm{P}_n\}$（ただし，$\mathrm{P}_n \in D$）に対して，数列 $\{f(\mathrm{P}_n)\}$ が $f(\mathrm{P}_0)$ に収束することである．

2°）$f(\mathrm{P})$ が $\mathrm{P} = \mathrm{P}_0$ で連続，$f(\mathrm{P}_0) \neq 0$ とする．このとき，$f(\mathrm{P})$ は P_0 のある近傍（と定義域 D との共通部分）で0にならず定符号である．

3°）$f(\mathrm{P})$，$g(\mathrm{P})$ が $\mathrm{P} = \mathrm{P}_0$ で連続であるとき，$f(\mathrm{P}) \pm g(\mathrm{P})$，$kf(\mathrm{P})$，$f(\mathrm{P})g(\mathrm{P})$，$g(\mathrm{P})/f(\mathrm{P})$ も $\mathrm{P} = \mathrm{P}_0$ で連続である．ただし，k は定数とし，$g(\mathrm{P})/f(\mathrm{P})$ については $f(\mathrm{P}_0) \neq 0$ とする．

4°）$f(\mathrm{P})$，$g(\mathrm{P})$ はともに D 上で定義された連続な関数，φ は点集合 E 上の連続な関数とする．D の各点 P に対して，点 $(f(\mathrm{P}), g(\mathrm{P}))$ が E に属するとき，D 上の関数 $\varphi(f(\mathrm{P}), g(\mathrm{P}))$ は連続である．

5°）**最大値・最小値定理**　有界閉集合 E 上の連続関数 f は，そこで有界で，最大値，最小値を E 上でとる．

6°）**一様連続性**　有界閉集合 E 上の連続関数 f はそこで一様連続である．すなわち，任意の正数 ε に対して，適当な正数 δ をとると，

$$|f(\mathrm{P})-f(\mathrm{Q})| < \varepsilon \quad (\mathrm{P}, \mathrm{Q} \in E,\ d(\mathrm{P}, \mathrm{Q}) < \delta) \tag{5}$$

が成り立つようにできる．

最後に中間値の定理を述べる．

$y = 1/x$ を $(-\infty, 0) \cup (0, \infty)$ で考える．y は正負の値をとるが，その中間の値である0をとらない．すなわち，$(-\infty, 0) \cup (0, \infty)$ で，中間値の定理を満たさない．これは，定義域 $(-\infty, 0) \cup (0, \infty)$ が“つながっていない”ことによる．平面または空間

における点集合 D 上での中間値定理を述べるため，D が“つながっている”ことの定義を与えよう．

点集合 D 内の任意の 2 点 P, Q に対して，P, Q を結ぶ D 内の曲線が存在するとき，D は（弧状）**連結**であるという．

7°）**中間値定理**　連結な点集合 D 上の連続関数 f は次を満たす．P, Q を D の点とし $f(\mathrm{P}) \neq f(\mathrm{Q})$ とすると，f は D 上で $f(\mathrm{P})$ と $f(\mathrm{Q})$ の間の値をすべてとる．

（**証**）P, Q を結ぶ D 内の曲線 C をとる．C のパラメータ表示を $x = x(t)$, $y = y(t)$ $(\alpha \leqq t \leqq \beta)$ とすれば，4°）と同様に，$f(x(t), y(t))$ は $\alpha \leqq t \leqq \beta$ における連続関数となる．これに 1 変数の中間値定理を適用すればよい．

連結な開集合を**領域**という．とくに，平面上で互いに交わらない単純曲線で囲まれた点集合 D は領域である．このような領域 D に対して，集合 $D \cup \partial D$ を $\overline{D}$ で表し，これを**閉領域**と呼ぶ．閉領域は閉集合である．

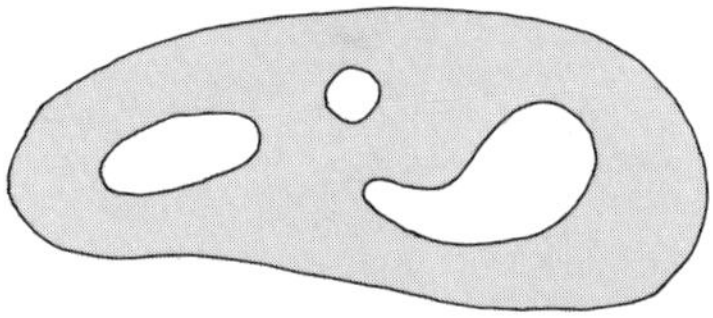

問 10　平面または空間で，$d(\mathrm{P}, \mathrm{Q})$ は Q を固定すれば，P の連続関数である．

問 11　$f(\mathrm{P})$ を平面（または空間）全体で定義された連続関数とする．定数 k に対して，集合 $\{\mathrm{P} \mid f(\mathrm{P}) = k\}$, $\{\mathrm{P} \mid f(\mathrm{P}) \geqq k\}$ は閉集合であり，$\{\mathrm{P} \mid f(\mathrm{P}) \neq k\}$, $\{\mathrm{P} \mid f(\mathrm{P}) > k\}$ は開集合である．

§3　偏　微　分

（I）偏微分，偏導関数

関数 $z = f(x, y)$ は点 $\mathrm{P}_0(a, b)$ の近傍で定義されているとする．x の関数 $f(x, b)$ が $x = a$ において微分可能であるとき，f は P_0 において x に関して**偏微分可能**であるという．この微分係数を $\dfrac{\partial f}{\partial x}(a, b)$ または $f_x(a, b)$ とかき，これを 点 (a, b) における x に関する f の**偏微分係数**という．

すなわち，

$$f_x(a, b) = \left.\frac{df(x, b)}{dx}\right|_{x=a} = \lim_{h \to 0} \frac{f(a+h, b) - f(a, b)}{h} \qquad (6)$$

関数 $z = f(x, y)$ が領域 D の各点で x に関して偏微分可能であるとき，点

(x, y) における x に関する偏微分係数 $f_x(x, y)$ は D 上の関数となる．これを x に関する $z=f(x, y)$ の**偏導関数**と呼び，次のような記号で表す．

$$f_x, \quad \partial f/\partial x, \quad \partial z/\partial x, \quad z_x$$

y についても偏微分係数 $f_y(a, b)$，偏導関数 f_y が同様に定義される．偏導関数を求めることを**偏微分する**という．

例 3　平面全体で定義された $f(x, y)=x\sqrt{x^2+y^2}$ を偏微分せよ．

（**解**）$(x, y) \neq (0,0)$ のとき，

$$\frac{\partial f}{\partial x}=\sqrt{x^2+y^2}+x\cdot\frac{2x}{2\sqrt{x^2+y^2}}=\frac{2x^2+y^2}{\sqrt{x^2+y^2}}, \qquad \frac{\partial f}{\partial y}=\frac{xy}{\sqrt{x^2+y^2}}.$$

$(x, y)=(0,0)$ のとき，

$$\frac{\partial f}{\partial x}(0,0)=\lim_{h\to 0}\frac{f(h,0)-f(0,0)}{h}=\lim_{h\to 0}|h|=0. \tag{7}$$

$$\frac{\partial f}{\partial y}(0,0)=\lim_{k\to 0}\frac{f(0,k)-f(0,0)}{k}=\lim_{k\to 0}\frac{0}{k}=0. \tag{8}$$

問 12　次の関数を偏微分せよ．

（1）　$z=e^{xy}$　　　（2）　$z=\log(x^2+y^2)$

（3）　$z=\tan^{-1}(y/x)$　　　（4）　$z=\begin{cases} xy/(x^2+y^2) & (x, y)\neq(0,0) \\ 0 & (x, y)=(0,0) \end{cases}$

領域 D の各点で f_x が存在するとき，$f_{xx}=(f_x)_x$，$f_{xy}=(f_x)_y$ を考えることができる．同様に f_y が存在するとき，$f_{yx}=(f_y)_x$, f_{yy} が考えられる．このような f_x または f_y の偏導関数を f の **2 階偏導関数**という．さらに 3 階，4 階，…の偏導関数が定義される．2 階以上の偏導関数を**高階偏導関数**と呼ぶ．

$$f_{xx}, f_{xy}, f_{xxy}, \cdots \text{ を } \frac{\partial^2 f}{\partial x^2}, \frac{\partial^2 f}{\partial y\partial x}\left(=\frac{\partial}{\partial y}\left(\frac{\partial f}{\partial x}\right)\right), \frac{\partial^3 f}{\partial y\partial x^2}, \cdots \text{ とかく．}$$

f が D 上で n 階までのあらゆる偏導関数を持ち，それらがすべて D 上で連続であるとき，f は D 上で $\boldsymbol{C^n}$ **級**であるという．

例 4　$f(x, y)=\begin{cases} xy(x^2-y^2)/(x^2+y^2) & (x, y)\neq(0,0) \\ 0 & (x, y)=(0,0) \end{cases}$

に対して，$f_{xy}(0,0)$，$f_{yx}(0,0)$ を求めよ．

（**解**）$$f_x(0, y)=\lim_{h\to 0}\frac{f(h, y)-f(0, y)}{h}=\lim_{h\to 0}\frac{y(h^2-y^2)}{h^2+y^2}=-y. \tag{9}$$

よって，

$$f_{xy}(0,0) = (f_x)_y(0,0) = \frac{d}{dy}f_x(0,y)|_{y=0} = -1. \tag{10}$$

同様にして，$f_y(x,0) = x$，$f_{yx}(0,0) = 1$.

上の例のように f_{xy}, f_{yx} がともに存在しても一致するとは限らない．一致するための一つの十分条件として，

定　理 6　シュワルツの定理　点 (a,b) の近傍で f_x, f_y, f_{xy} が存在して，f_{xy} が (a,b) で連続ならば，$f_{yx}(a,b)$ も存在して，(a,b) で $f_{xy} = f_{yx}$.

証明.　$$\varphi(x,y) = f(x,y) - f(x,b) \tag{11}$$

とおく．十分小さい h, k をとり，$\varphi(x, b+k)$ に平均値の定理を適用して，

$$\begin{aligned}\varphi(a+h, b+k) &- \varphi(a, b+k)\\ &= h\varphi_x(a+\theta h, b+k) \quad (0<\theta<1)\\ &= h\{f_x(a+\theta h, b+k) - f_x(a+\theta h, b)\}\end{aligned} \tag{12}$$

ここで，$f_x(a+\theta h, y)$ に平均値の定理を適用して，

$$\varphi(a+h, b+k) - \varphi(a, b+k) = hkf_{xy}(a+\theta h, b+\theta' k), \quad 0<\theta'<1. \tag{13}$$

ここで，

$$\lim_{k\to 0}\varphi(x, b+k)/k = f_y(x,b) \tag{14}$$

に注意して，(13) から

$$f_y(a+h, b) - f_y(a,b) = h\lim_{k\to 0} f_{xy}(a+\theta h, b+\theta' k). \tag{15}$$

したがって，

$$\begin{aligned} f_{yx}(a,b) &= \lim_{h\to 0}\{f_y(a+h,b) - f_y(a,b)\}/h \\ &= \lim_{h\to 0}\lim_{k\to 0} f_{xy}(a+\theta h, b+\theta' k) && (16)\\ &= \lim_{(h,k)\to(0,0)} f_{xy}(a+\theta h, b+\theta' k) \quad (\S 2\ 問 9 参照) && (17)\\ &= f_{xy}(a,b) \end{aligned}$$

▨

系　$f(x,y)$ に対して f_{xy}, f_{yx} がともに存在して，少なくとも一方が連続のとき両者は一致する．

定理 6 から次のことがいえる．

C^n 級関数 $f(x,y)$ について，n 回までの偏微分は微分の順序によらず，f の

k 階偏導関数 $(0 \leqq k \leqq n)$ はすべて

$$\frac{\partial^k f}{\partial x^r \partial y^{k-r}} \quad (0 \leqq r \leqq k)$$

の形に書き表される．

問 13　次の関数の2階偏導関数をすべて求めよ．

（1）$z = e^{xy}$　（2）$z = \log(x^2+y^2)$　（3）$z = \log_x y$

問 14　$f(x,y) = e^{ax}\cos by$　のとき，$\dfrac{\partial^{m+n} f}{\partial x^m \partial y^n}$ を求めよ．

（II）全 微 分

以下，$f(x,y)$ は点 (a,b) の近傍で定義されているとする．

適当な定数 A, B に対して

$$\Delta f \equiv f(a+h, b+k) - f(a,b) = Ah + Bk + \varepsilon\sqrt{h^2+k^2} \tag{18}$$

とおくとき，$\lim_{(h,k)\to(0,0)} \varepsilon = 0$ となるならば，f は (a,b) で**全微分可能**であるという．

このとき，$\lim_{(h,k)\to(0,0)} \Delta f = 0$ であるから，f は (a,b) で連続となる．次に，$k = 0$ とおき，$h \to 0$ としてみれば，$f_x(a,b) = A$ を得る．同様にして，$f_y(a,b) = B$ を得る．よって，全微分可能ならば，偏微分可能となる．

$f(x,y) = xy/(x^2+y^2)$（ただし $f(0,0) = 0$）について，$f_x(0,0)$，$f_y(0,0)$ はともに存在するが（問 12（4）），$(0,0)$ において連続でないから（§ 2 例 1）全微分可能でない．すなわち，各偏微分が存在しても全微分可能と限らない．しかし，次が成り立つ．

定　理 7　f_x, f_y が存在して，それらのいずれかが連続ならば，f は全微分可能である．とくに，C^1 級関数は全微分可能である．

証明．　f_x が点 (a,b) で連続として，f は (a,b) で全微分可能であることを示す．十分小さな h, k をとり，$f(x, b+k)$ に平均値定理を適用して，

$$f(a+h, b+k) - f(a, b+k) = hf_x(a+\theta h, b+k) \quad (0 < \theta < 1).$$

ここで，上記の右辺を，

$$= h\{f_x(a,b) + \varepsilon_1\} \tag{19}$$

とおくと，f_x の連続性から，$\varepsilon_1 \to 0$ $(\sqrt{h^2+k^2} \to 0)$．

次に，$f(a,y)$ の $y=b$ における微分可能性から，

$$f(a,b+k)-f(a,b)=k\,f_y(a,b)+k\varepsilon_2 \tag{20}$$

とおくと，$\varepsilon_2 \to 0$ $(k\to 0)$.

(19), (20) から，

$$\varDelta f = h\,f_x(a,b)+k\,f_y(a,b)+\varepsilon\sqrt{h^2+k^2},$$

$$|\varepsilon| = |h\varepsilon_1+k\varepsilon_2|/\sqrt{h^2+k^2} \leqq |\varepsilon_1|+|\varepsilon_2| \to 0 \ (\sqrt{h^2+k^2}\to 0).$$ ▨

$f(x,y)$ を点 (a,b) で全微分可能とする．(18) において $h=\varDelta x$, $k=\varDelta y$ とおくと，

$$\varDelta f = f_x(a,b)\varDelta x+f_y(a,b)\varDelta y+\varepsilon\sqrt{(\varDelta x)^2+(\varDelta y)^2} \tag{21}$$

となって，$\varDelta x, \varDelta y \to 0$ のとき $\varepsilon \to 0$ である．よって，$\varDelta x, \varDelta y \to 0$ のとき，$\varDelta f-\{f_x(a,b)\varDelta x+f_y(a,b)\varDelta y\}$ は $\sqrt{(\varDelta x)^2+(\varDelta y)^2}$ より高位の無限小となる．したがって，$|\varDelta x|, |\varDelta y|$ がともに十分小さいとき，

$$\text{近似式：}\quad \varDelta f \fallingdotseq f_x(a,b)\varDelta x+f_y(a,b)\varDelta y \tag{22}$$

が成り立ち，しかも近似の程度は $|\varDelta x|, |\varDelta y|$ が小さいほどよいと考えられる．そこで，$\varDelta x, \varDelta y$ を dx, dy に換えてできる形式

$$f_x(a,b)dx+f_y(a,b)dy \tag{23}$$

を f の (a,b) における**全微分**と呼び，df で表す．

問 15 $f(x,y)$, $g(x,y)$, $\varphi(t)$ を C^1 級とすると，次の式が成り立つ．

$$d(fg)=g\,df+f\,dg,\quad d(\varphi\circ f)=(\varphi'\circ f)df$$

(III) 合成関数の微分

定 理 8　$z=f(x,y)$ は領域 D で全微分可能とする．$x=x(t)$, $y=y(t)$ は区間 I で微分可能で，各 t につき，点 $(x(t),y(t))$ は D に属するとする．

このとき，合成関数 $z=f(x(t),y(t))$ は I 上微分可能で，次の式が成り立つ．

$$\frac{dz}{dt}=f_x(x(t),y(t))x'(t)+f_y(x(t),y(t))y'(t). \tag{24}$$

これは，

$$\frac{dz}{dt}=\frac{\partial z}{\partial x}\frac{dx}{dt}+\frac{\partial z}{\partial y}\frac{dy}{dt}$$

とかくことができる．

証明.　$\Delta x = x(t+\Delta t)-x(t) = (x'(t)+\varepsilon_1)\Delta t$,　　$\Delta y = y(t+\Delta t)-y(t) = (y'(t)+\varepsilon_2)\Delta t$, とおくと, $\varepsilon_1, \varepsilon_2 \to 0$ $(\Delta t \to 0)$.

$\Delta f = f_x\Delta x+f_y\Delta y+\varepsilon\sqrt{(\Delta x)^2+(\Delta y)^2}$ の $f_x\Delta x+f_y\Delta y$ の部分に代入して,

$$\frac{\Delta z}{\Delta t}-f_x x'(t)-f_y y'(t) = f_x\varepsilon_1+f_y\varepsilon_2+\frac{\varepsilon}{\Delta t}\sqrt{(\Delta x)^2+(\Delta y)^2} \quad (25)$$

$\Delta t \to 0$ のとき, $\Delta x, \Delta y \to 0$, よって $\varepsilon \to 0$. また, $\left(\frac{\Delta x}{\Delta t}\right)^2+\left(\frac{\Delta y}{\Delta t}\right)^2 \to$ $x'^2(t)+y'^2(t)$. したがって, (25) の右辺は0に収束する．ゆえに,

$$\frac{dz}{dt}=\lim_{\Delta t\to 0}\frac{\Delta z}{\Delta t}=f_x x'(t)+f_y y'(t)$$ ■

定　理 9　連鎖公式　　$z=f(x,y)$ は領域 D で全微分可能とする．u, v の関数 $x=x(u,v)$, $y=y(u,v)$ がともに領域 Ω で偏微分可能で, Ω 内の各点 (u,v) に対して点 $(x(u,v), y(u,v))$ は D に属するとする．このとき, 合成関数 $z=f(x(u,v),\ y(u,v))$ も偏微分可能で, 次の式が成り立つ．

$$\frac{\partial z}{\partial u}=\frac{\partial z}{\partial x}\frac{\partial x}{\partial u}+\frac{\partial z}{\partial y}\frac{\partial y}{\partial u} \qquad \frac{\partial z}{\partial v}=\frac{\partial z}{\partial x}\frac{\partial x}{\partial v}+\frac{\partial z}{\partial y}\frac{\partial y}{\partial v} \quad (26)$$

証明.　v を固定して u だけの関数とみれば, 定理8から左の等式を得る．右の等式についても同様である． ■

変数の個数が多い場合も同様なことが成り立つ．

（1）　$w=f(x,y,z)$ が全微分可能, $x=x(t)$, $y=y(t)$, $z=z(t)$ が微分可能ならば,

$$\frac{dw}{dt}=\frac{\partial w}{\partial x}\frac{dx}{dt}+\frac{\partial w}{\partial y}\frac{dy}{dt}+\frac{\partial w}{\partial z}\frac{dz}{dt} \quad (27)$$

（2）　$W=f(x,y,z)$ が全微分可能, x,y,z はすべて u,v（または u,v,w）の関数で偏微分可能ならば, W を u,v（または u,v,w）の関数とみて,

$$\frac{\partial W}{\partial u}=\frac{\partial W}{\partial x}\frac{\partial x}{\partial u}+\frac{\partial W}{\partial y}\frac{\partial y}{\partial u}+\frac{\partial W}{\partial z}\frac{\partial z}{\partial u}, \qquad \frac{\partial W}{\partial v}=\frac{\partial W}{\partial x}\frac{\partial x}{\partial v}+\cdots \quad (28)$$

例 5　$z=f(x,y)$ を C^2 級として, $x=r\cos\theta$, $y=r\sin\theta$ とおけば,

（1）　$\left(\dfrac{\partial z}{\partial x}\right)^2+\left(\dfrac{\partial z}{\partial y}\right)^2=\left(\dfrac{\partial z}{\partial r}\right)^2+\dfrac{1}{r^2}\left(\dfrac{\partial z}{\partial \theta}\right)^2$

（2）　$\dfrac{\partial^2 z}{\partial x^2}+\dfrac{\partial^2 z}{\partial y^2}=\dfrac{\partial^2 z}{\partial r^2}+\dfrac{1}{r}\dfrac{\partial z}{\partial r}+\dfrac{1}{r^2}\dfrac{\partial^2 z}{\partial \theta^2}$.

（**証**）　$z_r=z_x\cos\theta+z_y\sin\theta,\ z_\theta=-z_x r\sin\theta+z_y r\cos\theta$

$$z_{rr}=(z_r)_r=(z_{xx}\cos\theta+z_{xy}\sin\theta)\cos\theta+(z_{yx}\cos\theta+z_{yy}\sin\theta)\sin\theta$$
$$=z_{xx}\cos^2\theta+2z_{xy}\sin\theta\cos\theta+z_{yy}\sin^2\theta$$
$$z_{\theta\theta}=(z_\theta)_\theta=-(-z_{xx}r\sin\theta+z_{xy}r\cos\theta)r\sin\theta-z_x r\cos\theta$$
$$+(-z_{yx}r\sin\theta+z_{yy}r\cos\theta)r\cos\theta-z_y r\sin\theta$$
$$=r^2(z_{xx}\sin^2\theta-2z_{xy}\sin\theta\cos\theta+z_{yy}\cos^2\theta)-rz_r.$$

以上から (1), (2) を得る.

問 16　$z=f(x,y)$ は C^2 級，x,y は t の C^2 級関数とするとき，

$$z''(t)=z_{xx}x'(t)^2+2z_{xy}x'(t)y'(t)+z_{yy}y'(t)^2+z_x x''(t)+z_y y''(t).$$

問 17　$r=\sqrt{x^2+y^2+z^2}$，$\varphi(r)$ は r の C^2 級関数とするとき，

$f(x,y,z)=\varphi(r)$ として，$\dfrac{\partial^2 f}{\partial x^2}+\dfrac{\partial^2 f}{\partial y^2}+\dfrac{\partial^2 f}{\partial z^2}$ をφ で表せ.

問 18　**全微分の不変性**　z は x,y の C^1 級関数，x,y はともに，u,v の C^1 級関数とする．du,dv に対する x,y,z の全微分をそれぞれ dx,dy,dz とするとき，

$$dz=z_x\,dx+z_y\,dy=z_u\,du+z_v\,dv$$

が成り立つ.

例 6　長方形 R の内部で C^1 級の関数 u が，R 内で $u(x,y)=f(x)+g(y)$ の形に書き表されるための条件は，R 内で $u_{xy}=0$ となることである.

（**証**）　必要性は明らかである．十分性を示す.

$\dfrac{\partial}{\partial y}u_x(x,y)=u_{xy}(x,y)=0$ より，$u_x(x,y)$ は x を固定すると定数である．よって，$u_x(x,y)$ は x だけの関数で，仮定より連続，したがって，原始関数 $f(x)$ を持つ．y を任意に固定して，$\dfrac{\partial}{\partial x}u(x,y)=f'(x)$ の両辺を x に関して積分して，$u(x,y)=f(x)+C$. C は x に関しては定数であるが，先に固定した y の値が変われば変化する．ゆえに，C は y だけの関数となり，これを $g(y)$ とすれば，$u(x,y)=f(x)+g(y)$.

例 7　$x>0$ で定義された C^1 級関数 $z=z(x,y)$ に対して，$z(x,y)$ の値が比 y/x の値だけによって決まるための条件は，$xz_x+yz_y=0$ が成り立つことである.

（**証**）　x と y/x の値は互いに独立に決められる．そこで，独立変数を，x, y から

$x, u = y/x$ に変換して，$\varphi(x, u) = z(x, xu)$ とおく．z が y/x の値だけによって決まるのは，φ が u だけの関数になることであり，そのための条件は，

$$\frac{\partial}{\partial x}\varphi(x, u) = z_x + z_y \cdot u = z_x + \frac{y}{x}z_y = \frac{1}{x}(xz_x + yz_y) = 0\,.$$

問 19　$z = z(x, y)$ が $x = r\cos\theta$，$y = r\sin\theta$ なる変数変換によって r だけの関数となるための条件は，$yz_x = xz_y$ が成り立つことである．

（IV）　テイラーの定理

$z = f(x, y)$ が領域 D で C^n 級で，線分 $\{(a+ht, b+kt) \mid 0 \leqq t \leqq 1\}$ は D に含まれているとする．このとき，$z = f(a+ht, b+kt)$ $(0 \leqq t \leqq 1)$ に対して，

$$\frac{d^n z}{dt^n} = \sum_{r=0}^{n} {}_n\mathrm{C}_r h^{n-r} k^r \frac{\partial^n f}{\partial x^{n-r} \partial y^r}(a+ht, b+kt) \tag{29}$$

が成り立つ．この右辺を，形式的に

$$\left(h\frac{\partial}{\partial x} + k\frac{\partial}{\partial y}\right)^n f(a+ht, b+kt) \tag{30}$$

と書き表す．

(29) は次のように帰納的に示される．

$n = 1$ のときは，定理8から明らかである．$n-1$ のとき成り立つとすると，

$$\begin{aligned}
\frac{d^n z}{dt^n} &= \frac{d}{dt}\left(\frac{d^{n-1}z}{dt^{n-1}}\right) = \frac{d}{dt}\left(h\frac{\partial}{\partial x} + k\frac{\partial}{\partial y}\right)^{n-1} f(a+ht, b+kt) \\
&= \left[h\frac{\partial}{\partial x}\left(h\frac{\partial}{\partial x} + k\frac{\partial}{\partial y}\right)^{n-1} f + k\frac{\partial}{\partial y}\left(h\frac{\partial}{\partial x} + k\frac{\partial}{\partial y}\right)^{n-1} f\right](a+ht, b+kt) \\
&= \left(h\frac{\partial}{\partial x} + k\frac{\partial}{\partial y}\right)^n f(a+ht, b+kt) \quad \text{（偏微分の順序変更を行った.）}
\end{aligned}$$

定　理 10　テイラーの定理　　$f(x, y)$ は領域 D 上で C^n $(n \geqq 1)$ 級とし，線分 $\{(a+ht, b+kt) \mid 0 \leqq t \leqq 1\}$ は D に含まれるとする．このとき，

$$\begin{aligned}
f(a+h, b+k) &= f(a, b) + \left(h\frac{\partial}{\partial x} + k\frac{\partial}{\partial y}\right) f(a, b) \\
&+ \cdots + \frac{1}{r!}\left(h\frac{\partial}{\partial x} + k\frac{\partial}{\partial y}\right)^r f(a, b) + \cdots + \frac{1}{(n-1)!}\left(h\frac{\partial}{\partial x} + k\frac{\partial}{\partial y}\right)^{n-1} f(a, b) \\
&+ \frac{1}{n!}\left(h\frac{\partial}{\partial x} + k\frac{\partial}{\partial y}\right)^n f(a+\theta h, b+\theta k)
\end{aligned} \tag{31}$$

を満たす θ $(0<\theta<1)$ が存在する．

証明． $z=f(a+ht, b+kt)$ は $[0,1]$ で C^n 級である．よって，1変数のテイラーの定理から，ある θ $(0<\theta<1)$ が存在して，

$$z(1)=z(0)+z'(0)+\cdots+\frac{1}{(n-1)!}z^{(n-1)}(0)+\frac{1}{n!}z^{(n)}(\theta) \qquad (32)$$

が成り立つ．$z^{(m)}(t)=\left(h\frac{\partial}{\partial x}+k\frac{\partial}{\partial y}\right)^m f(a+ht, b+kt)$ $(0\leqq m\leqq n)$ からただちに定理を得る． ■

問 20 ある定数 α に対して，

$$f(tx, ty)=t^\alpha f(x, y) \quad (t>0) \qquad (33)$$

が成り立つとき，関数 $f(x, y)$ は α 次の正の**同次関数**であるという．このとき，f が C^n 級ならば，

$$\left(x\frac{\partial}{\partial x}+y\frac{\partial}{\partial y}\right)^n f(x, y)=\alpha(\alpha-1)\cdots(\alpha-n+1)\ f(x, y).$$

問 21 $f(x, y)=e^x\cos y$ とする．$|x|, |y|$ が小さいとき，

$$\begin{aligned} f(x, y)&=\left(1+x+\frac{x^2}{2!}+\cdots\right)\left(1-\frac{y^2}{2!}+\cdots\right) \\ &=1+x+\left(\frac{x^2}{2}-\frac{y^2}{2}\right)+\cdots \end{aligned}$$

から，$f(x, y)$ の近似値として，$1+x+\frac{1}{2}(x^2-y^2)$ をとった場合，$(|x|+|y|)^3e^{|x|}/6$ は一つの誤差の限界であることを示せ．

§4 陰 関 数

二つの変数 x, y の間に，ある関係式 $F(x, y)=0$ が成り立っているとする．x の値を与えれば，この関係式を y の方程式とみて，y について解くことにより y の値がいくつか決まる．よって，y を x の関数とみることができる．これを関係式 $F(x, y)=0$ の定める**陰関数**と呼ぶ．一般には，陰関数は多価関数になるが，この一価な分枝で，連続性，滑らかさなどを備えたものが実用上の対象である．局所的に，このような分枝をとることができることを保証するのが次の定理である．

定　理 11　陰関数定理　$F(x, y)$ を点 (a, b) の近傍で定義された C^1 級関数とし，(a, b) で $F(a, b)=0$，$F_y(a, b)\neq 0$ を満たすとする．

このとき，$x=a$ を含む適当な開区間 I と正数 δ をとれば，各 $x\in I$ に対して，$F(x,y)=0,\ |y-b|<\delta$ を満たす y がただ一つ定まる．この I 上の関数 $y=f(x)$ は C^1 級であり，$f'(x)$ は次の式で与えられる．

$$f'(x)=-\frac{F_x(x,f(x))}{F_y(x,f(x))} \tag{34}$$

証明． $F_y(a,b)>0$ とする（$F_y(a,b)<0$ の場合も証明は同様である）．F_y の連続性から，$\delta>0$ を十分小さくとって，正方形 $|x-a|\leqq\delta,\ |y-b|\leqq\delta$ 上で $F_y(x,y)>0$ とする．ここで，$F(x,y)$ は x を固定すれば，$|y-b|<\delta$ で狭義増加であるから，

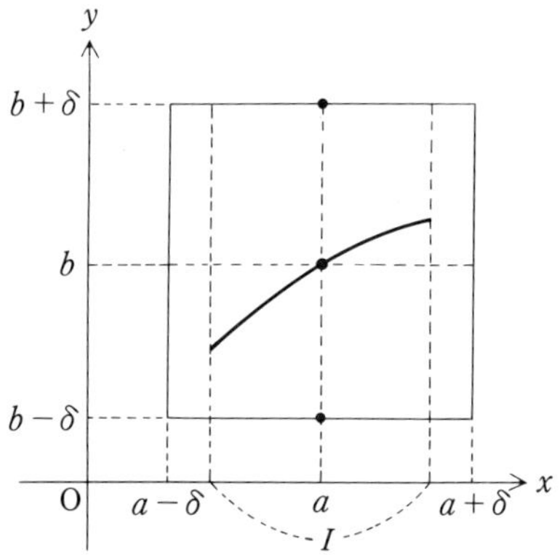

$$F(a,b-\delta)<F(a,b)$$
$$=0<F(a,b+\delta)$$

となる．F の連続性から，$0<\varepsilon<\delta$ なる ある ε をとって，$I=(a-\varepsilon,a+\varepsilon)$ 上 $F(x,b-\delta)<0<F(x,b+\delta)$ となるようにできる．このとき，$F(x,y)$ の y に関する単調性から，各 $x\in I$ に対して $F(x,y)=0,\ |y-b|<\delta$ を満たす y がただ一つ存在する．この値 y を $f(x)$ とおく．$y=f(x)$ は I 上の関数であって，$b=f(a)$ および $F(x,f(x))=0$ を満たす．

$x\in I$ における微分可能性を調べるために，$y=f(x)$，$f(x+\Delta x)=y+\Delta y$ とおいて，テイラーの定理（定理 10）より，

$$F(x+\Delta x,y+\Delta y)$$
$$=F(x,y)+F_x(x+\theta\Delta x,y+\theta\Delta y)\Delta x+F_y(x+\theta\Delta x,y+\theta\Delta y)\Delta y,\quad 0<\theta<1.$$

$F(x+\Delta x,y+\Delta y)=F(x,y)=0$ であるから

$$\frac{\Delta y}{\Delta x}=-\frac{F_x(x+\theta\Delta x,y+\theta\Delta y)}{F_y(x+\theta\Delta x,y+\theta\Delta y)}. \tag{35}$$

$\Delta x\to 0$ のとき，右辺は有界であるから $\Delta y\to 0$．したがって，

$$f'(x)=\lim_{\Delta x\to 0}\frac{\Delta y}{\Delta x}=-\frac{F_x(x,y)}{F_y(x,y)}.$$

よって，$f(x)$ は微分可能 である．とくに，$y=f(x)$ は I で連続となり，右辺の表示式から $f'(x)$ は I で連続となる．▨

上の定理において，さらに $F(x,y)$ が C^2 級であると仮定する．$F_y(x,y)$ は C^1 級であるから，定理 8 により，$F_y(x,f(x))$ は x につき微分可能で，

$$\frac{d}{dx}F_y(x,f(x))=F_{yx}\frac{dx}{dx}+F_{yy}\frac{d}{dx}f(x)=F_{yx}(x,f(x))+F_{yy}(x,f(x))f'(x)$$

となる．よって，$F_y(x,f(x))$ は C^1 級である．同様に，$F_x(x,f(x))$ も C^1 級で，(34) より $f'(x)$ は C^1 級となる．ゆえに，$f(x)$ は C^2 級となる．

問 22　上記のことから次の式を導け．

$$f''(x)=-\frac{F_{xx}F_y{}^2-2F_{xy}F_xF_y+F_{yy}F_x{}^2}{F_y{}^3} \tag{36}$$

一般に，次が成り立つ．

系　定理 11 において，$F(x,y)$ が C^r 級ならば $f(x)$ も C^r 級である．

3 変数の場合も定理 11 と同様な結果が成り立つ．

定　理 12　$F(x,y,z)$ は点 (a,b,c) の近傍で C^1 級で，$F(a,b,c)=0$，$F_z(a,b,c)\neq 0$ とする．このとき，点 (a,b) の適当な近傍 U をとれば，U 上の C^1 級関数 $z=f(x,y)$ で

$$c=f(a,b) \quad \text{および} \quad F(x,y,f(x,y))=0 \quad ((x,y)\in U)$$

を満たすものがただ一つ存在する．これに対して，次が成り立つ．

$$\frac{\partial f}{\partial x}=-\frac{F_x(x,y,f(x,y))}{F_z(x,y,f(x,y))} \qquad \frac{\partial f}{\partial y}=-\frac{F_y(x,y,f(x,y))}{F_z(x,y,f(x,y))} \tag{37}$$

さらに，F が C^r 級ならば，f も U で C^r 級となる．

例 8　$F(x,y)=x^3-3xy+y^3=0$．**(デカルトの正葉線)**

$F_y(x,y)=-3x+3y^2$．連立方程式 $F_y(x,y)=0$，$F(x,y)=0$ を解くと，$(x,y)=$ O$(0,0)$，A$(\sqrt[3]{4},\sqrt[3]{2})$．定理 11 より点 O, A 以外の曲線 $F(x,y)=0$ 上の点の近傍では y は x の C^1 級関数としてただ一つ定まる．定理 11 系により，それは C^∞ 級関数となる．

$F(x,y)=0$ の両辺を x で微分すると（合成関数の微分），

$$3x^2-3y-3xy'+3y^2y'=0\,.$$

よって，

$$y'=\frac{x^2-y}{x-y^2}\,.$$

また，

$$y''=\frac{1}{(x-y^2)^2}\{(2x-y')(x-y^2)-(x^2-y)(1-2yy')\}$$

$$=\frac{1}{(x-y^2)^2}\left\{\left(2x-\frac{x^2-y}{x-y^2}\right)(x-y^2)-(x^2-y)\left(1-2y\frac{x^2-y}{x-y^2}\right)\right\}$$

$$=\frac{2xy}{(x-y^2)^3}(x^3-3xy+y^3+1)=\frac{2xy}{(x-y^2)^3}\,.$$

$F_x(x,y)=0$，$F(x,y)=0$ を解くと，$(x,y)=\mathrm{O}(0,0)$，$\mathrm{B}(\sqrt[3]{2},\sqrt[3]{4})$.

よって，O, B 以外の点の近傍では，x は y の C^∞ 級関数となる．

点 B で $y'=0$，$y''=-2<0$ であるから，y は極大値をとる．同様に，点 A で x は極大となる．

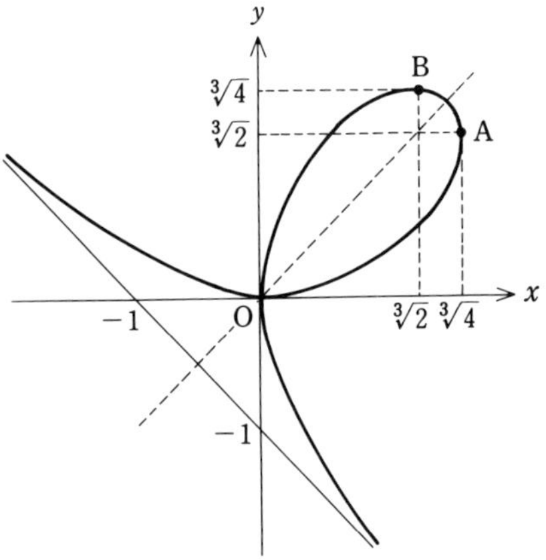

原点 O では，$F_x=F_y=0$ となる．一般に，曲線 $F(x,y)=0$ 上の点で $F_x=F_y=0$ を満たす点をこの曲線の**特異点**と呼ぶ．

問 23　次の関係式で定まる陰関数 y の y', y'' を求めよ．

（1）　$y=1+xe^y$

（2）　$x^3y^3+y-x=0$

問 24　$\dfrac{x^2}{a^2}+\dfrac{y^2}{b^2}+\dfrac{z^2}{c^2}=1$ のとき，$\dfrac{\partial z}{\partial x}$，$\dfrac{\partial^2 z}{\partial x^2}$，$\dfrac{\partial^2 z}{\partial x\partial y}$ を求めよ．

§5　偏微分の応用

（I）　曲　　面

C^1 級の2変数関数 $z=f(x,y)$ は xyz-空間において曲面を表す．偏微分係数 $f_x(a,b)$ は定義により，

$$f_x(a,b)=\frac{d}{dx}f(x,b)\Big|_{x=a}\,.$$

よって，この曲面 S の平面 $y=b$ による切り口の曲線を C_b とすると，$f_x(a,b)$

は，C_b の $x=a$ における接線の xy-平面に対する傾きに等しい．

同様に，S の平面 $x=a$ による切り口の曲線を C_a とすると，$f_y(a,b)$ は，C_a の $y=b$ における接線の xy-平面に対する傾きに等しい．

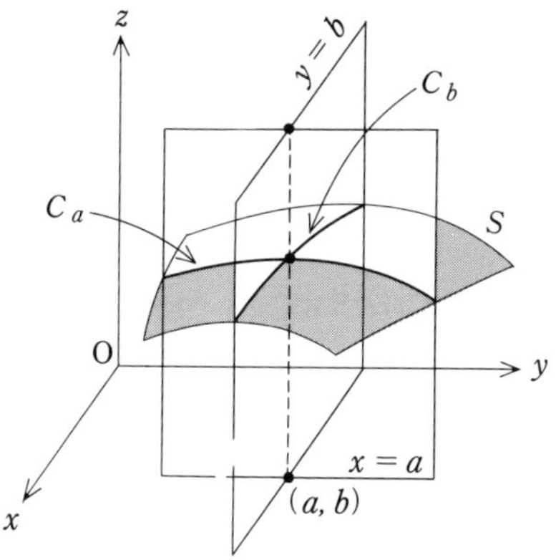

A. 方向微分係数　xy-平面上に単位ベクトル $\boldsymbol{e}=(\lambda,\ \mu)$ と，点 $\mathrm{P}_0(a,b)$ を通り $\boldsymbol{e}$ を方向ベクトルとする有向直線 $\vec{l}$ を考える．$\vec{l}$ 上の点 P をとり，

$$\overrightarrow{\mathrm{P}_0\mathrm{P}}=t\boldsymbol{e}$$

とおく．このとき，

有限な極限値

$$\lim_{t\to 0}\frac{f(\mathrm{P})-f(\mathrm{P}_0)}{t} \quad (38)$$

が存在するならば，この値を $f(x,y)$ の P_0 における $\boldsymbol{e}$ **方向微分(係数)**と呼ぶ．よって，$\vec{l}$ を含み xy-平面に垂直な平面を π, S の π による切り口の曲線を C とすると，$f(x,y)$ の P_0 における $\boldsymbol{e}$ 方向微分係数は，C の点 $(a,b,\ f(a,b))$ における接線の xy-平面に対する傾きに等しい．

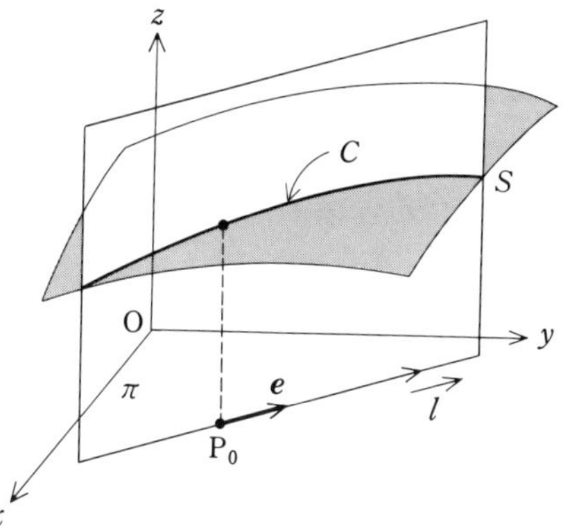

関数 $f(x,y)$ が $\mathrm{P}_0(a,b)$ で全微分可能としよう．

$\mathrm{P}(a+\lambda t, b+\mu t),\ \lambda^2+\mu^2=1$ から，(21) により

$$f(\mathrm{P})-f(\mathrm{P}_0)=f_x(\mathrm{P}_0)\lambda t+f_y(\mathrm{P}_0)\mu t+|t|\varepsilon \quad (t\to 0 \text{ のとき } \varepsilon\to 0) \quad (39)$$

とおけるから，

$$\lim_{t\to 0}\frac{f(\mathrm{P})-f(\mathrm{P}_0)}{t}=f_x(\mathrm{P}_0)\lambda+f_y(\mathrm{P}_0)\mu .$$

この右辺は，ベクトル $(f_x(\mathrm{P}_0), f_y(\mathrm{P}_0))$ と $\boldsymbol{e}$ の内積に等しい．一般に，全微分可能な関数 $f(x,y)$ に対して，$(\partial f/\partial x, \partial f/\partial y)$ を成分に持つベクトル値関数を f の**勾配**と呼び，$\mathbf{grad}\, f$ で表す．よって，

定　理 13　　関数 $f(x,y)$ が $\mathrm{P}_0(a,b)$ で全微分可能ならば，すべての方向に微分可能であり，単位ベクトル $\boldsymbol{e}$ 方向の微分係数は，

$$\text{内積}\quad \mathrm{grad}\, f(\mathrm{P}_0)\cdot\boldsymbol{e}$$

で与えられる．

注　方向を指示するベクトルが（必ずしも単位ベクトルでない）$\boldsymbol{u}$ のとき，$\boldsymbol{e}=\boldsymbol{u}/|\boldsymbol{u}|$ として，$\boldsymbol{u}$ 方向微分係数は $\mathrm{grad}\, f(\mathrm{P}_0)\cdot\boldsymbol{u}/|\boldsymbol{u}|$ で表される．すなわち，$\boldsymbol{u}$ 方向微分係数は $\mathrm{grad}\, f(\mathrm{P}_0)$ の $\boldsymbol{u}$ 方向成分と一致する．

B.　法線ベクトル，接平面　　3 変数関数 $\varphi(x,y,z)$ に対しても，**勾配**

$$\mathbf{grad}\,\varphi=\left(\frac{\partial\varphi}{\partial x},\frac{\partial\varphi}{\partial y},\frac{\partial\varphi}{\partial z}\right)$$

を定義する．関係式 $\varphi(x,y,z)=0$ で表される図形 S は，$\varphi(x,y,z)$ が C^1 級で S 上 $\mathrm{grad}\,\varphi \neq \mathbf{0}$*) であるとき，**滑らかな曲面**であるという．

$\mathrm{P}_0\in S$ とすると，仮定より $\mathrm{grad}\,\varphi(\mathrm{P}_0)$ のある成分は 0 でない．たとえば，$\varphi_z(\mathrm{P}_0)\neq 0$ とすると，陰関数定理（定理 12）により，P_0 の近くでは S は C^1 級関数により $z=f(x,y)$ と表されることから曲面を表していることがわかる．

注　最初から C^1 級関数 $f(x,y)$ で $z=f(x,y)$ と表される曲面は，$\varphi(x,y,z)=z-f(x,y)$ と考えて，$\varphi_z=1$ であるから滑らかな曲面である．

いま，S 上の点 P_0 をとり，P_0 を通る S 上の任意の曲線 $C:\boldsymbol{r}(t)=(x(t),y(t),z(t))$ を考える．C は S 上にあるから，$\varphi(x(t),y(t),z(t))=0$. この両辺を t で微分して，

$$\varphi_x x'(t)+\varphi_y y'(t)+\varphi_z z'(t)=0\,.$$

t_0 が P_0 に対応するとして，$t=t_0$ を代入して，

$$\mathrm{grad}\,\varphi(\mathrm{P}_0)\cdot\boldsymbol{r}'(t_0)=0$$

を得る．これは，ベクトル $\mathrm{grad}\,\varphi(\mathrm{P}_0)$ が C の P_0 における接ベクトル $\boldsymbol{r}'(t_0)$ と直交することを示す．したがって，ベクトル $\mathrm{grad}\,\varphi(\mathrm{P}_0)$ は P_0 を通る S 上

---

*) $\mathrm{grad}\,\varphi(\mathrm{P})=0$ となる S 上の点 P を曲面 S の**特異点**という．

の任意の曲線と P_0 において直交する．grad $\varphi(P_0)$ を S の P_0 における**法線ベクトル**という．P_0 を通り，この法線ベクトルに直交する平面を S の P_0 における**接平面**という．$P_0(a,b,c)$ として，これは次の方程式で表される．

$$\varphi_x(P_0)(x-a)+\varphi_y(P_0)(y-b)+\varphi_z(P_0)(z-c)=0 \tag{40}$$

S 上の点 $P_0(a,b,c)$ で $\varphi_z(P_0) \neq 0$ として，P_0 の近くで S が $z=f(x,y)$ と表されるとする．S 上の曲線 $(x,b,f(x,b))$ の点 P_0 における接線ベクトルは $(1,0,f_x)_{P_0}$ であり，曲線 $(a,y,f(a,y))$ の点 P_0 における接線ベクトルは $(0,1,f_y)_{P_0}$ である．この二つのベクトルは互いに平行ではない．このことと前記のことから，S の P_0 における接平面は，P_0 を通り S 上にある曲線の P_0 を始点とする接線ベクトル全体の作る平面と一致することがわかる．

問 25　次の曲面の点 (a,b,c) における接平面の方程式を求めよ．

（1）　$px^l+qy^m+rz^n=1$　$(pqr, lmn \neq 0)$

（2）　$xy+yz+zx=1$　　（3）　$xyz=1$

問 26　曲面 $z=f(x,y)$ 上の点 (a,b,c) における接平面の方程式は，

$$z-c=f_x(a,b)(x-a)+f_y(a,b)(y-b).$$

（II）　極　　値

関数 $f(P)$ は点 P_0 を含むある領域で定義されているとする．P_0 の近くでは $f(P) \leqq f(P_0)$ が成り立っているとき，f は P_0 で**広義の極大**になるといい，$f(P_0)$ を**広義の極大値**という．このとき，とくに $P \neq P_0$ では $f(P) < f(P_0)$ となるとき，f は P_0 で**極大**であるという．同様にして，**広義の極小(値)**および**極小(値)**が定義される．(広義の)極大値と極小値を総称して(**広義の**)**極値**と呼ぶ．とくに，f が P_0 で最大値または最小値をとるとき，$f(P_0)$ は広義の極大値または極小値である．

f が P_0 で広義の極値をとり，しかも P_0 で偏微分可能ならば，明らかに，$f_x(P_0)=f_y(P_0)=0$，すなわち grad $f(P_0)=0$ である．

$f(x,y)=xy$ は $f_x(0,0)=f_y(0,0)=0$ で $f(0,0)=0$ であるが，$(0,0)$ の近くで xy は正にも負にもなるから，$f(0,0)$ は広義の極値ではない．よって，grad $f(P_0)=0$ は偏微分可能な f が P_0 で広義の極値をとるための必要条件であるが，十分条件ではない．

例 9　周の長さが一定 $(=2s)$ の三角形のうちで，面積最大のものは正三角形であること示せ．

（**証**）三辺の長さが x, y, z の三角形の面積 S は，ヘロンの公式により，

$$S^2 = s(s-x)(s-y)(s-z) \qquad (2s = x+y+z)$$
$$= s(s-x)(s-y)(x+y-s)$$

ここで，$f(x, y) = (s-x)(s-y)(x+y-s)$ とおく．

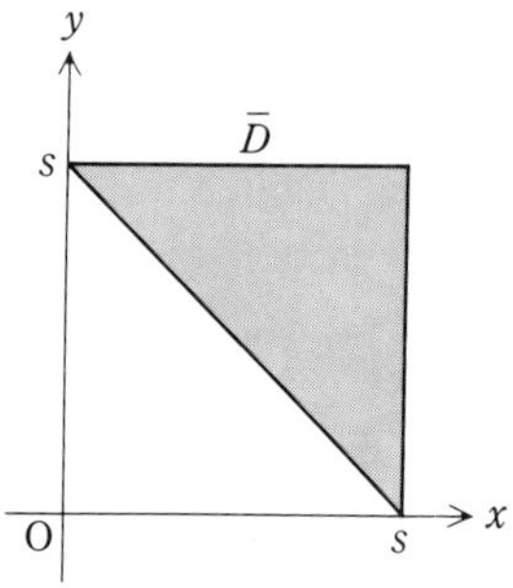

(x, y) の変域は

$D: s-x>0,\quad s-y>0,\quad x+y-s>0$

であるが，

閉領域 $\bar{D}: s-x \geqq 0,\ s-y \geqq 0,\ x+y-s \geqq 0$ 上に変域を拡張して考えてみる．

f は $\bar{D}$ で連続，$\bar{D}$ は有界閉集合であるから $\bar{D}$ で最大値をとる．ところが，f は D の境界上で 0，D 上で正であるから，最大値を与える点は D 内にある．よって，その点 (x, y) は

$$f_x(x, y) = -(s-y)(x+y-s)+(s-x)(s-y) = 0$$
$$f_y(x, y) = -(s-x)(x+y-s)+(s-x)(s-y) = 0$$

を満たす．これから，$x = y = \dfrac{2}{3}s = z$ を得る．

ゆえに S^2，したがって S は，正三角形のとき最大となる．

例 10　$f(x, y) = ax^2+2bxy+cy^2+2lx+2my$ が最小値をとる場合を調べよ．ただし，$a, c>0$ とする．

（**解**）点 $P_0(x_0, y_0)$ で最小値をとると仮定すると，

$$f_x(x_0, y_0) = 2(ax_0+by_0+l) = 0 \tag{41}$$
$$f_y(x_0, y_0) = 2(bx_0+cy_0+m) = 0 \tag{42}$$

でなければならない．

ｉ）$b^2 \neq ac$ のとき，連立方程式 (41)，(42) はただ一組の解を持つ．$f_{xx} = 2a$，$f_{xy} = 2b$，$f_{yy} = 2c$ であるから，テイラーの定理（定理 10）により，

$$f(x_0+h, y_0+k) = f(x_0, y_0)+ah^2+2bhk+ck^2.$$

ここで，$ah^2+2bhk+ck^2 = A(h, k)$ とおくと，$b^2-ac<0$ ならば，すべての $(h, k) \neq (0, 0)$ に対して $A(h, k)>0$ となるから，実際 $f(x_0, y_0)$ は最小値である．

$b^2-ac>0$ ならば，$A(h, k)$ は負にもなり得るから，$f(x_0, y_0)$ は最小値ではない．

ii）$b^2 = ac$ のとき，(41)，(42) は，

$$abx_0+b^2y_0+bl = abx_0+acy_0+am = 0$$

とかけるから，$am = bl$ のとき無限組の解を持ち，$am \neq bl$ のとき解を持たない．$A(h, k) = (\sqrt{a}\,h \pm \sqrt{c}\,k)^2$（ただし $b = \pm\sqrt{ac}$）に注意して，$am = bl$ のとき f は最小値をとり，最小値を与える点 (x_0, y_0) は (41)，(42) の解と一致する．$am \neq bl$ のときは，f は最小値をとらない．

以上まとめて，f が最小値をとるのは，次の二つの場合である．

　：$b^2-ac<0$　または　：$b^2=ac$　かつ　$am=bl$

上記の i）の場合を一般化して，次の定理が得られる．

定　理 14　$f(x,y)$ は点 $P_0(x_0,y_0)$ の近くで C^2 級とし，$\mathrm{grad}\, f(P_0)=0$ とする．

このとき，$D=\{f_{xy}(P_0)\}^2-f_{xx}(P_0)f_{yy}(P_0)$ とおくと

（1）$D<0$ かつ $f_{xx}(P_0)>0$ ならば，f は P_0 で極小となり，

（2）$D<0$ かつ $f_{xx}(P_0)<0$ ならば，f は P_0 で極大となり，

（3）$D>0$ ならば，$f(P_0)$ は極値ではない．

証明． $|h|,|k|$ が十分小さいとき，テイラーの定理（定理 10）により

$$\begin{aligned}\Delta f &= f(x_0+h,y_0+k)-f(x_0,y_0)\\ &= \frac{1}{2}\left(h\frac{\partial}{\partial x}+k\frac{\partial}{\partial y}\right)^2 f(x_0+\theta h,y_0+\theta k)\quad (0<\theta<1)\\ &= \frac{1}{2}(h^2f_{xx}+2h^kf_{xy}++k^2f_{yy})(x_0+\theta h,y_0+\theta k)\end{aligned}\tag{43}$$

ここで，f_{xx},f_{xy},f_{yy} の連続性から，$|h|,|k|$ がさらに十分小さいとき，

（1）$D<0$，$f_{xx}(P_0)>0$ ならば，$(f_{xy}{}^2-f_{xx}f_{yy})(x_0+\theta h,y_0+\theta k)<0$，$f_{xx}(x_0+\theta h,y_0+\theta k)>0$ となり，$(h,k)\neq(0,0)$ に対して $\Delta f>0$．

（2）$D<0$，$f_{xx}(P_0)<0$ ならば，同様にして $(h,k)\neq(0,0)$ に対して $\Delta f<0$．

（3）まず，$k\neq 0$ に対して

$$f_{xx}(P_0)(h/k)^2+2f_{xy}(P_0)(h/k)+f_{yy}(P_0)\tag{44}$$

は h/k の値によって正にも負にもなることに注意する．比 h/k の値を一定に保ちながら，$h,k\to 0$ とするとき，

$$2\Delta f/k^2\to f_{xx}(P_0)(h/k)^2+2f_{xy}(P_0)(h/k)+f_{yy}(P_0)$$

であるから，上記の注意と併せて次の結果を得る．

どんなに（絶対値が）小さな h,k に対しても，$\Delta f/k^2$ の値は正にも負にもなる．よって，$f(P_0)$ は極値ではない．　▨

例 11　$f(x,y)=x^4+y^4+a(x+y)^2$ の極値を求めよ．

（解）　$f_x=4x^3+2a(x+y)$　　$f_y=4y^3+2a(x+y)$

$$f_{xx}=12x^2+2a \qquad f_{xy}=2a \qquad f_{yy}=12y^2+2a$$

$$D=\{f_{xy}\}^2-f_{xx}f_{yy}=-24\{6x^2y^2+a(x^2+y^2)\}$$

$f_x=f_y=0$　は　$x=y$，$x(x^2+a)=0$　となる．

ｉ）　$a\geqq 0$ のとき，$f_x=f_y=0$ の解は $(x,y)=(0,0)$．

$f(x,y)\geqq f(0,0)=0$　で等号が成り立つのは　$(x,y)=(0,0)$ のときのみである．よって，$f(0,0)=0$ は極小値である．

ii）　$a<0$ のとき，$f_x=f_y=0$ の解は $(x,y)=(0,0)$，$(\pm\sqrt{-a},\pm\sqrt{-a})$．

$(x,y)=(\pm\sqrt{-a},\pm\sqrt{-a})$ では，

$$f_{xx}=-10a>0, \qquad D=-24\cdot 4a^2<0$$

よって，$f(\pm\sqrt{-a},\pm\sqrt{-a})=-2a^2$ は極小値である．

$(x,y)=(0,0)$ については，

$f(x,0)=x^2(x^2+a)$ が十分小さい x について負となり，

$f(x,-x)=2x^4\geqq 0$ であるから，

$f(0,0)=0$ は極値でない．

問 27　（1）　定円に内接する三角形で面積最大のものは正三角形である．

（2）　空間に n 個の点 $P_1,P_2,\cdots,P_n$ があるとき，$\sum_{i=1}^{n}\overline{P_iP}^2$ を最小にする点 P を求めよ．

問 28　次の関数 $f(x,y)$ の極値を求めよ．

（1）　$xy(x^2+y^2-1)$　　（2）　$xy+\dfrac{a}{x}+\dfrac{a}{y}$　$(a>0)$

（3）　$e^{-(x^2+y^2)}(ax^2+by^2)$　$(a>b>0)$

定　理 15　条件付き極値　　$\varphi(x,y,z)$，$f(x,y,z)$ を C^1 級関数とする．点 $P(x,y,z)$ が $\varphi(x,y,z)=0$ を満たしながら変わるとき，$f(x,y,z)$ が点 $P=P_0$ で広義の極値をとるならば，$\mathrm{grad}\,\varphi(P_0)=0$ であるか，

$$\mathrm{grad}\,f(P_0)=\lambda\,\mathrm{grad}\,\varphi(P_0) \tag{45}$$

を満たす定数 λ が存在する（**ラグランジュの乗数法**）．

証明．　$f(P_0)$ は広義の極値で，$\mathrm{grad}\,\varphi(P_0)\neq 0$，たとえば，$\varphi_z(P_0)\neq 0$ としよう．定理 12 より P_0 の近くでは，$\varphi(x,y,z)=0$ を満たす z は x,y の C^1 級関数 $z=z(x,y)$ として表される．$P_0(x_0,y_0,z_0)$ として，x,y の関数 $u(x,y)=f(x,y,z(x,y))$ は (x_0,y_0) で広義の極値をとるから，(x_0,y_0) で，

$$u_x = f_x + f_z z_x = 0, \qquad u_y = f_y + f_z z_y = 0.$$

この式に，$z_x = -\varphi_x/\varphi_z$，$z_y = -\varphi_y/\varphi_z$ を代入して，

$$f_x = \frac{\varphi_x}{\varphi_z} f_z = \frac{f_z}{\varphi_z}\varphi_x \qquad f_y = \frac{\varphi_y}{\varphi_z} f_z = \frac{f_z}{\varphi_z}\varphi_y .$$

また，$f_z = \dfrac{f_z}{\varphi_z}\varphi_z$ であるから，$\lambda = \dfrac{f_z}{\varphi_z}(\mathrm{P}_0)$ とおけば，(45) を得る． ▨

注 この定理は2変数の $\varphi(x, y), f(x, y)$ に対しても同様に成り立つ．

例 12 $x^2+y^2+z^2=1$ のもとでの

$$f(x, y, z) = ax^2+by^2+cz^2+2lxy+2myz+2nzx$$

の最大値（最小値）は，行列

$$A = \begin{pmatrix} a & l & n \\ l & b & m \\ n & m & c \end{pmatrix}$$

の固有値の最大（最小）のものと一致する．

（証） 球面 $S : \varphi(x, y, z) \equiv x^2+y^2+z^2-1=0$ は有界閉集合であるから，連続関数 $f(x, y, z)$ は S 上のある点 $\mathrm{P}_0(x_0, y_0, z_0)$ で最大値をとる．f は P_0 で広義の極大であるから，φ, f, P_0 は定理 15 の条件を満たす．

P_0 は S 上の点であるから，

$$\mathrm{grad}\,\varphi(\mathrm{P}_0) = 2(x_0, y_0, z_0) \neq \mathbf{0}$$

よって，ある $\lambda = \lambda_0$ により (45) が成り立つ．

ここで，$\boldsymbol{u} = \begin{pmatrix} x_0 \\ y_0 \\ z_0 \end{pmatrix}$ とおくと，$|\boldsymbol{u}|=1$ で，(45) は

$$A\boldsymbol{u} = \lambda_0 \boldsymbol{u} \tag{46}$$

と表される．よって，λ_0 は A の固有値である．

${}^t\boldsymbol{u} = (x_0, y_0, z_0)$ として，一般に

$$f(\mathrm{P}_0) = f(x_0, y_0, z_0) = {}^t\boldsymbol{u} A \boldsymbol{u}$$

が成り立つから，(46) により

$$\text{最大値} \quad f(\mathrm{P}_0) = {}^t\boldsymbol{u}(\lambda_0\boldsymbol{u}) = \lambda_0|\boldsymbol{u}|^2 = \lambda_0$$

は A の固有値の一つである．

逆に，λ_0 を A の固有値の一つとすると，(46) を満たす ${}^t\boldsymbol{u} = (x_0, y_0, z_0)$ で，$|\boldsymbol{u}|=1$ となるものが存在する．この $\boldsymbol{u}$ に対して，点 $\mathrm{P}_0(x_0, y_0, z_0)$ は S 上にあって，上でみたように $f(\mathrm{P}_0) = \lambda_0$ であるから，λ_0 は f が S 上でとり得る値の一つである．

以上から，問題の最大値は A の最大の固有値と一致する．

最小値についても同様である．

問 29　$x+y+z=a$（$x,y,z>0$）のもとで，$x^p y^q z^r$ の最大値を求めよ（ただし，$p,q,r>0$ とする）．

問 30　$\dfrac{x^2}{a^2}+\dfrac{y^2}{b^2}+\dfrac{z^2}{c^2}=1$ のもとでの $x+y+z$ の最大値と最小値を求めよ．

問 31　2辺の長さが x,y の長方形を底面とする高さ z のますをつくる．このますの表面積 $xy+2(xz+yz)=a$ を一定のもとで，体積 $V=xyz$ を最大にするには，x,y,z の値をどのように定めればよいか．

（III）包　絡　線

パラメータ α を含む方程式 $f(x,y,\alpha)=0$ は，α を固定すると，xy-平面上の一つの曲線 C_α を表し，α を連続的に変化させると，C_α は連続的に動いて一つの曲線族 $\{C_\alpha\}$ をつくる．これに対して一つの曲線 E があって，E が各 C_α と接し，しかも E の各点は E とある C_α との接点になっているとき，E は曲線族 $\{C_\alpha\}$ の**包絡線**であるという．

たとえば，円の族 $(x-\alpha)^2+y^2=1$ は，2直線 $y=1$ および $y=-1$ を包絡線とする．

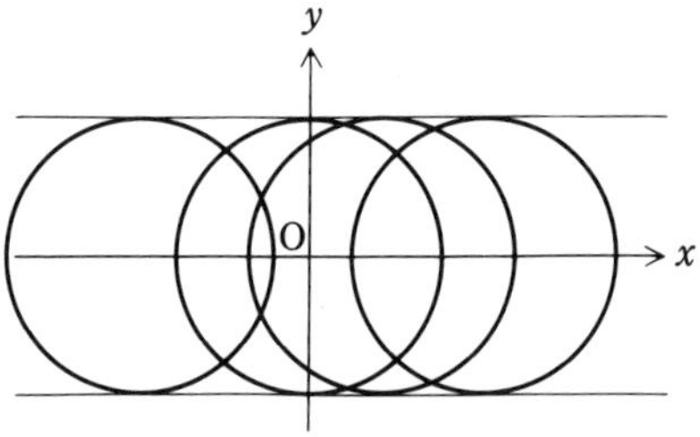

いま，E が上記の曲線族 $\{C_\alpha\}$ の包絡線になっているものとしよう．E と C_α の接点を $\mathrm{P}(\alpha)$ $(x(\alpha),y(\alpha))$ とし，$x(\alpha),y(\alpha)$ は微分可能であると仮定する．$\mathrm{P}(\alpha)$ における E と C_α の接線が一致することから次の式が成り立つ．

$$f_x(x(\alpha),y(\alpha),\alpha)x'(\alpha)+f_y(x(\alpha),y(\alpha),\alpha)y'(\alpha)=0 \tag{47}$$

一方，

$$f(x(\alpha),y(\alpha),\alpha)=0 \tag{48}$$

であるから，この両辺を α で微分すれば，(47) より

$$f_\alpha(x(\alpha),y(\alpha),\alpha)=0. \tag{49}$$

以上のことから，次を得る．

定　理 16　曲線 $E(x(\alpha), y(\alpha))$ が曲線族 $f(x, y, \alpha)=0$ の包絡線ならば，$x(\alpha), y(\alpha)$ は (48), (49) を満たす．

逆に，$x(\alpha), y(\alpha)$ が (48), (49) を満たし，各曲線 $f(x, y, \alpha)=0$ が特異点をもたず，$(x'(\alpha), y'(\alpha)) \neq (0,0)$ ならば，$x=x(\alpha)$, $y=y(\alpha)$ で表される曲線は曲線族 $f(x, y, \alpha)=0$ の包絡線である．

例 13　次の曲線族の包絡線を求めよ．

（1）　$x\cos\alpha+y\sin\alpha-1=0$

（2）　$(x-\alpha)^2+y^4-y^2=0$

（解）（1）　$f_\alpha=-x\sin\alpha+y\cos\alpha=0$ と $f=0$ から，$x=\cos\alpha, y=\sin\alpha$．これは円を表す．

（2）　$f_\alpha=-2(x-\alpha)=0$ より $x=\alpha$．これと，$f=0$ より $y^4-y^2=0$．これから，(48), (49) により表される曲線は 3 直線 $y=0, y=\pm 1$ であるが，$y=0$ は特異点の軌跡であり，包絡線ではない．

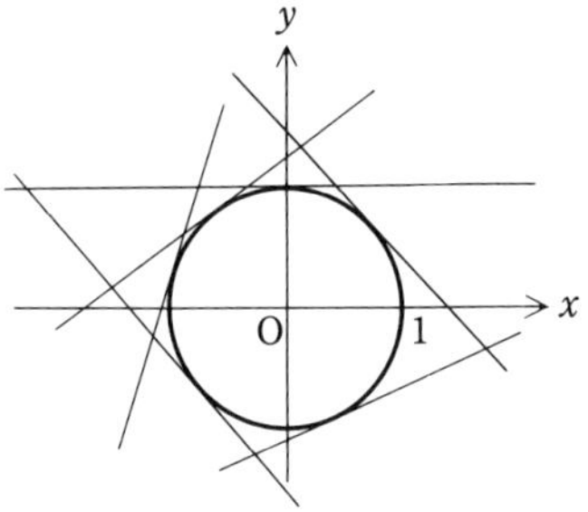

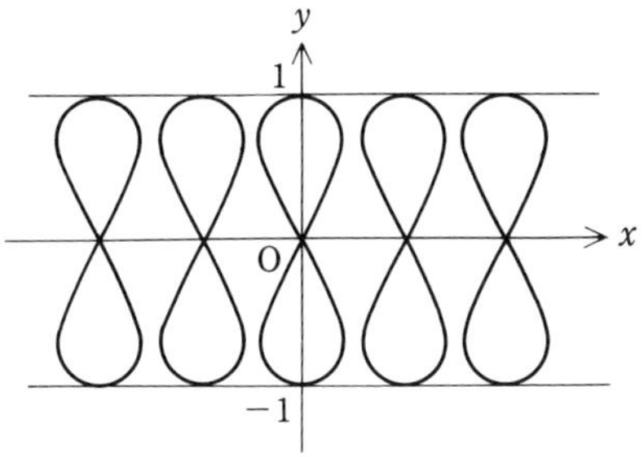

問 32　次の曲線族の包絡線を求めよ．

（1）　$(x-\alpha)^2+(y-\alpha)^2=\alpha^2$　$(\alpha>0)$

（2）　$y+\alpha x+\alpha^2-1=0$

（3）　両端が，それぞれ，正の x 軸，y 軸上を動く長さ一定（$=l$）の線分族．

問 33　C^2 級曲線 $C: y=f(x)$ が $f''(x) \neq 0$ を満たすとき，C の法線群の包絡線は C の縮閉線である．

（IV）　全微分方程式

$$P(x, y)dx+Q(x, y)dy=0 \tag{50}$$

の形の微分方程式を**全微分方程式**という．これは，微分方程式

$$dy/dx = -P(x,y)/Q(x,y),\quad \text{または}\quad dx/dy = -Q(x,y)/P(x,y)$$

を書き直したものと考えられる．これらは一般には解けないが，C^2 級関数 $f(x,y)$ が存在して，

$$\frac{\partial f}{\partial x} = P,\qquad \frac{\partial f}{\partial y} = Q \tag{51}$$

を満たすとき，(50) は，

$$\frac{\partial f}{\partial x}dx + \frac{\partial f}{\partial y}dy = df = 0$$

となり，$f(x,y) = c$ (c は任意定数) は微分方程式 (50) の一般解を与える．これを全微分方程式 (50) の**積分曲線**と呼ぶ．

一般に，(51) を満たす C^2 級関数 f が存在するとき，方程式 (50) は**完全微分方程式**である，または，(50) の左辺は**完全微分**であるという．このとき，

$$P_y = Q_x \tag{52}$$

が成り立つ．逆も成り立つことを示そう．そのためにまず，

補題　$\varphi(x,t)$ は $a \leqq x \leqq b,\ \alpha \leqq t \leqq \beta$ で C^1 級とすると，$f(x) = \int_\alpha^\beta \varphi(x,t)dt$ は微分可能で，$f'(x) = \int_\alpha^\beta \varphi_x(x,t)dt$.

証明.　$x = x_0$ を任意にとる．平均値定理から，

$$\varphi(x_0+h,t) - \varphi(x_0,t) = h\varphi_x(x_0+\theta h,t),\quad 0 < \theta < 1.$$

任意に $\varepsilon > 0$ をとると，φ_x の一様連続性により，十分小さい h に対して，

$$|\varphi_x(x_0+\theta h,t) - \varphi_x(x_0,t)| < \varepsilon\quad (\alpha \leqq t \leqq \beta).$$

よって，

$$\left|\frac{f(x_0+h)-f(x_0)}{h} - \int_\alpha^\beta \varphi_x(x_0,t)dt\right|$$
$$= \left|\int_\alpha^\beta \{\varphi_x(x_0+\theta h,t) - \varphi_x(x_0,t)\}dt\right| < \varepsilon(\beta-\alpha).$$

定　理 17　完全性条件　$P(x,y)$，$Q(x,y)$ を C^1 級関数とするとき，全微分方程式 (50) が完全であるための条件は，(52) が成り立つことである．

証明.　(52) のもとで，(51) を満たす C^2 級関数 $f(x,y)$ を構成する．一点 (x_0,y_0) をとる．$f_x=P$ となるように，

$$f(x,y) = \int_{x_0}^x P(t,y)dt + C(y)$$

とおく．補題より，

$$\frac{\partial}{\partial y}f(x,y)=\int_{x_0}^{x}\frac{\partial}{\partial y}P(t,y)dt+C'(y)$$

$$=\int_{x_0}^{x}\frac{\partial}{\partial t}Q(t,y)dt+C'(y)=Q(x,y)-Q(x_0,y)+C'(y).$$

ここで，

$$C(y)=\int_{y_0}^{y}Q(x_0,t)dt$$

とおけば $f_y=Q$ となる． ▨

注 上記の証明は全平面および長方形領域などについてのみ有効である．一般の領域の場合は，ベクトル解析 §4 参照．

例 14 $(y\cos x+\cos x+\sin y)dx+(x\cos y+\cos y+\sin x)dy=0$ を解け．

(解) $P_y=\cos x+\cos y=Q_x$ だから完全形である．$f_x=P$ を x で積分して，

$$f=y\sin x+\sin x+x\sin y+C(y)$$

よって

$$f_y=\sin x+x\cos y+C'(y)$$

$f_y=Q$ となるように，$C'(y)=\cos y$ から $C(y)=\sin y$.

ゆえに，一般解は

$$(1+y)\sin x+(1+x)\sin y=C.$$

問 34 次の微分方程式を解け．

(1) $(\cos x-x\cos y)dy-(\sin y+y\sin x)dx=0$

(2) $(x^2+y)dx+(x-y^2)dy=0$

$$P(x,y)dx+Q(x,y)dy=0 \tag{再 50}$$

が完全形でなくても，適当な $M(x,y)\neq 0$ をかけて

$$M(x,y)P(x,y)dx+M(x,y)Q(x,y)dy=0$$

が完全形になることがある． このような $M(x,y)$ を全微分方程式 (50) の**積分因子**という．このための条件は，定理 17 により

$$M(P_y-Q_x)=QM_x-PM_y \tag{53}$$

である． これは，M に関する偏微分方程式で一般的に解くのは困難である．特別な場合として，

$(P_y-Q_x)/Q$ が x だけの関数ならば，M を x だけの関数として，(53) で $M_y=0$ とおいて，$M=\exp\left(\int \frac{P_y-Q_x}{Q}dx\right)$ となる*)．

$(P_y-Q_x)/P$ が y だけの関数のときも同様にして，

$$M=\exp\left(-\int \frac{P_y-Q_x}{P}dy\right).$$

例 15　$2xy\,dx+(y^2-x^2)dy=0$ を解け．

（解）　$P_y-Q_x=4x$ より $(P_y-Q_x)/P=2/y$ で，y だけの関数．

$$M=\exp\left(-\int \frac{2}{y}dy\right)=\exp(-2\log|y|)=1/y^2$$

より

$$2\frac{x}{y}dx+\left(1-\frac{x^2}{y^2}\right)dy=0$$

は完全形である．

$f_x=2x/y$ から，$f=x^2/y+C(y)$．

次に，$f_y=-x^2/y^2+C'(y)=1-x^2/y^2$ から，$C'(y)=1$．

よって，$C(y)=y$ とおき，一般解として

$$\frac{x^2}{y}+y=C \qquad (\text{または，} x^2+y^2=Cy)$$

問 35　次の全微分方程式の積分因子を求めて解け．

（1）　$(xy^2-y^3)dx+(1-xy^2)dy=0$

（2）　$(\cos y\sin y-3x^2\cos^2 y)dx+x\,dy=0$

問 36　1階線形微分方程式 $y'+P(x)y=Q(x)$ を全微分方程式の形に変形して解の公式（第3章 §3 (21)）を導け．

問 37　$P(x,y)$，$Q(x,y)$ を，(52) をみたす C^1 級関数とすると，

$$f(x,y)=\int_{x_0}^{x} P(\xi,y_0)d\xi+\int_{y_0}^{y} Q(x,\eta)d\eta$$

で定義される $f(x,y)$ は (51) をみたす．

*)　$\exp x=e^x$

演習問題

A

1. 次の集合は開集合であることを確かめよ．また，領域となっている集合はどれか．

（1）$\{(x, y) \mid 0<|x|+|y|<1\}$　（2）$\{(x, y) \mid |x|<1<|y|\}$

（3）$\{(x, y) \mid x^2-\sin x<y<x^2+\sin x\}$

（4）$\{(x, y) \mid x^2-\sin x<y<x^2+\sin x+3\}$　（5）$\{(x, y, z) \mid x^2+y^2<1\}$

（6）$\{(x, y, z) \mid 0<x^2+y^2<z\}$

2. 次の関数 $f(x, y)$ の原点における極限値が存在するならばそれを求めよ．

（1）$\dfrac{x^2+2y^2}{x^2+y^2}$　（2）$\dfrac{x^3+y^3}{x^2+y^2}$　（3）$\dfrac{1}{|x|+|y|}\sin(x^2+y^2)$

3. 次の関数 $f(x, y)$ の f_x, f_y を求めよ．

（1）$e^{-\sqrt{x^2+y^2}}$　（2）$\sin^{-1}\dfrac{y}{x}$　（3）$\dfrac{x-y}{x+y}\log\dfrac{y}{x}$

4. 次の関数 $f(x, y)$ の原点における偏微分可能性，全微分可能性を調べよ．

（1）$|xy|$　（2）$\sqrt{x^4+y^4}$　（3）$xy\sin\sqrt{x^2+y^2}$

（4）$f(x, y)=x\tan^{-1}\dfrac{y}{x}\ (x\neq 0), \quad =0\ (x=0)$

5. $\triangle=\dfrac{\partial^2}{\partial x^2}+\dfrac{\partial^2}{\partial y^2}$ $\left(3\text{変数関数に対しては } \triangle=\dfrac{\partial^2}{\partial x^2}+\dfrac{\partial^2}{\partial y^2}+\dfrac{\partial^2}{\partial z^2}\right)$ で定義される微分演算子 $\triangle$ を**ラプラシアン**といい，$\triangle f=0$ を満たす 2 変数（または 3 変数）の C^2 級関数 f を**調和関数**とよぶ．次の関数 f はそれぞれ調和関数であることを示せ．

（1）$e^{ax-by}\cos(bx+ay)$　（2）$\tan^{-1}\dfrac{y}{x}$

（3）$\log(x^2+y^2)$　（4）$1/\sqrt{x^2+y^2+z^2}$

6. 次の関数 $f(x, y)$ の $\partial^{m+n}f/\partial x^m\partial y^n$ を求めよ．

（1）e^{ax+by}　（2）$\sin(x-y)$　（3）$(1+x+y)^\alpha$

7. $x=u\cos\alpha-v\sin\alpha$,　$y=u\sin\alpha+v\cos\alpha$（$\alpha$ 定数）のとき，$z=z(x, y)$ に対して次の式が成り立つ．

（1）$z_x{}^2+z_y{}^2=z_u{}^2+z_v{}^2$　（2）$z_{xx}+z_{yy}=z_{uu}+z_{vv}$

8. $f(x, y)$ が $\triangle f=0$ を満たすとき，$g(u, v)=f\left(\dfrac{u}{u^2+v^2}, \dfrac{-v}{u^2+v^2}\right)$ も $\triangle g=0$ を満たす．

9.　$x+y=e^{u+v}$, $x-y=e^{u-v}$ ならば，$z=z\ (x, y)$ に対して次の式が成り立つ.

$$z_{xx}-z_{yy}=e^{-2u}\ (z_{uu}-z_{vv}).$$

10.　$x=r\sin\theta\cos\varphi$,　$y=r\sin\theta\sin\varphi$,　$z=r\cos\theta$（空間の極座標変換）とすると，$u=u(x, y, z)$ に対して次が成り立つ.

（1）　$|\operatorname{grad} u|^2=u_r{}^2+\dfrac{1}{r^2}u_\theta{}^2+\dfrac{1}{r^2\sin^2\theta}u_\varphi{}^2$

（2）　$\triangle u=u_{rr}+\dfrac{2}{r}u_r+\dfrac{1}{r^2}u_{\theta\theta}+\dfrac{1}{r^2\sin^2\theta}u_{\varphi\varphi}+\dfrac{\cot\theta}{r^2}u_\theta$

11.　次の関係式によって定まる陰関数 $z=z(x, y)$ に対して，z_{xx}, z_{xy}, z_{yy} を求めよ.

（1）　$xy+yz+zx=1$　　（2）　$x^x y^y z^z=1$

12.　次の関数の極値を求めよ.

（1）　$x^4+y^4-2x^2+4xy-2y^2$

（2）　$\sin x+\sin y+\sin(x+y)$　$(0<x, y<2\pi)$

13.　（1）　$x^3-3xy+y^3=0$ のもとでの x^2+y^2 の極値を求めよ.

（2）　定三角形の内部の点で，3辺への垂線の長さの積が最大になる点を求めよ.

（3）　四角形の各辺の長さが一定であるとき，面積が最大となるのは，四角形が円に内接するときであることを証明せよ.

14.　次の曲線族の包絡線を求めよ.

（1）　x 軸，y 軸を両軸とする面積一定（$=S$）の楕円.

（2）　楕円　$x^2/a^2+y^2/b^2=1$　$(a>b>0)$ の x 軸に垂直な弦を直径とする円.

B

15.　次の集合の集積点を求めよ.

（1）　$\{(1/m,\ 1/n)\mid m, n\in N\}$　　（2）　$\{(m/n,\ 1/n)\mid m, n\in N\}$

16.　空でない点集合 A に対して，点 P と A の距離 $\boldsymbol{d}(\mathbf{P}, \boldsymbol{A})$ を

$$d(\mathrm{P}, A)=\inf\{d(\mathrm{P}, Q)\mid Q\in A\}$$

と定義する．このとき次のことを証明せよ.

（1）　$d(\mathrm{P}, A)$ はPについて連続である.

（2）　$d(\mathrm{P}, A)=0$ と $\mathrm{P}\in A\cup\partial A$ は同値である.

（3）　A が閉集合ならば，$d(\mathrm{P}, A)=d(\mathrm{P}, Q_0)$ を満たす点 $Q_0\in A$ が存在する.

さらに，B も点集合とするとき，A, B の距離を

$$d(A, B)=\inf\{d(\mathrm{P}, \mathrm{Q})\mid \mathrm{P}\in A,\ \mathrm{Q}\in B\}$$

と定義する.

（4）　閉集合 A, B の少なくとも一方が有界ならば，$d(A, B)=d(\mathrm{P}_0, \mathrm{Q}_0)$ をみたす点 $\mathrm{P}_0\in A$,　$\mathrm{Q}_0\in B$ が存在する.

17.　次の関数 $f(x, y)$ の原点における極限値を求めよ．

（1）　$xy\log(x^2+y^2)$　　（2）　$\dfrac{1}{|x|+|y|}e^{-1/(x^2+y^2)}$

18.　次の関数 $f(x, y)$ の原点における全微分可能性を調べよ．また，C^1 級であるか調べよ．ただし，ともに　$f(0,0)=0$　とする．

（1）　$xy\sin\dfrac{1}{\sqrt{x^2+y^2}}$　　（2）　$\dfrac{x+y}{\sqrt{x^2+y^2}}\displaystyle\int_0^{|x|+|y|} te^{-\sqrt{t}}\,dt$

19.　（1）　x と t の関数 z が　$z=f(x+ct)+g(x-ct)$（c 定数）の形に書き表されるための条件は，$z_{tt}=c^2z_{xx}$　を満たすことである．

（2）　x, y の関数 $z \neq 0$ が，x の関数と y の関数との積に等しいための条件は，$zz_{xy}=z_xz_y$　を満たすことである．

20.　長さ l の単振子の周期 T は，$T=2\pi\sqrt{l/g}$　（g 重力加速度）で与えられる．l と T の測定値から，g の値を求めるとき，l，T の測定誤差がそれぞれ 1%，2% 以下ならば，g の誤差はほぼ 5% 以下におさえられることを示せ．

21.　関数　$f(x, y)=x|y|/\sqrt{x^2+y^2}$　（ただし，$f(0, 0)=0$）は原点においてすべての方向に微分可能であるが，全微分可能ではない．

22.　曲面 S 上の点 P_0 を通る平面 π が次の性質を満たすとき，π を S の P_0 における接平面という（接平面の本来の定義）．

S 上の任意の点 P から π に下した垂線の足を H とするとき，$\angle \mathrm{PP_0H}=\theta$ として，$\theta\to 0$（$\mathrm{P}\to\mathrm{P}_0$）が成り立つ．

曲面　$z=f(x, y)$ が点 $(a, b, f(a, b))$ において，z 軸に平行でない接平面を持つための条件は，$f(x, y)$ が (a, b) において全微分可能であることを証明せよ．

23.　1点 A と A を通らない滑らかな曲線 $f(x, y)=0$ 上の点 P との距離 $d(\mathrm{A}, \mathrm{P})$ が，$\mathrm{P}=\mathrm{P}_0$ において最小値または最大値をとるとする．このとき，直線 AP_0 はこの曲線の P_0 における法線と一致する．

24.　平面領域 D 上で定義された平面への1対1写像　$\Phi:(x, y)\to(u, v)$ に対して次を証明せよ．ただし，u, v は x, y の C^1 級関数とし，

$$\det\begin{pmatrix} u_x & u_y \\ v_x & v_y \end{pmatrix} \neq 0$$

と仮定する．

（1）　D 内の任意の点Pを始点とし，Pで直交する任意の2曲線 C_1, C_2 の像曲線 $C_1'=\Phi(C_1)$，$C_2'=\Phi(C_2)$ が　$\mathrm{P}'=\Phi(\mathrm{P})$ で直交するための条件は，$u_x=v_y$，$u_y=-v_x$ が成り立つことである．

（2）（1）の条件を満たす Φ は，次の性質を持つ．

D 内の任意の点Pを始点とする2曲線　C_1, C_2 のなす角は，像曲線 C_1', C_2' の P' におけるなす角に向きを含めて等しい．

25.　D を点集合，$\mathrm{P}\in D$，$\mathrm{Q}\notin D$ とする．P, Q を結ぶ任意の曲線 C に対して，C

上に D の境界点が少なくとも一つ存在する．

26． (平面または空間の) 点集合 D 上で定義された (平面または空間への) 写像 Φ が連続であるとは，任意の $\mathrm{P}_0 \in D$ に対して，$\mathrm{P}_n \to \mathrm{P}_0$，$\mathrm{P}_n \in D$ ならば，必ず $\Phi(\mathrm{P}_n) \to \Phi(\mathrm{P}_0)$ であることとする．連続写像 Φ に対して次のことを証明せよ．

(1) D が開集合 (または閉集合) のとき，任意の開集合 (閉集合) E に対して，その原像 $f^{-1}(E) = \{\mathrm{P} \in D \mid f(\mathrm{P}) \in E\}$ も開集合 (閉集合) となる．

(2) D が有界閉集合ならば，Φ は D 上一様連続である．また，$\Phi(D)$ も有界閉集合となる．

(3) D が有界閉集合で，Φ が1対1ならば，逆写像も連続である．

27． (平面または空間の) 閉集合 E 上で定義された E への写像 Φ が，ある定数 k $(0 < k < 1)$ に対して，

$$d(\Phi(\mathrm{P}), \Phi(\mathrm{Q})) \leqq k\, d(\mathrm{P}, \mathrm{Q}) \quad (\mathrm{P}, \mathrm{Q} \in E)$$

を満たすとする．このとき，任意に点 $\mathrm{P}_1 \in E$ をとり，$\Phi(\mathrm{P}_n) = \mathrm{P}_{n+1}$ $(n \in \boldsymbol{N})$ と定めると，点列 $\{\mathrm{P}_n\}$ は，Φ のただ一つの不動点 P_0 (すなわち，$\Phi(\mathrm{P}_0) = \mathrm{P}_0$ を満たす点) に収束する．

28． B を閉単位円板または閉単位球とする．B から B への写像 Φ が

$$d(\Phi(\mathrm{P}), \Phi(\mathrm{Q})) \leqq d(\mathrm{P}, \mathrm{Q}) \quad (\mathrm{P}, \mathrm{Q} \in B)$$

を満たすとき，Φ は不動点を持つ．

7 重積分とその応用

§1 重　積　分

（I）長方形上の重積分

$f(x,y)$ は 長方形 $R=\{(x,y)\,|\,a\leqq x\leqq b,\ c\leqq y\leqq d\}$ 上で定義された有界な関数とする．R を座標軸に平行な直線群によって小長方形群に分ける分割 $\varDelta$ を考える．

$$\varDelta:\ \begin{array}{l} a=x_0<x_1<x_2<\cdots<x_m=b \\ c=y_0<y_1<y_2<\cdots<y_n=d \end{array}$$

として，

$$\varDelta x_i=x_i-x_{i-1}, \qquad \varDelta y_j=y_j-y_{j-1}$$

$$|\varDelta|=\max\{\varDelta x_i, \varDelta y_j\,|\,1\leqq i\leqq m, 1\leqq j\leqq n\}$$

とおく．

さらに，各小長方形 $\varDelta_{ij}: x_{i-1}\leqq x\leqq x_i, y_{j-1}\leqq y\leqq y_j$ から任意に点 $\{\mathrm{P}_{ij}\}$ $(1\leqq i\leqq m, 1\leqq j\leqq n)$ をとりだし，和

$$R[\varDelta;\{\mathrm{P}_{ij}\}]=\sum\nolimits_{\varDelta} f(\mathrm{P}_{ij})\varDelta x_i\varDelta y_j \quad \left(\sum\nolimits_{\varDelta}=\sum_{\substack{1\leqq i\leqq m\\ 1\leqq j\leqq n}}\right) \qquad (1)$$

をつくる．これを，$\varDelta, \{\mathrm{P}_{ij}\}$ に関する f の**リーマン和**と呼ぶ．

定数 J があって，分割 $\varDelta$ を細かくしていくと，分割 $\varDelta$ の仕方および $\{\mathrm{P}_{ij}\}$ のとり方に無関係に，$R[\varDelta, \{\mathrm{P}_{ij}\}]$ の値が J に近づくならば，すなわち，

$$|\varDelta|\to 0 \quad \text{のとき，} R[\varDelta;\{\mathrm{P}_{ij}\}]\to J$$

ならば，f は R 上で**積分可能**（または**可積**）であるといい，値 J を

$$\iint_R f(x,y)\,dx\,dy$$

とかき，これを f の R 上の**重積分**と呼ぶ．

分割 Δ に対して，各小長方形 Δ_{ij} における f の上限，下限をそれぞれ M_{ij}, m_{ij} として，

$$S[\Delta] = \sum_{\Delta} M_{ij}\Delta x_i \Delta y_j, \qquad s[\Delta] = \sum_{\Delta} m_{ij}\Delta x_i \Delta y_j \tag{2}$$

とおく．

1変数の場合と同様に（第4章 §1），任意の分割 Δ, Δ' に対して，両方の分点を採用してできる分割を $\Delta \cup \Delta'$ とすれば，

$$s[\Delta] \leqq s[\Delta \cup \Delta'] \leqq S[\Delta \cup \Delta'] \leqq S[\Delta']$$

である．

よって，　$s = \sup_{\Delta} s[\Delta] \leqq \inf_{\Delta} S[\Delta] = S.$

1°　**ダルブーの定理**　　$|\Delta| \to 0$ のとき，$S[\Delta] \to S$, $s[\Delta] \to s$.

2°　長方形 R 上の有界な関数 f が，R 上積分可能であるための条件は，

$$s = S$$

が成り立つことであり，この条件はさらに次のようにいいかえられる．

任意の正数 ε に対して，

$$\sum_{\Delta} \omega_{ij}\Delta x_i \Delta y_j < \varepsilon$$

なる R の分割 Δ が存在する．ここで，ω_{ij} は f の Δ_{ij} における振動量 $\sup\{f(\mathrm{P}) - f(\mathrm{P}') \mid \mathrm{P}, \mathrm{P}' \in \Delta_{ij}\} (= M_{ij} - m_{ij})$ である．

証明は1変数の場合と同様にできる．1° を $S[\Delta]$ についてだけ示そう．任意に正数 ε を固定する．$S[\Delta_\varepsilon] < S + \varepsilon$ となる分割 Δ_ε をとり，Δ_ε に属する小長方形の最短辺の長さを δ とする．$|\Delta| < \delta$ なる任意の分割 Δ に対して，$\Delta_1 = \Delta \cup \Delta_\varepsilon$ とおき，$S[\Delta] - S[\Delta_1]$ を評価する．R 上 $|f(\mathrm{P})| \leqq K$ とする．

Δ の小長方形で，Δ_ε の割線によって分けられないものについては相殺される．Δ の小長方形 Δ_{ij} で Δ_ε の割線によって分けられるものについて考える．Δ_{ij} は二つまたは四つの部分に分けられるが，1変数のときと同様に，$S[\Delta] - S[\Delta_1]$ における Δ_{ij} の分の寄与は $2KS_{ij}$（$S_{ij} = \Delta_{ij}$ の面積）でおさえられる．

よって

$$S[\Delta] - S[\Delta_1] \leqq 2K \sum{}' S_{ij} \tag{3}$$

ここで，$\sum'$ は Δ に属する小長方形のうち，Δ_ε の割線で分けられるものについての分の和を表す．

Δ_ε の y 軸，x 軸に平行な割線の本数をそれぞれ p, q とすると，明らかに，

$$\sum' S_{ij} \leqq p|\varDelta|(d-c)+q|\varDelta|(b-a). \qquad (4)$$

よって，(3),(4) より，

$$S[\varDelta]-S[\varDelta_1] \leqq 2K\{p(d-c)+q(b-a)\}|\varDelta|.$$

p, q は $\varDelta$ に無関係であるから，右辺は $|\varDelta|$ を十分小さくとれば ε より小さくできる．後は1変数の場合とまったく同じであるから省略する．

3° 長方形 R 上で，$f(x,y)$, $g(x,y)$ が積分可能ならば，kf (k は定数)，$f\pm g, fg$ も R 上積分可能であり，次の式が成り立つ．

$$\iint_R kf(x,y)dx\,dy = k\iint_R f(x,y)dx\,dy.$$

$$\iint_R \{f(x,y)\pm g(x,y)\}dx\,dy = \iint_R f(x,y)dx\,dy \pm \iint_R g(x,y)dx\,dy.$$

4° f は長方形 R 上の有界な関数とする．R を二つの長方形 R_1, R_2 に分けるとき，f が R 上積分可能ならば，R_1 および R_2 上でも積分可能であり，この逆も成り立つ．そして，そのとき

$$\iint_{R_1} f\,dx\,dy + \iint_{R_2} f\,dx\,dy = \iint_R f dxdy$$

(閉) 長方形 R 上で連続な関数 $f(\mathrm{P})$ は，そこで一様連続である．$\varepsilon>0$ に対して，ある $\delta>0$ をとれば，$|f(\mathrm{P})-f(\mathrm{P}')|<\varepsilon$ $(\overline{\mathrm{PP}'}<\delta)$．$|\varDelta|<\delta/\sqrt{2}$ なる分割 $\varDelta$ に対して $\omega_{ij}<\varepsilon$ であるから

$$\sum_\varDelta \omega_{ij}\varDelta x_i \varDelta y_j < \varepsilon \sum_\varDelta \varDelta x_i \varDelta y_j = \varepsilon(b-a)(d-c).$$

したがって

5° (閉) 長方形 R 上で連続な関数 $f(\mathrm{P})$ はそこで積分可能である．

(II) 面　　積

D を xy-平面上の有界な点集合とする．この平面を座標軸に平行な直線によって長方形網に分ける．この分割 $\varDelta$ において，周まで込めて D に含まれる (閉) 長方形の面積の和を $s_\varDelta$, D の点を一つでも含む長方形の面積の和を $S_\varDelta$ とする．

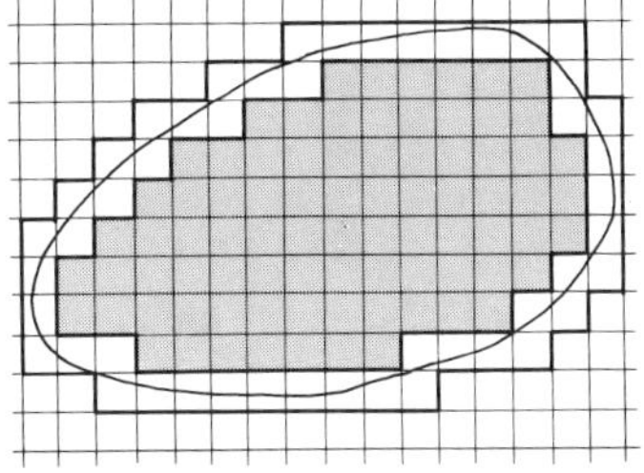

$\varDelta'$ をもう一つの分割とすると，

$$s_\varDelta \leqq s_{\varDelta\cup\varDelta'} \leqq S_{\varDelta\cup\varDelta'} \leqq S_{\varDelta'}.$$

ゆえに，

$$s = \sup_{\varDelta} s_{\varDelta}, \qquad S = \inf_{\varDelta} S_{\varDelta}$$

とおくと，　$s \leqq S.$

$s = S$ のとき，D は**面積確定**であるといい，この共通の値を D の**面積**と呼ぶ．D の面積を $|D|$ で表す．

例 1　有界な点集合 D が面積確定であるための条件は，境界 ∂D をおおう長方形和*) で面積がいくらでも小さいものがとれることである（すなわち，“D が面積確定とは，∂D の面積が0となること”となる）．

（**証**）　D を面積確定とする．正数 ε に対して $S_{\varDelta}-s_{\varDelta} < \varepsilon$ を満たす xy-平面の分割 $\varDelta$ をとる．D の点を少なくとも一つ含む長方形の全体を $(\varDelta)_1$，周まで込めて D の点だけからなる長方形の全体を $(\varDelta)_0$ とする．∂D の点は，$(\varDelta)_1$ のいずれかの長方形に属する．∂D の点で $(\varDelta)_0$ の長方形に属す点はその長方形の辺上にある．このことから $(\varDelta)_1$ に属し $(\varDelta)_0$ に属さない長方形の合併は ∂D をおおい，その面積 $S_{\varDelta}-s_{\varDelta} < \varepsilon.$

逆に，∂D は面積がいくらでも小さい長方形和でおおえるとして，面積が ε より小さい長方形和を一つとる．平面の任意の分割 $\varDelta$ に対して，$(\varDelta)_1$, $(\varDelta)_0$ を前と同様に定める．$S_{\varDelta}-s_{\varDelta}$ は $(\varDelta)_1$ に属し，$(\varDelta)_0$ に属さない長方形の面積の和に等しい．そのような長方形は，∂D の点を少なくとも一つ含むので，上にとった長方形和と共有点を持つことに注意する．このことから，十分細かく $\varDelta$ をとれば，$S_{\varDelta}-s_{\varDelta} < \varepsilon$ となる．

例 2　有限個の C^1 級曲線によって囲まれた有界領域は面積確定である．

（**証**）　例1により，C^1 級曲線 $C: x = x(t),\ y = y(t)$ $(\alpha \leqq t \leqq \beta)$ は面積がいくらでも小さい長方形和でおおわれることを示せばよい．

$$M = \max_{\alpha \leq t \leq \beta} (|x'(t)|+|y'(t)|)$$

とおくと，平均値定理により

$$|x(t)-x(t')|, |y(t)-y(t')| \leqq M|t-t'| \tag{5}$$

が成り立つ．$[\alpha, \beta]$ を n 等分して分点を $\alpha = \alpha_0 < \alpha_1 < \alpha_2 < \cdots < \alpha_n = \beta$ とすると，$|t-\alpha_i| \leqq (\beta-\alpha)/2n$ に対して，

$$|x(t)-x(\alpha_i)|, |y(t)-y(\alpha_i)| \leqq M(\beta-\alpha)/2n. \tag{6}$$

よって，C の $|t-\alpha_i| \leqq (\beta-\alpha)/2n$ に対応する部分は，中心 $(x(\alpha_i), y(\alpha_i))$，一辺の長さ $M(\beta-\alpha)/n$ の正方形でおおわれる $(i = 0, 1, \cdots, n)$．これらの正方形の面積の和は，$(n+1)M^2(\beta-\alpha)^2/n^2$ で，これは n を大きくとれば，いくらでも小さくなる．

---

*) 有限個の（閉）長方形の和集合．

問 1　連続関数 $y=f(x)$ $(a \leqq x \leqq b)$ のグラフとしての曲線 C は，平面上の点集合として面積 0 である．

注　一般の曲線は必ずしも面積 0 でない．面積 0 とならない単純閉曲線の存在が知られている．

問 2　区間 $I=[a,b]$ 上の正値有界関数 $y=f(x)$ に対して，$D=\{(x,y) \mid x \in I,\ 0 \leqq y \leqq f(x)\}$ とおく．点集合 D が面積確定であるための条件は，$f(x)$ が I 上積分可能となることである．　このとき D の面積は，

$$S=\int_a^b f(x)dx$$

に等しい．

（III）一般区域上の重積分

D を xy-平面上の有界な点集合，f は D 上の有界な関数とする．f を D 以外の点では 0 として平面全体に拡張してできる関数を $\tilde{f}$ とかく．$\tilde{f}$ が D を含むある (閉) 長方形 R 上で積分可能であるとき，f は D 上で**積分可能**（または**可積**）であるといい，

$$\iint_R \tilde{f}\,dx\,dy \quad \text{を} \quad \iint_D f\,dx\,dy \quad \text{とかく．}$$

注　この定義は R のとり方によらない．同じく R' も D を含むとすると，$\tilde{f}$ は $R \cap R'$ 以外の点では 0 だから，

$$\iint_R \tilde{f}\,dx\,dy=\iint_{R\cap R'} \tilde{f}\,dx\,dy.$$

R' に含まれる長方形 $R \cap R'$ 上 f は可積，$R \cap R'$ の外で $\tilde{f}=0$ であるから，$\tilde{f}$ は R' 上でも可積で

$$\iint_{R'} \tilde{f}\,dx\,dy=\iint_{R\cap R'} \tilde{f}\,dx\,dy.$$

例 3　D に対して，xy-平面上の関数 χ_D を

$$\chi_D(\mathrm{P})=1 \quad (\mathrm{P}\in D),\quad =0\ (\mathrm{P}\notin D)$$

と定義して，これを D の**特性関数**（または**定義関数**）と呼ぶ．

D が面積確定であるための条件は，χ_D が積分可能となることである．

このとき

$$D \text{ の面積，} \ |D|=\iint \chi_D\,dx\,dy=\iint_D 1\,dx\,dy \tag{7}$$

（証）　D を内部に含む長方形 R をとれば，R の分割 $\varDelta$ に対して $S[\varDelta]=S_\varDelta$，$s[\varDelta]=s_\varDelta$ であることから明らかである．

点集合 D_1, D_2 に対して，

$$\chi_{D_1\cap D_2}=\chi_{D_1}\chi_{D_2} \tag{8}$$

$$\chi_{D_1\cup D_2}=\chi_{D_1}+\chi_{D_2}-\chi_{D_1\cap D_2} \tag{9}$$

$$\chi_{D_1\setminus D_2}=\chi_{D_1}-\chi_{D_1\cap D_2} \qquad (D_1\setminus D_2=D_1\cap D_2{}^c) \tag{10}$$

が成り立つ．（Ｉ）3° より次を得る．

1°　D_1, D_2 が面積確定ならば，$D_1\cap D_2$，$D_1\cup D_2$，$D_1\setminus D_2$ も面積確定である．すなわち，面積確定な集合の族は，集合の有限回の演算に関して閉じている．

以下，重積分の簡単な性質をあげる．

2°　D が面積 0 ならば，D 上の有界関数 f は D 上可積で，

$$\iint_D f\,dx\,dy=0\,.$$

3°　**線形性**　f, g が D 上可積ならば，$\alpha f+\beta g$（α, β 定数）も D 上可積で，

$$\iint_D (\alpha f+\beta g)dxdy=\alpha\iint_D f\,dx\,dy+\beta\iint_D g\,dx\,dy.$$

また，積 fg も D 上可積である．

4°　f が面積確定な集合　D_1，D_2 上で可積ならば，　$D_1\cup D_2$，$D_1\cap D_2$ 上でも可積で，次の式が成り立つ．

$$\left(\iint_{D_1\cup D_2}+\iint_{D_1\cap D_2}\right)f\,dx\,dx=\left(\iint_{D_1}+\iint_{D_2}\right)f\,dx\,dy\,. \tag{11}$$

とくに，$D_1\cap D_2$ の面積が 0 ならば，

$$\iint_{D_1\cup D_2}f\,dx\,dy=\iint_{D_1}f\,dx\,dy+\iint_{D_2}f\,dx\,dy\,. \tag{12}$$

問 3　4° を証明せよ．（まず，面積確定な $E\subset D_1$ 上 f は可積となることを示せ）

問 4　f は面積確定な D_i（$1\leqq i\leqq n$）上可積で，$D_i\cap D_j$（$i\neq j$）は面積 0 ならば，

$$\iint_{D_1\cup D_2\cup\cdots\cup D_n}f\,dx\,dy=\left(\iint_{D_1}+\iint_{D_2}+\cdots+\iint_{D_n}\right)f\,dx\,dy\,.$$

5°　f, g は D 上可積で，$f(\mathrm{P})\leqq g(\mathrm{P})$（$\mathrm{P}\in D$）ならば，

$$\iint_D f\,dx\,dy\leqq\iint_D g\,dx\,dy\,.$$

系　$$\left|\iint_D f\,dx\,dy\right|\leqq\iint_D|f|\,dx\,dy\,. \tag{13}$$

$$\left|\iint_D (f+g)dx\,dy\right| \leqq \iint_D |f|\,dx\,dy + \iint_D |g|\,dx\,dy\,. \tag{14}$$

積分の定義において長方形分割を考えたが，積分可能な関数に対して，面積確定な集合による分割に対する一般なリーマン和が積分値に収束する．

6° D は面積確定，f は D 上可積とする．このとき，任意の正数 ε に対して，適当な正数 δ をとって次が成り立つようにできる．

D を，面積確定な集合 $E_1, E_2, \cdots, E_n$ に分割するとき，各 E_i の直径 $\operatorname{diam} E_i$ が δ より小さければ，任意の $\mathrm{P}_i \in E_i$ に対して，

$$\left|\sum_{i=1}^{n} f(\mathrm{P}_i)\,|E_i| - \iint_D f\,dx\,dy\right| < \varepsilon\,. \tag{15}$$

ただし，各 E_i, E_j $(i \neq j)$ は $E_i \cap E_j$ の面積が0ならば，共有点を持ってもよい．

証明． $\tilde{f}$ を単に f とかく．D を含む長方形 R を一つ固定する．ε に対して，$S[\varDelta_\varepsilon]-s[\varDelta_\varepsilon]<\varepsilon/2$ を満たす R の長方形分割 $\varDelta_\varepsilon$ をとる．δ の大きさは後に決めるとして，$\{E_i\}$ を上記の条件を満たす D の分割とする．D の外では，十分小さな長方形または長方形の一部をとり，D のこの分割を R 全体に拡大しておく．これを $\varDelta$ とおく．（I）1° の証明と同様にして，各 $\operatorname{diam} E_i$ が十分小さければ，$S[\varDelta]-S[\varDelta\cup\varDelta_\varepsilon]<\varepsilon/2$ となることがわかる．このとき，$S[\varDelta]<S[\varDelta\cup\varDelta_\varepsilon]+\varepsilon/2\leqq S+\varepsilon$，ゆえに $S[\varDelta]-S<\varepsilon$．$s[\varDelta]$ についても同様にして，$s-s[\varDelta]<\varepsilon$ となる．あとは，$S=s=\iint_R f\,dx\,dy=\iint_D f\,dx\,dy$ と $s[\varDelta]\leqq\sum f(\mathrm{P}_i)|E_i|\leqq S[\varDelta]$ を用いて（15）を得る．▨

7° D を面積確定な点集合とすると，D 上の有界な連続関数 f は D 上積分可能である．

証明． $\tilde{f}$ を単に f とかく．D を内部に含む長方形 R をとり，$\varepsilon>0$ に対して，R の分割 $\varDelta_\varepsilon$ で $S_{\varDelta_\varepsilon}-s_{\varDelta_\varepsilon}<\varepsilon$ を満たすものをとる．$\varDelta_\varepsilon$ の長方形で周まで込めて D に含まれるもの全体の合併を R_0 とする．R_0 は有界閉集合であるから，f は R_0 上一様連続である．したがって，$\varDelta_\varepsilon$ の十分細かい細分 $\varDelta$ をとれば，$\varDelta$ の長方形で R_0 に含まれるもの $\varDelta_{ij}$ に対して $\omega_{ij}<\varepsilon$．$\sum\omega_{ij}|\varDelta_{ij}|$ において，$\varDelta_{ij}$ が R_0 に含まれるものとそうでないものに分けて考えれば，$|f(\mathrm{P})|\leqq K$ $(\mathrm{P}\in R)$ として

$$\sum\omega_{ij}\,|\varDelta_{ij}|<\varepsilon\,|R|+2K\varepsilon\,.$$

系 D を面積確定な有界領域，E を D 内の面積 0 の集合とする．このとき，$D\setminus E$ で有界な連続関数 f は，D および $\overline{D}=D\cup\partial D$ 上積分可能で積分

の値は等しい．ただし，f の E または ∂D 上の値は有界ならば任意に与えてよく，積分値は与え方によらない．

証明. ∂D の面積は0であることに注意すれば，7°と2°より明らかである．

§2　重積分の計算（その1：累次積分）

重積分の値をその定義から計算することは困難である．ここでは，1変数の積分に帰着する方法を与える．

定　理1　$\varphi_1(x), \varphi_2(x)$ は $I=[a,b]$ 上の連続関数で，I 上 $\varphi_1(x) \leqq \varphi_2(x)$ を満たすとする．$D=\{(x,y) \mid x \in I, \varphi_1(x) \leqq y \leqq \varphi_2(x)\}$ とおく．

D 内部で有界かつ連続な関数 $f(x,y)$ に対して次が成り立つ．

（1）　$F(x)=\int_{\varphi_1(x)}^{\varphi_2(x)} f(x,y)dy$ は I 上の連続関数で，

（2）　$$\iint_D f(x,y)dx\,dy=\int_a^b\left(\int_{\varphi_1(x)}^{\varphi_2(x)} f(x,y)dy\right)dx. \tag{16}$$

証明.（1）$x_0 \in I$ とし，$F(x)$ は $x=x_0$ で連続であることを示す．

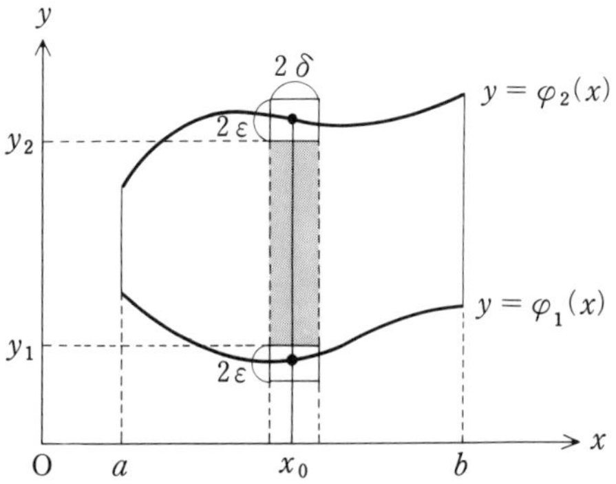

D 上 $|f(x,y)| \leqq K$ とする．

$\varphi_1(x_0)=\varphi_2(x_0)$ の場合．

$$\left|\int_{\varphi_1(x)}^{\varphi_2(x)} f(x,y)dy\right| \leqq K|\varphi_2(x)-\varphi_1(x)|$$

より，$x \to x_0$ のとき，

$$F(x) \to 0 = F(x_0).$$

$\varphi_1(x_0) < \varphi_2(x_0)$ の場合．

任意の正数 ε をとる．適当な正数 δ をとれば，$|x-x_0| \leqq \delta$ において，

$$|\varphi_1(x)-\varphi_1(x_0)|, \qquad |\varphi_2(x)-\varphi_2(x_0)| < \varepsilon$$

が成り立つ（以下，図参照）．

D を含む長方形 $R: a \leqq x \leqq b,\ c \leqq y \leqq d$ を一つとる．$\varphi_1(x_0)+\varepsilon=y_1$, $\varphi_2(x_0)-\varepsilon=y_2$ として，$f(x,y)$ の長方形 $|x-x_0| \leqq \delta$, $y_1 \leqq y \leqq y_2$ における一様連続性により，x_0 に十分近い x に対して，

$$|F(x)-F(x_0)|=\left|\left(\int_c^{y_1}+\int_{y_1}^{y_2}+\int_{y_2}^{d}\right)\{\tilde{f}(x,y)-\tilde{f}(x_0,y)\}dy\right| \tag{17}$$
$$\leqq 4K\varepsilon+\varepsilon(d-c)+4K\varepsilon .$$

ゆえに，$x\to x_0$ のとき $F(x)\to F(x_0)$.

（2） I の任意の分割 $\Delta_x : a=x_0<x_1<\cdots<x_m=b$ および $[c,d]$ の任意の分割 $\Delta_y : c=y_0<y_1<\cdots<y_n=d$ に対して，Δ_x, Δ_y によって生ずる R の分割 Δ を考えて，$\tilde{f}(x,y)$ に対して，

$$\sum_{i=1}^{m}\left(\sum_{j=1}^{n}m_{ij}\Delta y_j\right)\Delta x_i \leqq \sum_{i=1}^{m}F(x_i)\Delta x_i \leqq \sum_{i=1}^{m}\left(\sum_{j=1}^{n}M_{ij}\Delta y_j\right)\Delta x_i . \tag{18}$$

$|\Delta_x|, |\Delta_y|\to 0$ として，

$$\iint_R \tilde{f}(x,y)dx\,dy \leqq \int_a^b F(x)dx \leqq \iint_R \tilde{f}(x,y)dx\,dy .$$

これから（16）を得る． ▨

定理の（2）の右辺を

$$\int_a^b\int_{\varphi_1(x)}^{\varphi_2(x)} f(x,y)dx\,dy \quad \text{または} \quad \int_a^b dx\int_{\varphi_1(x)}^{\varphi_2(x)} f(x,y)dy$$

ともかく．

このように，1変数の積分を繰り返す積分を**累次積分**と呼ぶ．

D が $[c,d]$ 上の連続関数 $\psi_1(y), \psi_2(y)$ を用いて，$\{(x,y)\,|\,c\leqq y\leqq d, \psi_1(y) \leqq x\leqq \psi_2(y)\}$ と表されるときには，（16）に対応して

$$\iint_D f(x,y)dx\,dy$$
$$=\int_c^d\left(\int_{\psi_1(y)}^{\psi_2(y)} f(x,y)dx\right)dy$$

が成り立つ．

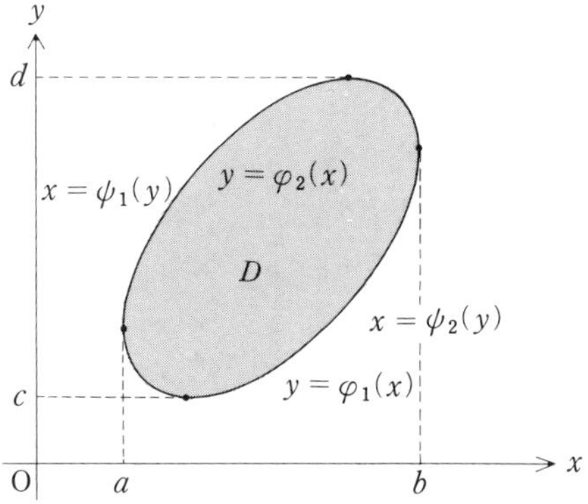

したがって，D が $\varphi_1(x), \varphi_2(x)$ と $\psi_1(y), \psi_2(y)$ のどちらでも表せるとき，次の式が成り立つ

$$\int_a^b\left(\int_{\varphi_1(x)}^{\varphi_2(x)} f(x,y)dy\right)dx$$
$$=\int_c^d\left(\int_{\psi_1(y)}^{\psi_2(y)} f(x,y)dx\right)dy \quad \textbf{（積分の順序変更）} \tag{19}$$

例 4　D が連続関数 $f(x)$, $g(x)$ によって $\{(x,y)\,|\,a \leqq x \leqq b,\ f(x) \leqq y \leqq g(x)\}$ と表されるとき，(16) により，

$$|D| = \iint_D 1\,dx\,dy = \int_a^b \left(\int_{f(x)}^{g(x)} 1\,dy\right)dx$$
$$= \int_a^b \{g(x)-f(x)\}dx$$

例 5　$\iint_D (x+y)^\alpha\,dx\,dy$ $(\alpha>0)$ の値を D が次のおのおのの場合に求めよ．

（1）　正方形：$0 \leqq x, y \leqq 1$　　（2）　三角形：$0 \leqq y \leqq x \leqq 1$.

（解）（1）　$\displaystyle\int_0^1 \left(\int_0^1 (x+y)^\alpha dy\right)dx = \int_0^1 \left[\frac{(x+y)^{\alpha+1}}{\alpha+1}\right]_0^1 dx$

$$= \int_0^1 \frac{(x+1)^{\alpha+1}-x^{\alpha+1}}{\alpha+1}dx = \left[\frac{(x+1)^{\alpha+2}-x^{\alpha+2}}{(\alpha+1)(\alpha+2)}\right]_0^1 = \frac{2^{\alpha+2}-2}{(\alpha+1)(\alpha+2)}$$

（2）　$\displaystyle\int_0^1 \left(\int_0^x (x+y)^\alpha dy\right)dx = \int_0^1 \left[\frac{(x+y)^{\alpha+1}}{\alpha+1}\right]_0^x dx$

$$= \int_0^1 \frac{(2x)^{\alpha+1}-x^{\alpha+1}}{\alpha+1}dx$$
$$= \left[\frac{2^{\alpha+1}-1}{(\alpha+1)(\alpha+2)}x^{\alpha+2}\right]_0^1 = \frac{2^{\alpha+1}-1}{(\alpha+1)(\alpha+2)}$$

例 6　D を3直線 $y=0, x=1, y=\frac{\pi}{2}x$ が囲む三角形として，次の値を求めよ．

$$I = \iint_D \cos\frac{y}{x}\,dx\,dy$$

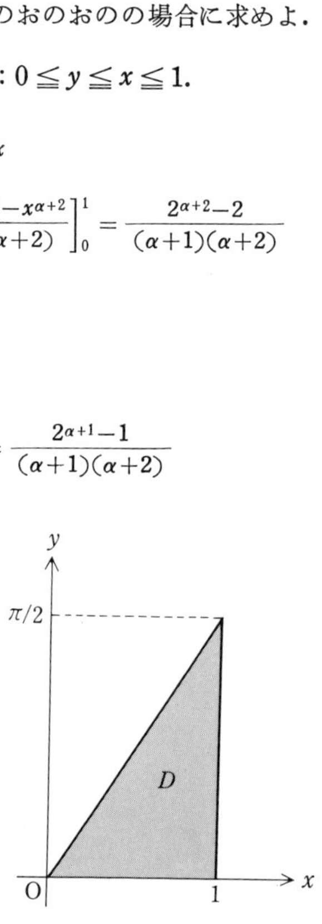

（証）　D は $0 \leqq x \leqq 1,\ 0 \leqq y \leqq \frac{\pi}{2}x$ と表されるから

$$I = \int_0^1 \left(\int_0^{(\pi/2)x} \cos\frac{y}{x}dy\right)dx = \int_0^1 \left[x\sin\frac{y}{x}\right]_0^{(\pi/2)x} dx$$
$$= \int_0^1 x\,dx = \frac{1}{2}$$

注　D は $0 \leqq y \leqq \frac{\pi}{2},\ \frac{2}{\pi}y \leqq x \leqq 1$ と表されるから，$I = \displaystyle\int_0^{\pi/2}\left(\int_{2y/\pi}^1 \cos\frac{y}{x}dx\right)dy$ となる．しかし，$\cos\frac{y}{x}$ の x に関する原始関数はわからないから，この積分順序では I の値を求められない．

問 5　次の重積分の値を求めよ（括弧内は D を表す）．

（1） $\iint_D x^2y\,dx\,dy$ $(0 \leqq y \leqq \sqrt{1-x^2})$

（2） $\iint_D \sin(x+y)dx\,dy$ $\quad (0 \leqq x, y, \quad x+y \leqq \frac{\pi}{2})$

（3） $\iint_D e^{y/x}\,dx\,dy$ $(0 < x \leqq 1, \quad 0 \leqq y \leqq x)$ （4） $\iint_{|x|+|y| \leqq 1} x^2y^2\,dx\,dy$

問 6 次の累次積分の積分順序を変えよ．ただし，$a>0$ である．

（1） $\int_{-1}^1 dx \int_0^{e^x} f(x,y)dy$ （2） $\int_0^a dx \int_{\alpha x}^{\beta x} f(x,y)dy$ $(\beta > \alpha > 0)$

（3） $\int_a^{2a} dy \int_{y-a}^{y+a} f(x,y)dx$ （4） $\int_{-1}^2 dx \int_{x^2}^{2+x} f(x,y)dy$

§3 広義重積分

以後考える有界閉集合はすべて面積確定とする．1変数の場合と同様に，有界集合上の非有界関数の重積分および非有界集合上での重積分を定義する．そのために，平面上の点集合（非有界でもよい）D に対して，D の**近似列** $\{K_n\}_{n=1}^{\infty}$ を次の性質を満たすものとして定義する．

（i） $K_1 \subset K_2 \subset \cdots \subset D$.

（ii） 各 K_n は有界閉集合である．

（iii） D 内の任意の有界閉集合 K に対して，ある番号 n をとれば，$K \subset K_n$.

注 （i）（iii）より $D = \bigcup_{n=1}^{\infty} K_n$.

問 7 有界閉集合および任意の開集合は近似列を持つ．

問 8 D が面積確定な有界点集合ならば，任意の近似列 $\{K_n\}$ について

$$|K_n| \to |D| \ (n \to \infty).$$

以下，D は近似列を持つものとする．f は D 上の関数で，D に含まれる任意の有界閉集合上で積分可能とする（このとき，f は D 上で**局所可積**であるという）．

D の任意の近似列 $\{K_n\}$ に対して，有限な極限値 $J = \lim_{n\to\infty} \iint_{K_n} f\,dx\,dy$ が存在して，かつ J の値が $\{K_n\}$ の選び方によらないとき，f は D 上で**広義積分可能**（**広義可積**）であるといい，この値 J を $\iint_D f\,dx\,dy$ とかく．

このとき，広義積分 $\iint_D f\,dx\,dy$ は**収束する**という．

問 9　上記の定義において，“Jの値が $\{K_n\}$ の選び方によらないとき”は実は不要であることを示せ．

f は D 上で非負値の局所可積関数とする．D のある近似列 $\{K_n\}$ で

$$\left\{\iint_{K_n} f\,dx\,dy \,\middle|\, n\in \boldsymbol{N}\right\}$$

が有界であるものが存在するとき，f は D 上広義可積となる．

（証）$\iint_{K_n} f\,dx\,dy$ $(n\in \boldsymbol{N})$ は単調増加で有界であるから収束する．極限値を J とおく．$\{E_n\}$ を D の別の近似列とする．各 m に対して $n=n(m)$ をとれば $E_m\subset K_n$．このとき，$\iint_{E_m} f\,dx\,dy \leqq \iint_{K_n} f\,dx\,dy \leqq J$．したがって，増加列 $\iint_{E_m} f\,dx\,dy$ $(m\in \boldsymbol{N})$ は収束して極限値 $J'\leqq J$．

$\{K_n\}$ と $\{E_n\}$ を逆にして，$J\leqq J'$ を得る．よって，$J=J'$ で極限値は近似列のとり方によらない．

例 7　$\displaystyle\iint_{0\leqq x,y} \frac{dx\,dy}{(1+x^\alpha)(1+y^\beta)}$　$(\alpha, \beta>0)$　の収束・発散を調べよ．

（解）近似列 $D_n: 0\leqq x, y\leqq n$ をとれば

$$\iint_{D_n} \frac{dx\,dy}{(1+x^\alpha)(1+y^\beta)} = \int_0^n \frac{dx}{1+x^\alpha}\int_0^n \frac{dy}{1+y^\beta}.$$

よって，問題の広義積分は，$\alpha>1$ かつ $\beta>1$ のときのみ収束する．

例 8　$\displaystyle\iint_D \frac{dx\,dy}{(x-y)^\alpha} = \frac{1}{(1-\alpha)(2-\alpha)}$

$(D: 0\leqq y<x\leqq 1)$　$(0<\alpha<1)$

（証）近似列　$D_n: 0\leqq y\leqq x-\dfrac{1}{n}$，

$\dfrac{1}{n}\leqq x\leqq 1$ をとれば，

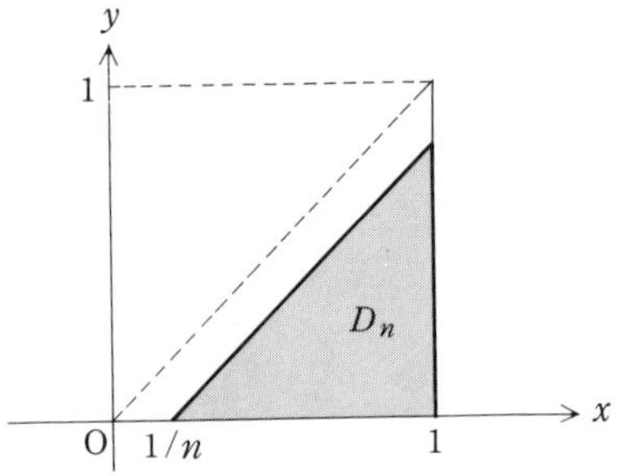

$$\begin{aligned} I_n &= \iint_{D_n} \frac{dx\,dy}{(x-y)^\alpha} \\ &= \int_{1/n}^1 dx \int_0^{x-1/n} (x-y)^{-\alpha} dy \\ &= \int_{1/n}^1 \left[\frac{(x-y)^{1-\alpha}}{\alpha-1}\right]_0^{x-1/n} dx \end{aligned}$$

$$=\int_{1/n}^{1}\frac{x^{1-\alpha}-(1/n)^{1-\alpha}}{1-\alpha}\,dx$$

$$=\frac{1}{1-\alpha}\left\{\frac{1-(1/n)^{2-\alpha}}{2-\alpha}-\left(\frac{1}{n}\right)^{1-\alpha}\left(1-\frac{1}{n}\right)\right\},\qquad \lim_{n\to\infty}I_n=1/(1-\alpha)(2-\alpha).$$

例 9 $\displaystyle\iint_{0\leqq x,y}\frac{dx\,dy}{1+(x+y)^{\alpha}}$ $(\alpha>0)$ は $\alpha>2$ のとき収束，$\alpha\leqq 2$ のとき発散する．

（証） $D_n: 0\leqq x,\ 0\leqq y,\ x+y\leqq n$ とすると，$D_{n+1}\backslash D_n$ において，

$$n<x+y\leqq n+1$$

で $D_{n+1}\backslash D_n$ の面積は $n+1/2$．

したがって，

$$\frac{n+1/2}{1+(n+1)^{\alpha}}<\iint_{D_{n+1}\backslash D_n}\frac{dx\,dy}{1+(x+y)^{\alpha}}<\frac{n+1/2}{1+n^{\alpha}}.$$

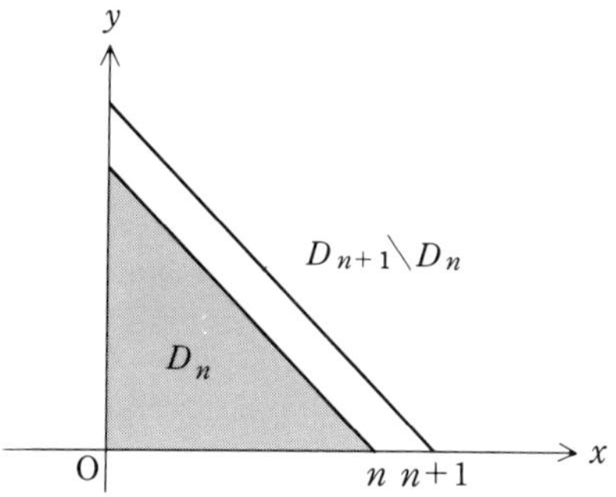

これから，

$$\sum_{n=0}^{N}\frac{n+1/2}{1+(n+1)^{\alpha}}<\iint_{D_{N+1}}\frac{dx\,dy}{1+(x+y)^{\alpha}}<\sum_{n=0}^{N}\frac{n+1/2}{1+n^{\alpha}}. \tag{20}$$

$\displaystyle\sum_{n=0}^{\infty}\frac{n+1/2}{1+(n+1)^{\alpha}}$，$\displaystyle\sum_{n=1}^{\infty}\frac{n+1/2}{1+n^{\alpha}}$ は，$\displaystyle\sum_{n=1}^{\infty}\frac{1}{n^{\alpha-1}}$ と同時に収束・発散するから，表記の結果を得る．

問 10 次の広義積分の値を求めよ．

（1） $\displaystyle\iint_{0\leqq x,y}\frac{dx\,dy}{(1+x+y)^{\alpha}}$ $(\alpha>2)$

（2） $\displaystyle\iint_{D}\frac{dx\,dy}{\sqrt{x^2+y^2}}$ $(D: 0\leqq y\leqq x\leqq 1,\ x>0)$

（3） $\displaystyle\iint_{D}e^{-xy}\,dx\,dy$ $(D: x\geqq 0,\ 0<a\leqq y\leqq b)$

補題 f は有界な点集合 D 上の積分可能な関数で，

$$D\text{ 上 }\ f\geqq 0,\ \text{かつ}\ \iint_D f\,dx\,dy>0$$

とする．このとき，任意の正数 ε に対して，D 内に˙ある有界閉集合 E が存在して次が成り立つ．

$$\inf_E f>0\ \ \text{かつ}\ \ \iint_E f\,dx\,dy>\iint_D f\,dx\,dy-\varepsilon.$$

証明.　D が長方形の場合に示せばよい．ε に対して $s[\varDelta]>\iint_D f\,dx\,dy-\varepsilon$ を満たす（長方形）分割 $\varDelta$ をとる．$s[\varDelta]=\sum_\varDelta m_{ij}|\varDelta_{ij}|$ において，$E=\cup\{\varDelta_{ij}|m_{ij}>0\}$ とおけばよい．

関数 f に対して，非負値関数 f^+, f^- を

$$f^+=\frac{1}{2}(|f|+f), \qquad f^-=\frac{1}{2}(|f|-f) \tag{21}$$

と定義する．

$$f=f^+-f^-, \quad |f|=f^++f^- \tag{22}$$

である．

f が D 上積分可能であるとき，$|f|$ が積分可能であるから，f^+,f^- も積分可能である．

定　理 2　近似列を持つ点集合 D 上で局所可積な関数 f に対して，次は互いに同値である．

（1）f は D 上広義可積．

（2）$|f|$ は D 上広義可積．

（3）f^+,f^- ともに D 上広義可積．

このとき，

$$\iint_D f\,dx\,dy=\iint_D f^+\,dx\,dy-\iint_D f^-\,dx\,dy$$

が成り立つ．

証明.　明らかに，(2), (3) は同値であり，(3) が成り立てば (1) は成り立つ．(1) を仮定して背理法によって (3) を導こう．f^- についても同様であるから，D のある近似列 $\{K_n\}$ に対して，$\displaystyle\lim_{n\to\infty}\iint_{K_n} f^+dx\,dy=\infty$ であったとしよう．各 n に対して，$m=m(n)$ を

$$\iint_{K_m} f^+dx\,dy>\iint_{K_n} f^-dx\,dy+n$$

となるようにとる．補題により K_m に含まれる有界閉集合 E_n で

$$\inf_{E_n} f^+>0, \text{ かつ } \iint_{E_n} f^+dx\,dy>\iint_{K_n} f^-dx\,dy+n$$

を満たすものがとれる．E_n 上 $f^+>0$，したがって，$f^-=0$ であることに注意する．

そこで，$K_n' = K_n \cup E_n$ とおくと，K_n' は有界閉集合で，

$$\iint_{K_n'} f\,dx\,dy = \iint_{K_n'} f^+dx\,dy - \iint_{K_n'} f^-dx\,dy$$
$$\geqq \iint_{E_n} f^+dx\,dy - \iint_{K_n} f^-dx\,dy > n\,.$$

ゆえに，

$$\iint_{K_n'} f\,dx\,dy \to \infty \quad (n \to \infty)\,.$$

明らかに，$\{K_n'\}$ の適当な部分列は D の近似列となるから，この部分列をとりだしてみれば (1) と矛盾する． ▨

注 定理からわかるように，広義重積分の定義は自動的に絶対収束を意味する．

系 関数 f は D 上で可積または広義可積とすると次が成り立つ．

任意の正数 ε に対して，D 内のある有界閉集合 K で，

$$\iint_{D\setminus K} |f|\,dx\,dy = \iint_D |f|\,dx\,dy - \iint_K |f|\,dxdy < \varepsilon$$

を満たすものが存在する．

証明． f が可積のときは，$|f|$ に補題を適用すればよい．f が広義可積のとき，$|f|$ も広義可積となり，広義可積の定義から明らかである．

§4 重積分の計算（その 2：変数変換）

置換積分の公式

$$\int_a^b f(x)dx = \int_\alpha^\beta f(\varphi(t))\varphi'(t)dt \quad (b = \varphi(\beta),\, a = \varphi(\alpha))$$

を考える．$a < b$ とする．φ の増加減少にしたがって，$\alpha < \beta$ または $\beta < \alpha$ であるが，いずれの場合も α, β を両端とする閉区間を I とおけば，$[a, b] = \varphi(I)$ より上記の式は，

$$\int_{\varphi(I)} f(x)dx = \int_I f(\varphi(t))\,|\varphi'(t)|\,dt \tag{23}$$

と書き表される．

φ を C^1 級として，$t = t_0$ を含む微小な閉区間 $e = [t_1, t_2]$ をとると，閉区間 $\varphi(e)$ の長さは $|\varphi(t_2) - \varphi(t_1)| = |\varphi'(t_0')|\,|t_2 - t_1|$，$t_0' \in e$．$e$ が一点 t_0 に縮むとき，$t_0' \to t_0$ より，

$$|\varphi(t_2) - \varphi(t_1)| / |t_2 - t_1| = |\varphi'(t_0')| \to |\varphi'(t_0)|\,.$$

したがって，$|\varphi'(t_0)|$ は $t = t_0$ における微小区間 e と，その像区間 $\varphi(e)$ との長さの拡大率と考えられる．

重積分に関して同様な考えで変数変換の公式を導こう．

Ω を uv-平面上の領域とし，$x=\varphi(u,v)$，$y=\phi(u,v)$ は Ω 上の C^1 級関数とする．写像 $(u,v)\to(x,y)$ は Ω を xy-平面上の領域 D の上に1対1に写すと仮定する．

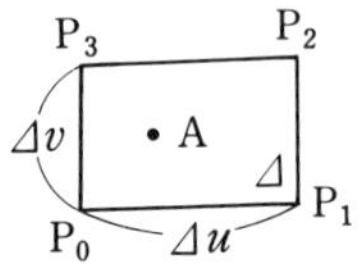

Ω 内の点 A を含む微小な長方形 $\varDelta$: $\mathrm{P_0P_1P_2P_3}$（図）をとり，P_i $(i=0,1,2,3)$ の像を $\mathrm{P}_i{}'$ とする．$\varDelta$ の像 $\varDelta'$ は $\mathrm{P_0}', \mathrm{P_1}', \mathrm{P_2}', \mathrm{P_3}'$ を結んだ図形で，$\overrightarrow{\mathrm{P_0}'\mathrm{P_1}'}$，$\overrightarrow{\mathrm{P_0}'\mathrm{P_3}'}$ を隣り合う2辺とする平行四辺形に非常に近い．そこで，像 $\varDelta'$ の面積の代わりにこの平行四辺形の面積 $\varDelta S$ を計算する．

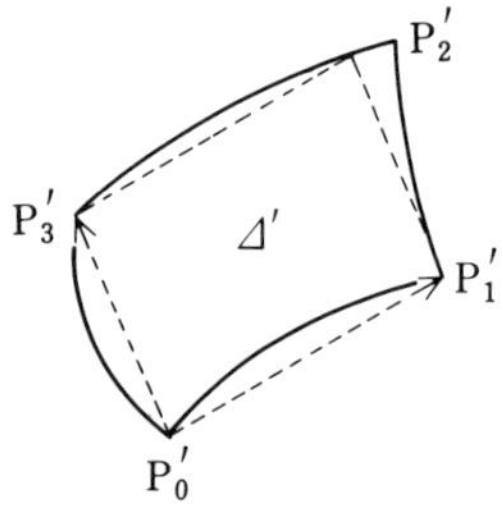

$$\begin{aligned}\overrightarrow{\mathrm{P_0}'\mathrm{P_1}'} &= (\varphi(\mathrm{P_1})-\varphi(\mathrm{P_0}), \phi(\mathrm{P_1})-\phi(\mathrm{P_0})) \\ &= (\varphi_u(\mathrm{P_{01}})\varDelta u, \phi_u(Q_{01})\varDelta u) \qquad (24)\end{aligned}$$

（平均値定理による）

ただし，$\overrightarrow{\mathrm{P_0P_2}}=(\varDelta u, \varDelta v)$ とし，$\mathrm{P_{01}}, \mathrm{Q_{01}}$ はともに線分 $\mathrm{P_0P_1}$ 上の点である．

同じく，$\overrightarrow{\mathrm{P_0}'\mathrm{P_3}'}=(\varphi_v(\mathrm{P_{03}})\varDelta v, \phi_v(\mathrm{Q_{03}})\varDelta v)$.

よって，

$$\varDelta S=\left|\det\begin{pmatrix}\varphi_u(\mathrm{P_{01}})\varDelta u & \phi_u(\mathrm{Q_{01}})\varDelta u \\ \varphi_v(\mathrm{P_{03}})\varDelta u & \phi_v(\mathrm{Q_{03}})\varDelta v\end{pmatrix}\right| \qquad (25)$$

$$=|\varphi_u(\mathrm{P_{01}})\phi_v(\mathrm{Q_{03}})-\varphi_v(\mathrm{P_{03}})\phi_u(\mathrm{Q_{01}})|\varDelta u\varDelta v \qquad (26)$$

$\varDelta$ を1点 A に縮めるとき，$\mathrm{P_{01}}, \mathrm{Q_{01}}, \mathrm{P_{03}}, \mathrm{Q_{03}}\to \mathrm{A}$ より，

$$\varDelta S/\varDelta u\varDelta v \to |\varphi_u(\mathrm{A})\phi_v(\mathrm{A})-\varphi_v(\mathrm{A})\phi_u(\mathrm{A})|.$$

一般に，写像 $x=\varphi(u,v)$，$y=\phi(u,v)$ に対して，行列式

$$\det\begin{pmatrix}\partial\varphi/\partial u & \partial\varphi/\partial v \\ \partial\phi/\partial u & \partial\phi/\partial v\end{pmatrix} \qquad (27)$$

を

$$\frac{\partial(\varphi,\phi)}{\partial(u,v)} \quad \text{または} \quad \frac{\partial(x,y)}{\partial(u,v)}$$

とかき，これを　この写像の**関数行列式**または**ヤコビアン**と呼ぶ．

上記の考察から，$|\partial(\varphi,\psi)/\partial(u,v)|$ の (u_0, v_0) における値は，写像 $x=\varphi(u,v)$, $y=\psi(u,v)$ に関する，点 (u_0, v_0) においての面積拡大率を表していると考えられる．実際，証明は省略するが，次が成り立つ．

$x=\varphi(u,v)$, $y=\psi(u,v)$ は閉長方形 R を含むある開集合で C^1 級かつ $\dfrac{\partial(\varphi,\psi)}{\partial(u,v)} \neq 0$ とする．任意の正数 ε をとると，R 内の十分小さい長方形 $\varDelta$ とその像 $\varDelta'$ に対して

$$\left| \frac{|\varDelta'|}{|\varDelta|} - \left| \frac{\partial(\varphi,\psi)}{\partial(u,v)}(\mathrm{P}) \right| \right| < \varepsilon \quad (\mathrm{P}\ は\ \varDelta\ の中心).$$

このことを用いて，次の定理を証明しよう．

定　理 3　変数変換 $x=\varphi(u,v)$, $y=\psi(u,v)$ により uv-平面上の領域 Ω が xy-平面上の領域 D の上に 1 対 1 に写されるとする．

φ, ψ は，Ω 上 C^1 級で $\dfrac{\partial(\varphi,\psi)}{\partial(u,v)} \neq 0$ であるとする．このとき，D 上広義可積な連続関数 $f(x,y)$ に対して，

$$\iint_D f(x,y)\,dx\,dy = \iint_\Omega f(\varphi(u,v),\ \psi(u,v)) \left| \frac{\partial(\varphi,\psi)}{\partial(u,v)} \right| du\,dv \qquad (28)$$

が成り立つ．

証明．　$f=f^+-f^-$ と分解して，f^+, f^- のおのおのに対して示せばよいから，最初から $f \geqq 0$ として示せばよい．また，広義積分の定義から，Ω に含まれる任意の長方形和 R とその像 R' に対して，

$$\iint_{R'} f(x,y)\,dx\,dy = \iint_R f(\varPhi(u,v))\,|J(u,v)|\,du\,dv \qquad (29)$$

が成り立つことを示せばよい．ここで，変換 $(u,v) \to (x,y)$ を $\varPhi$ で表し，$\partial(\varphi,\psi)/\partial(u,v)$ を $J(u,v)$ とかいた（なお，第 6 章演習問題 26 参照）．

R の長方形分割 $(\varDelta_{ij})$ をとり，$\varDelta_{ij}$ の中心を P_{ij}, $\mathrm{P}'_{ij} = \varPhi(\mathrm{P}_{ij})$, $\varDelta'_{ij} = \varPhi(\varDelta_{ij})$ とおく．分割が十分細かければ，定理の前に述べたことから

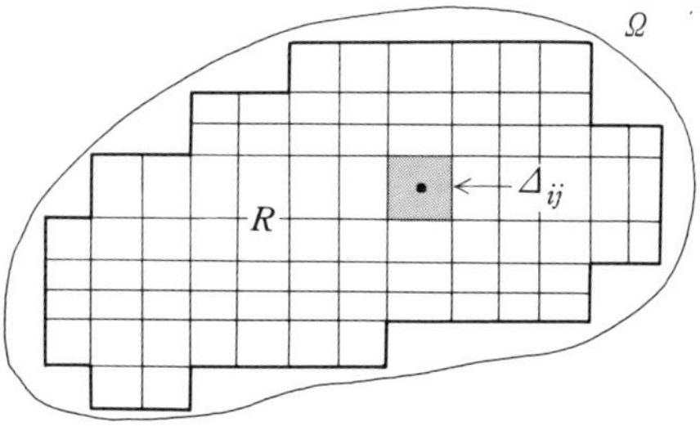

$$||\varDelta'_{ij}| - |J(\mathrm{P}_{ij})||\varDelta_{ij}|| < \varepsilon |\varDelta_{ij}|.$$

よって，

$I=\sum f(\Phi(\mathrm{P}_{ij}))|J(\mathrm{P}_{ij})||\Delta_{ij}|$

$I'=\sum f(\mathrm{P}'_{ij})|\Delta'_{ij}|$

に対して，

$|I'-I|\leqq\sum f(\mathrm{P}'_{ij})\varepsilon|\Delta_{ij}|$

$\leqq\varepsilon|R|\sup_{R'}f.$　(30)

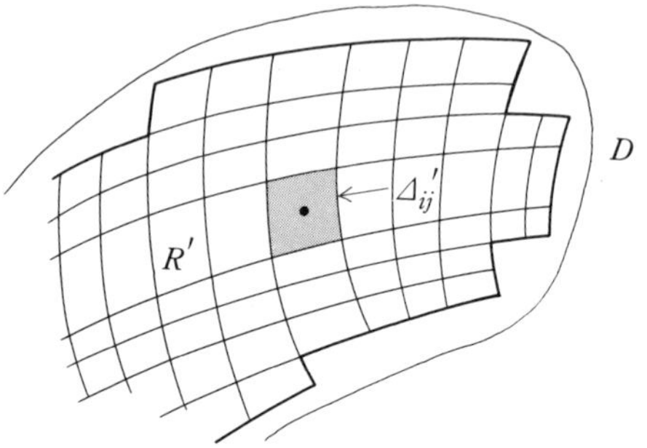

さて，分割 (Δ_{ij}) を細かくしていくと，重積分の定義から I は (29) の右辺に収束する．I' については，Φ の R 上における一様連続性により，各 $\mathrm{diam}\,\Delta'_{ij}\to 0$ となるから，§1 (Ⅲ) 6° により (29) の左辺に収束する．以上から，(29) が成り立つことがわかる．■

注　定理は広義重積分について述べてあるが，(29) が成り立つことから，(28) の左辺または右辺の被積分関数が可積の場合にも (28) は成り立つ．

よく使われる変数変換をあげよう．

（1）**一次変換**　$x=au+bv,\ y=cu+dv$．これは $ad-bc\neq 0$ のとき全 uv-平面で1対1の変換である．関数行列式は，

$$\det\begin{pmatrix}a & b\\ c & d\end{pmatrix}=ad-bc\,.$$

よって変数変換は，

$$dx\,dy=|ad-bc|\,du\,dv \tag{31}$$

（2）**極座標変換**　$x=r\cos\theta,\ y=r\sin\theta\ (r>0)$

これは $r\theta$-平面上の領域 $\Omega:0<r<\infty,\ 0<\theta<2\pi$ 上で1対1の C^∞ 級変換である．関数行列式は，

$$\frac{\partial(x,y)}{\partial(r,\theta)}=\det\begin{pmatrix}\cos\theta & -r\sin\theta\\ \sin\theta & r\cos\theta\end{pmatrix}=r$$

よって変数変換は，

$$dx\,dy=r\,dr\,d\theta \tag{32}$$

例 10　（1）$I=\displaystyle\iint_{x,y\geqq 0}\frac{|x-y|}{(1+x+y)^\alpha}dx\,dy=\frac{1}{(\alpha-1)(\alpha-2)(\alpha-3)}$

$(\alpha > 3)$

（2）　$I = \iint_{x^2+y^2 \leqq a^2} \sqrt{a^2-x^2-y^2}\,dx\,dy = \dfrac{2\pi}{3}a^3 \quad (a>0)$

（解）（1）　$D : 0 \leqq x, y < \infty$.　$x+y=u, x-y=v$ とおいて，$x=(u+v)/2$，$y=(u-v)/2$ となる．$x, y \geqq 0$ を解いて $\Omega : -u \leqq v \leqq u$．写像 $(u,v) \to (x,y)$ は Ω を D の上に写す．$D_n : 0 \leqq x, y$，$x+y \leqq n$ は D の近似列で，これに対応するΩ の部分は $\Omega_n : -u \leqq v \leqq u$，$0 \leqq u \leqq n$.

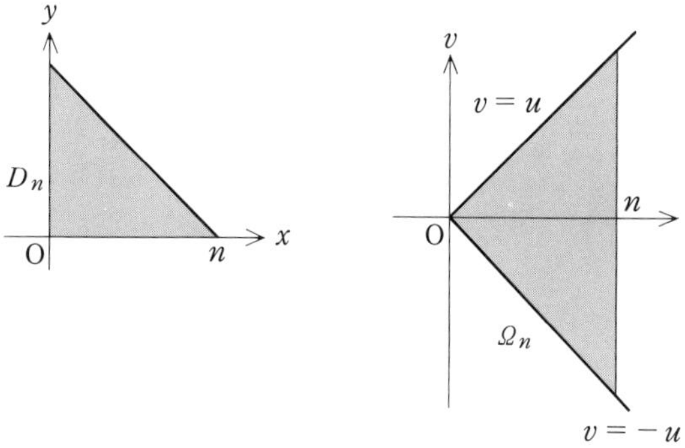

積分変数の変換は，(31) より

$$dx\,dy = \frac{1}{2}\,du\,dv$$

よって，

$$I = \frac{1}{2}\lim_{n\to\infty}\iint_{\Omega_n}(1+u)^{-\alpha}|v|\,du\,dv$$
$$= \frac{1}{2}\int_0^\infty\left(\int_{-u}^{u}(1+u)^{-\alpha}|v|\,dv\right)du$$
$$= \frac{1}{2}\int_0^\infty u^2(1+u)^{-\alpha}du$$

よって，

$$= \frac{1}{2}\int_0^\infty\{(1+u)^{2-\alpha}-2(1+u)^{1-\alpha}+(1+u)^{-\alpha}\}du \tag{33}$$
$$= \frac{1}{2}\left(\frac{1}{\alpha-3}-\frac{2}{\alpha-2}+\frac{1}{\alpha-1}\right)$$

（2）　極座標変換 $x = r\cos\theta$，$y = r\sin\theta$ を用いる．写像 $(r,\theta) \to (x,y)$ は $r\theta$-平面上の領域 $\Omega : 0 < r < a$，$0 < \theta < 2\pi$ を xy-平面上の領域 D（図）の上に写す（円板 $x^2+y^2 \leqq a^2$ と集合 D の差に当たる集合は面積 0．よって，$x^2+y^2 \leqq a^2$ 上の積分値と D 上の積分値は等しい）.

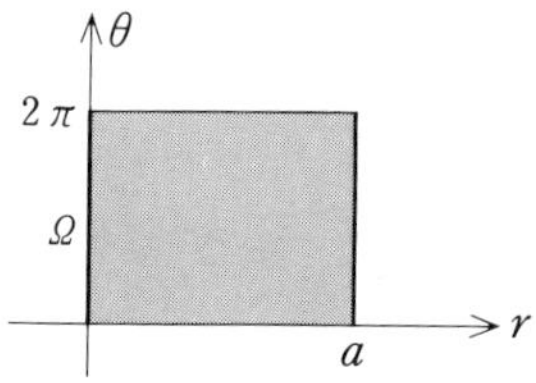

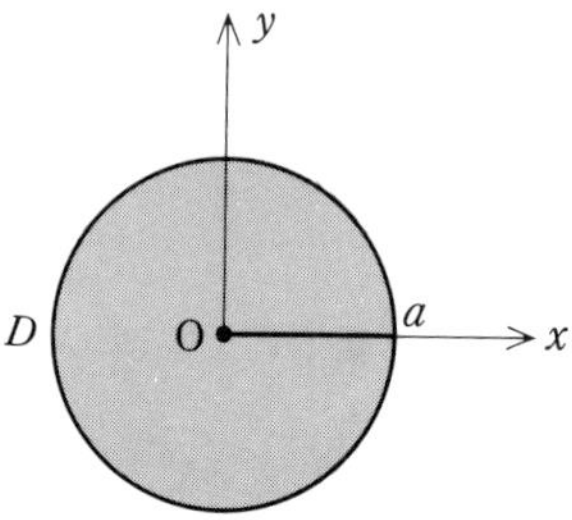

$$\begin{aligned} I &= \iint_D \sqrt{a^2-x^2-y^2}\, dx\, dy \\ &= \iint_\Omega \sqrt{a^2-r^2}\, r\, dr\, d\theta \\ &= \int_0^{2\pi} d\theta \int_0^a \sqrt{a^2-r^2}\, r\, dr \\ &= 2\pi\left[-\frac{1}{3}(a^2-r^2)^{3/2}\right]_0^a = \frac{2\pi}{3}a^3 \end{aligned}$$

例 11　$I = \displaystyle\int_0^\infty e^{-x^2}dx = \frac{\sqrt{\pi}}{2}$

(証)　$J = \displaystyle\iint_{x,y \geqq 0} e^{-x^2-y^2}dx\, dy$ を考える．

$$D_a = \{(x, y) \mid x^2+y^2 \leqq a^2,\ x, y \geqq 0\} \quad (a>0)$$

として，極座標変換を行って，

$$\begin{aligned} J &= \lim_{a\to\infty} \iint_{D_a} e^{-x^2-y^2}dx\, dy \\ &= \lim_{a\to\infty} \int_0^{\pi/2} d\theta \int_0^a e^{-r^2} r\, dr \\ &= \lim_{a\to\infty} \frac{\pi}{2}[-e^{-r^2}/2]_0^a \\ &= \lim_{a\to\infty} \frac{\pi}{4}(1-e^{-a^2}) = \frac{\pi}{4} \end{aligned}$$

他方，

$$\begin{aligned} J &= \lim_{n\to\infty} \iint_{0\leqq x, y\leqq n} e^{-x^2-y^2}\, dx\, dy \\ &= \lim_{n\to\infty} \left(\int_0^n e^{-x^2}\, dx \int_0^n e^{-y^2}\, dy\right) = I^2 \end{aligned}$$

ゆえに，$I = \sqrt{J} = \sqrt{\pi}/2$.

例 12　$B(p, q) = \dfrac{\Gamma(p)\Gamma(q)}{\Gamma(p+q)}$　　$(p, q>0)$

（証）　$\Gamma(p)\Gamma(q)=\int_0^\infty e^{-x}x^{p-1}\,dx\int_0^\infty e^{-y}y^{q-1}\,dy=I$

　　を重積分　　$\int_0^\infty\int_0^\infty e^{-x-y}x^{p-1}\,y^{q-1}\,dx\,dy$

と見なす．$x=uv,\ y=u(1-v)$ による変数変換を施す．$(u,v)\to(x,y)$ は $\Omega:0\leqq u,\ 0\leqq v\leqq 1$ の内部を $D:0\leqq x,y$ の内部の上に 1 対 1 に写す．

$$\frac{\partial(x,y)}{\partial(u,v)}=\det\begin{pmatrix} v & u \\ 1-v & -u\end{pmatrix}=-u$$

近似列　$\Omega_n:0\leqq u\leqq n,\quad 0\leqq v\leqq 1$　と，対応する

近似列　$D_n:0\leqq x,y,\quad 0\leqq x+y\leqq n$　をとる．

$$\begin{aligned}I&=\lim_{n\to\infty}\iint_{D_n}e^{-x-y}x^{p-1}y^{q-1}\,dx\,dy\\&=\lim_{n\to\infty}\iint_{\Omega_n}e^{-u}(uv)^{p-1}\{u(1-v)\}^{q-1}u\,du\,dv\\&=\lim_{n\to\infty}\left(\int_0^1 v^{p-1}(1-v)^{q-1}dv\int_0^n e^{-u}u^{p+q-1}du\right)\\&=B(p,q)\Gamma(p+q)\end{aligned}$$

注　$B\left(\frac{1}{2},\frac{1}{2}\right)=\pi$　であるから，　$\Gamma\left(\frac{1}{2}\right)=\sqrt{\pi}$　を得る．

問 11　次の重積分の値を求めよ（ただし，$a,b,c>0$）．

（1）　$\iint_{x,y\geqq 0}(ax+by+c)^{-\alpha}dx\,dy$　　$(\alpha>2)$

（2）　$\iint_{x^2+y^2\leqq 1}\log(x^2+y^2)dx\,dy$

（3）　$\iint_{x^2+y^2\leqq 1}(a^2x^2+b^2y^2)dx\,dy$

（4）　$\iint_D (x^2+y^2)dx\,dy$　　$D:\frac{x^2}{a^2}+\frac{y^2}{b^2}\leqq 1$

§5　重積分の応用

（I）　三重積分

§1 における平面の長方形分割の代わりに空間の直方体分割を考えることにより，体積および三重積分が定義される．xyz-空間内の点集合 V 上の関数 $f(x,y,z)$ の三重積分を，

$$\iiint_V f(x,y,z)dx\,dy\,dz,\quad \text{または}\quad \iiint_V f(\mathrm{P})dx\,dy\,dz$$

とかく．

§1 および §3 の定理・公式は三重積分に対してもほとんどそのままの形で成り立つ．ここでは主に §2 の累次積分および §4 の変数変換について対応する結果を説明する．

$f(\mathrm{P})$ を空間内の有界閉領域 V 上の連続関数とする．V 上の点 $\mathrm{P}(x, y, z)$ の x のとりうる値が $a \leqq x \leqq a_1$ となったとき，各 x に対する V の**切り口**を，

$$V_x = \{(y, z) \mid (x, y, z) \in V\}$$

とすると，

$$\iiint_V f(\mathrm{P})dx\,dy\,dz = \int_a^{a_1} \left\{\iint_{V_x} f(\mathrm{P})dy\,dz\right\} dx \tag{34}$$

が成り立つ．

また，V の xy-平面への正射影を $\widetilde{V} = \{(x, y) \mid$ ある z に対して $(x, y, z) \in V\}$ とし，点 $(x, y) \in \widetilde{V}$ に対して，$(x, y, z) \in V$ を満たす z の範囲が $\phi(x, y) \leqq z \leqq \phi_1(x, y)$ と表されるとき，

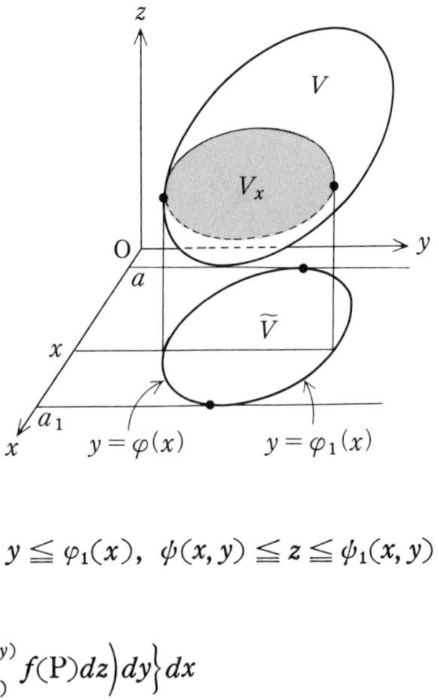

$$\iiint_V f(\mathrm{P})dxdydz = \iint_{\widetilde{V}} \left\{\int_{\phi(x,y)}^{\phi_1(x,y)} f(\mathrm{P})dz\right\} dx\,dy \tag{35}$$

である．

とくに，V が $a \leqq x \leqq a_1$，$\varphi(x) \leqq y \leqq \varphi_1(x)$，$\phi(x, y) \leqq z \leqq \phi_1(x, y)$ と表されるとき，(35) は，

$$\int_a^{a_1} \left\{\int_{\varphi(x)}^{\varphi_1(x)} \left(\int_{\phi(x,y)}^{\phi_1(x,y)} f(\mathrm{P})dz\right) dy\right\} dx$$

となる．これを

$$\int_a^{a_1} dx \int_{\varphi(x)}^{\varphi_1(x)} dy \int_{\phi(x,y)}^{\phi_1(x,y)} f(\mathrm{P})dz$$

と略記する．

変数変換については，uvw-空間内の領域 Ω が変換 $\Phi : (u, v, w) \to (x, y, z)$ によって，xyz-空間内の領域 V の上に1対1に写されるとき，定理2と同様

な仮定のもとで,

$$\iiint_V f(x,y,z)dxdydz = \iiint_\Omega f(\Phi(u,v,w))\left|\frac{\partial(x,y,z)}{\partial(u,v,w)}\right| du\,dv\,dw \quad (36)$$

となる．右辺の $\partial(x,y,z)/\partial(u,v,w)$ は変換 Φ のヤコビアンで

$$\frac{\partial(x,y,z)}{\partial(u,v,w)} = \begin{vmatrix} \partial x/\partial u & \partial x/\partial v & \partial x/\partial w \\ \partial y/\partial u & \partial y/\partial v & \partial y/\partial w \\ \partial z/\partial u & \partial z/\partial v & \partial z/\partial w \end{vmatrix} \quad (37)$$

である．

（1） **空間の円柱座標**　$x = r\cos\theta, y = r\sin\theta\ (r \geqq 0),\ z = z$ についてヤコビアン J は,

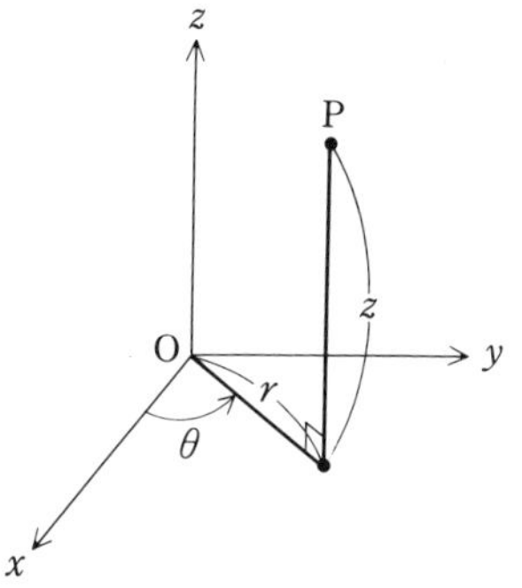

$$J = \partial(x,y,z)/\partial(r,\theta,z)$$

$$= \begin{vmatrix} \cos\theta & -r\sin\theta & 0 \\ \sin\theta & r\cos\theta & 0 \\ 0 & 0 & 1 \end{vmatrix} = r$$

よって,

$$dx\,dy\,dz = r\,dr\,d\theta\,dz \quad (38)$$

（2） **空間の極座標（球座標）**

$$x = r\sin\theta\cos\varphi, \quad y = r\sin\theta\sin\varphi, \quad z = r\cos\theta \quad (r \geqq 0)$$

については,

$$\frac{\partial(x,y,z)}{\partial(r,\theta,\varphi)} = \begin{vmatrix} \sin\theta\cos\varphi & r\cos\theta\cos\varphi & -r\sin\theta\sin\varphi \\ \sin\theta\sin\varphi & r\cos\theta\sin\varphi & r\sin\theta\cos\varphi \\ \cos\theta & -r\sin\theta & 0 \end{vmatrix} = r^2\sin\theta.$$

よって,

$$dx\,dy\,dz = r^2|\sin\theta|\,dr\,d\theta\,d\varphi \quad (39)$$

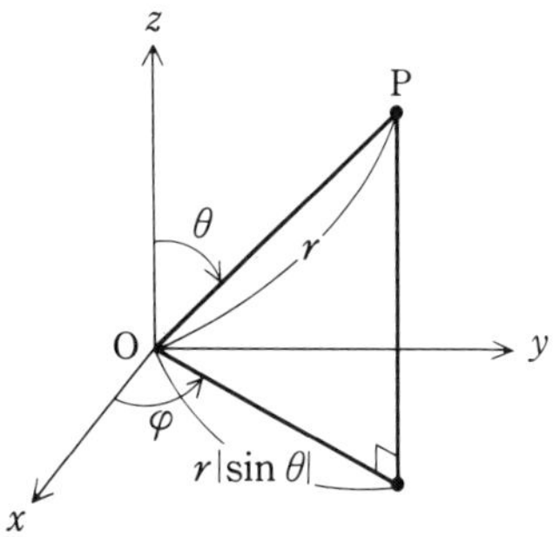

例 13　$V: x+y+z \leqq 1,\ x, y, z \geqq 0$ とするとき,

$$I = \iiint_V \frac{dx\,dy\,dz}{(1+x+y+z)^3}$$

を求めよ．

（解） V は $0 \leqq x \leqq 1,\ 0 \leqq y \leqq 1-x,$

$0 \leqq z \leqq 1-x-y$ と表されるから，

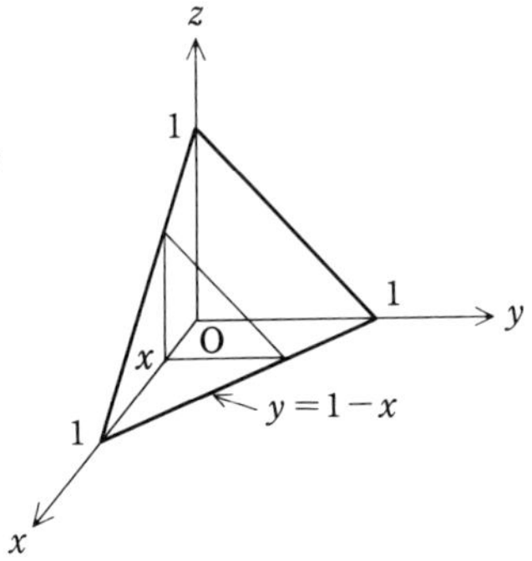

$$I=\int_0^1 dx\int_0^{1-x} dy\int_0^{1-x-y}\frac{dz}{(1+x+y+z)^3}$$

$$=\int_0^1 dx\int_0^{1-x}\left[\frac{-1}{2(1+x+y+z)^2}\right]_{z=0}^{z=1-x-y} dy$$

$$=\int_0^1 dx\int_0^{1-x}\left\{\frac{1}{2(1+x+y)^2}-\frac{1}{8}\right\}dy$$

$$=\int_0^1\left[-\frac{1}{2(1+x+y)}-\frac{1}{8}y\right]_{y=0}^{y=1-x}dx$$

$$=\int_0^1\left\{-\frac{1}{4}-\frac{1}{8}(1-x)+\frac{1}{2(1+x)}\right\}dx$$

$$=\log\sqrt{2}-\frac{5}{16}$$

例 14　$V: x^2+y^2+z^2 \leqq a^2$ として $I=\iiint_V x^2\,dx\,dy\,dz$ を考える．

$V: -a \leqq x \leqq a,\ -\sqrt{a^2-x^2} \leqq y \leqq \sqrt{a^2-x^2},\ -\sqrt{a^2-x^2-y^2} \leqq z \leqq \sqrt{a^2-x^2-y^2}$
と表されるから，

$$I=\int_{-a}^{a}dx\int_{-\sqrt{a_2-x_2}}^{\sqrt{a^2-x^2}}dy\int_{-\sqrt{a^2-x^2-y^2}}^{\sqrt{a^2-x^2-y^2}}x^2\,dz$$

となるが，(34) を直接用いて　$-a \leqq x \leqq a$　に対して　x　による切り口　V_x　は円板 $y^2+z^2 \leqq a^2-x^2$（半径 $\sqrt{a^2-x^2}$）であるから，

$$I=\int_{-a}^{a}dx\iint_{V_x}x^2\,dy\,dz=\int_{-a}^{a}dx\left(x^2\iint_{V_x}dy\,dz\right)$$

$$=\int_{-a}^{a}x^2|V_x|\,dx=\int_{-a}^{a}\pi x^2(a^2-x^2)dx=\frac{4\pi}{15}a^5$$

空間の極座標 (2) を適用すると，V は $r\theta\varphi$-空間で

$$0 \leqq r \leqq a,\qquad 0 \leqq \theta \leqq \pi,\qquad 0 \leqq \varphi \leqq 2\pi$$

と表されるから，

$$I=\int_0^a dr\int_0^\pi d\theta\int_0^{2\pi}x^2r^2|\sin\theta|\,d\varphi,\qquad x^2=r^2\sin^2\theta\cos^2\varphi \quad \text{として，}$$

$$=\int_0^a r^4dr\int_0^\pi \sin^3\theta\,d\theta\int_0^{2\pi}\cos^2\varphi\,d\varphi$$

と表される．

問 12　次の三重積分を求めよ．

（1）　$\int_0^1 dx\int_0^x dy\int_0^{x+y}e^{x+y-z}\,dz$

（2）　$\iiint_V (x^2+y^2+z^2)^\alpha\,dx\,dy\,dz$　$(V: x^2+y^2+z^2 \leqq a^2)$　$\left(\alpha>-\frac{3}{2}\right)$

（3）　$\iiint_V (x+y+z)dx\,dy\,dz$　$(V: x^2+y^2+z^2 \leqq a^2,\ z \geqq 0)$

問 13　$V: x \geqq 0, y \geqq 0, z \geqq 0$ として広義積分

$\iiint_V \dfrac{dx\,dy\,dz}{(1+x^2+y^2+z^2)^\alpha}$ が収束する α の範囲を求めよ．

（II） 体積と曲面積

（A） 体積　空間における（体積確定な）点集合 V の体積 $|V|$ は

$$|V| = \iiint_V dx\,dy\,dz \tag{40}$$

で与えられる．

V が2平面 $x=a$, $x=a_1$ $(a<a_1)$ の間にあるとき，(34) より

$$|V| = \int_a^{a_1}\left(\iint_{V_x} dy\,dz\right)dx = \int_a^{a_1}|V_x|\,dx \tag{41}$$

となる．すなわち，V の体積は x 軸に垂直な平面による V の切り口の面積を積分した値に等しい．

次に，D を xy-平面上の閉領域とし，$\varphi(x,y)$, $\psi(x,y)$ を D 上の連続関数で，$\varphi(x,y) \leqq \psi(x,y)$ とするとき，二つの曲面 $z=\varphi(x,y)$, $z=\psi(x,y)$ ではさまれた立体 $V=\{(x,y,z)\,|\,(x,y)\in D, \varphi(x,y)\leqq z\leqq \psi(x,y)\}$ の体積 $|V|$ は，(40), (35) より，

$$|V| = \iint_D \{\psi(x,y)-\varphi(x,y)\}\,dx\,dy \tag{42}$$

となる．

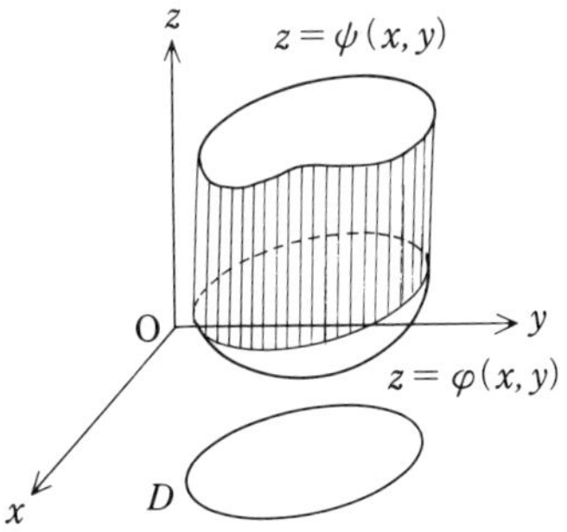

例 15　楕円体 $x^2/a^2+y^2/b^2+z^2/c^2 \leqq 1$ の体積を求めよ．

（解）　x の変域は $-a \leqq x \leqq a$，この x における切り口は $y^2/b^2+z^2/c^2 \leqq 1-x^2/a^2$ と表され，これは軸の長さ

$$2\sqrt{1-x^2/a^2}\,b, \quad 2\sqrt{1-x^2/a^2}\,c$$

の楕円である．

よって，切り口の面積は

$$\pi(1-x^2/a^2)bc$$

(41) より楕円体の体積は

$$\int_{-a}^{a}\pi(1-x^2/a^2)bc\,dx = \frac{4\pi}{3}abc$$

例 16　球 $x^2+y^2+z^2 \leqq a^2$ と円柱 $(x-a/2)^2+y^2 \leqq (a/2)^2$ の共通部分の体積 V を求めよ.

（**解**）$D=\{(x,y)\,|\,(x-a/2)^2+y^2 \leqq (a/2)^2,\ y \geqq 0\}$ とおくと，対称性と(42)から

$$V = 4\iint_D \sqrt{a^2-x^2-y^2}\,dx\,dy.$$

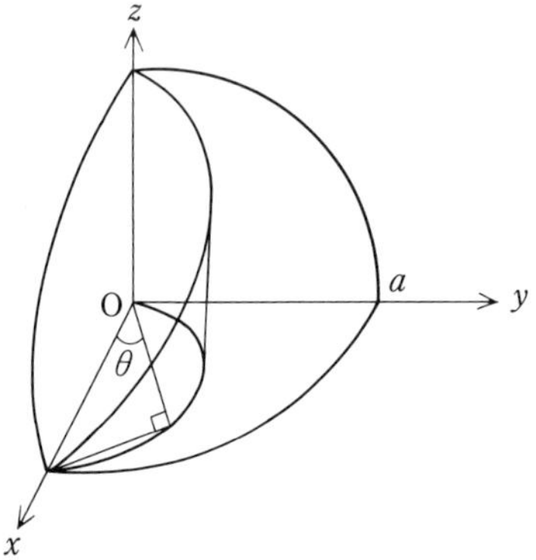

平面の極座標で変換して，$dx\,dy = r\,dr\,d\theta$ より

$$\begin{aligned} V &= 4\int_0^{\pi/2} d\theta \int_0^{a\cos\theta} r\sqrt{a^2-r^2}\,dr \\ &= 4\int_0^{\pi/2} \left[-\frac{1}{3}(a^2-r^2)^{3/2}\right]_0^{a\cos\theta} d\theta \\ &= \frac{4}{3}a^3\int_0^{\pi/2}(1-\sin^3\theta)\,d\theta \\ &= \frac{4}{3}\left(\frac{\pi}{2}-\frac{2}{3}\right)a^3 \end{aligned}$$

問 14　次の立体の体積を求めよ.

（1）　円柱面 $x^2+y^2=a^2$，平面 $z=0$，曲面 $z=x^2+y^2$ で囲まれた部分.

（2）　二つの円柱 $x^2+y^2 \leqq a^2$，$y^2+z^2 \leqq a^2$ の共通部分.

問 15　xy-平面上の $y \geqq 0$ の部分にある領域 D を x 軸のまわりに1回転してできる立体の体積 V は，

$$V = 2\pi\iint_D y\,dx\,dy.$$

（**B**）**曲面積**　　曲面の面積については，§1 における平面図形の面積の定義，または第4章 §4 における曲線の長さの定義のような素朴で厳密な定義は知られていない．それは，以下のように直観的に扱われる．

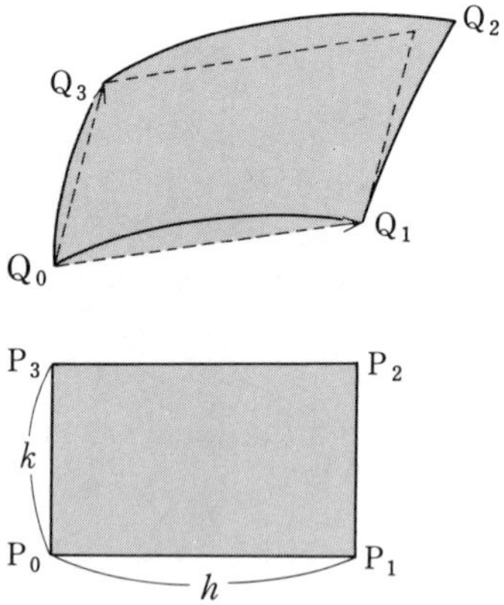

xy-平面上の領域 D で定義された C^1 級曲面 $S: z=f(x,y)$ を考える．D 内に座標軸に平行な辺を持つ小長方形 $P_0P_1P_2P_3$ をとり，P_i に対応する S 上の点を Q_i とする．小曲面 $\widehat{Q_0Q_1Q_2Q_3}$ は $\overrightarrow{Q_0Q_1}$，$\overrightarrow{Q_0Q_3}$ のつくる平行四辺形に近いと考えてこの面積 $\varDelta S$ を求める．

$P_0(a,b)$, $P_1(a+h,b)$, $P_3(a,b+k)$, $c=f(a,b)$ として,

$Q_0(a,b,c)$, $Q_1(a+h,b,c+\delta_1)$, $Q_3(a,b+k,c+\delta_2)$ とおくと,

$$\Delta S=\sqrt{|\overrightarrow{Q_0Q_1}|^2|\overrightarrow{Q_0Q_3}|^2-(\overrightarrow{Q_0Q_1}\cdot\overrightarrow{Q_0Q_3})^2} \tag{43}$$
$$=\sqrt{h^2k^2+h^2\delta_2{}^2+k^2\delta_1{}^2}$$

ここでさらに,

$$\delta_1=f(a+h,b)-f(a,b)\fallingdotseq f_x(a,b)h$$
$$\delta_2=f(a,b+k)-f(a,b)\fallingdotseq f_y(a,b)k$$

を用いて

$$\Delta S\fallingdotseq\sqrt{1+f_x{}^2+f_y{}^2}\,(P_0)hk \tag{44}$$

となる. これから,

C^1 級曲面 $S:z=f(x,y)$ の曲面積 A は

$$\boldsymbol{A=\iint_D\sqrt{1+f_x{}^2+f_y{}^2}\,dx\,dy}\,. \tag{45}$$

また, D が平面の極座標を用いて,

$$\alpha\leqq\theta\leqq\beta,\qquad r_1(\theta)\leqq r\leqq r_2(\theta)$$

と表されるときは,

$$A=\int_\alpha^\beta d\theta\int_{r_1(\theta)}^{r_2(\theta)}\sqrt{1+z_r{}^2+\frac{1}{r^2}z_\theta{}^2}\,r\,dr\,. \tag{46}$$

例 17　球面 $x^2+y^2+z^2=a^2$ の円柱面 $(x-a/2)^2+y^2=(a/2)^2$ の内部にある部分の曲面積 A を求めよ.

(解)　球面の上半分は, $z=\sqrt{a^2-x^2-y^2}$, これについて

$$z_x=-x/\sqrt{a^2-x^2-y^2}\,,\qquad z_y=-y/\sqrt{a^2-x^2-y^2}\,.$$

よって,

$$\sqrt{1+z_x{}^2+z_y{}^2}=a/\sqrt{a^2-x^2-y^2}\,.$$

xy-平面上において, $D:(x-a/2)^2+y^2\leqq(a/2)^2$, $y\geqq0$, とすると,

$$A=4\iint_D\frac{a\,dx\,dy}{\sqrt{a^2-x^2-y^2}}\,.$$

平面の極座標に変換して,

$$A=4a\int_0^{\pi/2}d\theta\int_0^{a\cos\theta}\frac{r\,dr}{\sqrt{a^2-r^2}}=4a\int_0^{\pi/2}\left[-\sqrt{a^2-r^2}\right]_0^{a\cos\theta}d\theta$$
$$=4a^2\int_0^{\pi/2}(1-\sin\theta)d\theta=2(\pi-2)a^2$$

問 16　次の曲面積を求めよ.

（1）　円柱面 $x^2+y^2=a^2$ の円柱面 $x^2+z^2=a^2$ の内部にある部分.

（2）　曲面 $z=\tan^{-1}(y/x)$ $(x, y>0)$ の円柱面 $x^2+y^2=a^2$ の内部にある部分.

問 17　xz-平面上の C^1 級曲線 $z=f(x)$ $(0 \leqq a \leqq x \leqq b)$ を z 軸のまわりに1回転してできる曲面の曲面積は,

$$A=2\pi\int_a^b x\sqrt{1+f'^2(x)}\,dx\,.$$

問 18　xy-平面上の C^1 級曲線 $y=f(x)$ $(a \leqq x \leqq b)$ を x 軸のまわりに1回転してできる曲面の曲面積は,

$$A=2\pi\int_a^b |y|\sqrt{1+y'^2}dx$$

となることを (45) から導け.

（III）　物理学への応用

位置ベクトル $\boldsymbol{r}_i$ $(1 \leqq i \leqq n)$ の点に質量 m_i の質点があるとき，これらの質点系の重心 G の位置ベクトルは,

$$\overrightarrow{\mathrm{OG}}=\sum_{i=1}^{n} m_i\boldsymbol{r}_i/M \quad \left(M=\sum_{i=1}^{n} m_i\right) \tag{47}$$

で与えられる.

いま，物体 V があるとき，これを座標軸に平行な小直方体で分割する．V に含まれる小直方体を V_i，この中心の位置ベクトルを $\boldsymbol{r}_i$，この点における V の密度を ρ_i とすると，V_i の3辺の長さを $\Delta x_i, \Delta y_i, \Delta z_i$ として,

$m_i \fallingdotseq \rho_i\Delta x_i\Delta y_i\Delta z_i$ より V の重心の位置ベクトルは,

$$\fallingdotseq \left(\sum \rho_i\boldsymbol{r}_i\Delta x_i\Delta y_i\Delta z_i+\varepsilon\right)/M \tag{48}$$

である（ε は V に完全には含まれない小直方体に関する寄与を表す).

直方体による分割を細かくしていくと，Vは体積確定と仮定することにより $\varepsilon\to 0$ となるから，(48) は,

$$\frac{1}{M}\iiint_V \rho(x, y, z)\boldsymbol{r}\,dV \quad (\text{ただし，} dV=dx\,dy\,dz) \tag{49}$$

に収束する．この位置ベクトルで表される点を V の**重心**と呼ぶ.

成分でかけば，重心の座標 $(\bar{x}, \bar{y}, \bar{z})$ は,

$$\bar{x}=\frac{1}{M}\iiint_V \rho x\,dV, \quad \bar{y}=\frac{1}{M}\iiint_V \rho y\,dV, \quad \bar{z}=\frac{1}{M}\iiint_V \rho z\,dV \tag{50}$$

となる.

なお，V の全質量 M は密度 ρ から次の式で与えられる.

$$M=\iiint_V \rho\, dV \tag{51}$$

これは，$\sum m_i=\sum \rho_i \varDelta x_i \varDelta y_i \varDelta z_i$ から明らかである.

注 V の点 P における密度 $\rho(\mathrm{P})$ は，厳密には次のように定義される．P を含む微小立体 $\varDelta v$ を考え，この質量を $\varDelta m$ とおく．$\varDelta v$ を一点 P に縮めるとき，どのようにとって縮めても，比 $\varDelta m/\varDelta v$ がその仕方によらない一定の値に近づくとき，この一定値を V の P における密度と呼ぶ.

次に，物体 V が xy-平面上の領域 D で定義された曲面 $S: z=f(x,y)$ で表された非常に薄い物体と考えられる場合，重心の位置を S の面密度 ρ で表そう．D を座標軸に平行な辺を持つ小長方形で分割する．2辺が $\varDelta x_i, \varDelta y_i$ である小長方形に対応する小曲面の曲面積 $\varDelta S_i$ は（II）(B)（44）から，$\varDelta S_i \fallingdotseq \sqrt{1+f_x{}^2+f_y{}^2}\varDelta x_i \varDelta y_i$. したがって，$\varDelta S_i$ の部分の質量 m_i は

$$m_i \fallingdotseq \rho_i \varDelta S_i, \qquad \text{よって} \quad m_i \fallingdotseq \rho_i \sqrt{1+f_x{}^2+f_y{}^2}\varDelta x_i \varDelta y_i .$$

ゆえにこの場合は，小長方形による分割を細かくしていくと，(47) は,

$$\frac{1}{M}\iint_D \rho(x,y)\boldsymbol{r}\sqrt{1+f_x{}^2+f_y{}^2}\,dx\,dy \tag{52}$$

に近づく．すなわち，重心 $(\bar{x},\bar{y},\bar{z})$ は

$$\bar{x}=\frac{1}{M}\iint_D \rho x\sqrt{1+f_x{}^2+f_y{}^2}\,dx\,dy, \qquad \bar{y}=\frac{1}{M}\iint_D \rho y\sqrt{1+f_x{}^2+f_y{}^2}\,dx\,dy$$

$$\bar{z}=\frac{1}{M}\iint_D \rho z\sqrt{1+f_x{}^2+f_y{}^2}\,dx\,dy \quad \left(M=\iint_D \rho\sqrt{1+f_x{}^2+f_y{}^2}\,dx\,dy\right) \tag{53}$$

とくに S が xy-平面上の領域 D であるときは，$f(x,y)\equiv 0$ として，V の重心の座標 $(\bar{x},\bar{y})$ は

$$\bar{x}=\frac{1}{M}\iint_D \rho x\,dx\,dy, \qquad \bar{y}=\frac{1}{M}\iint_D \rho y\,dx\,dy \tag{54}$$

となる.

問 19 線密度 ρ を持つ曲線 $C: \boldsymbol{r}=\boldsymbol{r}(t)$ $(\alpha \leqq t \leqq \beta)$ の重心 G は,

$$\overrightarrow{\mathrm{OG}}=\frac{1}{M}\int_\alpha^\beta \rho(\boldsymbol{r}(t))\boldsymbol{r}(t)\,|\boldsymbol{r}'(t)|\,dt \tag{55}$$

ただし，$M=\int_\alpha^\beta \rho(\boldsymbol{r}(t))\,|\boldsymbol{r}'(t)|\,dt$

で与えられることを示せ.

問 20 物体 V を二つの部分 V_1, V_2 に分割したとき，V_1, V_2 の質量を M_1, M_2 とすれば，V の重心 G は V_1, V_2 の重心 $\mathrm{G}_1, \mathrm{G}_2$ を $M_2 : M_1$ に内分した点である.

例 18　xy-平面上の $y \geqq 0$ の部分にある　滑らかな境界を持つ領域 D を，x 軸のまわりに1回転してできる立体を V とする．このとき，

（1）V の体積 $|V| = 2\pi r \times |D|$ である．ただし，r は D の重心と x 軸との距離を表す．

（2）V の表面積 $A = 2\pi r' \times (\partial D$ の長さ$)$ である．ただし，r' は境界曲線 ∂D の重心と x 軸との距離を表す．

(1) (2) を回転体に関する**パップス・ギュルダンの定理**という．

（**証**）（1）（II）問15より $|V| = 2\pi \iint_D y\,dx\,dy$. 一方，$D$ の面積を S とおくと，(54) において $\rho = 1$ とおいて，

$$r(=\bar{y}) = \frac{1}{S}\iint_D y\,dx\,dy. \quad \text{よって} \quad |V| = 2\pi r S.$$

（2）D が一つの単純閉曲線 $C : (x(t), y(t))$ $(\alpha \leqq t \leqq \beta)$ で囲まれた領域の場合に示そう．

$t_1 \leqq t \leqq t_2$ で x が単調に変化するとき，y を x の関数と考えて，C のこの部分がつくる回転曲面の曲面積は，（II）問18により

$$2\pi\left|\int_{x_1}^{x_2} y\sqrt{1+\left(\frac{dy}{dx}\right)^2}\,dx\right| = 2\pi\int_{t_1}^{t_2} y(t)\sqrt{x'^2(t)+y'^2(t)}\,dt. \tag{56}$$

もし，$t_1 \leqq t \leqq t_2$ で x が一定で y が y_1 から y_2 まで単調に変化するとき，(56) の右辺は，

$$= 2\pi\int_{t_1}^{t_2} y(t)\,|y'(t)|\,dt = 2\pi\left|\int_{t_1}^{t_2} y(t)y'(t)dt\right| = \pi\,|y_2{}^2 - y_1{}^2|.$$

よって，この場合も (56) の右辺は，C のこの部分がつくる回転曲面の曲面積を表す．以上から，

$$A = 2\pi\int_\alpha^\beta y(t)\sqrt{x'^2(t)+y'^2(t)}\,dt. \tag{57}$$

C の長さを L とすると，問19 (55) において $\rho = 1$ として，

$$r'(=\bar{y}) = \frac{1}{L}\int_\alpha^\beta y(t)\sqrt{x'^2(t)+y'^2(t)}\,dt.$$

よって，$A = 2\pi r' L$.

問 21　次の図形の重心の座標を求めよ．

（1）半球 $x^2+y^2+z^2 \leqq a^2$，$z \geqq 0$.

（2）半球面 $z = \sqrt{a^2-x^2-y^2}$　　（3）半円周 $y = \sqrt{a^2-x^2}$

問 22　例18 (2) を D が二つの単純閉曲線によって囲まれた領域の場合に示せ．

xyz-空間に物体 V と直線 l があるとき，V の各点 (x, y, z) から l までの距

離を $r(x,y,z)$，V の密度関数を $\rho(x,y,z)$ として，

$$I_l=\iiint_V r^2\rho\,dV \quad (dV=dx\,dy\,dz) \tag{58}$$

を V の l に関する**慣性モーメント**という（これは，座標系のとり方によらないことに注意せよ）.

とくに，V の各座標軸に関する慣性モーメントは，

$$I_x=\iiint_V(y^2+z^2)\rho\,dV,\quad I_y=\iiint_V(z^2+x^2)\rho\,dV,\quad I_z=\iiint_V(x^2+y^2)\rho\,dV \tag{59}$$

例 19　V の重心 G を通って l に平行な直線を g とすると，G から l への距離を a として

$$I_l=I_g+a^2M,\quad \text{ただし } M \text{ は } V \text{ の全質量}$$

が成り立つ.

（**証**）　G を原点，g を z 軸，G から l への垂線を x 軸にとると，

$$\begin{aligned}I_l&=\iiint_V\{(x-a)^2+y^2\}\rho\,dV\\&=\iiint_V(x^2+y^2)\rho\,dV-2a\iiint_V x\rho\,dV+a^2\iiint_V\rho\,dV\end{aligned}$$

右辺において，第1項は I_g，第3項の積分は M であり，第2項の積分は（G の x 座標）$\times M$ に等しいから0である.

問 23　V が xy-平面上の領域 D で表されるとき，面密度を $\rho(x,y)$ として重心の場合と同様に考えて，

$$I_x=\iint_D y^2\rho\,dx\,dy,\qquad I_y=\iint_D x^2\rho\,dx\,dy,\qquad I_z=\iint_D(x^2+y^2)\rho\,dx\,dy$$

したがって，$I_z=I_x+I_y$.

問 24　次の慣性モーメントを求めよ．ただし，$\rho=1$ とする.

（1）　xy-平面上の円板 $x^2+y^2\leqq a^2$ の I_x, I_y, J_z.

（2）　球 $x^2+y^2+z^2\leqq a^2$ の I_x, I_y, I_z.

（3）　円筒 $0\leqq a^2\leqq x^2+y^2\leqq b^2, |z|\leqq h$ の I_z.

演 習 問 題

A

1. 次の重積分を計算せよ．ただし，括弧内は D を表す．

（1） $\iint_D x\,dx\,dy \quad (\sqrt{x}+\sqrt{y} \leqq 1)$

（2） $\iint_D \sqrt{xy-x^2} \quad (0 \leqq x \leqq 1,\quad x \leqq y \leqq 2x)$

（3） $\iint_D \sqrt{y-x^2}\,dx\,dy \quad (x+y \leqq 2,\quad y \geqq x^2)$

（4） $\iint_D |\cos(x+y)|\,dx\,dy \quad (0 \leqq x,\ y \leqq \pi)$

（5） $\iint_D \left(\dfrac{x^4}{a^4}+\dfrac{y^4}{b^4}\right)dx\,dy \quad (x^2+y^2 \leqq 1)$

（6） $\displaystyle\int_{-\infty}^{\infty}\int_{-\infty}^{\infty} \frac{dx\,dy}{1+x^2+y^2+x^2y^2}$

（7） $\displaystyle\int_{-\infty}^{\infty}\int_{-\infty}^{\infty} e^{-|x|-|y|-|x+y|}\,dx\,dy$　　（8） $\displaystyle\int_{-\infty}^{\infty}\int_{-\infty}^{\infty} e^{-(x^2+xy+y^2)}\,dx\,dy$

2. 次の3重積分を計算せよ．ただし，括弧内は V を表す．

（1） $\iiint_V x^3y^2z\,dx\,dy\,dz \quad (0 \leqq z \leqq y \leqq x \leqq a)$

（2） $\iiint_V \left(\dfrac{x^2}{a^2}+\dfrac{y^2}{b^2}+\dfrac{z^2}{c^2}\right)dx\,dy\,dz \quad \left(\dfrac{x^2}{a^2}+\dfrac{y^2}{b^2}+\dfrac{z^2}{c^2} \leqq 1\right)$

（3） $\displaystyle\iiint_V \frac{dx\,dy\,dz}{\sqrt{1-x^2-y^2-z^2}} \quad (x^2+y^2+z^2 < 1)$

（4） $\iiint_V z\,dx\,dy\,dz \quad (x^2+y^2+z^2 \leqq 1,\quad x^2+y^2 \leqq z^2,\quad 0 \leqq z)$

（5） $\displaystyle\iiint_V \frac{xyz\,dx\,dy\,dz}{\sqrt{a^2x^2+b^2y^2+c^2z^2}} \quad (x^2+y^2+z^2 \leqq 1,\quad 0 \leqq x,\ y,\ z)$
ただし，　$a > b > c > 0$．

3. $f(t)$ を C^1 級関数とするとき，次の式が成り立つ．

（1） $\iint_{x^2+y^2 \leqq 1} f'(x^2+y^2)\,dx\,dy = \pi(f(1)-f(0))$

（2） $\iint_{0 \leqq x,\,y \leqq 1} f'(|x-y|)\,dx\,dy = 2\left\{\int_0^1 f(t)dt - f(0)\right\}$

（3） $\displaystyle\iint_{0<y<x<1} \frac{f'(y)\,dx\,dy}{\sqrt{(1-x)(x-y)}} = \pi(f(1)-f(0))$

4. $f(t) = t\int_0^{t^2} \cos(1-x)^2\,dx$　のとき，$\int_0^1 f(t)dt$　の値を求めよ．

5. $\int_0^1\int_0^1 f(x+y)\,dx\,dy=\int_0^2(1-|t-1|)f(t)dt$ を証明せよ．

6. $a\leqq x\leqq b$， $\alpha\leqq t\leqq\beta$ において，$f(x,t)$，$f_x(x,t)$ が連続ならば

$$\frac{d}{dx}\int_\alpha^\beta f(x,t)\,dt=\int_\alpha^\beta\frac{\partial f}{\partial x}(x,t)\,dt$$

が成り立つ．これを重積分を用いて証明せよ．

7. p,q を正定数，$0<a\leqq\infty$ とする．$(0,a)$ 上の連続関数 $\varphi(u)$ に対して，

$\int_0^a|\varphi(u)|\,u^{p+q-1}\,du<\infty$ ならば，次の式が成り立つ．

$$\iint_{\substack{x+y<a\\x,y>0}}\varphi(x+y)x^{p-1}\,y^{q-1}\,dx\,dy=B(p,q)\int_0^a\varphi(u)u^{p+q-1}\,du$$ （**リウビルの公式**）

とくに，

$$\iint_{\substack{x+y<1\\x,y>0}}x^{p-1}\,y^{q-1}(1-x-y)^{r-1}\,dx\,dy=\frac{\Gamma(p)\Gamma(q)\Gamma(r)}{\Gamma(p+q+r)}\quad(p,q,r>0).$$

8. 次の体積を求めよ．

（1） $x^2+y^2\leqq a^2$， $mx\leqq z\leqq nx$ $(0<m<n)$ で表される立体

（2） $\sqrt{x}+\sqrt{y}+\sqrt{z}\leqq 1$ で表される立体

（3） 曲面 $a^2y^2+x^2z^2=b^2x^2$ と2平面 $x=0$，$x=a$ で囲まれた立体 $(a,b>0)$．

9. 次の表面積を求めよ．

（1） 円 $x^2+(y-a)^2=r^2$ $(0<r<a)$ を x 軸のまわりに回転してできる曲面

（2） 曲面 $z=\sqrt{2xy}\,(x,y\geqq 0)$ の球面 $x^2+y^2+z^2=a^2$ の内部にある部分

（3） 円柱面 $x^2+y^2=ax$ の球面 $x^2+y^2+z^2=a^2$ の内部にある部分

10. $x^2+y^2+z^2\leqq 1$， $\sqrt{x^2+y^2}\leqq z\tan\alpha$ $(0<\alpha<\pi/2)$ で表される立体の体積，表面積，および 密度が一様の場合の重心の位置を求めよ．

11. 次の物体の重心の位置と，回転対称軸のまわりの慣性モーメントを求めよ．

（1） 高さ h，底面の半径 a の一様な密度の直円錐．

（2） 半径 b の半球で，質量が，半径 a と b $(a<b)$ の間にだけ一様に分布する物体

12. 一様な密度をもつ楕円体 $x^2/a^2+y^2/b^2+z^2/c^2\leqq 1$ $(0<a<b<c)$ について，そのまわりの慣性モーメント I_g が最小となる直線 g を求めよ．

B

13. 次の重積分の値を求めよ．

（1） $\displaystyle\int_0^\infty\int_0^\infty\frac{dx\,dy}{e^x+e^y}$　　（2） $\displaystyle\iint_{x,y\geqq 0}\frac{xy\,dx\,dy}{(1+x+y)^\alpha}$ $(\alpha>4)$

（3）$\displaystyle\iiint_{\substack{x+y+z\leqq 1\\ x,y,z>0}} \frac{z\,dx\,dy\,dz}{(x+y+z)(y+z)^2}$

14. $\displaystyle\iint_{x,y\geqq 0} \frac{dx\,dy}{1+x^{\alpha}+y^{\beta}}$ $(\alpha, \beta>0)$ の収束，発散を調べよ.

15. 円柱面 $x^2+z^2=a^2$ の球面 $x^2+y^2+(z-a)^2=a^2$ 内部にある部分の曲面積は $4a^2\int_0^{\pi/3}\sqrt{2\cos\theta-1}\,d\theta$ と表されることを示せ.

16. 閉区間 $[a,b]$ で連続かつ正値な $f(x)$ に対して 次の不等式が成立する.

$$\left(\int_a^b f(x)dx\right)\cdot\left(\int_a^b \frac{dx}{f(x)}\right)\geqq (b-a)^2.$$

等号は $f(x)$ が定数関数のときのみ成立する.

17. $\alpha, \beta>0$, $u(x)$ は $[0,1]$ 上で連続，$u(x)\geqq 0$ とすると次の不等式が成り立つ.

$$\left(\int_0^1 u^{\alpha}(x)\,dx\right)\left(\int_0^1 u^{\beta}(x)\,dx\right)\leqq \int_0^1 u^{\alpha+\beta}(x)\,dx.$$

18. $f(x)$ は $[0,\infty)$ で C^1 級，$\displaystyle\int_1^{\infty}\frac{f(x)}{x}dx$ が収束ならば，$0<a<b$ に対して，

$$\int_0^{\infty}\frac{f(bx)-f(ax)}{x}dx=f(0)\log\frac{a}{b}.$$

19. n 次元球：$x_1{}^2+x_2{}^2+\cdots+x_n{}^2\leqq r^2$ の体積 $V_n(r)$

$=\displaystyle\iint\cdots\int_{x_1{}^2+x_2{}^2+\cdots+x_n{}^2\leqq r^2} dx_1\,dx_2\cdots dx_n$ は $V_n(r)=\dfrac{\pi^{n/2}}{(n/2)\Gamma(n/2)}r^n$

で与えられることを，n に関する帰納法によって証明せよ.

20. $0\leqq a<b\leqq\infty$ として，$\varphi(r)$ は (a,b) 上の連続関数で，

$\int_a^b|\varphi(r)|r^{n-1}dr<\infty$ とする. $r=\sqrt{x_1{}^2+x_2{}^2+\cdots+x_n{}^2}$ とし，$x_1, x_2, \cdots, x_n$ の関数 f を $f(x_1, x_2, \cdots, x_n)=\varphi(r)$ で定義するとき，

$K=\{(x_1, x_2, \cdots, x_n)\mid a<\sqrt{x_1{}^2+x_2{}^2+\cdots+x_n{}^2}<b\}$ として

$$\iint\cdots\int_K f(x_1, x_2, \cdots, x_n)\,dx_1\,dx_2\cdots dx_n=\frac{2\pi^{n/2}}{\Gamma(n/2)}\int_a^b\varphi(r)\,r^{n-1}\,dr.$$

ベクトル解析

§1　ベクトルの外積

O を原点とする xyz-座標系において，x 軸，y 軸，z 軸方向の単位ベクトルをそれぞれ $\boldsymbol{i}, \boldsymbol{j}, \boldsymbol{k}$ とするとき，順序のついた組 $\{\boldsymbol{i}, \boldsymbol{j}, \boldsymbol{k}\}$ をこの座標系に関する**基本ベクトル**と呼ぶ．$\boldsymbol{i}$ から $\boldsymbol{j}$ の向きに（右）ネジを回すと，ネジが $\boldsymbol{k}$ の向きに進むとき，この座標系（または $\{\boldsymbol{i}, \boldsymbol{j}, \boldsymbol{k}\}$）は**右手系**であるという．

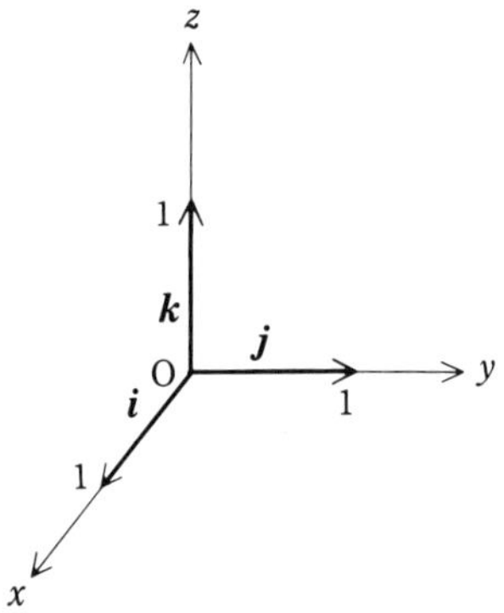

以下　右手系の xyz-座標系 $\{\boldsymbol{i}, \boldsymbol{j}, \boldsymbol{k}\}$ を1組固定して考える．ベクトル $\boldsymbol{A}$ の成分を (A_x, A_y, A_z)，$\boldsymbol{A}$ の長さを $|\boldsymbol{A}|$ とかく．すなわち，

$$\boldsymbol{A} = A_x \boldsymbol{i} + A_y \boldsymbol{j} + A_z \boldsymbol{k},$$
$$|\boldsymbol{A}| = \sqrt{A_x^2 + A_y^2 + A_z^2}.$$

ベクトル $\boldsymbol{A} = (A_x, A_y, A_z)$，$\boldsymbol{B} = (B_x, B_y, B_z)$ の内積（スカラー積）を $\boldsymbol{A} \cdot \boldsymbol{B}$ とかく．すなわち，

$$\boldsymbol{A} \cdot \boldsymbol{B} = |\boldsymbol{A}||\boldsymbol{B}| \cos\theta \quad \text{（ただし，}\theta\text{ は }\boldsymbol{A}\text{ と }\boldsymbol{B}\text{ のなす角で，}0 \leqq \theta \leqq \pi\text{）}$$
$$= A_x B_x + A_y B_y + A_z B_z$$

$\boldsymbol{A}, \boldsymbol{B}$ の**外積**（**ベクトル積**）$\boldsymbol{A} \times \boldsymbol{B}$ を，① 大きさは $\boldsymbol{A}, \boldsymbol{B}$ のつくる平行四辺形の面積に等しく，② 方向は $\boldsymbol{A}, \boldsymbol{B}$ のつくる平面に垂直で，$\boldsymbol{A}$ から $\boldsymbol{B}$ の向きにネジを回すとき，ネジが進む向きを持つベクトルと定義する．

外積について，次のことが成り立つ（証明は省略する）．

（1）　$\boldsymbol{A}\times\boldsymbol{B}=\boldsymbol{0}$ であるための条件は，$\boldsymbol{A}$ と $\boldsymbol{B}$ が平行であること．

　とくに，$\boldsymbol{A}\times\boldsymbol{A}=\boldsymbol{0}$

（2）　$\boldsymbol{B}\times\boldsymbol{A}=-\boldsymbol{A}\times\boldsymbol{B}$

（3）　$(\boldsymbol{A}+\boldsymbol{B})\times\boldsymbol{C}=\boldsymbol{A}\times\boldsymbol{C}+\boldsymbol{B}\times\boldsymbol{C}$

（4）　$(a\boldsymbol{A})\times\boldsymbol{B}=\boldsymbol{A}\times(a\boldsymbol{B})=a(\boldsymbol{A}\times\boldsymbol{B})$　（a は実数）

（2）～（4）より，外積の計算は，ベクトルの積の順番を入れ換えない限り，内積の計算と同様に行える．よって，

$$\boldsymbol{i}\times\boldsymbol{i}=\boldsymbol{j}\times\boldsymbol{j}=\boldsymbol{k}\times\boldsymbol{k}=\boldsymbol{0},\quad \boldsymbol{i}\times\boldsymbol{j}=\boldsymbol{k},\ \boldsymbol{j}\times\boldsymbol{k}=\boldsymbol{i},\ \boldsymbol{k}\times\boldsymbol{i}=\boldsymbol{j}$$

から，$\boldsymbol{A}=(A_x, A_y, A_z)$，$\boldsymbol{B}=(B_x, B_y, B_z)$ に対して，

$$\boldsymbol{A}\times\boldsymbol{B}=(A_yB_z-B_yA_z)\boldsymbol{i}+(A_zB_x-B_zA_x)\boldsymbol{j}+(A_xB_y-B_xA_y)\boldsymbol{k} \quad (1)$$

を得る．これは形式的な行列式

$$\begin{vmatrix} \boldsymbol{i} & \boldsymbol{j} & \boldsymbol{k} \\ A_x & A_y & A_z \\ B_x & B_y & B_z \end{vmatrix} \quad (2)$$

を第1行について展開した式と一致する．

$\boldsymbol{u}, \boldsymbol{v}$ を t のベクトル値関数とすると，次が成り立つ．

$$(\boldsymbol{u}\times\boldsymbol{v})'=\boldsymbol{u}'\times\boldsymbol{v}+\boldsymbol{u}\times\boldsymbol{v}' \quad (3)$$

例 1　質点 m が原点方向の中心力 $f(\boldsymbol{r})\boldsymbol{r}$ を受けながら，運動 $\boldsymbol{r}=\boldsymbol{r}(t)$ をするとき，その運動方程式は

$$m\ddot{\boldsymbol{r}}(t)=f(\boldsymbol{r})\boldsymbol{r} \quad (4)$$

となる．このとき，次が成り立つ．

（1）　$\boldsymbol{r}\times\dot{\boldsymbol{r}}=\boldsymbol{K}$ は一定である．

（2）　$\boldsymbol{K}=\boldsymbol{0}$ ならば，この質点は原点を通る一直線上を運動する．$\boldsymbol{K}\neq\boldsymbol{0}$ ならば，この質点は，原点を通り $\boldsymbol{K}$ に垂直な平面上を運動する．

（3）　この質点の原点に関する面積速度（動径 $\boldsymbol{r}(t)$ が単位時間内に通過す部分の面積）は一定である．

（証）（1）　$(\boldsymbol{r}\times\dot{\boldsymbol{r}})'=\dot{\boldsymbol{r}}\times\dot{\boldsymbol{r}}+\boldsymbol{r}\times\ddot{\boldsymbol{r}}=\boldsymbol{0}+\boldsymbol{r}\times(f(\boldsymbol{r})/m)\boldsymbol{r}$．$(f(\boldsymbol{r})/m)\boldsymbol{r}$ は $\boldsymbol{r}$ と平行であるから，$\boldsymbol{r}\times(f(\boldsymbol{r})/m)\boldsymbol{r}=\boldsymbol{0}$．よって $(\boldsymbol{r}\times\dot{\boldsymbol{r}})'=\boldsymbol{0}$ ゆえに，$\boldsymbol{r}\times\dot{\boldsymbol{r}}$ は定ベクトルである．

（2） $\boldsymbol{K}=\boldsymbol{0}$ のとき，$\dot{\boldsymbol{r}}$ は $\boldsymbol{r}$ に平行であるから，$\boldsymbol{r}$ の方向は一定である（問1参照）．$\boldsymbol{K} \neq \boldsymbol{0}$ のとき，$\boldsymbol{r}$ は定ベクトル $\boldsymbol{K}$ に垂直であるから，原点を通り $\boldsymbol{K}$ に垂直な定平面上の運動となる．

（3） t を固定して，

$$\boldsymbol{r}(t)=\overrightarrow{\mathrm{OP}},\ \boldsymbol{r}(t+\varDelta t)=\overrightarrow{\mathrm{OQ}},$$
$$\varDelta \boldsymbol{r}=\boldsymbol{r}(t+\varDelta t)-\boldsymbol{r}(t)=\overrightarrow{\mathrm{PQ}}$$

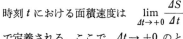

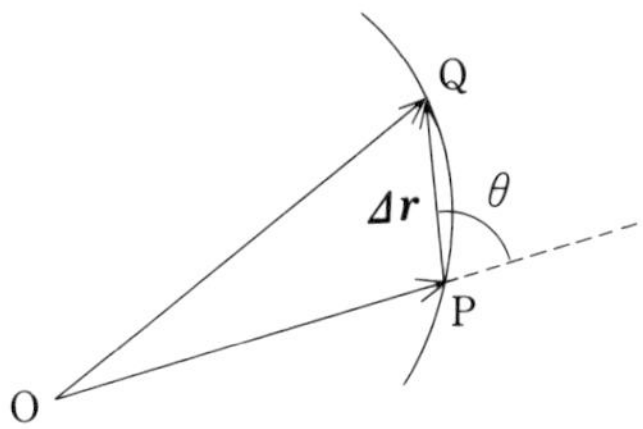

とおき，$\boldsymbol{r}(t)$ と $\varDelta \boldsymbol{r}$ のなす角を θ とする．図形 OPQ の面積を $\varDelta S$ とすると，時刻 t における面積速度は $\displaystyle\lim_{\varDelta t\to+0}\frac{\varDelta S}{\varDelta t}$ で定義される．ここで，$\varDelta t\to+0$ のとき，$\triangle\mathrm{OPQ}/\varDelta S\to 1$ であり，かつ $\theta\to\varphi$（$\boldsymbol{r}(t)$ と $\dot{\boldsymbol{r}}(t)$ のなす角）であることから，

$$\lim_{\varDelta t\to+0}\frac{\varDelta S}{\varDelta t}=\lim_{\varDelta t\to+0}\frac{\triangle\mathrm{OPQ}}{\varDelta t}=\lim_{\varDelta t\to+0}\frac{|\boldsymbol{r}||\varDelta\boldsymbol{r}|\sin(\pi-\theta)}{2\varDelta t}$$
$$=\frac{1}{2}\lim_{\varDelta t\to+0}|\boldsymbol{r}|\left|\frac{\varDelta\boldsymbol{r}}{\varDelta t}\right|\sin\theta=\frac{1}{2}|\boldsymbol{r}||\dot{\boldsymbol{r}}|\sin\varphi=\frac{1}{2}|\boldsymbol{r}\times\dot{\boldsymbol{r}}|=\frac{1}{2}|\boldsymbol{K}|$$

例 2　曲面のパラメータ表示は，三つの2変数関数により，

$$\mathrm{P}(u,v)=(x(u,v),\ y(u,v),\ z(u,v))$$

として得られる．この点を表す位置ベクトルを $\boldsymbol{r}(u,v)$ とかき，曲面を2変数のベクトル値関数 $\boldsymbol{r}=\boldsymbol{r}(u,v)$ として表す．いま，

$$曲面\ S:\ \ \boldsymbol{r}=\boldsymbol{r}(u,v)$$

において，$\boldsymbol{r}(u,v)$ は uv-平面上の領域 D において定義された C^1 級関数で

$$\frac{\partial\boldsymbol{r}}{\partial u}\times\frac{\partial\boldsymbol{r}}{\partial v}\neq\boldsymbol{0} \tag{5}$$

であると仮定する．

このとき，

（1） $\partial\boldsymbol{r}/\partial u\times\partial\boldsymbol{r}/\partial v$ は，点 $\boldsymbol{r}(u,v)$ における S の法線ベクトルであり，

（2） S の面積 S は，

$$S=\iint_D\left|\frac{\partial\boldsymbol{r}}{\partial u}\times\frac{\partial\boldsymbol{r}}{\partial v}\right|du\,dv \tag{6}$$

で与えられる．

(u_0, v_0) を固定して，$P_0 = P_0(u_0, v_0)$ とおく．u の関数 $\boldsymbol{r}(u, v_0)$ は P_0 を通る S 上の一つの曲線を表す．これを P_0 における **u-曲線**と呼ぶ．

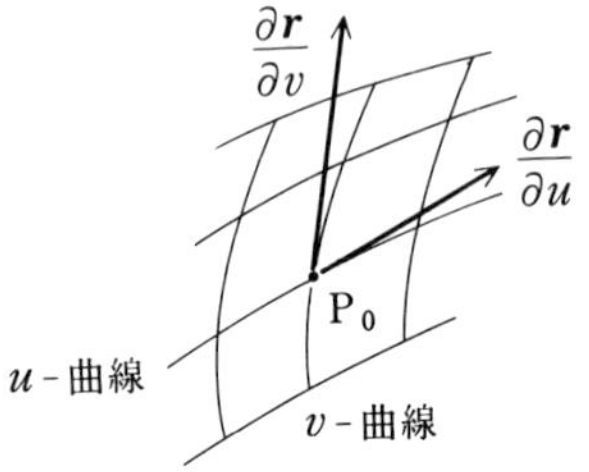

$$\frac{\partial \boldsymbol{r}}{\partial u}(u_0, v_0) = \frac{d}{du}\boldsymbol{r}(u, v_0)\bigg|_{u=u_0}$$

はこの曲線の P_0 における接線ベクトルである．同様に，P_0 における **v-曲線**が定義され，$\dfrac{\partial \boldsymbol{r}}{\partial v}(u_0, v_0)$ はこの曲線の P_0 における接線ベクトルである．仮定（5）により，$\dfrac{\partial \boldsymbol{r}}{\partial u}(u_0, v_0)$ と $\dfrac{\partial \boldsymbol{r}}{\partial v}(u_0, v_0)$ は平行でなく，

$$\frac{\partial \boldsymbol{r}}{\partial u} \times \frac{\partial \boldsymbol{r}}{\partial v}\bigg|_{(u_0,\, v_0)}$$

はこの二つの接線ベクトルに垂直であるから，P_0 における S の一つの法線ベクトルを表す（第6章 §5（I）参照）．

（2）uv-平面を長方形分割して，D に含まれる一つの長方形に対応する S 上の微小面分 $\widehat{P_0P_1P_2P_3}$ を考え，その（曲）面積を ΔS とする．$(u_0+\Delta u, v_0)$，$(u_0+\Delta u,\ v_0+\Delta v)$，$(u_0, v_0+\Delta v)$ に対応する点を P_1, P_2, P_3 とすれば，第7章 §4 と同様にして，

$$\Delta S \sim |\overrightarrow{P_0P_1} \times \overrightarrow{P_0P_3}|^{*)} \quad (7)$$

$$\overrightarrow{P_0P_1} \sim \frac{\partial \boldsymbol{r}}{\partial u}\Delta u,$$

$$\overrightarrow{P_0P_3} \sim \frac{\partial \boldsymbol{r}}{\partial v}\Delta v$$

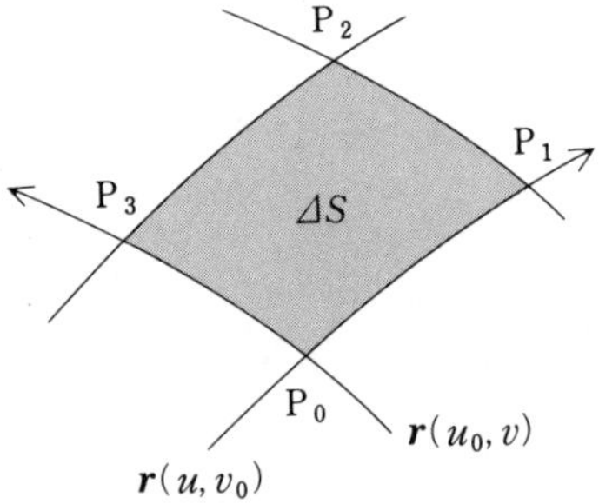

を用いて，

$$\Delta S \sim \left|\frac{\partial \boldsymbol{r}}{\partial u} \times \frac{\partial \boldsymbol{r}}{\partial v}\right| \Delta u \Delta v \quad (8)$$

または，

---

*)二つの無限小 α, β に対して $\alpha = \beta(1+\varepsilon)$，$\varepsilon \to 0$ となるとき，$\alpha \sim \beta$ とかくことにする．

$$dS = \left| \frac{\partial \boldsymbol{r}}{\partial u} \times \frac{\partial \boldsymbol{r}}{\partial v} \right| du\, dv \tag{9}$$

を得る．長方形分割を細かくしていけば，(2) を得る．

問 1 $\dot{\boldsymbol{r}}$ と $\boldsymbol{r}$ がつねに平行ならば，$\boldsymbol{r}$ は方向一定である．

問 2 動点の速度ベクトル，加速度ベクトルを $\boldsymbol{v}, \boldsymbol{a}$ とすると，軌道の曲率半径は

$$\rho = \frac{|\boldsymbol{v}|^3}{|\boldsymbol{v} \times \boldsymbol{a}|}$$

で与えられる．

問 3 曲面の方程式が，極座標 $x = r\sin\theta\cos\varphi$，$y = r\sin\theta\sin\varphi$，$z = r\cos\theta$ を用いて，$r = r(\theta, \varphi)$，($(\theta, \varphi) \in D$) で与えられるとき，

（1） 曲面積は

$$\iint_D \sqrt{\left\{r^2 + \left(\frac{\partial r}{\partial \theta}\right)^2\right\} \sin^2\theta + \left(\frac{\partial r}{\partial \varphi}\right)^2}\; r\, d\theta\, d\varphi$$

となる．

（2） 半径 r の球の表面積を計算せよ．

§2 スカラー場とベクトル場

空間内の領域 Ω の各点に対してスカラー（実数）が対応しているとき，この対応を Ω 上の一つの**スカラー場**という．温度分布，電位分布などその例である．これに対して，流体の速度分布，電場，重力場などのように，各点にベクトルが対応しているとき，**ベクトル場**という．

空間に xyz-座標系（右手系とする）が導入されているとき，Ω 上のスカラー場またはベクトル場は，Ω 上で定義された x, y, z の実数値関数 f またはベクトル値関数 $\boldsymbol{A}$ となる．以後，座標系を固定し，$f, \boldsymbol{A}$ は C^2 級であると仮定する．

スカラー場 f に対して，定数 c を与えれば，方程式 $f(x, y, z) = c$ は一般に曲面を表す．これを**等位面**（または，c を明示して，c-等位面）と呼ぶ．

いま，$\mathrm{P}_0 \in \Omega$ $f(\mathrm{P}_0) = c$ とすると，$\mathrm{grad}\, f(\mathrm{P}_0)$ は c-等位面の P_0 における法線ベクトルであり，P_0 を始点とする単位ベクトル $\boldsymbol{e}$ に対して，P_0 における f の $\boldsymbol{e}$ 方向微分係数は $\mathrm{grad}\, f(\mathrm{P}_0)\cdot\boldsymbol{e}$ であった．（第6章 §5（I））．$\mathrm{grad}\, f(\mathrm{P}_0)\cdot\boldsymbol{e}$ は，（$\mathrm{grad}\, f(\mathrm{P}_0) \neq \boldsymbol{0}$ のとき）$\boldsymbol{e} = \mathrm{grad}\, f(\mathrm{P}_0)/|\mathrm{grad}\, f(\mathrm{P}_0)|$

のとき最大となる．よって，grad $f(\mathrm{P}_0)$ は f が P_0 において変化が最大となる方向と一致する（向きは f が増加する向きである）．これからとくに，スカラー場 f の grad f は座標系のとり方によらないことがわかる．したがって，grad f は Ω 上のベクトル場となる．

次に，Ω 上のベクトル場 $\boldsymbol{A}$ に対して，Ω 内の曲線 $C:\boldsymbol{r}=\boldsymbol{r}(t)$ があって，C の各点 P における接線ベクトルの方向，向きが $\boldsymbol{A}(\mathrm{P})$ のものと一致しているとき，C を $\boldsymbol{A}$ の **流線**という．Ω の各点において，その点を通る流線がただ一つ存在する．

微分演算子

$$\nabla=\frac{\partial}{\partial x}\boldsymbol{i}+\frac{\partial}{\partial y}\boldsymbol{j}+\frac{\partial}{\partial z}\boldsymbol{k} \tag{10}$$

を**ナブラ**といい，成分 $(\partial/\partial x,\partial/\partial y,\partial/\partial z)$ を持つ形式的なベクトルとみなす．スカラー場 f に対して，grad f はベクトル ∇ のスカラー f 倍と考えることもできる．すなわち

$$\mathrm{grad}\,f=\nabla f \tag{11}$$

∇ とベクトルの内積，外積にあたるものも考えて，

ベクトル場 $\boldsymbol{A}=(A_x,A_y,A_z)$ に対して，

$\boldsymbol{A}$ の**発散**，**div** $\boldsymbol{A}$ を

$$\nabla\cdot\boldsymbol{A}=\frac{\partial A_x}{\partial x}+\frac{\partial A_y}{\partial y}+\frac{\partial A_z}{\partial z}, \tag{12}$$

$\boldsymbol{A}$ の**回転**，**rot** $\boldsymbol{A}$ を

$$\nabla\times\boldsymbol{A}=\begin{vmatrix}\boldsymbol{i} & \boldsymbol{j} & \boldsymbol{k}\\ \partial/\partial x & \partial/\partial y & \partial/\partial z\\ A_x & A_y & A_z\end{vmatrix} \tag{13}$$

$$=\left(\frac{\partial A_z}{\partial y}-\frac{\partial A_y}{\partial z}\right)\boldsymbol{i}+\left(\frac{\partial A_x}{\partial z}-\frac{\partial A_z}{\partial x}\right)\boldsymbol{j}+\left(\frac{\partial A_y}{\partial x}-\frac{\partial A_x}{\partial y}\right)\boldsymbol{k} \tag{14}$$

と定義する．

div $\boldsymbol{A}$，rot $\boldsymbol{A}$ の意味づけ，および，これらが座標系のとり方によらないことについては §4 で述べる．

これらの微分演算について，ふつうの微分と類似の公式が成り立つ．

f, g をスカラー場，$\boldsymbol{A}$ をベクトル場とするとき，

$$\nabla(fg) = (\nabla f)g + f\nabla g \tag{15}$$

$$\nabla\cdot f\boldsymbol{A} = \nabla f\cdot\boldsymbol{A} + f\nabla\cdot\boldsymbol{A} \tag{16}$$

$$\nabla\times(f\boldsymbol{A}) = \nabla f\times\boldsymbol{A} + f\nabla\times\boldsymbol{A} \tag{17}$$

φ を f の値域を含む区間で C^1 級とすれば，

$$\nabla(\varphi\circ f) = \varphi'(f)\nabla f \tag{18}$$

$\boldsymbol{r}(x, y, z) = (x, y, z)$，$r = |\boldsymbol{r}|$ とすると，

$$\nabla r = \frac{\boldsymbol{r}}{r}, \quad \nabla\cdot\boldsymbol{r} = 3, \quad \nabla\times\boldsymbol{r} = \boldsymbol{0} \tag{19}$$

これらは成分計算によりただちに確かめられる．

例 3 （1） $\varphi(r)$ を r だけによるスカラー場とすると， $\nabla\varphi(r) = \varphi'(r)\dfrac{\boldsymbol{r}}{r}$

（2） 任意のスカラー場 f，ベクトル場 $\boldsymbol{A}$ に対して

$$\mathrm{div}\,(\mathrm{rot}\,\boldsymbol{A}) = \nabla\cdot(\nabla\times\boldsymbol{A}) = 0 \tag{20}$$

$$\mathrm{rot}\,(\mathrm{grad}\,f) = \nabla\times\nabla f = \boldsymbol{0} \tag{21}$$

（**証**） （1） (18) より $\nabla\varphi(r) = \varphi'(r)\nabla r$， (19) より， $= \varphi'(r)\boldsymbol{r}/r$．

（2）
$$\nabla\cdot(\nabla\times\boldsymbol{A}) = \frac{\partial}{\partial x}\left(\frac{\partial A_z}{\partial y} - \frac{\partial A_y}{\partial z}\right) + \frac{\partial}{\partial y}\left(\frac{\partial A_x}{\partial z} - \frac{\partial A_z}{\partial x}\right) + \frac{\partial}{\partial z}\left(\frac{\partial A_y}{\partial x} - \frac{\partial A_x}{\partial y}\right)$$
$$= \frac{\partial^2 A_z}{\partial x\partial y} - \frac{\partial^2 A_y}{\partial x\partial z} + \frac{\partial^2 A_x}{\partial y\partial z} - \frac{\partial^2 A_z}{\partial y\partial x} + \frac{\partial^2 A_y}{\partial z\partial x} - \frac{\partial^2 A_x}{\partial z\partial y} = 0$$

$\nabla\times\nabla f$ については省略する．

注 （2）は，$\nabla\times\boldsymbol{A}$ は ∇ に垂直で，∇f は ∇ と平行であると考えれば，憶えやすい．

$\mathrm{div}\,(\mathrm{grad}\,f)$ を考える．$\nabla\cdot\nabla f$ とかけるから，$= (\nabla\cdot\nabla)f$ と考えて

$$\nabla\cdot\nabla = \nabla^2 = \left(\frac{\partial}{\partial x}\right)^2 + \left(\frac{\partial}{\partial y}\right)^2 + \left(\frac{\partial}{\partial z}\right)^2 = \frac{\partial^2}{\partial x^2} + \frac{\partial^2}{\partial y^2} + \frac{\partial^2}{\partial z^2}.$$

そこで

$$\triangle = \frac{\partial^2}{\partial x^2} + \frac{\partial^2}{\partial y^2} + \frac{\partial^2}{\partial z^2} \tag{22}$$

なる微分演算子を考え，これを**ラプラシアン**という．

$$\triangle f = \nabla^2 f = \mathrm{div}\,(\mathrm{grad}\, f) \tag{23}$$

が成り立つ．成分計算により，実際に正しいことが確かめられる．

問 4　P_0 に近い点 P をとり，$\Delta \boldsymbol{r} = \overrightarrow{P_0P} = (\Delta x, \Delta y, \Delta z)$ として，

$$\Delta f(= f(P) - f(P_0)) \sim \mathrm{grad}\, f(P_0)\cdot \Delta \boldsymbol{r} \quad \text{が成り立つ．}$$

また，$d\boldsymbol{r} = (dx, dy, dz)$ として，f の全微分 df を $df = \mathrm{grad}\, f\cdot d\boldsymbol{r}$ と表すことができる．

問 5　次が成り立つことを示せ．

（1）　$\nabla \dfrac{1}{r} = -\dfrac{\boldsymbol{r}}{r^3}$　　$\nabla(\log r) = \dfrac{\boldsymbol{r}}{r^2}$

（2）　$\nabla\cdot\left(\dfrac{\boldsymbol{r}}{r^3}\right) = 0$，　$\triangle\left(\dfrac{1}{r}\right) = 0$，　$\triangle(\log r) = \dfrac{1}{r^2}$

問 6　次の等式を証明せよ．

（1）　$\nabla\cdot(\boldsymbol{A}\times\boldsymbol{B}) = (\nabla\times\boldsymbol{A})\cdot\boldsymbol{B} - \boldsymbol{A}\cdot(\nabla\times\boldsymbol{B})$

（2）　$\nabla\times(\nabla\times\boldsymbol{A}) = \nabla(\nabla\cdot\boldsymbol{A}) - \triangle\boldsymbol{A}$，　ただし　$\triangle\boldsymbol{A} = (\triangle A_x, \triangle A_y, \triangle A_z)$．

問 7　（1）　$\triangle(\varphi\psi) = \varphi\triangle\psi + 2(\nabla\varphi)\cdot(\nabla\psi) + \psi\triangle\varphi$

（2）　$\nabla\cdot(\varphi\nabla\psi) = (\nabla\varphi)\cdot(\nabla\psi) + \varphi\triangle\psi$

§3　線積分・面積分

（I）　線　積　分

A を始点，B を終点とする C^1 級曲線 $C : \boldsymbol{r} = \boldsymbol{r}(t)$ $(\alpha \leqq t \leqq \beta)$ と C 上の連続関数 f が与えられているとする．$[\alpha, \beta]$の分割：$\alpha = t_0 < t_1 < \cdots < t_n = \beta$ を考え，対応する C の分点を，$A = P_0, P_1, \cdots, P_n = B$ とする．弧$\widehat{P_{i-1}P_i}$ $(1 \leqq i \leqq n)$ から任意に点 Q_i をとり，$\widehat{P_{i-1}P_i}$ の弧長を Δs_i として，和

$$\sum_{i=1}^{n} f(Q_i)\Delta s_i \tag{24}$$

をとる．定積分の場合と同様に，この和は分割を細かくしていくと，分割のとり方，Q_i の選び方に無関係なある値 I に収束する．（証明は省略する）．この値 I を f の C に沿う（弧長に関する）**線積分**といい，

$$\int_C f\, ds$$

とかく．(24) をこの積分の**近似和**と呼ぶ．

Q_i に対応する t の値を τ_i とすると，$\Delta s_i \sim s'(t_i)\Delta t_i$（ただし $s(t)$ は弧長関

数で $\Delta t_i = t_i - t_{i-1}$), $= |\boldsymbol{r}'(t_i)|\Delta t_i$ から，(24) は $\sum_{i=1}^{n} f(\boldsymbol{r}(\tau_i))\,|\boldsymbol{r}'(t_i)|\,\Delta t_i$ に近い．この考察から，

$$\int_C f\,ds = \int_\alpha^\beta f(\boldsymbol{r}(t))\,|\boldsymbol{r}'(t)|\,dt \tag{25}$$

を得る．

C の向きを逆にした曲線を $-C$ とかくと，

$$\int_{-C} f\,ds = -\int_C f\,ds\,,$$

また C が二つの曲線 C_1, C_2 に分割されるとき，

$$\int_C f\,ds = \int_{C_1+C_2} f\,ds = \int_{C_1} f\,ds + \int_{C_2} f\,ds$$

が成り立つ．

次に 近似和 (24) において，P_i の x 座標を x_i として Δs_i の代わりに $\Delta x_i = x_i - x_{i-1}$ をとることにより，上記と同様に f の C に沿う(x に関する)**線積分**

$$\int_C f\,dx$$

が定義される．この値は，次の式で計算される．

$$\int_C f\,dx = \int_\alpha^\beta f(\boldsymbol{r}(t))x'(t)dt\,,\quad \text{ただし}\quad \boldsymbol{r}(t) = (x(t), y(t), z(t))\,. \tag{26}$$

$$\int_C f\,dy\,,\quad \int_C f\,dz$$

も定義され，同様に計算される．

最後に，C を含む領域で定義されたベクトル場 $\boldsymbol{A}$ の線積分を定義する．P_i, Q_i, t_i は前と同様とし，$\overrightarrow{\mathrm{OP}_i} = \boldsymbol{r}_i$ とおき，和

$$\sum_{i=1}^{n} \boldsymbol{A}(\mathrm{Q}_i)\cdot\Delta\boldsymbol{r}_i\,,\quad \text{ただし}\quad \Delta\boldsymbol{r}_i = \boldsymbol{r}_i - \boldsymbol{r}_{i-1} \tag{27}$$

をつくる．分割を細かくしていくと，この和は C と $\boldsymbol{A}$ だけによって決まる一定の値に収束する．この値を **$\boldsymbol{A}$ の C に沿う線積分**といい，

$$\int_C \boldsymbol{A}\cdot d\boldsymbol{r} \tag{28}$$

で表す．$\varDelta\boldsymbol{r}_i \sim \boldsymbol{r}'(t_i)\varDelta t_i$ から，$\boldsymbol{A}(\mathrm{Q}_i)\cdot\varDelta\boldsymbol{r}_i \sim \boldsymbol{A}(\boldsymbol{r}(\tau_i))\cdot\boldsymbol{r}'(t_i)\varDelta t$ であることにより，次の公式を得る．

$$\int_C \boldsymbol{A}\cdot d\boldsymbol{r} = \int_\alpha^\beta \boldsymbol{A}(\boldsymbol{r}(t))\cdot\boldsymbol{r}'(t)dt \tag{29}$$

さらに，$\varDelta\boldsymbol{r}_i = \overrightarrow{\mathrm{P}_{i-1}\mathrm{P}_i} = (\varDelta x_i, \varDelta y_i, \varDelta z_i)$ とおけば，(27) は，

$$\boldsymbol{A}(\mathrm{Q}_i)\cdot\varDelta\boldsymbol{r}_i = A_x(\mathrm{Q}_i)\varDelta x_i + A_y(\mathrm{Q}_i)\varDelta y_i + A_z(\mathrm{Q}_i)\varDelta z_i$$

と書き表されることから，次の等式を得る．

$$\int_C \boldsymbol{A}\cdot d\boldsymbol{r} = \int_C A_x dx + \int_C A_y dy + \int_C A_z\, dz \tag{30}$$

(29) において，$\boldsymbol{r}'(t) = |\boldsymbol{r}'(t)|\,\boldsymbol{t}(t)$ ($\boldsymbol{t}$ 単位接線ベクトル) を代入すれば，

$$\int_C \boldsymbol{A}\cdot d\boldsymbol{r} = \int_\alpha^\beta \boldsymbol{A}(\boldsymbol{r}(t))\cdot\boldsymbol{t}(t)\,|\boldsymbol{r}'(t)|\,dt = \int_C \boldsymbol{A}\cdot\boldsymbol{t}\,ds. \tag{31}$$

これから次のことがわかる．

$\int_C \boldsymbol{A}\cdot d\boldsymbol{r}$ は，質点が力 $\boldsymbol{A}$ を受けながら C に沿って A から B まで移動したときに，力 $\boldsymbol{A}$ がこの質点になした**仕事量**を表す．

例 4　(1)　ベクトル場 $\boldsymbol{A}$ が，あるスカラー場 $U(\boldsymbol{r})$ により，

$$\boldsymbol{A} = -\mathrm{grad}\, U \tag{32}$$

と表されるとき，

$$\int_C \boldsymbol{A}\cdot d\boldsymbol{r} = -\{U(\mathrm{B}) - U(\mathrm{A})\}. \tag{33}$$

とくに，線積分の値は C の途中の径路によらず，端点だけで決まる．

(2)　質点 m が力 $\boldsymbol{F}$ と (32) による力 $\boldsymbol{A}$ の二つの力を受けながら運動しているとする．m が点 A から点 B まで C に 沿って移動したとき，

$$\varDelta\left(\frac{m}{2}v^2 + U(\boldsymbol{r})\right) = \int_C \boldsymbol{F}\cdot d\boldsymbol{r}$$

が成り立つ．

すなわち，力学的エネルギーの増分は，$\boldsymbol{F}$ が m になした仕事量に等しい．
とくに，右辺が 0 の場合 (たとえば，$\boldsymbol{F}$ が C の各点で C に垂直であるとき)

$$\frac{m}{2}v^2 + U(\boldsymbol{r}) = (\text{運動エネルギー}) + (\text{位置エネルギー})$$

が不変であるという**力学的エネルギーの保存則**となる．

（証）（1） $\operatorname{grad} U\cdot d\boldsymbol{r} = \operatorname{grad} U\cdot \boldsymbol{r}' dt$

$$= \left\{\frac{\partial U}{\partial x}x'(t)+\frac{\partial U}{\partial y}y'(t)+\frac{\partial U}{\partial z}z'(t)\right\}dt$$

$$= \frac{dU(\boldsymbol{r}(t))}{dt}dt$$

から明らか．

（2） 運動方程式は，$\boldsymbol{a}$ を加速度ベクトルとして，

$$m\boldsymbol{a} = \boldsymbol{F}+\boldsymbol{A}\ .$$

速度ベクトル $\boldsymbol{v}$ との内積をとると，

$$m\boldsymbol{a}\cdot\boldsymbol{v} = \boldsymbol{F}\cdot\boldsymbol{v}+\boldsymbol{A}\cdot\boldsymbol{v}\ .$$

m の軌跡を $\boldsymbol{r} = \boldsymbol{r}(t)$，$m$ が A, B にいる時刻を $t=\alpha, \beta$ とする．左辺においては，$(v^2)' = 2\boldsymbol{a}\cdot\boldsymbol{v}$，右辺においては $\boldsymbol{v}=\boldsymbol{r}'(t)$ を用いて，両辺を $t=\alpha$ から $t=\beta$ まで積分して，

$$\frac{m}{2}v_{\mathrm{B}}{}^2-\frac{m}{2}v_{\mathrm{A}}{}^2 = \int_C \boldsymbol{F}\cdot d\boldsymbol{r}+\int_C \boldsymbol{A}\cdot d\boldsymbol{r}\ .$$

(33) より

$$\Delta\left(\frac{m}{2}v^2+U(\boldsymbol{r})\right) \equiv \left[\frac{m}{2}v^2+U(\boldsymbol{r})\right]_{\mathrm{A}}^{\mathrm{B}} = \int_C \boldsymbol{F}\cdot d\boldsymbol{r}\ .$$

問 8 f の C 上の最大値を M, C の長さを L とすると，

$$\left|\int_C f\, ds\right| \leqq \int_C |f|\, ds \leqq ML$$

問 9 ベクトル場 $\boldsymbol{A}(x, y, z) = (-y, x, z)$ のら線 $C : \boldsymbol{r}(\theta) = (a\cos\theta,\ a\sin\theta,\ h\theta)$ $0 \leqq \theta \leqq 2\pi$，$(a, h > 0)$ に沿う線積分を求めよ．

(II) 面 積 分

曲面 S と S 上の連続関数 f が与えられているとする．S を分割して各微小面分 S_i から任意に点 Q_i をとり，ΔS_i を S_i の曲面積として，和

$$\sum_i f(\mathrm{Q}_i)\Delta S_i \tag{34}$$

をつくる．S の分割を細かくしていけば，この和は S と f だけによって決まる一定値に収束する．この値を f の S 上の**面積分**といい，

$$\int_S f\,dS$$

で表す.

S が $\boldsymbol{r}=\boldsymbol{r}(u,v)$ $((u,v)\in D)$ と表されるとき，(5) の仮定のもとに，例 2 (2) と同様に，(9) より次の式を得る.

$$\iint_S f\,dS=\iint_D f(\boldsymbol{r}(u,v))\left|\frac{\partial\boldsymbol{r}}{\partial u}\times\frac{\partial\boldsymbol{r}}{\partial v}\right|du\,dv \tag{35}$$

次に，S を含む領域で定義されたベクトル場 $\boldsymbol{A}$ に対して，S の各点 P における単位法線ベクトルを $\boldsymbol{n}(\mathrm{P})$ として，$f(\mathrm{P})=\boldsymbol{A}(\mathrm{P})\cdot\boldsymbol{n}(\mathrm{P})$ の面積分を，

$$\iint_S \boldsymbol{A}\cdot\boldsymbol{n}\,dS$$

で表し，これをベクトル場 $\boldsymbol{A}$ の $\boldsymbol{n}$ **で定められた側の** S **上の面積分**という（ここで，$\boldsymbol{n}(\mathrm{P})$ は P に関して連続的に動くものとする).

とくに，

$$\boldsymbol{n}=\frac{\partial\boldsymbol{r}/\partial u\times\partial\boldsymbol{r}/\partial v}{|\partial\boldsymbol{r}/\partial u\times\partial\boldsymbol{r}/\partial v|} \tag{36}$$

のとき，

$$\iint_S \boldsymbol{A}\cdot\boldsymbol{n}\,dS=\iint_D \boldsymbol{A}(\boldsymbol{r}(u,v))\cdot\left(\frac{\partial\boldsymbol{r}}{\partial u}\times\frac{\partial\boldsymbol{r}}{\partial v}\right)du\,dv \tag{37}$$

S が $z=z(x,y)$ $((x,y)\in D)$ と表されるとき，$\boldsymbol{r}(x,y)=(x,y,z(x,y))$ をパラメータ表示とみる.

$$\frac{\partial\boldsymbol{r}}{\partial x}\times\frac{\partial\boldsymbol{r}}{\partial y}=\left(-\frac{\partial z}{\partial x},\ -\frac{\partial z}{\partial y},\ 1\right)$$

により，(37) は

$$\iint_S \boldsymbol{A}\cdot\boldsymbol{n}\,dS=\iint_D\left(-A_x\frac{\partial z}{\partial x}-A_y\frac{\partial z}{\partial y}+A_z\right)dx\,dy \tag{38}$$

となる.

例 5　S を，原点中心，半径 a の球面として，S の外側の面積分に関して，

$$\iint_S \frac{\boldsymbol{r}}{r^3}\cdot\boldsymbol{n}\,dS=4\pi\,.$$

（**証**）点 $\mathrm{P}\in S$ での外向きの単位法線ベクトルは，$\boldsymbol{n}=\boldsymbol{r}/a$ $(\boldsymbol{r}=\overrightarrow{\mathrm{OP}})$ であるから，S 上で

$$\frac{\boldsymbol{r}}{r^3}\cdot\boldsymbol{n}=\frac{\boldsymbol{r}}{r^3}\cdot\frac{\boldsymbol{r}}{a}=\frac{r^2}{r^3a}=\frac{1}{ra}=\frac{1}{a^2}.$$

ゆえに，

$$\iint_S\frac{\boldsymbol{r}}{r^3}\cdot\boldsymbol{n}\,dS=\iint_S\frac{1}{a^2}dS=\frac{1}{a^2}\times(S\text{の面積})=\frac{4\pi a^2}{a^2}=4\pi.$$

§4 積分定理

最初に平面上における次の定理を考える．

定　理 1　グリーンの定理　D を xy-平面上の有限個の単純閉曲線で囲まれた閉領域とする．$P(x,y)$，$Q(x,y)$ を，D を含むある開集合上で C^1 級の関数とすると，

$$\iint_D\left\{\frac{\partial Q}{\partial x}-\frac{\partial P}{\partial y}\right\}dx\,dy=\int_{\partial D}(P\,dx+Q\,dy) \tag{39}$$

が成り立つ．ただし，右辺において，境界 ∂D の向きは D を左手にみて進む向きにとるものとする．

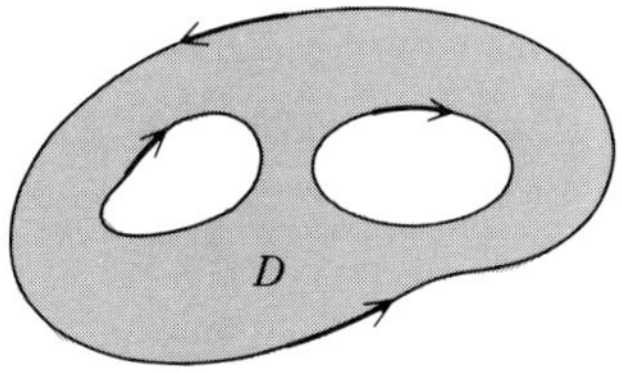

（**証**）P に関して，

$$-\iint_D\frac{\partial P}{\partial y}dx\,dy=\int_{\partial D}P\,dx \tag{40}$$

が成り立つことを示す．

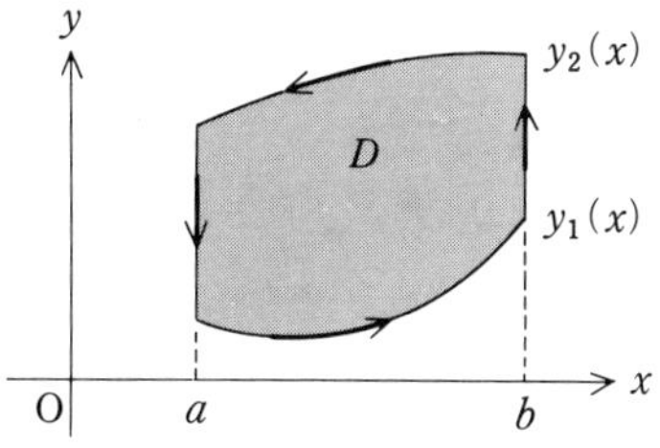

まず，D が $[a,\ b]$ 上の連続関数 $y_1(x)$，$y_2(x)$ によって

$$\{(x,\ y)\mid a\leqq x\leqq b,\ y_1(x)\leqq y\leqq y_2(x)\}$$

と表される場合に考える．

境界 ∂D の $x=a$ または $x=b$ の部分における（40）の線積分は 0 であることに注意して，

$$\begin{aligned}\int_{\partial D}P(x,\ y)dx&=\int_a^b P(x,\ y_1(x))dx+\int_b^a P(x,\ y_2(x))dx\\&=\int_a^b\{P(x,\ y_1(x))-P(x,\ y_2(x))\}dx\end{aligned}$$

$$= -\int_a^b \left\{ \int_{y_1(x)}^{y_2(x)} \frac{\partial P}{\partial y}(x, y)\, dy \right\} dx = -\iint_D \frac{\partial P}{\partial y} dx\, dy\,.$$

次に，D が一般の場合には，y 軸に平行な直線によって D を分割して，そのおのおのの部分で，(40) を適用すればよい．

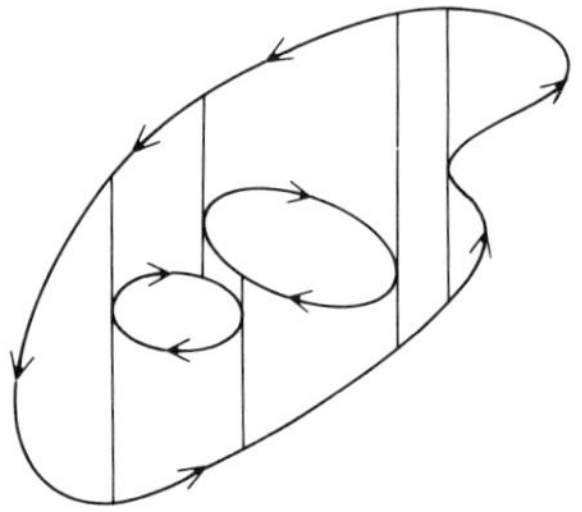

以上で (40) の証明を終わる．

$$\iint_D \frac{\partial Q}{\partial x} dx\, dy = \int_{\partial D} Q\, dy \qquad (41)$$

についても同様に証明できる．　■

平面領域 D において，D 内に描いた任意の単純閉曲線の内部が D に含まれるとき，D は**単連結**（または**単一連結**）であるという．一つの単純閉曲線で囲まれた領域は単連結である．

系　D を xy-平面上の単連結領域とする．D 上の C^1 級関数 $P(x, y)$, $Q(x, y)$ が $\partial P/\partial y = \partial Q/\partial x$ を満たすならば，D 上の C^2 級関数 $f(x, y)$ で

$$\frac{\partial f}{\partial x} = P, \qquad \frac{\partial f}{\partial y} = Q \qquad (42)$$

を満すものが存在する．

（**証**）共通の始点，終点を持つ D内の曲線 C_1, C_2 に対して，閉曲線 $C_1 \cup (-C_2)$ の内部を Ω とすると，D は単連結であるから，Ω は D に含まれる．

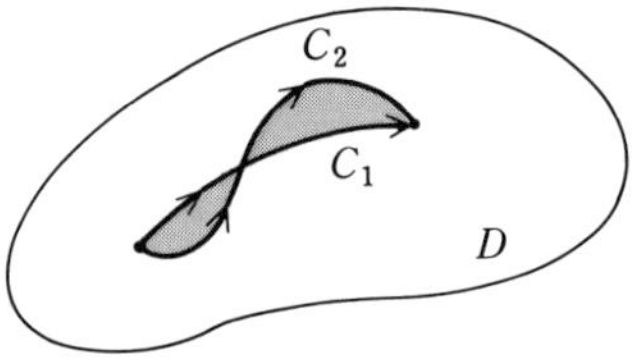

よって，グリーンの定理により，

$$0 = \iint_\Omega \left\{ \frac{\partial Q}{\partial x} - \frac{\partial P}{\partial y} \right\} dx\, dy = \int_{C_1 \cup (-C_2)} (P\, dx + Q\, dy)$$

$$= \int_{C_1} (P\, dx + Q\, dy) - \int_{C_2} (P\, dx + Q\, dy)$$

ゆえに，

$$\int_{C_1} (P\, dx + Q\, dy) = \int_{C_2} (P\, dx + Q\, dy)$$

そこで，1点 $(x_0, y_0)\in D$ をとり，各点 $(x, y)\in D$ に対して

$$f(x, y)=\int_{(x_0,\, y_0)}^{(x,\, y)}\{P(\xi, \eta)d\xi+Q(\xi, \eta)d\eta\} \tag{43}$$

とおく．右辺の線積分は点 (x_0, y_0) と点 (x, y) を結ぶ曲線の選び方によらないから，$f(x, y)$ は1価関数である．

十分小さな h に対して，

$$\frac{f(x+h, y)-f(x, y)}{h}=\frac{1}{h}\int_{(x,y)}^{(x+h,y)}(P\,d\xi+Q\,d\eta)=\frac{1}{h}\int_{(x,y)}^{(x+h,y)}P(\xi, y)d\xi.$$

$h\to 0$ として $\partial f/\partial x=P$ を得る．

同様にして，$\partial f/\partial y=Q$ を得る．

注 上記は D が単連結でないときは必ずしも成立しない．

平面から原点を除いた領域を D，$P(x, y)=-y/(x^2+y^2)$，$Q(x, y)=x/(x^2+y^2)$ とすると，

$$\partial P/\partial y=\partial Q/\partial x=(y^2-x^2)/(x^2+y^2).$$

しかし，D 上の C^1 級関数 $\theta(x, y)$ で $\partial\theta/\partial x=P$ かつ $\partial\theta/\partial y=Q$ を満たすものは存在しない．

もし存在したとすると，r を正定数，$0<\varepsilon<\pi$ として

$$\begin{aligned}
&\theta(r\cos 2\pi,\ r\sin 2\pi)-\theta(r\cos\varepsilon,\ r\sin\varepsilon)\\
&\quad=\int_{\varepsilon}^{2\pi}\frac{d}{dt}\theta(r\cos t,\ r\sin t)dt\\
&\quad=\int_{\varepsilon}^{2\pi}\left\{\frac{\partial\theta}{\partial x}\frac{d(r\cos t)}{dt}+\frac{\partial\theta}{\partial y}\frac{d(r\sin t)}{dt}\right\}dt\\
&\quad=\int_{\varepsilon}^{2\pi}1\,dt=2\pi-\varepsilon.
\end{aligned}$$

$\varepsilon\to+0$ とすることにより，$\theta(x, y)$ は点 $(r, 0)$ で不連続となって，D 上で C^1 級であるという仮定に反する．

次に，空間におけるガウスの定理を説明する．ガウスの定理の証明は，グリーンの定理の証明を空間に移し変えたものである．

定 理 2 ガウスの発散定理 V を閉曲面 S で囲まれた有界な閉領域，$\boldsymbol{A}$ は V を含むある開集合で定義された C^1 級ベクトル場とすると，

$$\iint_S \boldsymbol{A}\cdot\boldsymbol{n}\,dS=\iiint_V \operatorname{div}\boldsymbol{A}\,dV\quad(dV=dx\,dy\,dz) \tag{44}$$

が成り立つ．ここで，$\boldsymbol{n}$ は S の外向きの単位法線ベクトルとする．

（証）$\boldsymbol{n}=(n_x, n_y, n_z)$ として (44) を成分でかくと，

$$\iint_S (A_x n_x + A_y n_y + A_z n_z)\,dS = \iiint_V \left(\frac{\partial A_x}{\partial x}+\frac{\partial A_y}{\partial y}+\frac{\partial A_z}{\partial z}\right)dV. \quad (45)$$

A_x, A_y, A_z の，おのおのに関する部分がそれぞれ等しいことを示す．たとえば，

$$\iint_S A_z\cdot n_z\,dS = \iiint_V \frac{\partial A_z}{\partial z}\,dV \quad (46)$$

を示そう．

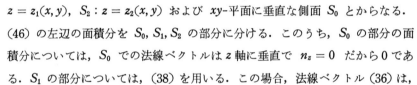

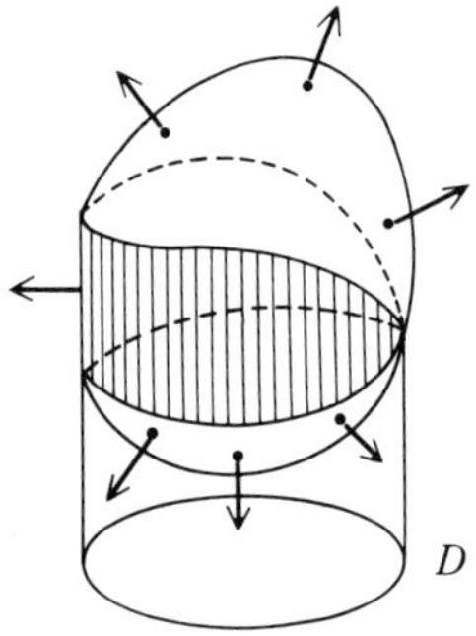

最初に V が，xy-平面上の閉領域 D で定義された C^1 級関数 $z_1(x,y)$，$z_2(x,y)$ によって

$$\{(x,y,z)\mid(x,y)\in D,\ z_1(x,y)\leqq z\leqq z_2(x,y)\}$$

と表される場合に示す．V の境界面は S_1：$z=z_1(x,y)$，S_2：$z=z_2(x,y)$ および xy-平面に垂直な側面 S_0 とからなる．(46) の左辺の面積分を S_0, S_1, S_2 の部分に分ける．このうち，S_0 の部分の面積分については，S_0 での法線ベクトルは z 軸に垂直で $n_z=0$ だから 0 である．S_1 の部分については，(38) を用いる．この場合，法線ベクトル (36) は，V の内向きとなるから，(38) において $A_x=A_y=0$ として

$$\iint_{S_1} A_z n_z\,dS = -\iint_D A_z\,dx\,dy = -\iint_D A_z(x,y,z_1(x,y))\,dx\,dy$$

S_2 の部分については，法線ベクトル (36) は V の外向きとなるから，

$$\iint_{S_2} A_z n_z\,dS = \iint_D A_z\,dx\,dy = \iint_D A_z(x,y,z_2(x,y))\,dx\,dy$$

よって (46) の左辺は，

$$\iint_D \{A_z(x,y,z_2(x,y)) - A_z(x,y,z_1(x,y))\}\,dx\,dy,$$

$$=\iint_D\left(\int_{z_1(x,y)}^{z_2(x,y)}\frac{\partial A_z}{\partial z}\,dz\right)dx\,dy$$

$$=\iiint_V \frac{\partial A_z}{\partial z}\,dx\,dy\,dz = \text{(46) 右辺}$$

一般の V に対しては，図のように V を z 軸に平行ないくつかの平面で分割して，各部分に(46)を適用して和をとればよい． ▨

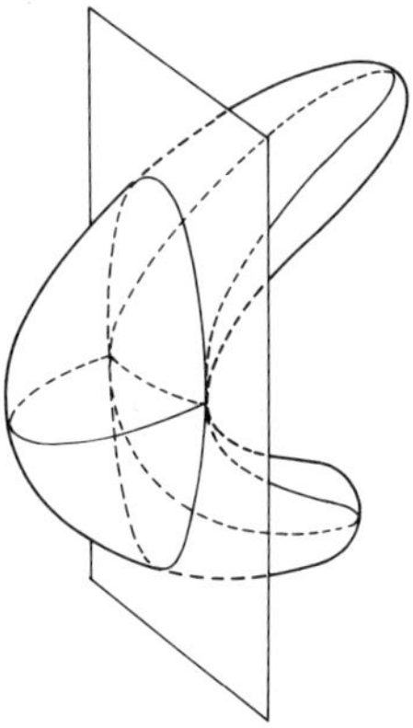

注 証明の最後の部分からもわかるように，ガウスの定理は，V がいくつかの閉曲面で囲まれた領域である場合も，そのまま成立する．このときも面積分はすべて V の外側の面でとることに注意する．

ガウスの定理の物理的意味を説明する．$\boldsymbol{A}$を流体の速度分布を表しているベクトル場と考えよう．このベクトル場内に微小曲面 ΔS と，ΔS 上の点 Q をとると，$\boldsymbol{A}(\mathrm{Q})\cdot\boldsymbol{n}(\mathrm{Q})\Delta S$ は，この流体が単位時間内に ΔS を通して $\boldsymbol{n}(\mathrm{Q})$ の側に流れ出る量を表す．よって，(44) の左辺は，この流体が単位時間内に S の内側から外側に流れ出る量を表している．

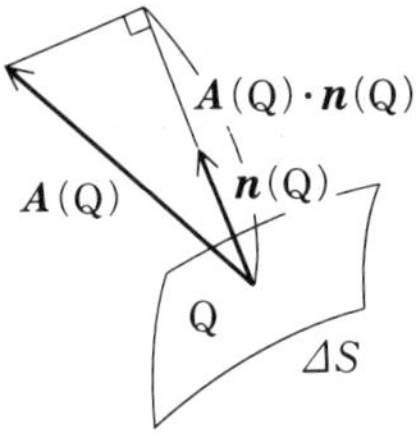

一方，1点 P を固定して，P を含む微小立体 ΔV をとり，これを P に縮めていくと，

$$\frac{1}{\Delta V}\iiint_{\Delta V}\mathrm{div}\,\boldsymbol{A}\,dV \longrightarrow \mathrm{div}\,\boldsymbol{A}(\mathrm{P}) \tag{47}$$

であるから，(44) より $\mathrm{div}\,\boldsymbol{A}$ の P における値は，流体が単位時間内に P の近傍から湧出する量の体積密度を表している（したがって，$\mathrm{div}\,\boldsymbol{A}$ の値は座標系のとり方によらず，$\boldsymbol{A}$ がベクトル場ならば，$\mathrm{div}\,\boldsymbol{A}$ はスカラー場となる）．

以上の考察から，(44) は次のように解釈される．

（単位時間内に V の外に流れ出る流体の量）

＝（単位時間内に V の中で生ずる流体の量）

例 6 閉曲面 S に対して，

$$\iint_S \frac{\boldsymbol{r}}{r^3}\cdot\boldsymbol{n}\,dS = \begin{cases} 0 & \text{（原点が}S\text{の外部にあるとき）} \\ 4\pi & \text{（原点が}S\text{の内部にあるとき）} \end{cases}$$

ただし，$\boldsymbol{n}$ は S の外向きにとる．

(証) 原点以外で $\operatorname{div}\dfrac{\boldsymbol{r}}{r^3}=0$ であるから，原点が S の外部にあるときは定理2から明らかである．次に，原点が S の内部にある場合．原点を中心として S の内部に含まれる球面 K をとる．S と K で囲まれた領域において定理2を適用して（証明の後の注参照），

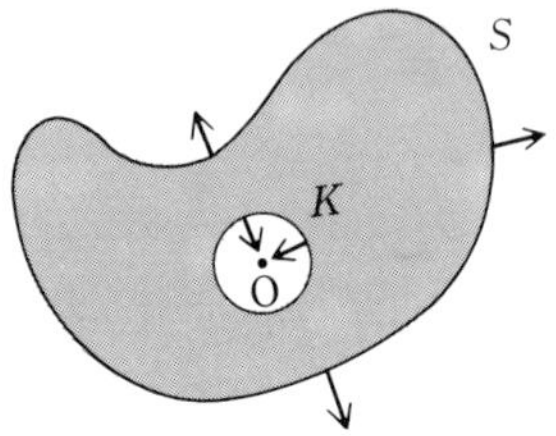

$$\left(\iint_S+\iint_K\right)\frac{\boldsymbol{r}}{r^3}\cdot\boldsymbol{n}\,dS=0$$

ここで，K 上では $\boldsymbol{n}$ を K 内部の向きにとることに注意して，例5により

$$\iint_S\frac{\boldsymbol{r}}{r^3}\cdot\boldsymbol{n}\,dS=-\iint_K\frac{\boldsymbol{r}}{r^3}\cdot\boldsymbol{n}\,dS=4\pi.$$

曲面Sのパラメータ表示 $\boldsymbol{r}=\boldsymbol{r}(u,v)$ において，$\partial\boldsymbol{r}/\partial u\times\partial\boldsymbol{r}/\partial v\neq\boldsymbol{0}$ とする．S上において，連続的に単位法線ベクトルの指定ができるとき，Sを**表裏のある**（または**向きづけ可能な**）曲面という．

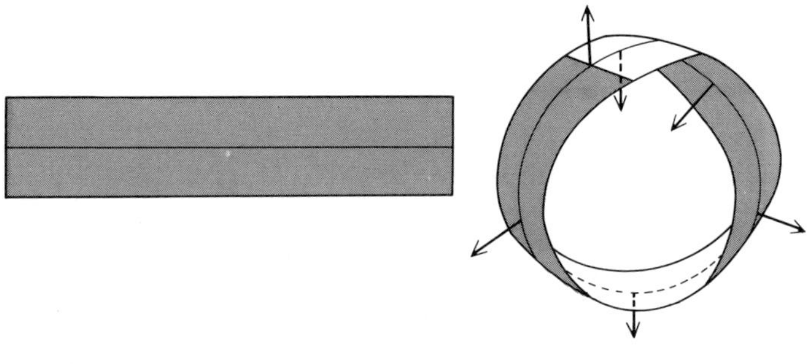

長方形の帯の一端を 180° ひねって継ぎ合わせてできる曲面（**メビウスの帯**）は，表裏のない曲面の例である．実際，単位法線ベクトルを中央の線に沿って1回転すると反対の向きになる．

定　理 3　ストークスの定理　　xyz-空間内で，有限個の閉曲線を境界とする表裏のある曲面 S と，S を含むある領域で定義されたベクトル場 $\boldsymbol{A}$ に対して，

$$\iint_S\operatorname{rot}\boldsymbol{A}\cdot\boldsymbol{n}\,dS=\int_C\boldsymbol{A}\cdot d\boldsymbol{r}\tag{48}$$

が成り立つ．

ここで，C は S の境界を表し，向きは S を左手にみて進む向きにとる．$\boldsymbol{n}$ の向きは，S の裏側から表側に向う向きとする．

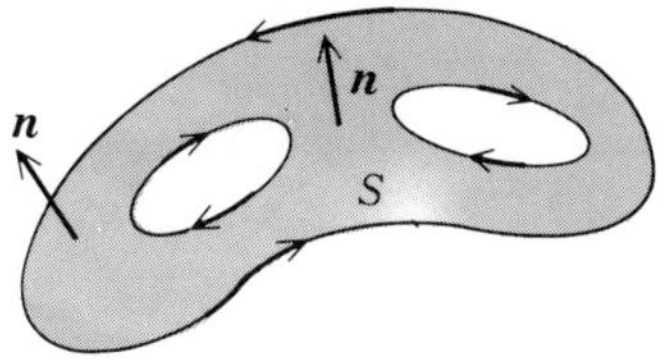

（証）$\boldsymbol{n}=(n_x, n_y, n_z)$ として，成分でかくと，

$$\iint_S\left\{\left(\frac{\partial A_z}{\partial y}-\frac{\partial A_y}{\partial z}\right)n_x+\left(\frac{\partial A_x}{\partial z}-\frac{\partial A_z}{\partial x}\right)n_y+\left(\frac{\partial A_y}{\partial x}-\frac{\partial A_x}{\partial y}\right)n_z\right\}dS$$
$$=\int_C (A_x\,dx+A_y\,dy+A_z\,dz)\,.$$

両辺の A_x, A_y, A_z に関する部分がそれぞれ等しいこと，たとえば

$$\iint_S\left(\frac{\partial A_x}{\partial z}n_y-\frac{\partial A_x}{\partial y}n_z\right)dS=\int_C A_x\,dx \qquad (49)$$

を示す．

最初に S が uv-平面上の単純閉曲線 Γ で囲まれた領域 D 上で $\boldsymbol{r}=\boldsymbol{r}(u,v)$ とパラメータ表示され，さらに $\boldsymbol{r}(u,v)$ は D 上で C^2 級かつ1対1の場合に示す．必要ならば u, v を入れ換えて，$\partial\boldsymbol{r}/\partial u\times\partial\boldsymbol{r}/\partial v$ の向きは指定された $\boldsymbol{n}$ の向きと同じとしてよい．このとき，(9)，(36) より

$$n_y\,dS=\left(\frac{\partial x}{\partial v}\frac{\partial z}{\partial u}-\frac{\partial x}{\partial u}\frac{\partial z}{\partial v}\right)du\,dv\,,\qquad n_z\,dS=\left(\frac{\partial x}{\partial u}\frac{\partial y}{\partial v}-\frac{\partial x}{\partial v}\frac{\partial y}{\partial u}\right)du\,dv\,.$$

$\partial A_x/\partial u$，$\partial A_x/\partial v$ に合成関数の微分公式を適用して，

$$(49)\ 左辺=\iint_D\left(\frac{\partial A_x}{\partial u}\frac{\partial x}{\partial v}-\frac{\partial A_x}{\partial v}\frac{\partial x}{\partial u}\right)du\,dv$$
$$=\iint_D\left\{\frac{\partial}{\partial u}\left(A_x\frac{\partial x}{\partial v}\right)-\frac{\partial}{\partial v}\left(A_x\frac{\partial x}{\partial u}\right)\right\}du\,dv$$

グリーンの定理により，

$$=\int_\Gamma A_x\left(\frac{\partial x}{\partial u}du+\frac{\partial x}{\partial v}dv\right)$$
$$=\int_C A_x\,dx=(49)\ 右辺$$

一般の場合．Sは局所的には上記の仮定を満たす表示を持つから，Sを十分細かく分けて各部分が上記の仮定を満たす表示を持つようにする．各部分で，

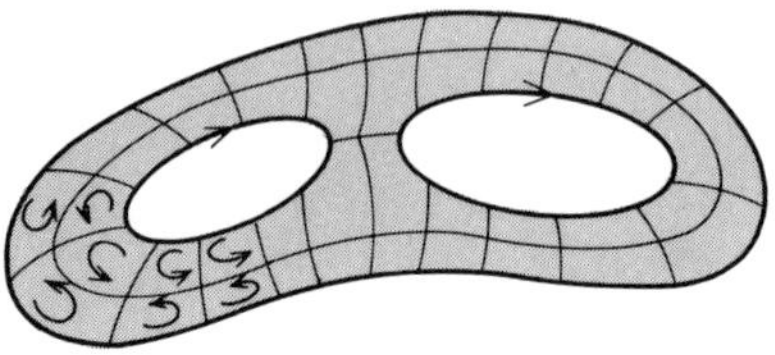

(49) を適用してそれらの和をとればよい．　■

(48) の物理的意味を考える．前と同様に，$\boldsymbol{A}$ は流体の速度分布を表しているとする．1点 P を始点とする微小ベクトル $\varDelta\boldsymbol{r}$ に対して，$\boldsymbol{A}(\mathrm{P})\cdot\varDelta\boldsymbol{r}$ は流体が単位時間に $\varDelta\boldsymbol{r}$ の部分を流れる量を表すから，(48) 右辺は流体が単位時間に C に沿って流れる量に等しい．

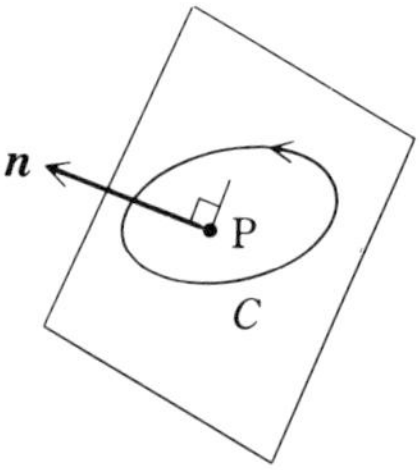

さて，1点 P と P を始点とする単位ベクトル $\boldsymbol{n}$ を指定する．P を通り $\boldsymbol{n}$ に垂直な平面内で，P を内部に含む単純閉曲線 C を考え，これを1点 P に縮めていくと，C の囲む部分 S の面積を $|S|$ として，

$$\frac{1}{|S|}\iint_S \mathrm{rot}\,\boldsymbol{A}\cdot\boldsymbol{n}\,dS \longrightarrow \mathrm{rot}\,\boldsymbol{A}(\mathrm{P})\cdot\boldsymbol{n}. \quad (50)$$

よって，上記の考察と (48) より，$\mathrm{rot}\,\boldsymbol{A}(\mathrm{P})\cdot\boldsymbol{n}$ の値は，点 P において $\boldsymbol{n}$ に垂直な平面内で，P のまわりを回っている渦の量の面積密度を表している．

（これから，任意の単位ベクトル $\boldsymbol{n}$ に対して，$\mathrm{rot}\,\boldsymbol{A}(\mathrm{P})\cdot\boldsymbol{n}$ の値は座標系のとり方によらないことがわかる．したがって，ベクトル $\mathrm{rot}\,\boldsymbol{A}(\mathrm{P})$ 自身が座標系のとり方によらない．すなわち，$\mathrm{rot}\,\boldsymbol{A}$ はベクトル場となる．）

以上から，(48) は次のように解釈できる．

（S 表面において単位時間内に発生する渦の量）

＝（Sのふちを単位時間内に回っている流体の量）

空間領域 V において，V 内に描いた任意の単純閉曲線 C に対して，C をふちとする曲面が V 内に存在するとき，V は**単連結**であるという．

たとえば，球から内部にある小球をとり除いてできる領域は単連結であり，それに対して‘ドーナツ型’の領域は単連結ではない.

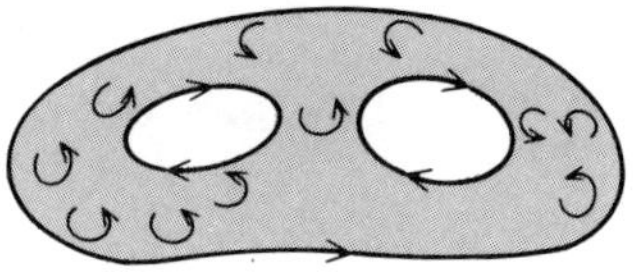

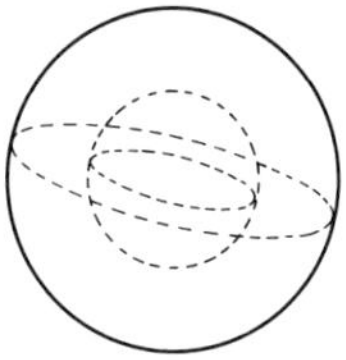

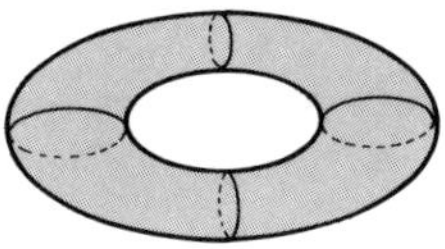

系 単連結領域 V におけるベクトル場 $\boldsymbol{A}$ が $\mathrm{rot}\,\boldsymbol{A}=0$ を満たすならば，V における C^2 級関数 U で

$$\boldsymbol{A}=-\mathrm{grad}\,U$$

を満たすものが存在する.

（証） 定理1系と同様に証明できる. C を V 内の単純閉曲線とすると，仮定および (48) より

$$\int_C \boldsymbol{A}\cdot d\boldsymbol{r}=0\,.$$

したがって，$\mathrm{P}_0\in V$ を固定すると，各 $\mathrm{P}\in V$ に対して，線積分

$$-\int_{\mathrm{P}_0}^{\mathrm{P}}\boldsymbol{A}\cdot d\boldsymbol{r}=-\int_{\mathrm{P}_0}^{\mathrm{P}}(A_x\,dx+A_y\,dy+A_z\,dz)$$

の値は P_0 と P を結ぶ曲線のとり方によらない.

この関数を U とおけば，前と同様に $-\mathrm{grad}\,U=\boldsymbol{A}$ となる.

この系は，例3 (21) の逆に相当する. 例3 (20) に関しては：

$\boldsymbol{B}$ は一つの閉曲面で囲まれた領域 V におけるベクトル場で，$\mathrm{div}\,\boldsymbol{B}=0$ を満たすならば，V における C^2 級ベクトル場 $\boldsymbol{A}$ で，$\boldsymbol{B}=\mathrm{rot}\,\boldsymbol{A}$ を満たすものが存在する.

これを V が原点を含む直方体領域の場合に証明しよう.

$\boldsymbol{A}=(A_x,A_y,A_z)$ を

$$A_x=0\,,\qquad A_y(x,y,z)=\int_0^x B_z(t,y,z)dt\,,$$

$$A_z(x,y,z)=-\int_0^x B_y(t,y,z)dt+\int_0^y B_x(0,t,z)dt$$

とすれば，ただちに，

$$B_z=\partial A_y/\partial x-\partial A_x/\partial y\,,\qquad B_y=\partial A_x/\partial z-\partial A_z/\partial x\,.$$

次に，第6章 §5 (IV) 補題により，

$$\frac{\partial A_z}{\partial y}-\frac{\partial A_y}{\partial z}=-\int_0^x\frac{\partial B_y}{\partial y}(t,y,z)dt+B_x(0,y,z)-\int_0^x\frac{\partial B_z}{\partial z}(t,y,z)dt$$

ここで，$\operatorname{div}\boldsymbol{B}=\dfrac{\partial B_x}{\partial x}+\dfrac{\partial B_y}{\partial y}+\dfrac{\partial B_z}{\partial z}=0$ を用いて，

$$=B_x(0,y,z)+\int_0^x\frac{\partial B_x}{\partial x}(t,y,z)dt=B_x(x,y,z).$$

ゆえに，$\operatorname{rot}\boldsymbol{A}=\boldsymbol{B}$ である．

問 10　xy-平面上の単純閉曲線 C で囲まれる面積を S とすると，

（1）$S=\displaystyle\int_C x\,dy=-\int_C y\,dx=\frac{1}{2}\int_C(x\,dy-y\,dx)$

（2）C が $x=x(t)$，$y=y(t)$ $(\alpha\leqq t\leqq\beta)$ とパラメータ表示されるとき，

$$S=\int_\alpha^\beta x\dot{y}\,dt=-\int_\alpha^\beta y\dot{x}\,dt=\frac{1}{2}\int_\alpha^\beta\begin{vmatrix}x&y\\\dot{x}&\dot{y}\end{vmatrix}dt$$

ただし，C の向きは（1），（2）ともに C の内部を左手にみて進む向きとする．

問 11　平面上のベクトル場 $\boldsymbol{A}=(A_x,A_y)$ に対して，

$$\operatorname{div}\boldsymbol{A}=\frac{\partial A_x}{\partial x}+\frac{\partial A_y}{\partial y}$$

とする．

xy-平面上の単純閉曲線 C で囲まれた領域を D とすると，

$$\iint_D\operatorname{div}\boldsymbol{A}\,dx\,dy=\int_C\boldsymbol{A}\cdot\boldsymbol{n}\,ds$$

が成り立つ．ただし，C の向きは問 10 と同様とし，$\boldsymbol{n}$ は C の外向き単位法線ベクトルとする．

問 12　xyz-空間内の閉曲面 S で囲まれた領域の体積を V とすると，

$$V=\frac{1}{3}\iint_S\boldsymbol{r}\cdot\boldsymbol{n}\,dS.$$

ただし，$\boldsymbol{r}=(x,y,z)$ で，$\boldsymbol{n}$ は S の外向き単位法線ベクトル．

問 13　（1）V を原点を含む直方体領域，$\boldsymbol{A}$ は V 上のベクトル場で $\operatorname{rot}\boldsymbol{A}=\boldsymbol{0}$ を満たすとき，

$$U(x,y,z)=\int_0^x A_x(t,0,0)dt+\int_0^y A_y(x,t,0)dt+\int_0^z A_z(x,y,t)dt$$

で定義される U は，$\boldsymbol{A}=\operatorname{grad}U$ を満たす．

（2）空間における領域 V が原点に関して星型である（原点と V 内の点を結ぶ線分がすべて V に含まれること）とき，$\boldsymbol{A}$ を（1）と同様として，

$$U(x,y,z)=\int_0^1\{xA_x(xt,yt,zt)+yA_y(xt,yt,zt)+zA_z(xt,yt,zt)\}dt$$

で定義される U は，$\boldsymbol{A}=\operatorname{grad}U$ を満たす．

問 14　閉曲面 S で囲まれた閉領域を V，φ,ψ を V を含む領域で定義された C^2 級関数とすると，次の式が成り立つ．

（1） $\iiint_V \triangle\varphi\, dV = \iint_S \frac{\partial\varphi}{\partial n} dS$

（2） $\iint_S \varphi \frac{\partial\psi}{\partial n} dS = \iiint_V \{\varphi\triangle\psi + (\nabla\varphi)\cdot(\nabla\psi)\} dV$

（3） $\iint_S \left(\varphi\frac{\partial\psi}{\partial n} - \psi\frac{\partial\varphi}{\partial n}\right) dS = \iiint_V (\varphi\triangle\psi - \psi\triangle\varphi) dV$

ただし，$\partial/\partial \boldsymbol{n}$ は S 上での外向き法線方向の偏微分を表す．

（以上の等式を，ラプラシアン $\triangle$ に対する**グリーンの公式**という．）

問 15　ベクトル場 $\boldsymbol{A}$ に対して，面積分 $\iint_S \boldsymbol{A}\cdot\boldsymbol{n}\, dS$ の値が曲面 S の境界線 C だけによって決まるための条件は，$\mathrm{div}\,\boldsymbol{A} = 0$ である．

付録 1　積分記号下の微分・積分

本節では

$$F(\alpha)=\int_0^\infty f(x,\alpha)\,dx$$

のように，パラメータαのついた関数の積分をαの関数とみて，その連続性，微分可能性などを統一的に論ずる．以下 $f(x,\ \alpha)$ はxとαの2変数関数として連続であるものだけ考える．

最初に，狭義の積分で表される関数について述べる．

定　理 1　$f(x,\alpha)$ を $a\leqq x\leqq b$，$\alpha_1\leqq\alpha\leqq\alpha_2$ 上の連続関数として

$$F(\alpha)=\int_a^b f(x,\alpha)\,dx$$

とおく．このとき

（1）　$F(\alpha)$ は $I=[\alpha_1,\alpha_2]$ 上連続である．

（2）　$\displaystyle\int_{\alpha_1}^{\alpha_2}F(\alpha)d\alpha=\int_a^b\left(\int_{\alpha_1}^{\alpha_2}f(x,\alpha)d\alpha\right)dx$

（3）　各 x（$a\leqq x\leqq b$）に対して，$f(x,\alpha)$ は α に関して偏微分可能で，偏導関数 $f_\alpha(x,\alpha)$ が $a\leqq x\leqq b$，$\alpha_1\leqq\alpha\leqq\alpha_2$ 上（2変数関数として）連続ならば，$F(\alpha)$ も I 上微分可能で

$$F'(\alpha)=\int_a^b f_\alpha(x,\alpha)\,dx$$

である．

（証）　$[a,b]$ をn等分して，分点を $a=x_0<x_1<\cdots<x_n=b$ とおく．

I 上の関数，$F_n(\alpha)=\sum_{i=1}^n f(x_i,\alpha)\Delta x_i$ を考え，これが $n\to\infty$ のとき $F(\alpha)$ に一様収束することを示そう．

各区間 $[x_{i-1},x_i]$ において，積分に関する平均値定理（第4章 §1（III）5°））を用いて，

$$F(\alpha)=\sum_{i=1}^n\int_{x_{i-1}}^{x_i}f(x,\alpha)\,dx=\sum_{i=1}^n f(\xi_i,\alpha)\,\Delta x_i,\ \ x_{i-1}\leqq\xi_i\leqq x_i.$$

任意に　$\varepsilon>0$ をとる．

$f(x,\alpha)$ は $a \leqq x \leqq b$，$\alpha_1 \leqq \alpha \leqq \alpha_2$ 上一様連続であるから，ある $\delta > 0$ をとれば

$$|f(x,\alpha)-f(x',\alpha)| < \varepsilon \quad (|x-x'| < \delta, \alpha \in I)$$

が成り立つ．よって，ある N をとれば，$n > N$ に対して，

$$|\xi_i - x_i| \leqq \Delta x_i = (b-a)/n < \delta$$

であるから，

$$|f(\xi_i,\alpha)-f(x_i,\alpha)| < \varepsilon \quad (1 \leqq i \leqq n,\ \alpha \in I).$$

したがって，$n > N$ のとき，すべての $\alpha \in I$ について，

$$|F_n(\alpha)-F(\alpha)| \leqq \sum_{i=1}^{n} |f(x_i,\alpha)-f(\xi_i,\alpha)|\, \Delta x_i < \varepsilon(b-a)$$

これは，$F_n(\alpha)$ が $F(\alpha)$ に I 上一様収束することを示す．各 $F_n(\alpha)$ は連続であるから，第5章定理9により（1）が成り立つ．

（1）の結果において，x と α を交換して考えて，

$$\int_{\alpha_1}^{\alpha_2} f(x,\alpha)d\alpha = \varphi(x)$$

とおけば　$\varphi(x)$ は連続である．

$$\int_{\alpha_1}^{\alpha_2} F_n(\alpha)\,d\alpha = \sum_{i=1}^{n}\left(\int_{\alpha_1}^{\alpha_2} f(x_i,\alpha)\,d\alpha\right)\Delta x_i = \sum_{i=1}^{n} \varphi(x_i)\,\Delta x_i$$

において，最左辺は第5章定理 10（1）より（$n \to \infty$ のとき）$\int_{\alpha_1}^{\alpha_2} F(\alpha)d\alpha$ に収束し，最右辺は定積分の定義から　$\int_a^b \varphi(x)\,dx$ に収束する．

ゆえに　$$\int_{\alpha_1}^{\alpha_2} F(\alpha)d\alpha = \int_a^b \varphi(x)\,dx = \int_a^b\left(\int_{\alpha_1}^{\alpha_2} f(x,\alpha)\,d\alpha\right)dx.$$

（3）を示すために，$G(\alpha) = \int_a^b f_\alpha(x,\alpha)\,dx$ とおくと，任意の $\alpha \in I$ に対して

$$\int_{\alpha_1}^{\alpha} G(\beta)\,d\beta = \int_{\alpha_1}^{\alpha}\left(\int_a^b f_\beta(x,\beta)\,dx\right)d\beta \qquad \text{（（2）を } f_\beta(x,\beta) \text{ に適用して）}$$

$$= \int_a^b\left(\int_{\alpha_1}^{\alpha} f_\beta(x,\beta)\,d\beta\right)dx = \int_a^b \{f(x,\alpha)-f(x,\alpha_1)\}dx = F(\alpha)-F(\alpha_1).$$

$f_\alpha(x,\alpha)$ に（1）を適用して $G(\alpha)$ は連続となるから，上記の等式を α で微分することにより，$G(\alpha) = F'(\alpha)$ を得る．　■

次に広義積分で表された関数について述べる.

$f(x,\alpha)$ を $D: a \leqq x < \infty,\ \ \alpha_1 \leqq \alpha \leqq \alpha_2$ 上での 2 変数連続関数として, 各 $\alpha \in I = [\alpha_1, \alpha_2]$ に対して, 広義積分

$$F(\alpha) = \int_a^\infty f(x,\alpha)\,dx \tag{1}$$

が存在するとしよう.

広義積分の定義から,

$$\lim_{A\to\infty}\int_a^A f(x,\alpha)\,dx = \int_a^\infty f(x,\alpha)\,dx$$

であるが, 左辺の極限について, 関数列の場合と同様に一様収束を次のように定義する. I を任意の区間（無限区間でもよい）として, 広義積分（1）が α に関して I 上**一様収束する**とは, 任意の正数 ε に対して, 適当な $x_0 > a$ をとると,

$$\left|\int_A^{A'} f(x,\alpha)\,dx\right| < \varepsilon \quad (A, A' > x_0,\ \ \alpha \in I) \tag{2}$$

が成り立つようにできることをいう.

逆に, $f(x,\alpha)$ がこの条件をみたすとき, 各 $\alpha \in I$ に対して広義積分（1）が存在して, 任意の $\varepsilon > 0$ に対してある $x_0 > a$ をとると,

$$\left|\int_A^\infty f(x,\alpha)\,dx\right| < \varepsilon \quad (A > x_0,\ \ \alpha \in I)$$

が成り立つことがわかる.

例 1　D 上の関数 $f(x,\alpha)$ に対して, $[a,\infty)$ 上の連続関数 $g(x)$ が存在して, $|f(x,\alpha)| \leqq g(x)$ $(a \leqq x < \infty,\ \ \alpha \in I)$, かつ $\int_a^\infty g(x)\,dx < \infty$ を満たすならば, $\int_a^\infty f(x,\alpha)\,dx$ は I 上一様収束する.

（証）$\int_a^\infty g(x)dx$ の収束から, 任意の $\varepsilon > 0$ に対して, ある $x_0 > a$ をとれば $\int_{x_0}^\infty g(x)dx < \varepsilon$　このとき, $A' \geqq A > x_0$,　$\alpha \in I$　に対して

$$\left|\int_A^{A'} f(x,\alpha)dx\right| \leqq \int_A^{A'} |f(x,\alpha)|\,dx \leqq \int_A^{A'} g(x)dx \leqq \int_{x_0}^\infty g(x)dx < \varepsilon$$

注　この結果は, 関数項級数の一様収束に関する第 5 章定理 8 系に対応する.

例 2　$\varphi(x)$ は連続, $\int_a^\infty \varphi(x)\,dx$ が収束ならば, $\int_a^\infty e^{-\alpha x}\varphi(x)\,dx$ は α に関して $[0,\infty)$ 上一様収束する.

(証) $$\Phi(x)=-\int_x^{\infty}\varphi(t)\,dt \quad (a\leqq x<\infty)$$
とおくと，$\Phi'(x)=\varphi(x)$ であり，$x\to\infty$ のとき，$\Phi(x)\to 0$.

任意に $\varepsilon>0$ をとる．ある $x_0>a$ をとって $|\Phi(x)|<\varepsilon\ (x>x_0)$ とする．このとき，$A'\geqq A>x_0$ に対して，

$$\int_A^{A'}e^{-\alpha x}\,\varphi(x)dx=\left[e^{-\alpha x}\Phi(x)\right]_A^{A'}+\alpha\int_A^{A'}e^{-\alpha x}\Phi(x)dx \quad (0\leqq\alpha<\infty)$$

右辺第1項は，絶対値をとると，

$$|e^{-\alpha A'}\Phi(A')-e^{-\alpha A}\Phi(A)|\leqq|\Phi(A')|+|\Phi(A)|<2\varepsilon$$

同じく第2項について

$$\left|\alpha\int_A^{A'}e^{-\alpha x}\Phi(x)dx\right|\leqq\varepsilon\int_A^{A'}\alpha e^{-\alpha x}dx=\varepsilon(e^{-\alpha A}-e^{-\alpha A'})<\varepsilon$$

ゆえに，$A'\geqq A>x_0$ のとき，

$$\left|\int_A^{A'}e^{-\alpha x}\varphi(x)dx\right|<2\varepsilon+\varepsilon=3\varepsilon \quad (0\leqq\alpha<\infty)$$

定　理 2　$f(x,\alpha)$ は $D: a\leqq x<\infty,\ \alpha_1\leqq\alpha\leqq\alpha_2$ 上連続で，各 $\alpha\in I=[\alpha_1,\alpha_2]$ に対して，広義積分 $F(\alpha)=\int_a^{\infty}f(x,\alpha)\,dx$ が収束するとする．このとき，

（1） 広義積分 $F(\alpha)$ が一様収束ならば，$F(\alpha)$ は I 上連続で，

$$\int_{\alpha_1}^{\alpha_2}F(\alpha)\,d\alpha=\int_a^{\infty}\left(\int_{\alpha_1}^{\alpha_2}f(x,\alpha)\,d\alpha\right)dx$$

が成り立つ

（2） 各 $x\ (a\leqq x<\infty)$ に対して，$f(x,\alpha)$ は α に関して偏微分可能で，偏導関数 $f_\alpha(x,\alpha)$ が D 上連続かつ，

広義積分　$$\int_a^{\infty}f_\alpha(x,\alpha)\,dx$$

が I 上一様収束するならば，$F(\alpha)$ は I 上微分可能で，

$$F'(\alpha)=\int_a^{\infty}f_\alpha(x,\alpha)\,dx$$

である．

(証)（1） ∞ に発散する任意の数列 $\{A_n\}$（ただし $A_n>a$）をとり，

$$F_n(\alpha)=\int_a^{A_n}f(x,\alpha)\,dx \quad (n\in\boldsymbol{N})$$

とおく．

定理 1（1）より各 $F_n(\alpha)$ は I 上連続で，関数列 $\{F_n(\alpha)\}$ は仮定から I 上 $F(\alpha)$ に一様収束する．よって第 5 章定理 9 により，$F(\alpha)$ は I 上連続である．第 5 章定理 10（1）から，$n\to\infty$ のとき

$$\int_{\alpha_1}^{\alpha_2} F_n(\alpha)\,d\alpha=\int_a^{A_n}\left(\int_{\alpha_1}^{\alpha_2} f(x,\alpha)\,d\alpha\right)dx\to\int_{\alpha_1}^{\alpha_2} F(\alpha)d\alpha\,.$$

$\{A_n\}$ は任意であったから，これは x に関する広義積分

$\displaystyle\int_a^{\infty}\left(\int_{\alpha_1}^{\alpha_2} f(x,\alpha)\,d\alpha\right)dx$ が収束して，$\displaystyle\int_{\alpha_1}^{\alpha_2} F(\alpha)\,d\alpha$ に等しいことを示す．

（2） 定理 1（3）の証明と同様である．■

以上の結果を用いて $\displaystyle\int_0^{\infty}\frac{\sin x}{x}dx=\frac{\pi}{2}$ を示そう．

第 4 章 §3 例 12，例 13 より，左辺の広義積分は収束で，$\alpha>0$ のとき，

$$\int_0^{\infty} e^{-\alpha x}\cos\beta x dx=\frac{\alpha}{\alpha^2+\beta^2} \tag{3}$$

である．$\alpha>0$ を固定して考えて，$|e^{-\alpha x}\cos\beta x|\leqq e^{-\alpha x}$ かつ $\displaystyle\int_0^{\infty} e^{-\alpha x}dx<\infty$ であるから，例 1 により，広義積分 $\displaystyle\int_0^{\infty} e^{-\alpha x}\cos\beta x\,dx$ は β に関して一様に収束する．

これを β に関して 0 から 1 まで積分すると，定理 2（1）により

$$\begin{aligned}\int_0^1\left(\int_0^{\infty} e^{-\alpha x}\cos\beta x\,dx\right)d\beta&=\int_0^{\infty}\left(\int_0^1 e^{-\alpha x}\cos\beta x\,d\beta\right)dx\\&=\int_0^{\infty} e^{-\alpha x}\frac{\sin x}{x}dx\end{aligned}$$

上記最左辺は，(3) により，

$$\int_0^1\frac{\alpha}{\alpha^2+\beta^2}d\beta=\tan^{-1}\frac{1}{\alpha} \tag{4}$$

に等しい．ゆえに

$$\int_0^{\infty} e^{-\alpha x}\frac{\sin x}{x}dx=\tan^{-1}\frac{1}{\alpha}\quad(\alpha>0)\,. \tag{5}$$

左辺は例 2 により $0\leqq\alpha<\infty$ で一様収束するから，α に関して連続である．そこで，上記の等式において $\alpha\to+0$ とすれば，左辺は $\displaystyle\int_0^{\infty}\frac{\sin x}{x}dx$ に

収束し，右辺は $\dfrac{\pi}{2}$ に収束して問題の等式を得る．

最後に，定符号関数の広義重積分について，第7章定理1（累次積分）に対応する結果をのべる．

定　理 3　$f(x, y)$ は $D:\ a \leqq x < \infty,\ b \leqq y < \infty$ 上の非負値連続関数とする．広義積分 $\int_b^\infty f(x, y)\,dy$ が，任意の $A\ (> a)$ に対して，$a \leqq x \leqq A$ 上一様収束するならば，広義重積分 $I = \iint_D f(x, y)\,dx\,dy$ と累次積分 $J = \int_a^\infty \left(\int_b^\infty f(x, y)\,dy\right)dx$ は同時に収束・発散し，収束の場合，2つの値は一致する．

（**証**）　定義により

$$J = \lim_{A\to\infty}\int_a^A\left(\int_b^\infty f(x, y)\,dy\right)dx\,.$$

各 $n \in \boldsymbol{N}$ に対して，$m \to \infty$ のとき，$\int_b^m f(x, y)\,dy$ は $a \leqq x \leqq n$ 上 $\int_b^\infty f(x, y)\,dy$ に一様収束するから，

$$\lim_{m\to\infty}\int_a^n\left(\int_b^m f(x, y)\,dy\right)dx = \int_a^n\left(\int_b^\infty f(x, y)\,dy\right)dx \quad (n \in \boldsymbol{N})\,. \tag{6}$$

そこで各 n に対して，$m = m(n) > n$ をとって，

$$\int_a^n\left(\int_b^\infty f(x, y)\,dy\right)dx - \frac{1}{n} < \int_a^n\left(\int_b^m f(x, y)\,dy\right)dx \leqq \int_a^n\left(\int_b^\infty f(x, y)\,dy\right)dx \tag{7}$$

とすれば，$n \to \infty$ として定理を得る．■

$f(x, y)$ は $D: a \leqq x < \infty,\ b \leqq y < \infty$ 上の定符号連続関数とし，各 $x\ (a \leqq x < \infty)$ に対して，広義積分 $\int_b^\infty f(x, y)\,dy$ は収束するとする．このとき，関数列 $F_m(x) = \int_b^m f(x, y)\,dy\ \ (m \in \boldsymbol{N})$ は連続な関数列で，$[a, \infty)$ 上 $F(x) = \int_b^\infty f(x, y)\,dy$ に単調に収束する．よって $F(x)$ が $[a, \infty)$ 上連続ならば，$F_m(x)$ は，任意の A に対して，$[a, A]$ 上一様収束する（ディニの定理，第5章演習問題 17）．したがって，

系　$f(x, y)$ は $D: a \leqq x < \infty,\ b \leqq y < \infty$ 上の定符号連続関数とする．各 $x\ (a \leqq x < \infty)$ に対して，広義積分 $\int_b^\infty f(x, y)\,dy$ が収束し，$\int_b^\infty f(x, y)\,dy$ が $a \leqq x < \infty$ 上連続ならば，

$$\iint_D f(x, y)\,dx\,dy = \int_a^\infty\left(\int_b^\infty f(x, y)\,dy\right)dx\,.$$

例 3　$D: 0 \leqq x, y < \infty$ とするとき，広義重積分

$$I = \iint_D \frac{dx\,dy}{1 + x^\alpha + y^\beta} \quad (\alpha, \beta > 0)$$

は，$1/\alpha + 1/\beta < 1$ のとき収束する．（第7章演習問題 14）

（**証**）　$\alpha \leqq \beta$ として一般性を失なわない．$\beta \leqq 1$ のとき

$$\int_1^n\int_1^n \frac{dx\,dy}{1+x^\alpha+y^\beta} > \frac{(n-1)^2}{1+n+n} \to \infty \quad (n\to\infty)$$

より，Iは発散する．

$\beta>1$ のとき，$1+x^\alpha=u$ とおくと

$$\int_0^\infty \frac{dy}{1+x^\alpha+y^\beta}=\int_0^\infty \frac{dy}{u+y^\beta}=\frac{1}{u}\int_0^\infty \frac{dy}{1+(y/u^{1/\beta})^\beta}$$
$$=\frac{u^{1/\beta}}{u}\cdot\int_0^\infty \frac{dt}{1+t^\beta}=\frac{1}{(1+x^\alpha)^{1-1/\beta}}\int_0^\infty \frac{dt}{1+t^\beta}<\infty$$

これは，xの連続関数である．よって上記系により，

$$I=\int_0^\infty\left(\int_0^\infty \frac{dy}{1+x^\alpha+y^\beta}\right)dx=\int_0^\infty \frac{dx}{(1+x^\alpha)^{1-1/\beta}}\int_0^\infty \frac{dt}{1+t^\beta}$$

これは，$\alpha(1-1/\beta)>1$，すなわち，$1/\alpha+1/\beta<1$ のときに収束する．

付録 2　陰関数定理，逆写像定理

ここでは，多変数の陰関数定理，逆写像定理を証明する．

（I）$\boldsymbol{n}$ 次元ユークリッド空間

順序のついたn個の実数の組の全体 $\{(x_1,x_2,\cdots,x_n)\mid x_i\in\boldsymbol{R}\}$ を $\boldsymbol{R}^n$ とかく．以後，$\boldsymbol{R}^n$ の元を**点**とよび，それらを $\boldsymbol{x},\boldsymbol{y},\cdots$ で表す．2点 $\boldsymbol{x}=(x_i)$，$\boldsymbol{y}=(y_i)$ の**距離**を

$$d(\boldsymbol{x},\boldsymbol{y})=\sqrt{\sum_{i=1}^n (x_i-y_i)^2}$$

と定義して，このとき $\boldsymbol{R}^n$ を **$\boldsymbol{n}$ 次元ユークリッド空間**とよぶ．

距離 $d(\boldsymbol{x},\boldsymbol{y})$ は次の3つの性質（距離の公理）をみたす．

（i）**正値性**　$d(\boldsymbol{x},\boldsymbol{y})\geqq 0$，等号が成り立つのは $\boldsymbol{x}=\boldsymbol{y}$ のときに限る．

（ii）**対称性**　$d(\boldsymbol{y},\boldsymbol{x})=d(\boldsymbol{x},\boldsymbol{y})$

（iii）**三角不等式**　$d(\boldsymbol{x},\boldsymbol{z})\leqq d(\boldsymbol{x},\boldsymbol{y})+d(\boldsymbol{y},\boldsymbol{z})$

点 $\boldsymbol{x}$ と正数 ε に対して，集合 $\{\boldsymbol{y}\mid d(\boldsymbol{x},\boldsymbol{y})<\varepsilon\}$ を点 $\boldsymbol{x}$ の **$\boldsymbol{\varepsilon}$ 近傍**とよび $U_\varepsilon(\boldsymbol{x})$ で表す．内点・外点・境界点，開集合・閉集合も平面または空間における場合と同様に定義される．

点を（原点を始点とする）その位置ベクトルと同一視して以後 $\boldsymbol{x}=(x_1,x_2,$

$\cdots, x_n$) は点の座標，（n 次元）ベクトルの成分の 2 通りの意味をもつものとする．$\boldsymbol{x}=(x_i)$ の長さ $\sqrt{\sum_{i=1}^{n} x_i^2}$ を $|\boldsymbol{x}|$ とかく．このとき，$|\boldsymbol{x}-\boldsymbol{y}|$ は 2 点 $\boldsymbol{x}, \boldsymbol{y}$ の距離 $d(\boldsymbol{x}, \boldsymbol{y})$ を表し次の不等式が成り立つ．

三角不等式　　$||\boldsymbol{x}|-|\boldsymbol{y}|| \leqq |\boldsymbol{x}\pm\boldsymbol{y}| \leqq |\boldsymbol{x}|+|\boldsymbol{y}|$．

$\boldsymbol{y}=\boldsymbol{f}(\boldsymbol{x})$ を $\boldsymbol{R}^n$ の部分集合 D 上で定義された $\boldsymbol{R}^m$ への写像とする．$\boldsymbol{f}$ は n 次元ベクトルに m 次元ベクトルを対応させる写像とみることができる．また，$\boldsymbol{f}$ は D 上の m 個の実数値関数 $f_1, f_2, \cdots, f_m$ によって表すことができる．すなわち，$\boldsymbol{f}(\boldsymbol{x})=(f_1(\boldsymbol{x}), f_2(\boldsymbol{x}), \cdots, f_m(\boldsymbol{x}))$．このとき，$f_i(1 \leqq i \leqq m)$ を $\boldsymbol{f}$ の**成分**とよぶ．

$\boldsymbol{x}_0 \in D$ とする．$\boldsymbol{x} \to \boldsymbol{x}_0$ のとき，$\boldsymbol{y} \to \boldsymbol{y}_0=\boldsymbol{f}(\boldsymbol{x}_0)$，すなわち，$|\boldsymbol{x}-\boldsymbol{x}_0| \to 0$ のとき，$|\boldsymbol{f}(\boldsymbol{x})-\boldsymbol{f}(\boldsymbol{x}_0)| \to 0$ であるならば，$\boldsymbol{f}(\boldsymbol{x})$ は $\boldsymbol{x}=\boldsymbol{x}_0$ **で連続**であるという．$\boldsymbol{f}$ が D 上の各点で連続であるとき，$\boldsymbol{f}$ は $\boldsymbol{D}$ **上で連続**であるという．このことは $\boldsymbol{f}$ の各成分が D 上で連続であることと同値である．連続性に関して，これまでの連続性と同様なことが成り立つ．たとえば，

1°　$\boldsymbol{f}, \boldsymbol{g}$ が D 上で連続ならば，$\boldsymbol{f}\pm\boldsymbol{g}$，$\alpha\boldsymbol{f}$（$\alpha$ 定数）も D 上で連続である．ただし，$(\boldsymbol{f}\pm\boldsymbol{g})(\boldsymbol{x})=\boldsymbol{f}(\boldsymbol{x})\pm\boldsymbol{g}(\boldsymbol{x})$，$(\alpha\boldsymbol{f})(\boldsymbol{x})=\alpha\boldsymbol{f}(\boldsymbol{x})$ とする．

2°　連続写像の合成は連続である．

写像 $L: \boldsymbol{R}^n \to \boldsymbol{R}^m$ が任意の $\alpha, \beta \in \boldsymbol{R}$，$\boldsymbol{x}, \boldsymbol{x}' \in \boldsymbol{R}^n$ に対して

$$L(\alpha\boldsymbol{x}+\beta\boldsymbol{x}')=\alpha L(\boldsymbol{x})+\beta L(\boldsymbol{x}') \tag{1}$$

をみたすとき，$\boldsymbol{R}^n$ から $\boldsymbol{R}^m$ への**線形写像**であるという．線形写像 L は，$\boldsymbol{y}=L(\boldsymbol{x})$ として，$\boldsymbol{x}, \boldsymbol{y}$ の成分を列ベクトル表示して，ある $m\times n$ 行列 A によって $\boldsymbol{y}=A\boldsymbol{x}$ と表される．第 i 成分が 1 で，他の成分が 0 であるベクトルを $\boldsymbol{e}_i$ とするとき，A の i 列は $L(\boldsymbol{e}_i)$ の成分と一致する．このとき，A を L の**表現行列**という．線形写像をその表現行列と同一視することもある．

1°　零写像（すべての $\boldsymbol{x}$ に $\boldsymbol{0}$ を対応させる写像），恒等写像（すべての $\boldsymbol{x}$ に $\boldsymbol{x}$ 自身を対応させる写像）はともに線形写像であり，表現行列はそれぞれ，零行列 $\boldsymbol{O}$，単位行列 I である．

2°　L' も $\boldsymbol{R}^n$ から $\boldsymbol{R}^m$ への線形写像とし，表現行列を B とすると，$L\pm L'$，

αL も線形写像で，表現行列はそれぞれ，$A \pm B$，αA である．

3° L' が $\boldsymbol{R}^m$ から $\boldsymbol{R}^l$ への線形写像で，表現行列が B のとき，合成写像 $L' \circ L$ も線形写像で，表現行列は BA となる．

4° L が $\boldsymbol{R}^n$ から $\boldsymbol{R}^n$ への線形写像であるとき，L が $\boldsymbol{R}^n$ から $\boldsymbol{R}^n$ の上への 1 対 1 の写像となるための条件は，表現行列 A が**正則行列**（逆行列 A^{-1} をもつ行列）となること，すなわち，行列式 $\det A \neq 0$ となることである．このとき，$\boldsymbol{L}$ **は正則**であるといい，L の逆写像も線形写像となり，その表現行列は A の逆行列 A^{-1} である．

行列のノルム　$m \times n$ 行列 A に対して，そのノルム $\|A\|$ を

$$\|A\| = \sup_{|\boldsymbol{u}| \leqq 1} |A\boldsymbol{u}| \tag{2}$$

で定義する．ただし，$\boldsymbol{u} \in \boldsymbol{R}^n$ とする．

ノルムについて，次が成り立つ．

1° $A = (a_{ij})_{\substack{1 \leqq i \leqq m \\ 1 \leqq j \leqq n}}$ とすると，

$$\max_{1 \leqq j \leqq n} \sum_{i=1}^{m} a_{ij}^2 \leqq \|A\|^2 \leqq \sum_{i=1}^{m} \sum_{j=1}^{n} a_{ij}^2 \tag{3}$$

2° $\|A\| \geqq 0$．等号は $A = \boldsymbol{O}$（零行列）のときに限る．

3° $\|\alpha A\| = |\alpha| \|A\|$　$(\alpha \in \boldsymbol{R})$

4° $\|A \pm B\| \leqq \|A\| + \|B\|$，　$B : m \times n$ 行列　(4)

5° $|A\boldsymbol{u}| \leqq \|A\| |\boldsymbol{u}|$　$(u \in \boldsymbol{R}^n)$　(5)

6° B を $l \times m$ 行列とすると，$\|BA\| \leqq \|B\| \|A\|$　(6)

（証）1° $\boldsymbol{u} = (u_1, u_2, \cdots, u_n)$ とすると，Au の $\boldsymbol{i}$ 行成分は $\sum_j a_{ij} u_j$．
これに，シュワルツ不等式を適用して，$|\boldsymbol{u}| \leqq 1$ ならば

$$\left(\sum_j a_{ij} u_j\right)^2 \leqq \sum_j a_{ij}^2 \sum_j u_j^2 \leqq \sum_j a_{ij}^2 .$$

よって，

$$|A\boldsymbol{u}|^2 = \sum_i \left(\sum_j a_{ij} u_j\right)^2 \leqq \sum_i \sum_j a_{ij}^2 .$$

これから (3) の右辺が得られる．

次に　$\boldsymbol{u} = \boldsymbol{e}_j$　とおくと，$|\boldsymbol{e}_j| = 1$　より

$$|A\boldsymbol{e}_j|^2 = \sum_i a_{ij}^2 \leqq \|A\|^2$$

これから不等式の左辺を得る．

2°，3°，4° については省略する．

5°　$\boldsymbol{u}=\boldsymbol{0}$ のときは自明．$\boldsymbol{u}\neq\boldsymbol{0}$ のとき，$r=|\boldsymbol{u}|$ とおくと，$|\boldsymbol{u}/r|=1$．

よって，
$$||A||\geqq|A(\boldsymbol{u}/r)|=|A\boldsymbol{u}|/r\,.$$
ゆえに，
$$|A\boldsymbol{u}|\leqq||A||\,r=||A||\,|\boldsymbol{u}|\,.$$

6°　$|\boldsymbol{u}|\leqq 1$ とすると，5° より，$|(BA)\boldsymbol{u}|=|B(A\boldsymbol{u})|\leqq||B||\,|A\boldsymbol{u}|\leqq||B||\,||A||\,|\boldsymbol{u}|\leqq||B||\,||A||$．ゆえに $||BA||\leqq||B||\,||A||$．

定　理 1　n 次正方行列 A が $||A||<1$ をみたすとき，$(I-A)^{-1}$ が存在する．

（**証**）B_k を $B_k=\sum_{r=0}^{k}A^r$ と定義する（$k=1,2,\cdots$）．$k<l$ とすると，ノルムの性質 4°，6° を反復使用して，
$$||B_l-B_k||=||\sum_{r=k+1}^{l}A^r||\leqq\sum_{r=k+1}^{l}||A^r||\leqq\sum_{r=k+1}^{l}||A||^r.$$
$||A||<1$ より，$k,l\to\infty$（$k<l$）のとき，$||B_l-B_k||\to 0$ である．

（3）より，B_k の各成分は基本列となるから，各成分は収束する．各成分をその極限値で置き換えた行列を B とする．等式 $(I-A)B_k=I-A^{k+1}$ より，$||(I-A)B_k-I||=||A^{k+1}||\leqq||A||^{k+1}$ を得る．$k\to\infty$ として，$||(I-A)B-I||=0$，したがって，$(I-A)B=I$ となり，B は $I-A$ の逆行列となる．■

注　ノルム $||A||$ は A の成分に関して連続であることを用いた．このことは（3）よりわかる．

（II）写像の微分

$\boldsymbol{y}=\boldsymbol{f}(\boldsymbol{x})$ を開集合 $D\subset\boldsymbol{R}^n$ から $\boldsymbol{R}^m$ への写像とする．$\boldsymbol{x}_0\in D$ とする．ある線形写像 $L:\boldsymbol{R}^n\to\boldsymbol{R}^m$ が存在して，$|\boldsymbol{h}|$ が十分小さな $\boldsymbol{h}\in\boldsymbol{R}^n$ に対して
$$|\boldsymbol{f}(\boldsymbol{x}_0+\boldsymbol{h})-\boldsymbol{f}(\boldsymbol{x}_0)-L(\boldsymbol{h})|=\varepsilon|\boldsymbol{h}| \tag{7}$$
ただし，$\boldsymbol{h}=\boldsymbol{0}$ のとき $\varepsilon=0$ とする，

とおくとき，$|\boldsymbol{h}|\to 0$ のとき，$\varepsilon\to 0$ であるならば，$\boldsymbol{f}(\boldsymbol{x})$ は $\boldsymbol{x}=\boldsymbol{x}_0$ において（**フレッシェ**）**微分可能**であるという．このとき，L を $\boldsymbol{x}=\boldsymbol{x}_0$ における $\boldsymbol{f}(\boldsymbol{x})$ の**微分**（**係数**）とよび，$\boldsymbol{f}'(\boldsymbol{x}_0)$ とかく．

L の表現行列を (a_{ij})，$\boldsymbol{f}(\boldsymbol{x})=(f_1(\boldsymbol{x}), f_2(\boldsymbol{x}), \cdots, f_m(\boldsymbol{x}))$,

$$\boldsymbol{h}=(h_1, h_2, \cdots, h_n)$$

$$|f_i(\boldsymbol{x}_0+\boldsymbol{h})-f_i(\boldsymbol{x}_0)-\sum_{j=1}^{n} a_{ij}\,h_j\,|=\varepsilon_i\,|\boldsymbol{h}| \quad (1\leqq i\leqq m)$$

とおくとき，$\varepsilon=\sqrt{\sum_{i=1}^{m}\varepsilon_i{}^2}$ であることから，次を得る．

$\boldsymbol{f}(\boldsymbol{x})$ が $\boldsymbol{x}=\boldsymbol{x}_0$ において微分可能であるための条件は，$\boldsymbol{f}(\boldsymbol{x})$ の各成分が $\boldsymbol{x}=\boldsymbol{x}_0$ において全微分可能となることである．このとき，

L の表現行列の (i, j) 成分は $\left(\dfrac{\partial f_i}{\partial x_j}\right)_{x=x_0}$ に等しい．

一般に，$\boldsymbol{f}(\boldsymbol{x})=(f_1(\boldsymbol{x}), f_2(\boldsymbol{x}), \cdots, f_m(\boldsymbol{x}))$ に対して，$m\times n$ 行列

$$\frac{\partial(f_1, f_2, \cdots f_m)}{\partial(x_1, x_2, \cdots, x_n)}=\left(\frac{\partial f_i}{\partial x_j}\right)_{\substack{1\leqq i\leqq m\\1\leqq j\leqq n}}$$

を，$\boldsymbol{f}$ の**関数行列（ヤコビ行列）**といい，$J\boldsymbol{f}$ で表す．したがって，$L=\boldsymbol{f}'(\boldsymbol{x}_0)$ の表現行列は $(J\boldsymbol{f})_{x=x_0}$ である．

以後，$L(\boldsymbol{h})$，$\boldsymbol{f}'(\boldsymbol{x}_0)(\boldsymbol{h})$ を $L\boldsymbol{h}$, $\boldsymbol{f}'(\boldsymbol{x}_0)\boldsymbol{h}$ と略記する．

(7) において，$\boldsymbol{h}=\Delta\boldsymbol{x}$, $\Delta\boldsymbol{y}=\boldsymbol{f}(\boldsymbol{x}_0+\boldsymbol{h})-\boldsymbol{f}(\boldsymbol{x}_0)$ とおくと，(7) は

$$|\Delta\boldsymbol{y}-\boldsymbol{f}'(\boldsymbol{x}_0)\Delta\boldsymbol{x}|=\varepsilon\,|\Delta\boldsymbol{x}|$$

となる．よって $|\Delta\boldsymbol{y}-\boldsymbol{f}'(\boldsymbol{x}_0)\Delta\boldsymbol{x}|$ は，$\Delta\boldsymbol{x}\to 0$ のとき，$|\Delta\boldsymbol{x}|$ より高位の無限小である．すなわち，$|\Delta\boldsymbol{x}|$ が小さいとき，近似式 $\Delta\boldsymbol{y}\fallingdotseq\boldsymbol{f}'(\boldsymbol{x}_0)\Delta\boldsymbol{x}$ が成り立つ．第 6 章 §3 (II) と同様に，$d\boldsymbol{y}=\boldsymbol{f}'(\boldsymbol{x}_0)d\boldsymbol{x}$ を $\boldsymbol{y}=\boldsymbol{f}(\boldsymbol{x})$ の $\boldsymbol{x}=\boldsymbol{x}_0$ における**全微分**とよぶ．$\boldsymbol{f}'(\boldsymbol{x}_0)$ は $d\boldsymbol{x}=(dx_1, dx_2, \cdots, dx_n)$ に $d\boldsymbol{y}=(dy_1, dy_2, \cdots, dy_m)$ を対応させる変換を表している．

$\boldsymbol{f}$ が D の各点で微分可能なとき，$\boldsymbol{f}$ は **D 上で微分可能である**という．さらに，$J\boldsymbol{f}$ の各成分が D 上で連続であるとき，$\boldsymbol{f}$ は **C^1 級**であるという．このことは $\boldsymbol{f}$ の各成分が C^1 級であることと同値である．

1°　$\boldsymbol{f}, \boldsymbol{g}$ を C^1 級とすると，$\boldsymbol{f}\pm\boldsymbol{g}$, $\alpha\boldsymbol{f}$ $(\alpha\in\boldsymbol{R})$ も C^1 級であり，

$$\boldsymbol{f}'\pm\boldsymbol{g}'=(\boldsymbol{f}\pm\boldsymbol{g})', \qquad (\alpha\boldsymbol{f})'=\alpha\boldsymbol{f}'$$

2°　線形写像 L は C^1 級で，$L' = L$

3°　C^1 級写像の合成は C^1 級である．すなわち $\boldsymbol{y} = \boldsymbol{f}(\boldsymbol{x})$ を $D \subset \boldsymbol{R}^n$ から $D' \subset \boldsymbol{R}^m$ への C^1 級写像，$\boldsymbol{z} = \boldsymbol{g}(\boldsymbol{y})$ を D' から $\boldsymbol{R}^l$ への C^1 級写像とすると，合成写像 $\boldsymbol{z} = \boldsymbol{g}(\boldsymbol{f}(\boldsymbol{x}))$ も C^1 級写像である．このとき $(\boldsymbol{g}\circ\boldsymbol{f})' = \boldsymbol{g}'\circ\boldsymbol{f}'$ が成り立つ．したがって

$$J(\boldsymbol{g}\circ\boldsymbol{f}) = J\boldsymbol{g}\ J\boldsymbol{f} \tag{8}$$

これは，次のように書き表すことができる．

$$\frac{\partial(z_1, \cdots, z_l)}{\partial(y_1, \cdots, y_m)} \cdot \frac{\partial(y_1, \cdots, y_m)}{\partial(x_1, \cdots x_n)} = \frac{\partial(z_1, \cdots, z_l)}{\partial(x_1, \cdots, x_n)} \tag{9}$$

（証）3° のみ示す．$\boldsymbol{x}_0 \in D$，$\boldsymbol{y}_0 = \boldsymbol{f}(\boldsymbol{x}_0)$，$\boldsymbol{f}'(\boldsymbol{x}_0) = L$，$\boldsymbol{g}'(\boldsymbol{y}_0) = K$ とする．十分小さな $\boldsymbol{h} \in \boldsymbol{R}^n$，$\boldsymbol{k} \in \boldsymbol{R}^m$ に対して

$$|\boldsymbol{f}(\boldsymbol{x}_0+\boldsymbol{h}) - \boldsymbol{f}(\boldsymbol{x}_0) - L\boldsymbol{h}| = \delta|\boldsymbol{h}| \tag{10}$$

$$|\boldsymbol{g}(\boldsymbol{y}_0+\boldsymbol{k}) - \boldsymbol{g}(\boldsymbol{y}_0) - K\boldsymbol{k}| = \varepsilon|\boldsymbol{k}| \tag{11}$$

ただし，$\boldsymbol{h} = \boldsymbol{0}$ または $\boldsymbol{k} = \boldsymbol{0}$ のとき，$\delta = 0$ または $\varepsilon = 0$ とする，とおくと，仮定より，$\boldsymbol{h} \to \boldsymbol{0}$ $(\boldsymbol{k} \to \boldsymbol{0})$ のとき，$\delta \to 0$ $(\varepsilon \to 0)$ である．

(11) において，$\boldsymbol{k} = \boldsymbol{f}(\boldsymbol{x}_0+\boldsymbol{h}) - \boldsymbol{f}(\boldsymbol{x}_0)$ とおくと，

$$\begin{aligned}
&|\boldsymbol{g}(\boldsymbol{f}(\boldsymbol{x}_0+\boldsymbol{h})) - \boldsymbol{g}(\boldsymbol{f}(\boldsymbol{x}_0)) - KL\boldsymbol{h}| \\
&\leqq |K(\boldsymbol{f}(\boldsymbol{x}_0+\boldsymbol{h}) - \boldsymbol{f}(\boldsymbol{x}_0) - L\boldsymbol{h})| + \varepsilon|\boldsymbol{k}| \\
&\leqq \|K\|\,|\boldsymbol{f}(\boldsymbol{x}_0+\boldsymbol{h}) - \boldsymbol{f}(\boldsymbol{x}_0) - L\boldsymbol{h}| + \varepsilon|\boldsymbol{k}| \\
&= \|K\|\,\delta|\boldsymbol{h}| + \varepsilon|\boldsymbol{k}|
\end{aligned}$$

ここで，$|\boldsymbol{k}| \leqq |L\boldsymbol{h}| + \delta|\boldsymbol{h}| \leqq (\|L\| + \delta)|\boldsymbol{h}|$ を用いれば，

$$\leqq \{\|K\|\,\delta + \varepsilon(\|L\| + \delta)\}\,|\boldsymbol{h}|.$$

$\boldsymbol{h} \to \boldsymbol{0}$ のとき，$\boldsymbol{k} \to \boldsymbol{0}$ であるから，$\delta, \varepsilon \to 0$．よって，$\boldsymbol{h} \to \boldsymbol{0}$ のとき，

$$\|K\|\,\delta + \varepsilon(\|L\| + \delta) \to 0$$

である．ゆえに，$\boldsymbol{g}\circ\boldsymbol{f}$ も $\boldsymbol{x} = \boldsymbol{x}_0$ で微分可能で，

$$(\boldsymbol{g}\circ\boldsymbol{f})'_{\boldsymbol{x}_0} = K\circ L = \boldsymbol{g}'(\boldsymbol{y}_0)\circ\boldsymbol{f}'(\boldsymbol{x}_0)$$

となる．

D 上 $J\boldsymbol{f}$ の各成分が連続で，D' 上 $J\boldsymbol{g}$ の各成分が連続であるから，$J(\boldsymbol{g}\circ\boldsymbol{f}) = J\boldsymbol{g}\ J\boldsymbol{f}$ の各成分は，D 上連続となる．すなわち，合成写像 $\boldsymbol{g}\circ\boldsymbol{f}$ は D 上 C^1

級である．

次にベクトル値関数の積分について述べる．

$\boldsymbol{F}(t)$ を $\alpha \leqq t \leqq \beta$ 上の連続なベクトル値関数とする．$\boldsymbol{F}(t)$ の各成分を α から β まで積分して得られるベクトルを $\int_\alpha^\beta \boldsymbol{F}(t)\,dt$ とかくとき，

$$\left|\int_\alpha^\beta \boldsymbol{F}(t)\,dt\right| \leqq \int_\alpha^\beta |\boldsymbol{F}(t)|\,dt \tag{12}$$

が成り立つ．

これは，リーマン和を考え，それに 三角不等式を適用することによって得られる．

$\boldsymbol{f}$ を $|\boldsymbol{x}| \leqq r$ $(\subset \boldsymbol{R}^n)$ から $\boldsymbol{R}^m$ への C^1 級写像とする．$|\boldsymbol{x}| \leqq r$ において，$\|\boldsymbol{f}'(\boldsymbol{x})\| \leqq M$ であるならば，任意の $\boldsymbol{x}, \boldsymbol{x}^*$ $(|\boldsymbol{x}|,\ |\boldsymbol{x}^*| \leqq r)$ に対して

$$|\boldsymbol{f}(\boldsymbol{x})-\boldsymbol{f}(\boldsymbol{x}^*)| \leqq M\,|\boldsymbol{x}-\boldsymbol{x}^*| \tag{13}$$

が成り立つ．

（証）$\boldsymbol{F}(t)=\boldsymbol{f}(\boldsymbol{x}+t(\boldsymbol{x}^*-\boldsymbol{x}))$ $(0 \leqq t \leqq 1)$ とすると，$\boldsymbol{F}(t)$ の各成分を微分して得られるベクトル値関数 $d\boldsymbol{F}/dt$ は，

$$\frac{d\boldsymbol{F}}{dt}=\boldsymbol{f}'(\boldsymbol{x}+t(\boldsymbol{x}^*-\boldsymbol{x}))\,(\boldsymbol{x}^*-\boldsymbol{x}) \tag{14}$$

となる．よって，

$$\begin{aligned}\left|\frac{d\boldsymbol{F}}{dt}\right| &= |\boldsymbol{f}'(\boldsymbol{x}+t(\boldsymbol{x}^*-\boldsymbol{x}))\,(\boldsymbol{x}^*-\boldsymbol{x})| \\ &\leqq \|\boldsymbol{f}'(\boldsymbol{x}+t(\boldsymbol{x}^*-\boldsymbol{x}))\|\,|\boldsymbol{x}^*-\boldsymbol{x}| \leqq M\,|\boldsymbol{x}^*-\boldsymbol{x}|\end{aligned}$$

したがって，

$$\begin{aligned}|\boldsymbol{f}(\boldsymbol{x}^*)-\boldsymbol{f}(\boldsymbol{x})| &= |\boldsymbol{F}(1)-\boldsymbol{F}(0)| \\ &= \left|\int_0^1 \frac{d\boldsymbol{F}}{dt}\,dt\right| \leqq \int_0^1 \left|\frac{d\boldsymbol{F}}{dt}\right| dt \leqq M\,|\boldsymbol{x}^*-\boldsymbol{x}|.\end{aligned}$$

（III）逆写像定理，陰関数定理

逆写像定理　$\boldsymbol{y}=\boldsymbol{f}(\boldsymbol{x})$ を $\boldsymbol{x}=\boldsymbol{x}_0 \in \boldsymbol{R}^n$ の近傍で定義された $\boldsymbol{R}^n$ への C^1 級写像とする．このとき，$\boldsymbol{f}'(\boldsymbol{x}_0)$ が正則ならば，

（1） $\boldsymbol{f}(\boldsymbol{x})$ は $\boldsymbol{x}_0$ のある近傍 $U(\boldsymbol{x}_0)$ で 1 対 1 であり，

（2） 像　$V=\boldsymbol{f}(U(\boldsymbol{x}_0))$ も開集合となり，逆写像 $\boldsymbol{x}=\boldsymbol{g}(\boldsymbol{y}): V\to U(\boldsymbol{x}_0)$ は C^1 級で，$\boldsymbol{g}'(\boldsymbol{y})=\boldsymbol{f}'(\boldsymbol{x})^{-1}$ が成り立つ．

（証） $\boldsymbol{x}$ と $\boldsymbol{y}$ に平行移動を施して，$\boldsymbol{x}_0=\boldsymbol{0}$, $\boldsymbol{f}(\boldsymbol{x}_0)=\boldsymbol{0}$ とする．

$\boldsymbol{f}_1=\boldsymbol{f}'(\boldsymbol{0})^{-1}\circ\boldsymbol{f}$　とおくと，$\boldsymbol{f}_1'(\boldsymbol{0})=\boldsymbol{f}'(\boldsymbol{0})^{-1}\circ\boldsymbol{f}'(\boldsymbol{0})=I$　である．この $\boldsymbol{f}_1$ に対して定理が成立すれば，明らかに，$\boldsymbol{f}=\boldsymbol{f}'(\boldsymbol{0})\circ\boldsymbol{f}_1$ に対しても成り立つ．よって，この $\boldsymbol{f}_1$ を改めて，$\boldsymbol{f}$ とかいて，$\boldsymbol{f}(\boldsymbol{0})=\boldsymbol{0}$, $\boldsymbol{f}'(\boldsymbol{0})=I$ として定理を証明する．

$$\boldsymbol{g}(\boldsymbol{x})=\boldsymbol{x}-\boldsymbol{f}(\boldsymbol{x})$$

とおくと，$\boldsymbol{g}'(\boldsymbol{0})=\boldsymbol{I}-\boldsymbol{f}'(\boldsymbol{0})=\boldsymbol{O}$. $\boldsymbol{g}'$ の連続性より，$r>0$ を

$$\overline{B}_r=\{\boldsymbol{x}\,|\,|\boldsymbol{x}|\leqq r\}\quad \text{において，}\quad \|\boldsymbol{g}'(\boldsymbol{x})\|\leqq 1/2 \tag{15}$$

が成り立つようにとる．(13) より，

$$|\boldsymbol{g}(\boldsymbol{x})|=|\boldsymbol{g}(\boldsymbol{x})-\boldsymbol{g}(\boldsymbol{0})|\leqq|\boldsymbol{x}|/2\quad(\boldsymbol{x}\in\overline{B}_r). \tag{16}$$

ここで，次を示す．

（＊） 任意の $\boldsymbol{y}^*\in\overline{B}_{r/2}$ に対して，$\boldsymbol{f}(\boldsymbol{x})=\boldsymbol{y}^*$ をみたす $\boldsymbol{x}\in\overline{B}_r$ がただ一つ存在する．

$\boldsymbol{h}(\boldsymbol{x})=\boldsymbol{y}^*+\boldsymbol{g}(\boldsymbol{x})$ とおくと，(16) により，$\boldsymbol{h}:\overline{B}_r\to\overline{B}_r$ である．

$\boldsymbol{x},\boldsymbol{x}'\in\overline{B}_r$ とすると，(15) より，$|\boldsymbol{h}(\boldsymbol{x})-\boldsymbol{h}(\boldsymbol{x}')|\leqq(1/2)|\boldsymbol{x}-\boldsymbol{x}'|$ であるから，第 6 章演習問題 27 により，$\boldsymbol{h}$ は $\overline{B}_r$ において，ただ一つの不動点 $\boldsymbol{x}^*$ をもつ．$\boldsymbol{h}(\boldsymbol{x}^*)=\boldsymbol{x}^*$ は $\boldsymbol{f}(\boldsymbol{x}^*)=\boldsymbol{y}^*$ と書き直すことができるから，（＊）が示された．

以上のことから，

$$D=B_r\cap\boldsymbol{f}^{-1}(B_{r/2}),\ (B_r=\{\boldsymbol{x}\,|\,|\boldsymbol{x}|<r\},\ B_{r/2}=\{\boldsymbol{x}\,|\,|\boldsymbol{x}|<r/2\})$$

とおけば，D は $\boldsymbol{x}_0=\boldsymbol{0}$ を含む開集合であり（第 6 章演習問題 26 (1)），$\boldsymbol{f}$ は D から $B_{r/2}$ の上への 1 対 1 の写像となる．

次に，$\boldsymbol{x},\boldsymbol{x}'\in B_r$ とすると，$\boldsymbol{x}=\boldsymbol{f}(\boldsymbol{x})+\boldsymbol{g}(\boldsymbol{x})$ に注意して，(15) より

$$\begin{aligned}|\boldsymbol{x}-\boldsymbol{x}'|&\leqq|\boldsymbol{f}(\boldsymbol{x})-\boldsymbol{f}(\boldsymbol{x}')|+|\boldsymbol{g}(\boldsymbol{x})-\boldsymbol{g}(\boldsymbol{x}')|\\&\leqq|\boldsymbol{f}(\boldsymbol{x})-\boldsymbol{f}(\boldsymbol{x}')|+(1/2)|\boldsymbol{x}-\boldsymbol{x}'|.\end{aligned}$$

よって，

$$|\boldsymbol{x}-\boldsymbol{x}'| \leqq 2|\boldsymbol{f}(\boldsymbol{x})-\boldsymbol{f}(\boldsymbol{x}')| \quad (\boldsymbol{x}, \boldsymbol{x}' \in B_r) \tag{17}$$

を得る．

これから，逆写像 $\boldsymbol{f}^{-1}: B_{r/2} \to D$ の連続性を得る．

最後に，$\boldsymbol{y}^* = \boldsymbol{f}(\boldsymbol{x}^*)$，$\boldsymbol{x}^* \in D$ として，$\boldsymbol{x} = \boldsymbol{f}^{-1}(\boldsymbol{y})$ の $\boldsymbol{y} = \boldsymbol{y}^*$ における微分可能性を示す．

まず，$\boldsymbol{x}^* \in B_r$ であるから，(15) より，$\|\boldsymbol{g}'(\boldsymbol{x}^*)\| = \|\boldsymbol{I}-\boldsymbol{f}'(\boldsymbol{x}^*)\| < 1/2$．したがって，定理 1 により，$\boldsymbol{f}'(\boldsymbol{x}^*)^{-1}$ が存在する．

$$\begin{aligned}
&|\boldsymbol{f}^{-1}(\boldsymbol{y})-\boldsymbol{f}^{-1}(\boldsymbol{y}^*)-\boldsymbol{f}'(\boldsymbol{x}^*)^{-1}(\boldsymbol{y}-\boldsymbol{y}^*)| \\
&\quad = |\boldsymbol{x}-\boldsymbol{x}^*-\boldsymbol{f}'(\boldsymbol{x}^*)^{-1}(\boldsymbol{y}-\boldsymbol{y}^*)| \\
&\quad = |\boldsymbol{f}'(\boldsymbol{x}^*)^{-1}\{\boldsymbol{f}'(\boldsymbol{x}^*)(\boldsymbol{x}-\boldsymbol{x}^*)-(\boldsymbol{y}-\boldsymbol{y}^*)\}| \\
&\quad \leqq \|\boldsymbol{f}'(\boldsymbol{x}^*)^{-1}\|\,|\boldsymbol{f}'(\boldsymbol{x}^*)(\boldsymbol{x}-\boldsymbol{x}^*)-(\boldsymbol{y}-\boldsymbol{y}^*)|
\end{aligned}$$

ここで，$\boldsymbol{f}(\boldsymbol{x})$ の $\boldsymbol{x} = \boldsymbol{x}^*$ における微分可能性により，

$$|\boldsymbol{f}'(\boldsymbol{x}^*)(\boldsymbol{x}-\boldsymbol{x}^*)-(\boldsymbol{y}-\boldsymbol{y}^*)| = \varepsilon|\boldsymbol{x}-\boldsymbol{x}^*|$$

とおくと，$\boldsymbol{x} \to \boldsymbol{x}^*$ のとき，$\varepsilon \to 0$ である．また，(17) より，

$$|\boldsymbol{x}-\boldsymbol{x}^*| \leqq 2|\boldsymbol{y}-\boldsymbol{y}^*|.$$

したがって，

$$|\boldsymbol{f}^{-1}(\boldsymbol{y})-\boldsymbol{f}^{-1}(\boldsymbol{y}^*)-\boldsymbol{f}'(\boldsymbol{x}^*)^{-1}(\boldsymbol{y}-\boldsymbol{y}^*)| \leqq 2\varepsilon\|\boldsymbol{f}'(\boldsymbol{x}^*)^{-1}\|\,|\boldsymbol{y}-\boldsymbol{y}^*|.$$

$\boldsymbol{y} \to \boldsymbol{y}^*$ のとき，$\boldsymbol{f}^{-1}$ の連続性より，$\boldsymbol{x} \to \boldsymbol{x}^*$，よって $\varepsilon \to 0$．ゆえに，$\boldsymbol{x} = \boldsymbol{f}^{-1}(\boldsymbol{y})$ は $\boldsymbol{y} = \boldsymbol{y}^*$ において微分可能で，$(\boldsymbol{f}^{-1})'(\boldsymbol{y}^*) = \boldsymbol{f}'(\boldsymbol{x}^*)^{-1}$．

$\boldsymbol{x} = \boldsymbol{f}^{-1}(\boldsymbol{y})$，$\boldsymbol{f}'(\boldsymbol{x})^{-1}$ の連続性より，$\boldsymbol{f}^{-1}$ は C^1 級となる．

$\boldsymbol{0}$ の任意の近傍 $U(\boldsymbol{0}) \subset D$ をとれば，$V = \boldsymbol{f}(U(\boldsymbol{0}))$ は，$U(\boldsymbol{0})$ の $\boldsymbol{f}^{-1}$ による原像であるから，開集合となる．　■

系　$\boldsymbol{y} = \boldsymbol{f}(\boldsymbol{x})$ は開集合 $D \subset \boldsymbol{R}^n$ 上で定義された $\boldsymbol{R}^n$ への C^1 級写像で，D 上 1 対 1 かつ $\boldsymbol{f}'(\boldsymbol{x})$ は正則とすると，像 $\boldsymbol{f}(D)$ も開集合であり，逆写像 $\boldsymbol{x} = \boldsymbol{f}^{-1}(\boldsymbol{y})$ は C^1 級写像となる．

$\boldsymbol{x}$ は $\boldsymbol{R}^n$ の点，$\boldsymbol{y}$ は $\boldsymbol{R}^m$ の点を表し，$(\boldsymbol{x}, \boldsymbol{y})$ は $\boldsymbol{R}^{n+m}$ の点を表すとする．$\boldsymbol{F}(\boldsymbol{x}, \boldsymbol{y})$ は点 $(\boldsymbol{x}_0, \boldsymbol{y}_0)$ の近傍で定義された $\boldsymbol{R}^m$ への C^1 級写像とする．このとき，$\boldsymbol{F}(\boldsymbol{x}, \boldsymbol{y})$ の $\boldsymbol{x}$ に関する微分 $\boldsymbol{F}_x$，$\boldsymbol{y}$ に関する微分 $\boldsymbol{F}_y$ が存在する．

このとき

陰関数定理　$\boldsymbol{F}(\boldsymbol{x}_0, \boldsymbol{y}_0) = \boldsymbol{0}$ で $\boldsymbol{F}_y(\boldsymbol{x}_0, \boldsymbol{y}_0)$ が正則ならば，$\boldsymbol{x}_0, \boldsymbol{y}_0$ のある近傍 U, V をとると次が成り立つ．

U から V への C^1 級写像 $\boldsymbol{y} = \boldsymbol{f}(\boldsymbol{x})$ で

$$\boldsymbol{f}(\boldsymbol{x}_0) = \boldsymbol{y}_0, \quad \boldsymbol{F}(\boldsymbol{x}, \boldsymbol{f}(\boldsymbol{x})) = \boldsymbol{0} \quad (\boldsymbol{x} \in U) \tag{18}$$

をみたすものがただ一つ存在する．

$\boldsymbol{y}_x = \boldsymbol{f}'(\boldsymbol{x})$ は　次の連立方程式から求められる．

$$\boldsymbol{F}_x + \boldsymbol{F}_y \boldsymbol{y}_x = \boldsymbol{0} \tag{19}$$

（証）$(\boldsymbol{x}_0, \boldsymbol{y}_0)$ の近傍で定義された $\boldsymbol{R}^{n+m}$ への写像 $\boldsymbol{\varphi}(\boldsymbol{x}, \boldsymbol{y}) = (\boldsymbol{x}, \boldsymbol{F}(\boldsymbol{x}, \boldsymbol{y}))$ を考える．$\boldsymbol{\varphi}$ は C^1 級で $\boldsymbol{h} \in \boldsymbol{R}^n$，$\boldsymbol{k} \in \boldsymbol{R}^m$ に対して

$$\boldsymbol{\varphi}'(\boldsymbol{x}, \boldsymbol{y})(\boldsymbol{h}, \boldsymbol{k}) = (\boldsymbol{h}, \boldsymbol{F}_x(\boldsymbol{x}, \boldsymbol{y})\boldsymbol{h} + \boldsymbol{F}_y(\boldsymbol{x}, \boldsymbol{y})\boldsymbol{k}) \tag{20}$$

となる．これは

$$\Delta \boldsymbol{F} = \boldsymbol{F}(\boldsymbol{x}+\boldsymbol{h}, \boldsymbol{y}+\boldsymbol{k}) - \boldsymbol{F}(\boldsymbol{x}, \boldsymbol{y})$$

$$|\Delta \boldsymbol{F} - (\boldsymbol{F}_x \boldsymbol{h} + \boldsymbol{F}_y \boldsymbol{k})| = \varepsilon |(\boldsymbol{h}, \boldsymbol{k})| \tag{21}$$

とおくと，$\boldsymbol{h}, \boldsymbol{k} \to \boldsymbol{0}$ のとき，$\varepsilon \to 0$ となることから容易にわかる．

$\boldsymbol{\varphi}'(\boldsymbol{x}_0, \boldsymbol{y}_0)(\boldsymbol{h}, \boldsymbol{k}) = \boldsymbol{0}$ とすると，$\boldsymbol{F}_y(\boldsymbol{x}_0, \boldsymbol{y}_0)$ の正則性より，$\boldsymbol{h} = \boldsymbol{0}$，$\boldsymbol{k} = \boldsymbol{0}$ を得る．すなわち，$\boldsymbol{\varphi}'(\boldsymbol{x}_0, \boldsymbol{y}_0)$ は正則である．よつて，逆写像定理により，ある $\delta > 0$ をとると，$\boldsymbol{\varphi}(\boldsymbol{x}, \boldsymbol{y})$ は $\{(\boldsymbol{x}, \boldsymbol{y}) \mid |\boldsymbol{x} - \boldsymbol{x}_0|, \ |\boldsymbol{y} - \boldsymbol{y}_0| < \delta\}$ において 1 対 1 で，逆写像 $\boldsymbol{\phi}$ は C^1 級となる．

$\boldsymbol{\phi}(\boldsymbol{x}, \boldsymbol{z}) = (\boldsymbol{x}, \boldsymbol{g}(\boldsymbol{x}, \boldsymbol{z}))$ とかくと，$\boldsymbol{g}$ は C^1 級，したがって $\boldsymbol{f}(\boldsymbol{x}) = \boldsymbol{g}(\boldsymbol{x}, \boldsymbol{0})$ も C^1 級となる．$\boldsymbol{f}(\boldsymbol{x})$ は $|\boldsymbol{x} - \boldsymbol{x}_0| < \delta$ から $|\boldsymbol{y} - \boldsymbol{y}_0| < \delta$ への写像で，

$$(\boldsymbol{x}, \boldsymbol{F}(\boldsymbol{x}, \boldsymbol{f}(\boldsymbol{x}))) = \boldsymbol{\varphi}(\boldsymbol{x}, \boldsymbol{f}(\boldsymbol{x})) = \boldsymbol{\varphi}(\boldsymbol{x}, \boldsymbol{g}(\boldsymbol{x}, \boldsymbol{0})) = \boldsymbol{\varphi}(\boldsymbol{\phi}(\boldsymbol{x}, \boldsymbol{0})) = (\boldsymbol{x}, \boldsymbol{0})$$

より，$\boldsymbol{F}(\boldsymbol{x}, \boldsymbol{f}(\boldsymbol{x})) = \boldsymbol{0}$ を得る．

$\boldsymbol{f}^*(\boldsymbol{x})$ も $|\boldsymbol{x} - \boldsymbol{x}_0| < \delta$ から $|\boldsymbol{y} - \boldsymbol{y}_0| < \delta$ への写像で，$\boldsymbol{F}(\boldsymbol{x}, \boldsymbol{f}^*(\boldsymbol{x})) = \boldsymbol{0}$ をみたすとすると，上と同様にして，$\boldsymbol{\varphi}(\boldsymbol{x}, \boldsymbol{f}^*(\boldsymbol{x})) = \boldsymbol{\varphi}(\boldsymbol{x}, \boldsymbol{g}(\boldsymbol{x}, \boldsymbol{0}))$ を得る．

$\boldsymbol{\varphi}$ は $|\boldsymbol{x} - \boldsymbol{x}_0| < \delta$，$|\boldsymbol{y} - \boldsymbol{y}_0| < \delta$ で 1 対 1 であるから，$\boldsymbol{f}^*(\boldsymbol{x}) = \boldsymbol{g}(\boldsymbol{x}, \boldsymbol{0}) = \boldsymbol{f}(\boldsymbol{x})$．

(19) は $\boldsymbol{F}(\boldsymbol{x}, \boldsymbol{f}(\boldsymbol{x})) = \boldsymbol{0}$ の成分表示を実際に偏微分することによって得られる．　▨

付録 3　微分方程式の解の存在と一意性

ここでは第3章定理1の証明を与える．$x \in \boldsymbol{R}$, $\boldsymbol{y} \in \boldsymbol{R}^m$ とする．

$x, \boldsymbol{y}$ を変数とするベクトル値関数 $\boldsymbol{f}(x, \boldsymbol{y}) = (f_1(x, \boldsymbol{y}), f_2(x, \boldsymbol{y}), \cdots, f_m(x, \boldsymbol{y}))$ に対して，m 個の未知関数 $\boldsymbol{y}(x) = (y_1(x), y_2(x), \cdots, y_m(x))$ に関する連立常微分方程式

$$\boldsymbol{y}' = \boldsymbol{f}(x, \boldsymbol{y}), \qquad \boldsymbol{y}(x_0) = \boldsymbol{y}_0 \tag{1}$$

を考える．

定　理 1 $\boldsymbol{f}(x, \boldsymbol{y})$ は $|x-x_0| \leqq a$, $|\boldsymbol{y}-\boldsymbol{y}_0| \leqq b$ において連続で，ある定数 $L>0$ に対して

リプシッツの条件： $$|\boldsymbol{f}(x, \boldsymbol{y}) - \boldsymbol{f}(x, \boldsymbol{z})| \leqq L\,|\boldsymbol{y}-\boldsymbol{z}| \tag{2}$$

$$(|x-x_0| \leqq a, \quad |\boldsymbol{y}-\boldsymbol{y}_0| \leqq b, \quad |\boldsymbol{z}-\boldsymbol{y}_0| \leqq b)$$

をみたすとする．

このとき（1）をみたす C^1 級関数 $\boldsymbol{y} = \boldsymbol{y}(x)$ が $|x-x_0| \leqq \min(a, b')$ においてただ一つ存在する．ここに，$b' = b/M$ で，M は $|\boldsymbol{f}(x, \boldsymbol{y})|$ の $|x-x_0| \leqq a$, $|\boldsymbol{y}-\boldsymbol{y}_0| \leqq b$ における最大値である．

（**証**）　ピカールの**逐次近似法**による．$c = \min(a, b')$ として，$|x-x_0| \leqq c$ において，関数列 $\{\boldsymbol{y}_n(x)\}_{n \geqq 0}$ を次のように定義する．

$$\boldsymbol{y}_0(x) = \boldsymbol{y}_0, \quad \boldsymbol{y}_{n+1}(x) = \boldsymbol{y}_0 + \int_{x_0}^{x} \boldsymbol{f}(t, \boldsymbol{y}_n(t)dt, \ (n \geqq 0) \tag{3}$$

右辺の積分は $\boldsymbol{f}(t, \boldsymbol{y}_n(t))$ の各成分を積分したものを表す．

まず $|x-x_0| \leqq c$ において $|\boldsymbol{y}_n(x) - \boldsymbol{y}_0| \leqq b$ が成り立つことを帰納法によって示す．

$n=0$ のときは明らかである．n のとき成り立つとして，$n+1$ のときは：

$$\begin{aligned} |\boldsymbol{y}_{n+1}(x) - \boldsymbol{y}_0| &= \left| \int_{x_0}^{x} \boldsymbol{f}(t, \boldsymbol{y}_n(t))\,dt \right| \\ &\leqq \left| \int_{x_0}^{x} |\boldsymbol{f}(t, \boldsymbol{y}_n(t)|\,dt \right| \qquad \text{（付録2（12）を用いた）} \\ &\leqq M\,|x-x_0| \leqq Mc \leqq b \end{aligned}$$

次に，K を $|x-x_0|\leqq c$ における $|y_1(x)-y_0|$ の最大値とすると，

$$|y_{k+1}(x)-y_k(x)|\leqq KL^k|x-x_0|^k/k!\quad(k\geqq 0)\tag{4}$$

が成り立つことを帰納法によって証明する．

$k=0$ のときは明らかである．$k=n-1$ のとき成り立つとして，$k=n$ のとき，（3）より

$$\begin{aligned}|y_{n+1}(x)-y_n(x)|&\leqq\left|\int_{x_0}^{x}|f(t,\ y_n(t))-f(t,\ y_{n-1}(t))|\,dt\right|\\&\leqq\left|\int_{x_0}^{x}L|y_n(t)-y_{n-1}(t)|\,dt\right|\quad\text{（（2）を用いた）}\\&\leqq KL^n\left|\int_{x_0}^{x}|t-x_0|^{n-1}\,dt\right|\Big/(n-1)!\\&\leqq KL^n|x-x_0|^n/n!\,.\end{aligned}$$

さて，$\sum KL^kc^k/k!$ は収束であるから，

$$y_{n+1}(x)=y_0+\sum_{k=0}^{n}(y_{k+1}(x)-y_k(x))\tag{5}$$

において，$n\to\infty$ とすれば，ワイエルストラスの M-判定法（第5章定理8系）により，連続な関数列 $\{y_n(x)\}$ は $|x-x_0|\leqq c$ 上　ある連続関数 $y(x)$ に一様収束する．$|y(x)-y_0|\leqq b$ であり，（2）より，$f(t,\ y_n(t))$ は $|t-x_0|\leqq c$ 上 $f(t,\ y(t))$ に一様収束する．したがって，（3）において $n\to\infty$ とするとき，第5章定理 10（1）により極限と積分の順序交換ができ，

$$y(x)=y_0+\int_{x_0}^{x}f(t,\ y(t))\,dt\,.\tag{6}$$

$f(t,\ y(t))$ は連続であるから，両辺を x で微分することにより，$y(x)$ は $|x-x_0|\leqq c$ における（1）の解であることがわかる．

解の一意性　　$z=z(x)$ も $|x-x_0|\leqq c$ における（1）の解とする．

$z(x)$ は（6）をみたすから，$y(x)$ と同様に，$|z(x)-y_0|\leqq b$ をみたすことがわかる．したがって

$$z(x)-y(x)=\int_{x_0}^{x}(f(t,z(t))-f(t,y(t)))\,dt$$

より，$|z(x)-y(x)|$ の $|x-x_0|\leqq c$ における最大値を K' とすると，

$$|z(x)-y(x)|\leqq K'L^k|x-x_0|^k/k!\quad(k\geqq 0)$$

が成り立つことが示される．

$k \to \infty$ とすると，右辺は0に収束するから，$\boldsymbol{z}(x) \equiv \boldsymbol{y}(x)$ を得る． ▩

注) リプシッツの条件（2）は，$\boldsymbol{f}(x, \boldsymbol{y})$ が $\boldsymbol{y}$ について微分可能で，$\boldsymbol{f}_{\boldsymbol{y}}(x, \boldsymbol{y})$ が $|x-x_0| \leqq a$，$|\boldsymbol{y}-\boldsymbol{y}_0| \leqq b$ において連続ならばみたされる．$\max ||\boldsymbol{f}_{\boldsymbol{y}}(x, \boldsymbol{y})|| = L$ とおけば，付録2（13）により（2）が成り立つ．

第 3 章定理 1 の証明　$p_1(x), p_2(x), q(x)$ を $a \leqq x \leqq a'$ における連続関数とする．このとき，任意の $x_0(a \leqq x_0 \leqq a')$ と任意の実数 c_0, c_1 に対して，$y(x_0) = c_0$，$y'(x_0) = c_1$ をみたす，第3章（25）の解 $y = y(x)$ が，$a \leqq x \leqq a'$ においてただ一つ存在する．

（**証**）　$\boldsymbol{y} = (y_1, y_2)$，$\boldsymbol{f}(x, \boldsymbol{y}) = (y_2, -p_1(x)y_2 - p_2(x)y_1 + q(x))$ とする．$\boldsymbol{f}(x, \boldsymbol{y})$ は任意の $\boldsymbol{y}$ に対して定義されているから，（3）において，$\boldsymbol{y}_n(x)$ の定義域を $a \leqq x \leqq a'$ 全体にとることができる．次に（2）をみたす L が，任意の $\boldsymbol{y}, \boldsymbol{z} \in \boldsymbol{R}^2$ に対して成り立つようにとれることに注意する．このことから，（1）の解 $\boldsymbol{y}(x) = (y_1(x),\ y_2(x))$ が $a \leqq x \leqq a'$ においてただ一つ存在する．$\boldsymbol{y}'(x) = \boldsymbol{f}(x, \boldsymbol{y})$ は

$$y_1'(x) = y_2(x), \quad y_2'(x) = -p_1(x)y_2(x) - p_2(x)y_1(x) + q(x)$$

となる．よつて，$y(x) = y_1(x)$ は求める（ただ一つの）解である．

解答およびヒント

第 1 章

問 4 (1) 上限2, 下限1 (2) 上限 π, 下限 3.1

問 13 (1) 1/4 (2) 2

問 14 2°) $\sup\{a_k \mid k \geqq n\} = \bar{a}_n$ とおくと, $\{\bar{a}_n\}$ は減少列であるから, 極限値 α をもつ. β を $\{a_n\}$ の集積値として, $a_{n_k} \to \beta$ とすると, $a_{n_k} \leqq \bar{a}_{n_k}$ より, $\beta \leqq \alpha$. (以下 $\alpha \neq \pm\infty$) 任意の $\varepsilon > 0$ と $N \in \boldsymbol{N}$ に対して, ある $n > N$ をとれば, $\alpha \leqq \bar{a}_n < \alpha + \varepsilon$. これから, ある m $(\geqq n)$ に対して, $\alpha - \varepsilon < a_m < \alpha + \varepsilon$. よって, 1°) より, α は $\{a_n\}$ の集積値となる. ($\alpha = \pm\infty$ の場合も同様である.) 以上から, α は $\{a_n\}$ の最大の集積値である.

問 19 $\sin^2 x$, $\sin x^2$

問 23 (1) na^{n-1} (2) $(m/n)a^{m-n}$

問 24 (1) b/a (2) 2

問 27 (1) $-\infty$ (2) ∞

問 28 (1) 1/2 (2) 1

問 37 (1) e^a (2) e (3) $\log a$ (4) 1 (例1を利用せよ.)

第 1 章 演習問題

1. (1) $[1,2)$ (2) $\{1\}$ (3) 空集合 (4) $\{2\}$

2. (1) 上限 1, 下限 0 (2) 上限 1, 下限 0
(3) 上限 2, 下限 $-1/2$ (4) 上限 2, 下限 -1

3. (1) 4/3 (2) 1 (3) 1/2 (4) ∞ (5) π
(6) $\infty\,(a>0$, $0\,(a<0)$, $1\,(a=0)$ (7) ma (8) $m(m-1)a^2/2$

5. (1) $0\,(a<1)$, $1/2\,(a=1)$, $a\,(a>1)$ (2) $-1\,(a<1)$, $0\,(a=1)$, $1\,(a>1)$ (3) $1\,(a>b)$, $0\,(a=b)$, $-1\,(a<b)$ (4) $\max\{a, b, c\}$

8. $a_{n+1} - b_{n+1} = -p(a_n - b_n)$ から, $b_n = a_n + \varepsilon_n$ とおくと $\varepsilon_n \to 0$. 同様にして $c_n = a_n + \varepsilon_n'$, $\varepsilon_n' \to 0$. 一方, $a_{n+1} + b_{n+1} + c_{n+1} = 2p(a_n + b_n + c_n)$ より $a_n + b_n + c_n = 3a_n + \varepsilon_n + \varepsilon_n' \to 0$.

9. $t^2 = t + A$ の正の解を α とすると, $a_n \to \alpha$.

10. $\{a_n\}$ は減少列となる.

11. (1) $|x| < 1$, $x/(1-x^2)$ (2) $|x| < a$, $1/(a-x)$ (3) $|x| < 1/3$,

$1/(1-3x)(1-2x)$　（4）$|x| \neq 1$，$\dfrac{x}{1-x}(|x|<1)$，$\dfrac{1}{1-x}(|x|>1)$

12.　（1）$2/3$　（2）e（対数をとれ）　（3）$1/e$　（4）$1/2$
（5）$-1/2$　（6）0

13.　$g(x)=\dfrac{f(x)+f(-x)}{2}$，　$h(x)=\dfrac{f(x)-f(-x)}{2}$．　$g(x)=|\sin x|$，
$h(x)=\sin x$．

19.　（3）$n!<n^n$　（4）対数をとって，例2を用る．（または 22(2)）

20.　$\{a_n\}$ は $t=2a+1/t$ の正の解 α に収束する．$\{a_{2n-1}\}$ は有界な増加列．
$\{a_{2n}\}$ も $\{a_{2n-1}\}$ の極限値と同じ値に収束する．

21.　（2）（1）および **3** の（7）の結果を用る．

24.　$\{x_n^2+y_n^2\}$ は減少列．これから $\{x_n+y_n\}$，$\{x_ny_n\}$ が共に収束することを導く．

25.　（2）$e^{-\alpha^2/2}$

26.　$\sum 1/a_n<\dfrac{9}{1}+\dfrac{9^2}{11}+\dfrac{9^3}{111}+\cdots<\dfrac{9}{1}+\dfrac{9^2}{10}+\dfrac{9^3}{10^2}+\cdots$

29.　（1）$f(x)=f(1)x$ が，まず $x\in\boldsymbol{N}$，$x\in\boldsymbol{Z}$，ついで $x\in\boldsymbol{Q}$ に対して成り立つことを順に示す．　（2）$f(x)=f(1)x$ が $x\in\boldsymbol{Q}$ に対して成り立つこと，および $f(x)$ は増加関数となることを利用せよ．

31.　問 31 の結果，および　因数定理を用いよ．

第 2 章

問 1　（1）$2|x|$　（2）$-\sin x$　（3）$1/2\sqrt{x}$

問 5　（1）$-2x/(1+x^2)^2$　（2）$\sec^2 x$　（3）$e^x(\sin x+\cos x)$
（4）$1/x\log a$

問 6　（1）$2\sin x\cos x$　（2）$2x\cos(x^2)$　（3）$x/\sqrt{1+x^2}$
（4）$\cos x/2\sqrt{1+\sin x}$　（5）$(\log a)a^x$　（6）$1/\cos x\sin x$
（7）$1/\sqrt{x^2+A}$　（8）$(1+\log x)x^x$　$(x^x=e^{\log x^x}=e^{x\log x})$

問 8　$\sin\theta/(1-\cos\theta)$

問 10　$(-1)^{n-1}(n-1)!/(1+x)^n$

問 13　（1）$a^n r(r-1)\cdots(r-n+1)(ax+b)^{r-n}$
（2）$\dfrac{n!}{2}\left\{\dfrac{1}{(1-x)^{n+1}}+\dfrac{(-1)^n}{(1+x)^{n+1}}\right\}$　（3）$\{x^2+2nx+n(n-1)\}e^x$

問 18　（5）$|R_n|\leqq\dfrac{|\alpha(\alpha-1)\cdots(\alpha-n+1)|}{n!}$

$$=\alpha\cdot\frac{1-\alpha}{1}\cdot\frac{2-\alpha}{2}\cdots\cdot\frac{n-1-\alpha}{n-1}\cdot\frac{1}{n}<\frac{1}{n}$$

問 19　(1)　0　　(2)　0 $\left(\lim_{x\to 0}\dfrac{x-\sin x}{x\sin x}=\lim_{x\to 0}\dfrac{x-\sin x}{x^2}\right)$　　(3)　$-1/6$

(4)　$\log a$　　(5)　1　　(6)　e^2

問 20　(1)　2次（例 15 より，$\cos x=1-\dfrac{1}{2}x^2+o(x^2)$）

(2)　2次　$\left(\sqrt{1+x}=1+\dfrac{1}{2}x-\dfrac{1}{8}x^2+o(x^2)\right)$

(3)　3次　$\left(\sin x=x-\dfrac{1}{6}x^3+o(x^3),\quad \sin ax=ax-\dfrac{1}{6}a^3x^3+o(x^3)\right)$

問 25　$(ax)^{2/3}+(by)^{2/3}=(a^2-b^2)^{2/3}$

問 26

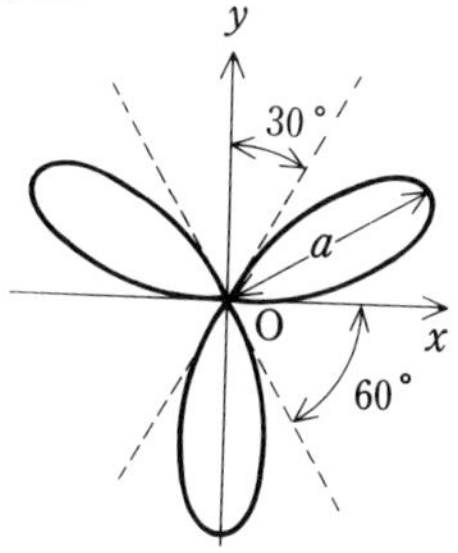

(1)

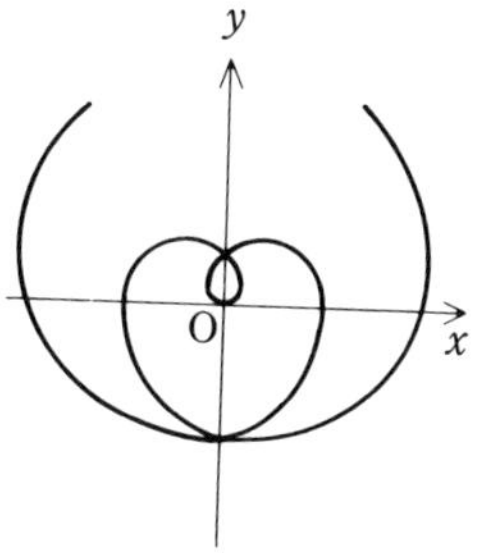

(2)

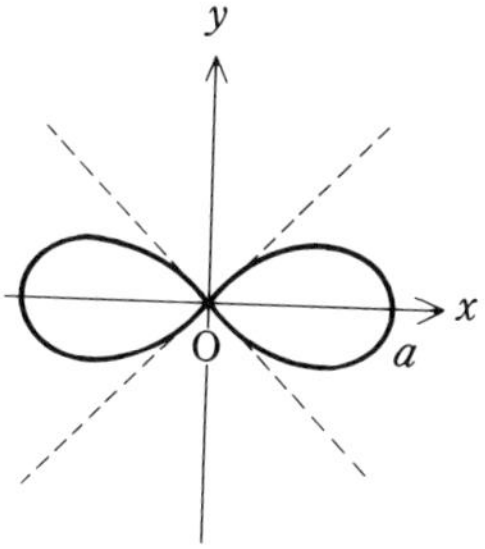

(3)

第 2 章　演 習 問 題

1.　(1)　$\dfrac{1}{1-x^2}$　　(2)　$-\dfrac{2a^2}{x^3}\left(1+\dfrac{a^2}{\sqrt{a^4-x^4}}\right)$　　(3)　$\dfrac{(1+\sqrt{x})(2+\sqrt{x}-2x)}{2(1-x)^{3/2}}$

(4)　$\dfrac{a^2\cos x}{(a^2\cos^2 x+b^2\sin^2 x)^{3/2}}$　　(5)　$2\sqrt{a^2-x^2}$　　(6)　$\dfrac{1}{x\log|x|}$

(7)　$x^{\sin x}\left(\cos x\log x+\dfrac{\sin x}{x}\right)$　　(8)　$\operatorname{cosec} x$　　(9)　$\dfrac{\sqrt{a^2-b^2}}{2(a+b\cos x)}$

(10)　$\dfrac{(a^x+b^x)^{(1-x)/x}}{x^2}\{x(a^x\log a+b^x\log b)-(a^x+b^x)\log(a^x+b^x)\}$

2.　(1)　$\dfrac{dy}{dx}=\dfrac{1}{\tanh t},\quad \dfrac{d^2y}{dx^2}=\dfrac{-1}{a\sinh^3 t}$

(2)　$\dfrac{dy}{dx}=-\tan t,\quad \dfrac{d^2y}{dx^2}=\dfrac{1}{3a\sin t\cos^4 t}$

3.　(1)　$\dfrac{1}{2}\left\{3^n\cos\left(3x+\dfrac{n\pi}{2}\right)+\cos\left(x+\dfrac{n\pi}{2}\right)\right\}$　　(2)　$\dfrac{n!(n+x)}{(1-x)^{n+2}}$

（3）　$x^2 \sin\left(x+\dfrac{n\pi}{2}\right)-2nx\cos\left(x+\dfrac{n\pi}{2}\right)-n(n-1)\sin\left(x+\dfrac{n\pi}{2}\right)$

（4）　$(\sqrt{2})^n e^x \sin\left(x+\dfrac{n\pi}{4}\right)$

5.　（1）　1/3　（2）　$-1/3$　（3）　1/6（最初に，分子に平均値定理を用いよ）
（4）　e　（5）　-2　（6）　$-e/2$　（7）　1　（8）　$\sqrt{ab}$　（9）　1/2
（10）　0

8.　（2）　$p=2,3,\cdots$　（3）　$p=3,4,\cdots$

10.　$f^{(2m)}(0)=0$ $(n=2m)$，　$f^{(2m+1)}(0)=(-1)^m(2m)!$ $(n=2m+1)$

11.　（1）　0.09983　（2）　10.04987　（3）　0.69314，1.60943，2.30258
（$\log 5=2\log 2+\log(5/4)$ を利用する．）

13.　$a=2/3$，　$b=1/6$

14.　$\min(\alpha,\beta)$ 次

15.　（1）　$\dfrac{(x^2+y^2)^{3/2}}{a^2}$，縮閉線は　$\xi^{2/3}-\eta^{2/3}=(2a)^{2/3}$．$\left(\xi=\dfrac{2x^3}{a^2},\quad \eta=-\dfrac{2y^3}{a^2}\right)$

（2）　$a\cosh^2\dfrac{x}{a}$，　縮閉線は　$\xi=\pm a\log\dfrac{\eta+\sqrt{\eta^2-4a^2}}{2a}\mp\dfrac{\eta\sqrt{\eta^2-4a^2}}{4a}\ (x\gtrless 0)$

18.　（1）　$f(x)=\sin x-(x-x^2/\pi)$　　$f'(\pi/2)=f'(\pi)=0$　に注意する．
（2）　$f(x)=(\cos x+\sin x)-(1+x-2x^2/\pi)$，　$f'(\pi/2)=f'(\pi/4)=0$　に注意する．

19.　（1）　$\alpha=\dfrac{1}{mn}$，　$\beta=\dfrac{2-m^2-n^2}{3mn}$　$\left(\tan x=x+A(x)x^3\right.$ とおくと，$A(x)\to\dfrac{1}{3}$
$\left.(x\to 0)\right)$　（2）　$6x^4+\dfrac{3}{10}x^2+\dfrac{11}{1400}$　$\left(x\Big/\left(\dfrac{1}{x}-\sin\dfrac{1}{x}\right)=x^2/(1-x\sin 1/x)\right.$

$$=x^2\Big/\left(\frac{1}{3!}\frac{1}{x^2}-\frac{1}{5!}\frac{1}{x^4}+\frac{1}{7!}\frac{1}{x^6}+o\left(\frac{1}{x^6}\right)\right)=x^4\Big/\left(\frac{1}{3!}-\frac{1}{5!}\frac{1}{x^2}+\frac{1}{7!}\frac{1}{x^4}+o\left(\frac{1}{x^4}\right)\right).$$

これから，$P(x)=a+bx^2+cx^4$　とおく$\Big)$　（3）　$ka_2+\dfrac{k(k-1)}{2}a_1^2$　（ロピタルの定理を用いる）

20.　帰納法によって，$f^{(n)}(0)=0$　を示す．

22.　$g(x)=(x^2-1)^n$　は　$x=-1,1$　において n 重根をもつ．ロールの定理により $g'(x)$ は $(-1,1)$ において根 ξ をもつ．$g'(x)$ は $x=-1,1$ において $n-1$ 重根をもつことに注意して，ロールの定理をくり返し用いる．

23.　式 (24) を使う．

26.　$f(x)=0$　の根が $[a,b]$ に2つ以上存在しないことは，ロールの定理を利用する．$f(b)$ の正・負に応じて，$\{x_n\}$ は，減少列・増加列となる．以下 $f(b)>0$ の場合に考える．（$f(b)<0$ の場合は，$f(-x)$，$\{-x_n\}$ を考えればよい．）x_{n+1} は

$y=f(x)$ の x_n における接線と x 軸との交点の x 座標である．$y=f(x)$ の凸性から，$f(x_n)>0$ $(n\in N)$ を得る．したがって，$\xi<x_n$．$f(x)>0$ なる x に対しては $f'(x)>0$ となることにより，$\{x_n\}$ は減少列となることがわかる．

評価の不等式については，次の式を用いる．

$$x_{n+1}-\xi=(x_n-\xi)-\frac{f(x_n)}{f'(x_n)}=\frac{f'(x_n)(x_n-\xi)-f(x_n)}{f'(x_n)}$$

（1） 1.2599…　（2） 2.1038…　（3） 0.73908…

27. xy-座標を適当にとると，C のパラメータ表示は，$x=a(\cos\theta+\theta\sin\theta)$，$y=a(\sin\theta-\theta\cos\theta)$，ただし a は O の半径，となる．

第 3 章

問 1 （1） $-(x^2+2x+2)e^{-x}$　（2） $\dfrac{x^4}{16}(4\log x-1)$

（3） $\dfrac{2}{3}\{(1+x)^{3/2}-x^{3/2}\}$

（4） $\dfrac{1}{a(\alpha+1)}(ax+b)^{\alpha+1}$ $(\alpha\neq-1)$，　$\dfrac{1}{a}\log|ax+b|$ $(\alpha=-1)$

（5） $\tan x-x$　（6） $\dfrac{1}{2}(\log x)^2$　（7） $\sqrt{1+x^2}$　（8） $\sin x-\dfrac{1}{3}\sin^3 x$

（9） $\dfrac{1}{2}e^{x^2}$　（10） $\log(e^x+e^{-x})$　（11） $x\sin^{-1}x+\sqrt{1-x^2}$

問 2 $I=\dfrac{1}{2}(x-\log|\sin x+\cos x|)$，　$J=\dfrac{1}{2}(x+\log|\sin x+\cos x|)$ （$J+I$，$J-I$ を考えよ．）

問 4 $x(2x^2+3)/3(x^2+1)^{3/2}$

問 5 （1） $\dfrac{1}{6}\log\dfrac{(x-1)^2}{x^2+x+1}-\dfrac{1}{\sqrt{3}}\tan^{-1}\dfrac{2x+1}{\sqrt{3}}$

（2） $\dfrac{1}{4}\left(\log\left|\dfrac{x+1}{x-1}\right|-\dfrac{2x}{x^2-1}\right)$

（3） $\dfrac{1}{4\sqrt{2}}\left\{\log\dfrac{x^2+\sqrt{2}x+1}{x^2-\sqrt{2}x+1}+2\tan^{-1}(\sqrt{2}x+1)+2\tan^{-1}(\sqrt{2}x-1)\right\}$

（**注**　$\tan^{-1}(\sqrt{2}x+1)+\tan^{-1}(\sqrt{2}x-1)=\tan^{-1}(\sqrt{2}x/(1-x^2))$ とまとめる場合 $\tan^{-1}(\sqrt{2}x/(1-x^2))$ は主値と限らず，x の一価連続な関数となるような分枝をとる．）

問 6 （1） $\log\left|\tan\left(\dfrac{x}{2}+\dfrac{\pi}{4}\right)\right|$　（2） $\tan\left(\dfrac{x}{2}-\dfrac{\pi}{4}\right)$

（3）$\dfrac{1}{\sqrt{1-a^2}}\log\left|\dfrac{\sqrt{1-a^2}\tan(x/2)+1+a}{\sqrt{1-a^2}\tan(x/2)-1-a}\right|(|a|<1)$,

$\dfrac{2}{a-1}\sqrt{\dfrac{a-1}{a+1}}\tan^{-1}\left(\sqrt{\dfrac{a-1}{a+1}}\tan\dfrac{x}{2}\right)(|a|>1)$, $\tan\dfrac{x}{2}\ (a=1)$, $\cot\dfrac{x}{2}\ (a=-1)$

（4）$\dfrac{1}{\sqrt{ab}}\tan^{-1}\left(\sqrt{\dfrac{b}{a}}\tan x\right)(b>0)$, $\dfrac{1}{2\sqrt{-ab}}\log\left|\dfrac{\sqrt{-ab}\tan x+a}{\sqrt{-ab}\tan x-a}\right|$ $(b<0)$

問 7（1）$\log\left|\dfrac{x+\sqrt{x^2+1}-1}{x+\sqrt{x^2+1}+1}\right|$　（2）$\log\left|\dfrac{x-1+\sqrt{x^2-x+1}}{x+1+\sqrt{x^2-x+1}}\right|$

（3）$\log|x+\sqrt{x+1}|-\dfrac{1}{\sqrt{5}}\log\left|\dfrac{2\sqrt{x+1}+1-\sqrt{5}}{2\sqrt{x+1}+1+\sqrt{5}}\right|$

（4）$\dfrac{3}{5}(2\sqrt{x}+5)\sqrt[3]{x}+\log\left|\dfrac{(\sqrt[6]{x}-1)^3}{\sqrt{x}-1}\right|+2\sqrt{3}\tan^{-1}\dfrac{2\sqrt[6]{x}+1}{\sqrt{3}}$

問 8（1）$\sqrt{1+x^2}+\sqrt{1+y^2}=C$　（2）$\tan y=\tan x+C$　（3）$\sin y\cos x=C$　（4）$x^2-y^2=Cx$　（5）$(x\mp y)e^{x/(x\mp y)}=C\ (a=\pm 2)$,

$\log(y^2-axy+x^2)+\dfrac{2a}{\sqrt{4-a^2}}\tan^{-1}\dfrac{2y-ax}{\sqrt{4-a^2}\,x}=C\ (|a|<2)$,　$\log|y^2-axy+x^2|+\dfrac{a}{\sqrt{a^2-4}}\log\dfrac{2y-(a+\sqrt{a^2-4})x}{2y+(a-\sqrt{a^2-4})x}=C\ (|a|>2)$

（6）$y=-2x+4\pm\sqrt{5x^2-10x+C}$

問 9（1）$y=a\tan^{-1}\dfrac{x+y}{a}+C$　（2）$(y+2e^x)^2(y-e^x)=C$

問 10（1）$\dfrac{y}{x}=\dfrac{1}{2}(\log x)^2+C$　（2）$ye^{\sin x}=x+C$

（3）$y=Ce^{ax}-\dfrac{b}{1+a^2}(a\sin x+\cos x)$　（4）$y=Ce^{-\sin x}+1$

（5）$y=\dfrac{x}{C-\log|x|}$, $y=0$　（6）$y^2=\dfrac{2}{3}x+\dfrac{C}{x^2}$

問 12　$a/(a^2+b^2)$, $-b/(a^2+b^2)$

問 16　$(-b, a)$

問 19（1）$y=e^x\cos 2x$　（2）$y=e^x$

問 20（54）については，$y=e^{ax}$ が同次方程式の解であることに注意する．

問 21（1）$y=e^x(A\cos 2x+B\sin 2x)+x^2+x$　（2）$y=(Ax+B)e^{2x}+e^x+x^2e^{2x}/2$　（3）$y=e^x\{A\cos x+(B+x/2)\sin x\}\ (a=1)$, $y=e^x\{A\cos x+B\sin x\}+\dfrac{1}{(a-1)(a^2-2a+5)}e^{ax}\{(a-1)\cos x+2\sin x\}\ (a\neq 1)$

問 22　$y=(Ax+B)e^x+(x^2/2-2x+C)e^{2x}$

第 3 章　演習問題

1. (1) $(x+1)\log(1+x)-x$　(2) $\dfrac{1}{\alpha+2}(x+1)^{\alpha+2}-\dfrac{1}{\alpha+1}(x+1)^{\alpha+1}$ または $\dfrac{x}{\alpha+1}(x+1)^{\alpha+1}-\dfrac{1}{(\alpha+1)(\alpha+2)}(x+1)^{\alpha+2}(\alpha \neq -1,\ -2)$, $\log|x+1|+\dfrac{1}{x+1}$ $(\alpha=-2)$, $x-\log|x+1|\ (\alpha=-1)$　(3) $x\left(\dfrac{6}{11}\sqrt[6]{x^5}+\dfrac{3}{4}\sqrt[3]{x}\right)$

(4) $\dfrac{x^2}{2(\alpha+1)}(x^2+1)^{\alpha+1}-\dfrac{1}{2(\alpha+1)(\alpha+2)}(x^2+1)^{\alpha+2}\ (\alpha \neq -1,\ -2)$, $\dfrac{1}{2}\log(x^2+1)+\dfrac{1}{2(x+1)}\ (\alpha=-2)$, $\dfrac{1}{2}x^2-\dfrac{1}{2}\log(x^2+1)\ (\alpha=-1)$ ((2) を利用せよ)　(5) $\log|\log x|$　(6) $-1/(e^x+1)$　(7) $\log(e^x+\sqrt{e^{2x}-1})$

(8) $\dfrac{1}{2}\sin^{-1}\dfrac{2}{3}x-\dfrac{1}{4}\sqrt{9-4x^2}$　(9) $x(\log^3 x-3\log^2 x+6\log x-6)$

(10) $\dfrac{x}{2}(\sin(\log x)-\cos(\log x))$　(11) $x\tan^{-1}x-\dfrac{1}{2}\log(x^2+1)$

(12) $\dfrac{1}{4}\{(2x^2-1)\sin^{-1}x+x\sqrt{1-x^2}\}$

2. (1) $\dfrac{1}{2}\log(x^2-2x+2)+\tan^{-1}(x-1)$　(2) $\dfrac{1}{2}\{x^2+\log(x-1)(x^3-1)\}$ $+\dfrac{1}{\sqrt{3}}\tan^{-1}\dfrac{2x+1}{\sqrt{3}}$　(3) $\dfrac{1}{4}\log\dfrac{|x^4-1|}{x^4}\left(\dfrac{1}{x(x^4-1)}=\dfrac{x^3}{x^4(x^4-1)}\right)$

(4) $\dfrac{1}{4}\log\dfrac{(x+1)^2}{x^2+1}-\dfrac{1}{2}\dfrac{1}{x+1}$　(5) $2\tan^{-1}\sqrt{x}$　(6) $-\dfrac{\sqrt{x^2+1}}{x}$

(7) $-\sqrt{1+x-x^2}+\tan^{-1}\sqrt{\dfrac{\sqrt{5}+(2x+1)}{\sqrt{5}-(2x-1)}}$ または $-\sqrt{1+x-x^2}+\dfrac{1}{2}\sin^{-1}\dfrac{2x-1}{\sqrt{5}}$

(8) $2\log|x+\sqrt{x^2+x+1}|-\dfrac{3}{2}\log|2x+1+2\sqrt{x^2+x+1}|$ $+\dfrac{3}{2}\dfrac{1}{2x+1+2\sqrt{x^2+x+1}}$　(9) $x\tan\dfrac{x}{2}$

(10) $\dfrac{1}{2}\log\left|\tan\dfrac{x}{2}\right|-\dfrac{1}{4}\tan^2\dfrac{x}{2}$　(11) $\dfrac{1}{a^2+1}\{\log|a\cos x+\sin x|+ax\}$

(12) $x-\log(1+\sqrt{1+e^{2x}})$

3. (1) $I_n=x(\log x)^n-nI_{n-1}$　(2) $I_{n+1}=\dfrac{-1}{2n}\left\{\dfrac{x}{(x^2-1)^n}+(2n-1)I_n\right\}$

（3）　$I_n = \dfrac{x^{n-1}}{n}\sqrt{x^2+a^2} - \dfrac{a^2(n-1)}{n} I_{n-2}$

4.　（1）　$\dfrac{1}{6}\sin^3 x\cos^3 x + \dfrac{1}{8}\sin^3 x\cos x - \dfrac{1}{16}\sin x\cos x + \dfrac{1}{16}x$

（2）　$\dfrac{1}{3\sin x\cos^3 x} + \dfrac{4}{3\sin x\cos x} - \dfrac{3}{8}\dfrac{\cos x}{\sin x}$

5.　（1）　$yy' = xy'^2+1$　　（2）　$x^2-y^2+2xy\,y' = 0$　　（3）　$xy' = 2y$

（4）　$y''-2y'+y = 0$　　（5）　$y''y = y'^2\log|y''/y'|$，または $2y''^2 = y'y'''$.

（6）　$(1+y^2)y'' = 2yy'^2$

6.　（1）　$y^2 = Cx^2+4$　　（2）　$\sin^{-1}y = \sin^{-1}x + C,\quad y = \pm 1$

（3）　$y = x^C,\quad y = 1$　　（4）　$\tan(y/2) = Cxe^{-x^2},\quad y = n\pi$

（5）　$\tan^{-1}\left(\dfrac{y+3}{x-1}\right) = \dfrac{1}{2}\log\{(x-1)^2+(y+3)^2\}+C$　　（6）　$y^3 = 3x^3(\log|x|$

$+C)$　　（7）　$\cos\dfrac{y}{x} = Cx$.　　（8）　$y = (C^2x^2-1)/2C\quad (C>0)$

7.　（1）　$y=x+C\sqrt{1+x^2}$　　（2）　$y=\{x\sqrt{x^2+1}-\log(x+\sqrt{x^2+1})+C\}\sqrt{x^2+1}/2$

（3）　$y = a+C\sqrt{|x^2-1|}$　　（4）　$y = -2\cos^2 x + C\cos x$

（5）　$y = \dfrac{1}{2\cos x}\left(\log\left|\dfrac{1+\sin x}{1-\sin x}\right|+C\right)$　　（6）　$\dfrac{1}{xy} = -\dfrac{1}{2}(\log x)^2+C$

（7）　$\dfrac{1}{y} = 2(\cos x-1)+Ce^{-\cos x}$　　（8）　$y^2 = \cos x+\sin x+Ce^{-x}$

9.　（1）　$x^2+ny^2 = C$　　（2）　$x^2+y^2 = Cy,\quad y = 0$　　（3）　$y^2 = 4C(x+C)$

10.　（1）　$y = C_1e^{2x}+C_2e^{-x}+\dfrac{1}{a^2-a-2}e^{ax}\,(a \neq -1, 2),\quad y = C_1e^{2x}+\left(C_2-\dfrac{x}{3}\right)e^{-x}$

$(a = -1)$，　$y = \left(C_1+\dfrac{x}{3}\right)e^{2x}+C_2e^{-x}\quad (a = 2)$

（2）　$y = e^x(C_1\cos 2x + C_2\sin 2x) + \dfrac{1}{a^4-6a^2+25}\{2a\cos ax + (5-a^2)\sin ax\}$

（3）　$y = (C_1x+C_2)e^{-2x}+\dfrac{1}{(a+2)^2}e^{ax}\ (a \neq -2)$，　$y = \left(\dfrac{x^2}{2}+C_1x+C_2\right)e^{-2x}$

$(a = -2)$　　（4）　$y = C_1e^{2x}+C_2e^{-3x}-\dfrac{1}{32}(8x^2+12x+13)e^x$

（5）　$y = C_1e^{-x}+C_2e^{-2x}+(e^{-x}+e^{-2x})\log(1+e^x)$

（6）　$y = e^x(C_1\cos\sqrt{2}x + A\cos x + C_2\sin\sqrt{2}x + B\sin x)$

11.　（1）　$y = C_1x^3+\dfrac{C_2}{x^2}$　　（2）　$y = C_1x+\dfrac{C_2}{x^2}+\dfrac{1}{10}x^3+\dfrac{1}{3}x\log|x|$

12.　（1）　$x(\sin^{-1}x)^2+2\sqrt{1-x^2}\sin^{-1}x-2x$　　（2）　$2\{\sqrt{1+x}\sin^{-1}x+2\sqrt{1-x}\}$

（3） $\frac{\theta}{2}-\tan^{-1}\left(\frac{r+1}{r-1}\tan\frac{\theta}{2}\right)$ $(r \neq 1)$， $\frac{\theta}{2}$ $(r=1)$　（4） $-\sqrt{(x-1)(2-x)}$
$-\tan^{-1}\sqrt{\frac{2-x}{x-1}}$ （または，$-\sqrt{(x-1)(2-x)}-\sin^{-1}\sqrt{2-x}$ ）

（5） $\frac{1}{3}\left(\log\left|\frac{\sqrt{x^3+1}-1}{\sqrt{x^3+1}+1}\right|+2\sqrt{x^3+1}\right)$　（6） $\frac{4}{3}\sqrt[4]{x^3}+8\sqrt[4]{x}+\frac{2\sqrt[4]{x}}{1-\sqrt{x}}+5\log\left|\frac{\sqrt[4]{x}-1}{\sqrt[4]{x}+1}\right|$

13. $F_n(x)=\frac{x^n}{n!}\log x-\left(1+\frac{1}{2}+\cdots+\frac{1}{n}\right)\frac{x^n}{n!}$ $\left(F_n(x)=\frac{x^n}{n!}\log x-a_nx^n\right.$ の形になることがわかる．$(n+1)!\,a_{n+1}=\frac{1}{n+1}+n!\,a_n$ を導く．）

14. （1） $y=x(x+C_1\log|x|+C_2)$

（2） $y=\left(\frac{x^3}{3}+C_1x^2+x+C_2+\frac{x^2}{2}\log|x|\right)e^x$

15. $y=(C_1x+C_2)e^{-x^2/2}$

16. （1） $y=\frac{1}{C-x}$， $y=\frac{a}{2}\frac{1+Ce^{ax}}{1-Ce^{ax}}$， $y=a\tan(ax+C)$

（2） $y=\frac{1}{2k}\left(C_1e^{kx}+\frac{1}{C_1}e^{-kx}\right)+C_2$，ただし，$C_1>0$． $(k \neq 0)$,
$y=C_1x+C_2$ $(k=0)$

（3） $y=\frac{b}{6}x^2\pm\sqrt{a}\,x$ $(b \neq 0)$，　$y^2=ax^2+C$ $(b=0)$．$\left(\frac{d}{dx}=p\frac{d}{dy}\right.$ により
$(yy')'=p\frac{d}{dy}(yp)$．これを利用する．）

18. $C_2=0$ とおけば，C_1 は C_1' に関する線形方程式 $C_1''+(p+2y_1'/y_1)$ $C_1'=f/y_1$ から得られる．これは §4 の階数低下法である．または，$y'=C_1y_1'+C_2y_2'+(C_1'y_1+C_2'y_2)$ より y'' において，C_1'', C_2'' の項が現れないように，$C_1'y_1+C_2'y_2=0$……① とおく．y'' が解となるのは $C_1'y_1'+C_2'y_2'=f$……② のときである．①, ② より，$C_1'=-fy_2/W[y_1, y_2]$，$C_2'=fy_1/W[y_1, y_2]$．

第 4 章

問 6 等号は $f(x)$ が定符号のとき．
問 7 1°) $\Phi(t)=\int_a^{\varphi(t)}f(x)dx$ は $f(\varphi(t))\varphi'(t)$ の原始関数．
問 13 （1） -1　（2） π　（3） 2　（4） π　（5） $\pi/4$　（6） $2\pi/3\sqrt{3}$
問 18 $3\pi a^2$

問 20　$3\pi a^2/2$

問 22　$a\sinh(x_0/a)$

問 23　$2\pi\sqrt{a^2+h^2}$

問 24　(1)　$\dfrac{a}{2}\left(\beta\sqrt{\beta^2+1}-\alpha\sqrt{\alpha^2+1}+\log\dfrac{\beta+\sqrt{\beta^2+1}}{\alpha+\sqrt{\alpha^2+1}}\right)$　(2)　$8a$

(3)　$\dfrac{\sqrt{k^2+1}}{k}(e^{k\beta}-e^{k\alpha})$

第 4 章　演習問題

1.　(I)　(1)　$\dfrac{-1}{(1-\alpha)^2}$　(2)　$\dfrac{\pi}{16}a^3$　(3)　π　(4)　$\log 2$

(5)　$\dfrac{\pi}{4}$　(6)　$\dfrac{\pi}{ab(a+b)}$　(7)　$\dfrac{4}{3}(2-\sqrt{2})$

(II)　(1)　$(-1)^n n!$　(2)　$\dfrac{(2n-1)!!}{(2n)!!}\pi$　(3)　$\dfrac{1}{2}\dfrac{e^\pi+1}{e^\pi-1}$

3.　(1)　2/3　(2)　$\log 2$　(3)　$\log(1+\sqrt{2})$

4.　(1)　$-f(x)$　(2)　$f(x+a)-f(x-a)$

(3)　$\displaystyle\int_a^b e^t f(x-t)dt+\{e^a f(x-a)-e^b f(x-b)\}$　(4)　$f(x)-f(a)$

5.　(2)　$1-\sin^2 x<1-\sin^3 x<1-\sin^4 x$　$(0<x<\pi/2)$

6.　(1),(2)　$0\ (m\neq n)$,　$\pi\ (m=n)$　(3)　0

8.　(1)　すべての実数 t に対して　$\displaystyle\int_a^b\{tg(x)+f(x)\}^2dx\geqq 0$　が成り立つことを用よ.

11.　$\displaystyle\int_a^x f^{(n)}(t)(x-t)^{n-1}dt$　に部分積分を施せ.

12.　(1)　部分積分による.（なお　第2章問 12 参照.）　(3)　$f(x)=\{f(x)-c_nP_n(x)\}+c_nP_n(x)$,　$c_n=2^n(n!)^2/(2n)!$　を利用せよ.

14.　(1)　$3\pi a^2/8$,　$6a$　(2)　1/6,　$1+(1/\sqrt{2})\log(1+\sqrt{2})$

15.　(1)　$(-1)^n\dfrac{n!}{(p+1)^{n+1}}$　(2)　$\dfrac{m!\ n!}{(m+n)!}$　(3)　m, n が共に偶数のとき,

$\dfrac{(m-1)!!\ (n-1)!!}{(m+n)!!}\dfrac{\pi}{2}$, その他のとき, $\dfrac{(m-1)!!\ (n-1)!!}{(m+n)!!}$　(4)　0（n 偶数), π（n 奇数)（$\sin(n+2)x=\sin nx\cos 2x+\cos nx\sin 2x$ を用いる.）

16.　例7参照　(1)　$-\dfrac{\pi}{2}\log 2$　$\left(\displaystyle\int_0^\pi\theta\log(\sin\theta)d\theta=4\int_0^{\pi/2}\theta\log(\sin 2\theta)d\theta=\right.$

$\left.2\pi\displaystyle\int_0^{\pi/2}\log(\sin\theta)d\theta+\frac{\pi^2}{2}\log 2\right.$ を利用する.$\Big)$　(2)　π

17. （1） $a_n > a_{n+1},\quad a_n > 0$.　（2） $\lim_{n\to\infty} s_n/\log n = 1$ を利用する.

20. $\int_0^x \frac{\sin t}{t}\,dt$ は $x=(2n-1)\pi$ $(n\in \boldsymbol{N})$ で極大. $\int_{(2n-1)\pi}^{(2n+1)\pi} \frac{\sin t}{t}\,dt < 0$ を示す.

21. （2） そのままでもできるが, $a=0<b$ の場合に帰着すると簡単になる.

$I_n = \int_0^b |\sin nx|\,dx = \frac{1}{n}\int_0^{nb} |\sin x|\,dx$. $\left[\frac{nb}{\pi}\right] = m$ とおくと,

$\frac{1}{n}\int_0^{m\pi} |\sin x|\,dx \leqq I_n < \frac{1}{n}\int_0^{(m+1)\pi} |\sin x|\,dx$.

22. $\varepsilon>0$ に対して, $a<a'<b'<b$, $(a'-a)+(b-b')<\varepsilon$ をみたす a', b' をとる. $\delta = \max\{f(x) \mid a' \leqq x \leqq b'\}$ とおくと, $\delta<1$. このとき, $\int_a^b f^n(x)dx \leqq \varepsilon + \delta^n(b-a)$.

25. $F(x) = \int_0^x f(t)dt$ $(0\leqq x\leqq 1)$ とおくと, $F(x)$ は凸関数で, これから, $F(x) \leqq 0$ である. これを利用するか, または $\xi = \sup\{x \mid f(x) \leqq 0\}$ として, $\int_0^1 xf(x)dx$ の積分区間を $x=\xi$ で分けよ.

27. （1） $f(x')-f(x) = \int_x^{x'} f'(t)dt$　（2） シュワルツの不等式（問題 8（1））

28. $M = \max_{a\leqq x\leqq b} f(x)$ とおく. $\varepsilon>0$ に対して, ある部分区間 $[a', b']$ $(a'<b')$ で $M-\varepsilon < f(x)$. このとき, $(M-\varepsilon)(b'-a')^{1/n} < \left(\int_a^b f^n(x)dx\right)^{1/n} \leqq M$.

第 5 章

問 1 （1),（2),（3） すべて収束

問 2 発散

問 5 （1） 一様収束でない　（2） $p<1/2$ のとき一様収束, $p\geqq 1/2$ のとき一様収束でない.

問 9 （1） $\alpha \in \boldsymbol{N}\cup\{0\}$ のとき ∞, その他のとき 1　（2） $1/e$　（3） $1/e$　（4） 1　（5） 1

問 10 （1） $1-\frac{2}{2!}x^2+\frac{2^3}{4!}x^4-\cdots+(-1)^n\frac{2^{2n-1}}{(2n)!}x^{2n}+\cdots$ $\left(\cos^2 x = \frac{1}{2}+\frac{1}{2}\cos(2x)\right)$　（2） $x-\frac{1}{2}\frac{x^3}{3}+\frac{1\cdot 3}{2\cdot 4}\frac{x^5}{5}-\cdots+(-1)^n\frac{(2n-1)!!}{(2n)!!}\frac{x^{2n+1}}{2n+1}+\cdots$ $\left(\log(x+\sqrt{x^2+1}) = \int_0^x \frac{dt}{\sqrt{1+t^2}}\right)$

第5章 演習問題

1. (1) 発散 (2) 収束 (3) 収束 (4) $\alpha>0$ のとき収束，$\alpha\leqq 0$ のとき発散 (5) 収束 (6) $a\neq 1$ のとき，$\alpha\geqq 0$ ならば発散，$\alpha<0$ ならば収束，$a=1$ のとき収束 (7) $a\geqq 1/e$ のとき発散，$a<1/e$ のとき収束 $(a^{\log n}=e^{\log n\log a}=n^{\log a})$ (8) 収束 (9) $c<a$ のとき収束，$c\geqq a$ のとき発散（$c=a$ のとき，$\left(\dfrac{cn+d}{an+b}\right)^n$ は0に収束しない.）

3. 反例 $a_n=1/n$

4. $\{d_n\}$ が0に収束する場合とそうでない場合に分けよ.

5. (1) $(-\infty,\infty)$ において一様ではない. $\delta>0$ とすると $\delta\leqq|x|<\infty$ で一様 (2) $(-\infty,\infty)$ で一様 (3) (1) に同じ. (4) $[0,1]$ において一様ではない. $0<\delta<1$ とすると，$[\delta,1]$ で一様.（$M_n=\max\limits_{0\leqq x\leqq 1}nx(1-x)^n=\left(\dfrac{n}{n+1}\right)^{n+1}$. $0<\delta<1$ とすると，$\delta\leqq x\leqq 1$ において，$nx(1-x)^n\leqq n(1-\delta)^n$）

(5) 一様.（$\lim\limits_{n\to\infty}n\sin\dfrac{x}{n}=x$. $\left|n\sin\dfrac{x}{n}-x\right|=n\left|\sin\dfrac{x}{n}-\dfrac{x}{n}\right|$. $f(\theta)=\sin\theta-\theta$ に $[0,x/n]$ において平均値定理を適用）

6. (1) $(-\infty,\infty)$ で一様. (2) $[0,1]$ において一様でない. $0<\delta<1$ とすると $[\delta,1]$ で一様. (3),(4) $(-\infty,\infty)$ で一様.

7. (1) 1 (2) 1 (3) 1/3 (4) 4 (5) 1 (6) $1/\max\{a,b\}$

8. (1) $\displaystyle\sum_{n=0}^{\infty}(3^{n+1}-2^{n+1})x^n$ (2) $\displaystyle\log 2+\sum_{n=1}^{\infty}\frac{(-1)^{n-1}}{2}\frac{(2n-1)!!}{(2n)!!}\frac{x^n}{n}$

(3) $\displaystyle 1-\sum_{n=2}^{\infty}\frac{n-1}{n!}x^n$ (4) $\displaystyle\sum_{n=1}^{\infty}(-1)^{n-1}\left(1+\frac{1}{2}+\frac{1}{3}+\cdots+\frac{1}{n}\right)x^n$

(5) $\displaystyle\sum_{n=0}^{\infty}(-1)^n\frac{x^{2n+1}}{(2n+1)!\,(2n+1)}$

(6) $\displaystyle\sum_{n=1}^{\infty}(-1)^{n-1}\left(1+\frac{1}{3}+\frac{1}{5}+\cdots+\frac{1}{2n-1}\right)x^{2n-1}$

12. $\displaystyle y=\frac{x^2}{2}+\frac{2!!}{3!!}\frac{x^4}{4}+\frac{4!!}{5!!}\frac{x^6}{6}+\cdots+\frac{(2n-2)!!}{(2n-1)!!}\frac{x^{2n}}{2n}+\cdots$

13. (1) $p>1/2$ のとき収束，$p\leqq 1/2$ のとき発散（第4章問9）
(2) $a<b$ のとき収束，$a\geqq b$ のとき発散， (3) α または β が 0, -1, $-2,\cdots\cdots$ のとき収束. $\alpha,\beta\neq 0,-1,-2,\cdots\cdots$ のとき，$\gamma>\alpha+\beta$ ならば収束，$\gamma\leqq\alpha+\beta$ ならば発散（級数の項は，ある番号から先 定符号となることに注意）

14. （1） $\alpha=0,1,2,\cdots\cdots$ のときは2項定理． $\alpha\neq 0,1,2,\cdots\cdots$ のとき，$a_n/a_{n+1}\to -1$ より，交代級数となることを利用する．第1章演習問題4（3）参照.

15. （1） $a_n=\dfrac{1}{n}$，$b_n=\dfrac{(-1)^n}{\sqrt{n}}$　（2） $a_n=\dfrac{1}{n}+\dfrac{(-1)^n}{\sqrt{n}}$，$b_n=\dfrac{(-1)^n}{\sqrt{n}}$

16. （2） $a_n=\dfrac{(-1)^n}{n}$，$f_n(x)=\dfrac{(-1)^n}{n+\sin x}$ として，$\left|\sum_{k=m}^{n} f_k(x)\right| \leqq \left|\sum_{k=m}^{n}(f_k(x)-a_k)\right|+\left|\sum_{k=m}^{n} a_k\right|$ を利用する.

17. $\varepsilon>0$ に対して，$E_n=\{x \mid f_n(x)\leqq f(x)-\varepsilon\}$ とおいて 第1章演習問題 33 を利用する．またはボルツアノ・ワイエルストラスの定理（第1章定理5）と背理法による.

18. （1） 1（ダランベールの判定法）　（2） 1 （$|a^n x^{2n}|=(|a|^{n/2n}|x|)^{2n}$，または $1/R=\lim \sqrt[2n]{|a|^n}$ による）　（3） 1

20. $f(x)=\sum_{k=0}^{\infty} a_k x^k$ （$|x|<R$） とする．例 11 をくり返し使って，

$(g(x))^k=\sum_{n=1}^{\infty} b_n^{(k)} x^n$ （$k=0,1,2,\cdots$） とおく.

$$f(g(x))=\sum_{k=0}^{\infty} a_k(g(x))^k=\sum_{k=0}^{\infty}\left(\sum_{n=1}^{\infty} a_k b_n^{(k)} x^n\right)=\sum_{n=1}^{\infty}\left(\sum_{k=0}^{\infty} a_k b_n^{(k)} x^n\right)$$

$$=\sum_{n=1}^{\infty}\left(\sum_{k=0}^{\infty} a_k b_n^{(k)}\right)x^n$$ が成り立つことを示す.

$g(x)=\sum_{n=1}^{\infty} b_n x^n$ として $G(x)=\sum_{n=1}^{\infty}|b_n||x|^n$ とおく．$G(x)$ は連続で，$G(0)=0$ より，ある $r>0$ と $A<R$ に対して，$|x|<r$ で $G(x)\leqq A$ が成り立つ. $\sum_{n=1}^{\infty}|b_n^{(k)} x^n|\leqq G(x)^k$ に注意して前題を適用する.

21. $e(1+1/n)^{-n}=\exp\{1-n\log(1+1/n)\}$ と前題を用いる

22. n に関する帰納法.

23. （2） $\sin\theta+\sin 3\theta+\cdots+\sin(2k+1)\theta=\dfrac{1-\cos 2(k+1)\theta}{1-\cos 2\theta}\cdot\sin\theta$ を用いる.

この等式は $\dfrac{\sin(2k+1)\theta}{\sin\theta}=\dfrac{\cos 2k\theta-\cos(2k+2)\theta}{1-\cos 2\theta}$ を利用するか，または第3章演習問題 19 と同様の考えで導け.

24. $\sum\sin n\theta$，$\sum\cos n\theta$ の部分和列は有界.（第3章演習問題 19）

26. $f_n(x)$ が増加であることは，固定した x に対して，$n\log(1-x^2/n)$ を連続的変数 n に関して，$n>x^2$ において微分することにより示す. $\int_0^{\sqrt{n}}\left(1-\dfrac{x^2}{n}\right)^n dx$ は $x=\sqrt{n}\cos\theta$ と置換して，第4章例9およびワリスの公式を用る．あとは 17, 25

を適用する．

27. 前題と同様である．$f_n(x)=(1-x/n)^n$ $(0\leqq x\leqq n)$，$=0$ $(n<x<\infty)$ とすると，$f_n(x)$ は $[0,\infty)$ に含まれる任意の閉区間で一様収束する．したがって，$f_n(x)x^{s-1}$ は $(0,\infty)$ に含まれる任意の閉区間で一様収束する．

28. $\displaystyle\int_0^\infty e^{-x}\log x\,dx=\lim_{n\to\infty}\int_0^n\left(1-\frac{x}{n}\right)^n\log x\,dx$，$\displaystyle\int_0^n\left(1-\frac{x}{n}\right)^n\log x\,dx$

$$=n\int_0^1(1-x)^n\log n\,dx+n\int_0^1(1-x)^n\log x\,dx$$

最後の積分は 第3章演習問題 13 の結果を利用すれば簡単に求められる．

第 6 章

問 1 （1） 内点の集合 E，外点の集合 $\{(x,y)\,|\,x^2+y^2>1\}$，境界 $\{(x,y)\,|\,x^2+y^2=1\}$，開集合 （2） 内点 なし，外点の集合 E^c，境界 E，開集合ではない （3） 内点の集合 E，外点の集合 $\{(x,y)\,|\,xy<0\}$，境界 $\{(x,y)\,|\,xy=0\}$，開集合 （4） 内点，外点 なし，境界 全平面，開集合ではない．

問 4 （1） $\{(x,y)\,|\,x^2+y^2\leqq 1\}$ （2） E （3） $\{(x,y)\,|\,xy\geqq 0\}$ （4） 全平面

問 8 （1） 極限値0を持つ． （2） 持たない． （3） 極限値0を持つ．

問 12 （1） $z_x=ye^{xy}$，$z_y=xe^{xy}$ （2） $z_x=\dfrac{2x}{x^2+y^2}$，$z_y=\dfrac{2y}{x^2+y^2}$

（3） $z_x=\dfrac{-y}{x^2+y^2}$，$z_y=\dfrac{x}{x^2+y^2}$ （4） $(x,y)\neq(0,0)$ で

$z_x=\dfrac{y(y^2-x^2)}{(x^2+y^2)^2}$，$z_y=\dfrac{x(x^2-y^2)}{(x^2+y^2)^2}$，$(0,0)$ で $z_x=z_y=0$

問 13 （1） $z_{xx}=y^2e^{xy}$，$z_{xy}=z_{yx}=(1+xy)\,e^{xy}$，$z_{yy}=x^2e^{xy}$

（2） $z_{xx}=\dfrac{2(y^2-x^2)}{(x^2+y^2)^2}$，$z_{xy}=z_{yx}=-\dfrac{4xy}{(x^2+y^2)^2}$，$z_{yy}=\dfrac{2(x^2-y^2)}{(x^2+y^2)^2}$

（3） $z_{xx}=\dfrac{(2+\log x)\log y}{x^2(\log x)^3}$，$z_{xy}=z_{yx}=\dfrac{-1}{xy(\log x)^2}$，$z_{yy}=\dfrac{-1}{y^2\log x}$

問 14 $a^mb^ne^{ax}\cos(by+n\pi/2)$

問 17 $\varphi''(r)+2\varphi'(r)/r$

問 23 （1） $y'=\dfrac{e^y}{2-y}$，$y''=\dfrac{e^{2y}(3-y)}{(2-y)^3}$ （2） $y'=\dfrac{1-3x^2y^3}{1+3x^3y^2}$，

$$y''=\frac{30xy(x^2+y^2-3xy)}{(1+3x^3y^2)^3}$$

問 24 $\dfrac{\partial z}{\partial x}=-\dfrac{c^2}{a^2}\dfrac{x}{z}$, $\dfrac{\partial^2 z}{\partial x^2}=\dfrac{c^4}{a^2b^2}\dfrac{y^2-b^2}{z^3}$, $\dfrac{\partial^2 z}{\partial x\,\partial y}=-\dfrac{c^4}{a^2b^2}\dfrac{xy}{z^3}$

問 25 （1） $pla^{l-1}x+qmb^{m-1}y+rnc^{n-1}z=pla^l+qmb^m+rnc^n$ （2） $(b+c)x+(c+a)y+(a+b)z=2$ （3） $bcx+cay+abz=3$

問 27 （2） $\mathrm{P}_i=(x_i, y_i, z_i)$ とするとき，$\left(\dfrac{1}{n}\sum_{i=1}^{n}x_i,\ \dfrac{1}{n}\sum_{i=1}^{n}y_i,\ \dfrac{1}{n}\sum_{i=1}^{n}z_i\right)$.

問 28 （1） $\left(\pm\dfrac{1}{2},\ \pm\dfrac{1}{2}\right)$ で極小値 $-\dfrac{1}{8}$, $\left(\pm\dfrac{1}{2},\ \mp\dfrac{1}{2}\right)$ で極大値 $\dfrac{1}{8}$

（2） $x=y=\sqrt[3]{a}$ のとき極小値 $3\sqrt[3]{a^2}$ （3） $(0,0)$ で極小値 0，$(\pm1,0)$ で極大値 a/e

問 29 $(x, y, z)=\left(\dfrac{pa}{p+q+r},\ \dfrac{qa}{p+q+r},\ \dfrac{ra}{p+q+r}\right)$ のとき

最大値 $p^pq^qr^r\left(\dfrac{a}{p+q+r}\right)^{p+q+r}$

問 30 $\sqrt{a^2+b^2+c^2}=l$ とおくと $(x, y, z)=(a^2/l,\ b^2/l,\ c^2/l)$ のとき最大値 l，$(x, y, z)=(-a^2/l,\ -b^2/l,\ -c^2/l)$ のとき最小値 $-l$

問 31 $x:y:z=2:2:1$

問 32 （1） $x=0$ および $y=0$ （2） $y=x^2/4+1$ （3） $x^{2/3}+y^{2/3}=l^{2/3}$

問 34 （1） $y\cos x-x\sin y=C$ （2） $x^3+3xy-y^3=C$

問 35 （1） $\dfrac{x^2}{2}-xy-\dfrac{1}{y}=C$ （2） $x\tan y-x^3=C$

第 6 章 演 習 問 題

1. 領域になっているのは（1）（4）（5）（6）

2. （1） 存在しない （2），（3） 0

3. （1） $f_x=\dfrac{-x}{\sqrt{x^2+y^2}}e^{-\sqrt{x^2+y^2}}$, $f_y=\dfrac{-y}{\sqrt{x^2+y^2}}e^{-\sqrt{x^2+y^2}}$

（2） $f_x=\dfrac{-y}{|x|\sqrt{x^2-y^2}}$, $f_y=\dfrac{x}{|x|\sqrt{x^2-y^2}}$

（3） $f_x=\dfrac{2y}{(x+y)^2}\log\dfrac{y}{x}-\dfrac{x-y}{x(x+y)}$, $f_y=-\dfrac{2x}{(x+y)^2}\log\dfrac{y}{x}+\dfrac{x-y}{y(x+y)}$

4. （1），（2），（3），（4） すべて $f_x(0,0)=f_y(0,0)=0$. 全微分可能なのは（1），（2），（3）

6. （1） $a^m b^n e^{ax+by}$ （2） $(-1)^n\sin\left(x-y+\dfrac{m+n}{2}\pi\right)$ （3） $\alpha(\alpha-1)\cdots(\alpha-m-n+1)(1+x+y)^{\alpha-m-n}$

11. （1）　$z_{xx}=\dfrac{2(y+z)}{(x+y)^2}$，　$z_{xy}=\dfrac{2z}{(x+y)^2}$，　$z_{yy}=\dfrac{2(x+z)}{(x+y)^2}$

（2）　$z_{xx}=-\dfrac{x(1+\log x)^2+z(1+\log z)^2}{xz(1+\log z)^3}$，　$z_{xy}=-\dfrac{(1+\log x)(1+\log y)}{z(1+\log z)^3}$

$z_{yy}=-\dfrac{y(1+\log y)^2+z(1+\log z)^2}{yz(1+\log z)^3}$

12. （1）　$(\pm\sqrt{2},\ \mp\sqrt{2})$ で極小値8　　（2）　$x=y=\pi/3$　のとき極大値 $3\sqrt{3}/2$，$x=y=5\pi/3$　のとき極小値　$-3\sqrt{3}/2$

13. （1）　$(0,0)$ で極小値0，$(3/2,\ 3/2)$ で極大値 $9/2$　　（2）　三角形の重心

14. （1）　$xy=\pm S/2\pi$　　（2）　$x^2/(a^2+b^2)+y^2/b^2=1$

15. （1）　集積点となる点は $(1/m,0)$，$(0,1/n)$ $(m,n\in N)$，$(0,0)$　　（2）　集積点の全体は　$\{(x,0)\mid x\geqq 0\}$.

17. （1），（2）　0　（（1）　$\lim_{x\to+0}x\log x=0$　　（2）　$\lim_{x\to\infty}xe^{-x}=0$ を利用する.）

18. （1）　全微分可能であるが C^1 級ではない.　　（2）　C^1 級である.

22. 必要性. 接平面を　$z-f(a,b)=A(x-a)+B(y-b)$　とする.　$\Delta f=f(a+h,\ b+k)-f(a,b)=Ah+Bk+\varepsilon r$，$r=\sqrt{h^2+k^2}$ とおくと仮定から，$r\to 0$ のとき，まず ε が有界となることを導く.

24. （2）　$\mathrm{P}\in D$　として，P　を通る曲線 C の P における単位接線ベクトルを $\boldsymbol{t}$，像曲線 C' の $\mathrm{P}'=\Phi(\mathrm{P})$ における単位接線ベクトルを $\boldsymbol{t}'$ とすると，$\boldsymbol{t}'$ は $\boldsymbol{t}$ を（C によらない）一定の角だけ回転したものである.

25. P が D の内点の場合．$C:\mathrm{P}(t)$ $(\alpha\leqq t\leqq\beta)$ とする．$t_0=\sup\{\gamma\mid \alpha\leqq t\leqq\gamma$ に対して，$\mathrm{P}(t)\in D\}$ とすると，$\mathrm{P}(t_0)$ は D の境界点.

26. （1）　開集合の場合は背理法によって示す.　　（3）　$\mathrm{P}_n,\ \mathrm{P}\in D$，$\Phi(\mathrm{P}_n)\to\Phi(\mathrm{P}_0)$ ならば，$\mathrm{P}_n\to\mathrm{P}_0$ となることを背理法で示す.

27. 第1章例6の証明参照.

28. $n\in N$ に対して，$\Phi_n:B\to B$ を，$\Phi_n(\mathrm{P})=\mathrm{P}''$，$\overrightarrow{\mathrm{OP}''}=\dfrac{n}{n+1}\overrightarrow{\mathrm{OP}'}$，　$\mathrm{P}'=\Phi(\mathrm{P})$ と定義すると，$d(\Phi_n(\mathrm{P}),\Phi_n(\mathrm{Q}))\leqq\dfrac{n}{n+1}d(\mathrm{P},\mathrm{Q})$

第 7 章

問 3　f を E に制限した関数を f_E とすると，$(f_E)^\sim=(f_{D_1})^\sim\cdot\chi_E$ より，f は E 上可積. これから，$(f_{D_1\setminus D_2})^\sim$，$(f_{D_2\setminus D_1})^\sim$，$(f_{D_1\cap D_2})^\sim$　も可積となる.

問 5（1）　2/15　　（2）　1　　（3）　$(e-1)/2$　　（4）　1/45

問 6　(1)　$\int_0^{1/e} dy \int_{-1}^{1} f dx + \int_{1/e}^{e} dy \int_{\log y}^{1} f\, dx$　(2)　$\int_0^{a\alpha} dy \int_{y/\beta}^{y/\alpha} f\, dx + \int_{a\alpha}^{a\beta} dy \cdot \int_{y/\beta}^{a} f\, dx$　(3)　$\int_0^{a} dx \int_0^{x+a} f\, dy + \int_a^{2a} dx \int_a^{2a} f\, dy + \int_{2a}^{3a} dx \int_{x-a}^{2a} f\, dy$

(4)　$\int_0^1 dy \int_{-\sqrt{y}}^{\sqrt{y}} f\, dx + \int_1^4 dy \int_{y-2}^{\sqrt{y}} f\, dx$

問 7　D が有界閉集合のとき，$K_n = D$ $(n \in \boldsymbol{N})$ とおく．D が開集合の場合，正方形 $|x|$, $|y| \leqq n$ を，座標軸に平行な直線によって，$(2^{n+1}n)^2$ 個の正方形に等分割する．周まで込めて D に含まれる小正方形の合併を K_n とする．(iii) は背理法によって確かめられる．

問 9　第1章定理9とその証明参照

問 10　(1)　$1/(\alpha-1)(\alpha-2)$　(2)　$\log(1+\sqrt{2})$　(3)　$\log b/a$（近似列 $D_n = D \cap \{(x, y) \mid xy \leqq n\}$ をとれ）

問 11　(1)　$\dfrac{c^{2-\alpha}}{ab(\alpha-1(\alpha-2)}$　(2)　$-\pi$　(3)　$\dfrac{\pi}{4}(a^2+b^2)$

(4)　$\dfrac{\pi}{4}ab(a^2+b^2)$

問 12　(1)　$\dfrac{e(e-2)}{2}$　(2)　$\dfrac{4\pi a^{2\alpha+3}}{2\alpha+3}$　(3)　$\dfrac{\pi a^4}{4}$

問 13　$\alpha > 3/2$

問 14　(1)　$\pi a^4/2$　(2)　$16a^3/3$

問 15　式 (40) を，円柱座標　$x = x$,　$y = r\cos\theta$,　$z = r\sin\theta$　に変換する．

問 16　(1)　$8a^2$　(2)　$\dfrac{\pi}{4}(a\sqrt{a^2+1} + \log(a+\sqrt{a^2+1}))$

問 18　曲面の方程式は　$z^2 = f^2(x) - y^2$,　$a \leqq x \leqq b$,　$|y| \leqq |f(x)|$

問 21　(1)　$(0, 0, 3a/8)$　(2)　$(0, 0, a/2)$　(3)　$(0, 2a/\pi)$

問 24　(1)　$I_x = I_y = \dfrac{\pi}{4}a^4$,　$I_z = \dfrac{\pi}{2}a^4$　(2)　$I_x = I_y = I_z = \dfrac{8\pi}{15}a^5$

(3)　$\pi h(b^4 - a^4)$

第7章　演習問題

1.　(1)　$\dfrac{1}{30}$　(2)　$\dfrac{2}{9}$　(3)　$\dfrac{81}{64}\pi$　(4)　2π　(5)　$\dfrac{\pi}{8}\left(\dfrac{1}{a^4}+\dfrac{1}{b^4}\right)$

(6)　π^2　(7)　$\dfrac{3}{2}$（直線 $y = \pm x$ に関する対称性を利用）(8)　$\dfrac{2}{\sqrt{3}}\pi$

2.　(1)　$\dfrac{1}{90}a^9$　(2)　$\dfrac{4\pi}{5}abc$　(3)　π^2　(4)　$\dfrac{\pi}{8}$

（5）$\dfrac{ab+bc+ca}{15(a+b)(b+c)(c+a)}$

4. $(\sin 1)/4$

7. $x = uv,\quad y = u(1-v)$（例 12 参照）

8. （1）$\dfrac{2}{3}(n-m)a^3$　（2）$\dfrac{1}{90}$　（3）$\dfrac{\pi}{2}ab^2$

9. （1）$4\pi^2 ar$　（2）$\dfrac{\pi}{2\sqrt{2}}a^2\left(=\dfrac{1}{\sqrt{2}}\iint_D\left(\dfrac{\sqrt{x}}{\sqrt{y}}+\dfrac{\sqrt{y}}{\sqrt{x}}\right)dx\,dy=\dfrac{2}{\sqrt{2}}\right.$ $\left.\times\iint_D\dfrac{\sqrt{x}}{\sqrt{y}}dx\,dy,\ D=\{(x,y)\mid x+y\leqq a,\quad 0\leqq x,y\}\right)$　（3）$4a^2$（円柱面を $y=\pm\sqrt{ax-x^2}$ とする.）

10. $\dfrac{2}{3}\pi(1-\cos\alpha)$，$\pi(2-2\cos\alpha+\sin\alpha)$，$\left(0,0,\dfrac{3}{8}(1+\cos\alpha)\right)$

11. （1）底面から高さ $\dfrac{3}{4}h$ の軸上の点，$\dfrac{3}{10}Ma^2$（M は全質量）　（2）中心から $\dfrac{3}{8}\dfrac{b^4-a^4}{b^3-a^3}$ の軸上の点，$\dfrac{4}{15}\pi\rho(b^5-a^5)$（$\rho$ は密度）

12. z 軸（例 19 より，g は原点を通る．g を $x/l=y/m=z/n$ とおけ）

13. （1）$2\log 2$　（2）$1/(\alpha-1)(\alpha-2)(\alpha-3)(\alpha-4)$（例 12，またはリウビルの公式（問題 7））　（3）$1/2$（変数変換 $x=u(1-v)$，$y=uv(1-w)$，$z=uvw$ を施すか，または次のように考えてリウビルの公式を利用する.）

$$\iint_{\substack{x+y+z\leqq 1\\ x,y,z\geqq 0}}dx\,dy\,dz=\iint_{\substack{y+z\leqq 1\\ y,z\geqq 0}}dy\,dz\int_0^{1-(y+z)}dx$$

14. $1/\alpha+1/\beta<1$　のとき収束，$1/\alpha+1/\beta\geqq 1$　のとき発散（$x^\alpha=X$，$y^\beta=Y$ と変換して，さらに，リゥビルの公式（問題 7）を利用）

16. 不等式 $\dfrac{v}{u}+\dfrac{u}{v}\geqq 2$　$(u,v>0)$　を利用．$u=f(x)$，$v=f(y)$ とおく．

17. 不等式 $a^s b^t\leqq sa+tb$　$(a,b,s,t>0,\ s+t=1)$（第 2 章 §3（38）参照）を利用.

18. $f'(tx)$ の重積分を考える.

19. $\displaystyle\int_0^{\pi/2}\cos^n x\,dx=\frac{1}{2}B\left(\frac{n+1}{2},\ \frac{1}{2}\right)=\frac{\Gamma(n/2+1/2)}{\Gamma(n/2+1)}\frac{\sqrt{\pi}}{2}$　を利用する.

20. $0\leqq a<b<\infty$ で，φ が $[a,b]$ において連続な場合に示せばよい．$[a,b]$ の分割 $\Delta: a=r_0<r_1<\cdots<r_m=b$ をとり，$K_i=\{(x_1,\cdots,x_n)\mid r_{i-1}<\sqrt{x_1^2+\cdots+x_n^2}\leqq r_i\}$ とおく．前題の V_n によって，K_i の体積 $|K_i|=V_n(r_i)-V_n(r_{i-1})$ となる．第 4 章演習問題 26 参照.

ベクトル解析

問 1　$\boldsymbol{r}/|\boldsymbol{r}|$ が一定であることを示す.

問 3　(2)　$4\pi r^2$

問 9　$2\pi\ (a^2+\pi h^2)$

問 15　必要性. 任意に, $\mathrm{P}_0 \in D$ をとる. P_0 中心の半径 r の球面, および球を, それぞれ, S_r, B_r とおく. S として円板を考えれば, 仮定から, $\int_{S_r} \boldsymbol{A}\cdot\boldsymbol{n}\,dS = 0$ が導かれる. また, 次を用いる. $\dfrac{1}{|B_r|}\iiint_{B_r} \mathrm{div}\,\boldsymbol{A}\,dV \to \mathrm{div}\,\boldsymbol{A}(\mathrm{P}_0)\quad (r \to 0)$

さ　く　引

あ　行

か　行

さ 行

た 行

な 行

は 行

ま 行

や 行

ら 行

わ 行

吹 田 信 之　　北海道教育大学　教授
東京工業大学　名誉教授

新 保 経 彦　　芝浦工業大学　講師

1987 年 2 月　第 1 版 第 1 刷　発行
2023 年 2 月　第 1 版 第 38 刷　発行

理工系の　**微 分 積 分 学**

著　者　吹 田 信 之
　　　　新 保 経 彦
発行者　発 田 寿 々 子
印刷者　長 田 稜

発行所　株式会社　学術図書出版社
〒113-0033 東京都文京区本郷 5-4-6
電(3811)0889 振替東京 1—28454

大昭和印刷(株)・印刷